普通高等院校土木工程类**实用创新型**系列教材

工程结构检测与加固

（第三版）

宋　彧　来春景　主编

科学出版社

北　京

内 容 简 介

全书共分8章，包括绪论、地基基础检测与加固、砌体结构检测与加固、钢筋混凝土结构检测与加固、钢结构检测与加固、木结构检测与加固、钢结构检测与加固、结构物纠倾与平移、桥梁检测与加固等内容。本书就结构检测与加固的概念、原理、方法以及技术要点做了比较详细的叙述；在加固方面强调了托换技术和预应力技术的优势以及应用的广度。

本书适合于土木工程专业本科教学和应用型硕士研究生教学使用，是结构检测人员的参考读物，也是土木工程类技术人员的技术参考资料。

图书在版编目(CIP)数据

工程结构检测与加固/宋彧，来春景主编．—3版．—北京：科学出版社，2016

(普通高等院校土木工程类实用创新型系列教材)

ISBN 978-7-03-047343-1

Ⅰ．①工…　Ⅱ．①宋…②来…　Ⅲ．①工程结构-检测-高等学校-教材②工程结构-加固-高等学校-教材　Ⅳ．①TU3②TU746.3

中国版本图书馆CIP数据核字(2016)第029160号

责任编辑：任加林／责任校对：刘玉靖

责任印制：吕春珉／封面设计：耕者设计工作室

科学出版社出版

北京东黄城根北街16号

邮政编码：100717

http://www.sciencep.com

廊坊市都印印刷有限公司印刷

科学出版社发行　各地新华书店经销

*

2005年8月第一版　2023年1月第十四次印刷

2011年5月第二版　开本：787×1092　1/16

2016年2月第三版　印张：18 1/4

字数：413 000

定价：48.00元

(如有印装质量问题，我社负责调换〈都印〉)

销售部电话 010-62136230　编辑部电话 010-62137026(BA08)

第三版前言

教育、科技、人才是全面建设社会主义现代化国家的基础性、战略性支撑。书是时代的发展的产物，是知识点的积累，是科学研究成果的沉淀。所以，一本书可能需要数十年甚至数百年的孕育过程。

《工程结构检测与加固》这本书从2005年出版，在准备出版第三版之际，对书中的有些内容做了一些必要的调整：

1）顺应时代的发展要求，按照现行的规范和技术标准，更新了教材的相关内容。

2）对过时的内容或其他书中已经有详细描述的内容均进行了删除，如删去了第一章结构检测的PPIS循环的描述内容，“砌体结构的可靠性评定体结构”、“砌体工程现场检测技术”等相关内容。

3）在“绪论”一章中，增加了“工程结构可靠性检测与鉴定”的内容。

4）在“木结构加固研究”一节中，新增了“BFRP加固受损木梁抗弯性能试验研究”的内容；在“结构物纠倾的工程实例”中，新增了“深埋独立基础底面直接卸荷纠倾的应用研究”和“黄土地基刚度软化法迫降纠倾技术应用研究”。

5）对原版中的文字错误进行了改正。

本教材由宋彧和来春景主编，第二、三章由宋彧、来春景和王龙编写，第四章由来春景和刘利先编写，第五章由罗维刚编写，第八章由项长生编写，第一、六、七章及附录由宋彧编写。

教材中的插图由胡志礼帮助输入，在此表示感谢！

由于编者水平有限，书中难免有漏误之处，敬请专家同行和读者批评指导。

第二版前言

随着时代的发展、建筑投资的积累以及建筑技术的发展，在建筑结构试验的基础上，工程结构检测与鉴定、工程事故与工程安全、工程结构加固技术以及桥梁结构试验、桥梁结构检测与鉴定、桥梁结构加固技术等新的应用性学科应运而生。工程结构检测与加固就是在这种背景下产生的。通过多年教学实践与研究，在保留本书（第一版）原貌的基础上，秉承教材系统性的理念，本版做了以下修改。

1）按照加固性质、加固对象的部位、加固技术途径、加固技术原理和加固施工方法的不同对加固概念进行了分类和汇总。

2）将地基加固和基础加固的内容分开叙述。

3）将砌体工程中砌体检测、砌块检测、砂浆检测分开进行描述。

全书主要内容仍然包括地基基础以及砌体、钢筋混凝土、钢、木、桥梁等结构的检测与加固，还有结构纠倾与平移共七部分内容。在编写方法上力求突出基本概念、基本原理和基本方法的叙述，应用了一些实例，以方便读者。

因第一版参编人员的岗位、地域变化较大，本版修订由宋彧独立完成。

书中的插图由胡志礼帮助输入，在此对他表示感谢！

由于水平有限，编写中难免有漏误之处，敬请读者批评指导。

第一版前言

教材编写，就是把已经有的、读者认可的经典内容和有创意的内容应用某种逻辑关系进行系统组织，用读者能够接受的语言表达出来。所以，写教材有七分择优三分新之说。择优超过七分，则有抄袭之嫌；新意超过三分，势必影响教材的通用性。如何恰当地把握教材的特色，是一件不太容易的事情。

每一门学科总有一些已经很经典的内容，经典内容需要继承，并且是无条件的继承，继承则继续经典，改就会走样。

有些例题也是很经典的，比如加拿大特朗斯康谷仓倾斜的例子，在有关地基基础的教材中都有；再如，比萨斜塔与虎丘塔两个工程实例，在有关建筑结构纠倾的书籍中就离不了，离开了它们就显得教材不完整。

编者通过多年教学实践与工程实践，对工程检测与加固的基本内容有了一些了解，加上同行专家的大力帮助，编写了这本教材。全书包括地基基础，砌体结构、钢筋混凝土结构、钢结构、木结构、桥梁等结构的检测与加固，以及结构纠倾与平移七个部分内容。在编写方法上力求突出基本概念、基本原理和基本方法的叙述，并应用一些实例，以方便读者阅读。

本教材由宋彧主编。编写具体分工如下：第一、第六、第七章及附录由宋彧编写；第二、第三章由王龙编写；第四章第 4.5.6 小节和第 4.5.7 小节由杨文侠编写，第 4.1～第 4.4 节及第 4.5.1～第 4.5.5 小节由刘利先编写；第五章由罗维刚编写；第八章由项长生编写。

教材中的插图由胡志礼帮助输入，在此表示感谢。

由于作者水平有限，编写中难免有不足之处，敬请读者批评指正。

目　　录

第一章　绪　　论

1.1　检测与加固的任务

工程结构检测包括检查、测量和判定三个基本过程，其中检查与测量是工程检测最核心的内容，判定是目的，是在检查与测量的基础上进行的。

工程结构检测就是通过一定的设备，应用一定的技术，采集一定的数据，把所采集的数据按照一定的程序通过一定的方法进行处理，从而得到所检对象的某些特征值的过程。例如混凝土强度的检测，可以理解为通过回弹仪等设备，应用回弹技术，按照《回弹法检测混凝土抗压强度技术规程》(JGJ/T 23—2011)所规定的方法，采集回弹值以及碳化深度值，把这些值按照《回弹法检测混凝土抗压强度技术规程》(JGJ/T 23—2011)规定的程序进行处理，从而计算所检混凝土抗压强度的推定值。

结构加固就是根据检测结果，按照一定的技术要求，采取相应的技术措施来增加结构可靠性的过程。

1.2　检测与加固的分类

工程结构检测与加固和其他事物一样，按照不同的标准有不同的分类。

1.2.1　结构检测的分类

按分部工程来分，有地基工程检测、基础工程检测、主体工程检测、维护结构检测、粉刷工程检测、装修工程检测、防水工程检测、保温工程检测等。

按分项工程来分，依次有地基、基础、梁、板、柱、墙等内容的检测。

按结构材料不同来分，有砌体结构检测、混凝土结构检测、钢结构检测、木结构检测等。

按结构用途不同来分，依次有民用建筑结构检测、工业建筑结构检测、桥梁结构检测。

按检测内容不同可以分为几何量检测、物理力学性能检测、化学性能检测等。

按检测技术不同可以分为无损检测、破损检测、半破损检测、综合法检测等。

无损检测技术在我国迅速发展，这种技术以不破坏结构见长，是工程质量检测的理想手段和首选技术。例如，材料强度回弹检测，内部缺陷以及材料强度超声检测，红外线红外成像无损检测技术，雷达检测等。

破损检测是最直接的检测方式，目前在检测领域仍然具有主导地位。例如，用混凝土试块来检测混凝土强度，推出法检测砌体强度，以及单调加载的静力试验、伪静力试验和拟动力试验等。

半破损检测又称为微破损检测，检测时对原结构的局部有一定的破坏。例如，钻芯法检测混凝土强度、拔出法检测混凝土强度以及在钢结构或木结构上截样的检测方法等。

1.2.2 结构加固的分类

(1) 按照加固对象的不同

按受力特点来分，主要有抗剪能力加固(包括地基加固和框架梁柱节点加固)、抗弯能力加固、抗震能力加固等。

按分部工程来分，有地基工程加固、基础工程加固、主体工程加固等。

按分项工程来分，依次有地基、基础、梁、板、柱、墙加固等。

按结构材料不同来分，有砌体结构加固、混凝土结构加固、钢结构加固、木结构加固等。

按照加固对象的用途不同，建筑结构的加固应分为民用建筑结构(如影院、住宅、车站等)、工业建筑结构和桥梁结构加固。

按照加固对象的结构材料不同，建筑结构的加固应分为砌体结构加固、钢筋混凝土结构加固、钢结构加固和木结构加固；还有索结构和膜结构两类新型结构的加固。

按照加固对象的加固范围不同，建筑结构的加固应分为整体加固和局部加固。

按照加固对象的加固目的不同，建筑结构的加固应分为保护性加固和正常使用性加固。

按照加固对象加固的目标不同，建筑结构的加固应分为抗震加固和非抗震加固。

按照加固后新旧材料协同工作的方式不同，建筑结构的加固应分为预应力加固和非预应力加固。采用非预应力技术加固，在结构没有继续变形之前，新旧材料没有协同工作关系，只有当在外力作用下结构产生新的变形时，新材料才能参与工作，即新旧材料才能发生协同工作的关系。采用预应力技术加固时，加固的过程就是新旧材料共同协同工作的过程。

按照加固对象的受力性质不同，建筑结构的加固应分为单向受力构件的加固(即拉、压、弯、剪、扭等)和组合受力构件加固。

(2) 按照加固技术的不同

在建筑结构加固学科中，能够携领全局的总纲不是加固的技术方法，而是加固的技术路线，即技术途径，次纲是加固的技术原理，施工技术已经成为目了。

1) 加固技术性质。加固技术从加固性质的不同，可分为有理论计算依据的承载能力加固和没有理论计算依据、只能依靠概念进行加固的整体性加固两类(表 1.1)。任一个结构或结构的某一构件其承载能力的大小是能够进行计算的，但整体性的大小只能靠构造措施进行保证，不能进行定量的计算。

2) 加固技术途径。不管是地基加固、基础加固还是上部结构加固，按照加固技术途径的不同来分，加固只有三类，即加强法、更换法和相对等效法。

加强法就是把承载能力低的原有结构构件保留，在此基础上，至少采用同强度等级的材料对原有结构构件进行直接加固增强，即直接地使其承载能力提高的加固途径。

表 1.1　加固技术分类汇总

加固性质	加固部位	技术途径	技术原理	施工方法
承载力加固	地基加固	加强	挤密法	单灰桩、双灰桩、扩径桩、……
			固化法	液体、固体、……
			增大截面法	胡子桩、树根桩、……
		更换	托换法(改变传力途径)	锚杆静压混凝土桩、……
			置换法(以良代劣)	大开挖换填、……
		等效	加固基础法	
	基础加固	加强	增大截面法	干法、湿法、……
		更换	托换法(改变传力途径)	锚杆静压混凝土桩、……
			置换法(以良代劣)	
		等效	加固地基法	
			卸荷法(由重变轻)	
	上部结构加固	加强	增大截面法	干法、湿法
			外包高强材料法	钢材、纤维
			体外预应力法(改变受力状态)	
			简支固端化(改变受力状态)	
			加支座或支撑(改变跨长)	
			防屈曲支撑(支撑、耗能、阻尼)	
		更换	托换法(改变传力途径)	
			置换法(以良代劣)	
		等效	卸荷法(由重变轻)	以轻代重、减层
			减震耗能法(减小地震作用)	减震、隔震
整体性加固	结构、基础	构造	拉结法(捆绑)	拉筋、圈梁、构造柱
			增大抵抗矩(集零为整)	灌缝

更换法就是以优良代替次劣或以新代旧，即把承载力低的原构件换出的加固途径。

相对等效法就是由于客观条件的限制，不能够直接加固增强，也无法实现以新代旧时，不得已采用的间接迂回的思想来提高结构可靠性的途径。

3）加固技术原理：分为对地基与基础的加固和对上部结构的加固。

对于地基与基础加固：

① 加强法又分为挤密法(将地基土体强行挤密)、固化法(将地基土体的颗粒强行填充、黏结)、增大截面法(强行增大地基受力面积)。

② 更换法又分为托换法(改变传力途径，即通过另外的构件跨越现有次劣的持力层，把力传到优良的持力层上)、置换法(以良代劣，即把旧有次劣的去掉，换上新的优良的)。

③ 相对等效法对于地基而言，就是若不能直接加固地基之后，想办法通过加固基础使地基土体应力减小。对于基础而言是指加固地基法(就是不能直接加固基础之后，想办

法通过加固地基使地基土体承载能力提高)、或结构卸荷法(使结构由重变轻,即通过减小上部结构自重或减小使用荷载来相对提高基础可靠性的间接方法)。

对于上部结构的加固:

① 加强法又分为增大截面法(干法、湿法)、外包高强材料法(钢材、纤维材料)、体外预应力、简支固端化、加支座或支撑等五种方法。体外预应力按照施工工艺不同又有纵向或横向预应力、受拉或受压预应力、外力张拉预应力或自行预应力之分;简支固端化就是把简支的受力状态改变成为固端的受力状态,以提高结构的承载能力。加支座或支撑的原理就是缩短结构跨长,减小跨中弯矩。

② 更换法又分为托换法和置换法两种(同上)。

③ 等效法分为卸荷法和减震耗能法。降低结构层数或去掉原有结构较大的荷载或减小结构自重等均属于卸荷法。减震耗能法又分为减震和隔震两种技术。

隔震技术主要通过隔震支座的设置将地震变形集中到隔震层上,隔离地震能量向上部结构传输,从而起到减小原结构地震反应的目的。目前常用的隔震支座包括:叠层橡胶支座、铅锌橡胶支座、高阻尼橡胶支座、滑动摩擦支座等。

减震技术主要通过耗能装置实现,它能将地震输入结构的能量引向特别设置的机构和元件加以吸收和耗散,从根本上减小输入结构的地震能量,具有可靠性高、维护成本低的优点,主要包括金属阻尼器、摩擦阻尼器、黏弹性阻尼器、液体黏滞阻尼器、SMA 阻尼器等。

1.3 检测与加固的作用和意义

1.3.1 结构检测的作用和意义

(1) 结构质量鉴定的直接方式

对于已建的土木工程,不论是某一具体的结构构件还是结构整体,也不论进行质量鉴定的目的如何,所采用的直接方式仍是结构检测。例如,灾害后或事故后的建筑工程、对施工质量有怀疑的桥梁工程等。

(2) 提供科学的参考依据

土木工程在使用过程中经常需要对其采取一些措施。例如,某大坝需要加高、某房屋需要加层、某大楼需要改造,能不能采取这些措施,则需要对工程进行检测。或者人们需要知道某楼房结构的可靠性如何?能不能满足正常使用的安全要求?是拆还是加固?等等,也需要对工程进行检测。

(3) 检测技术发展的需要

检测技术要发展,就必须进行社会实践,或者说,检测技术是社会发展的需要。

1.3.2 结构加固的作用和意义

(1) 提高结构可靠性

工程加固最突出的作用就是提高结构的可靠性,保障人的生命与财产安全。随着人类文明的进步，人们对建筑结构可靠性的要求不断提高，而随着时间的推移，建筑结构可靠性只能下降。为了满足人们对建筑结构可靠性的时代要求，对结构的加固就是一条必然的途径。

(2) 延长结构的寿命

材料在任何环境中均会受到腐蚀的作用，在有些环境中材料腐蚀速度会较快，例如，砌体结构在室外地坪高度处的材料相对容易被腐蚀，使结构局部受损。地基变形引起结构产生开裂或倾斜。结构遭受自然灾害，如地震、火灾、风灾、水灾等，所有这些变化均使结构寿命缩短。只有通过结构加固，才能延长结构的寿命。

(3) 扩展结构的用途

随着时代的发展，有些结构物在使用中其用途总会发生一些变化。例如，办公大楼改为宿舍楼，教学楼改为图书室，仓库改为食堂，住宅楼的一层改为街道面铺等。结构物的用途发生变化是表象，其实质内容是结构物的荷载发生了变化，如果是将荷载由小变大，则在改用之前一定先进行结构加固。

(4) 保护和节约社会资源

服役期已满的结构物，若仍需继续使用或已经成为历史文物而需要保护，则最佳的办法就是将原有结构进行加固。

对于旧建筑结构或可靠性不能满足使用要求的建筑结构，处理的办法只有两个，要么加固使用，要么报废拆除。建筑结构的拆除会产生许多负作用。例如，产生大量垃圾、尘埃污染环境、产生噪声污染等。在一定意义上讲，拆除是对原有文化的毁坏，是对结构残余能力的彻底否定。

所以，结构加固就是对拆除建筑结构所带来的负面影响的否定。相应地，对节约社会资源的课题而言就是一种肯定。

1.4 工程结构可靠性检测与鉴定

1.4.1 工程结构可靠性检测与鉴定的目的和意义

建筑结构物的检测和可靠性鉴定的目的，是通过科学分析并利用检测手段，按结构设计规范和相应标准要求，评估其继续使用的寿命。

1) 房屋建筑在规定的设计使用年限内，结构或构件不需要进行大修可达到预定目标的使用年限，当达到设计使用年限后，经过检测、鉴定和维修可继续使用。

2) 现有建筑结构的使用过程中，由于使用功能的改变、结构遭遇地震、火灾、地基不均匀沉降、超载等原因，结构需要加固处理，以保证其安全性和耐久性。在加固设计前需要对结构进行检测、鉴定，对其可靠性做出正确的评价。

3) 现有房屋建筑的改建、结构构件的加固前，必须调查现状与原始资料相符合的程度、施工质量和维护状况，尤其是必须检测构件混凝土碳化深度，以便为耐久性采取必要措施。

4）为了解既有房屋结构的安全性、适用性和耐久性是否满足要求，在改造加固前必须要对结构进行检测和鉴定，对其可靠性做出正确的评价。结构鉴定的目的是根据检测的结果，依据现行国家和行业标准，对结构进行验算、分析，找出薄弱环节评价其安全性和耐久性，提出改造、加固的建议。

建筑结构设计的基本要求，是以最经济的手段，使结构物在预定的使用期限内，能完成后具备预定的各种功能，而这种预定的各种功能，正是作为可靠性鉴定依据的基准条件。

结构设计方法与试验方法，鉴定方法的演变与发展，不仅与结构类型、结构材料的发展、结构科研的成果累积有关，而且还受结构物的自然老化、损伤和各种灾害的影响。这样，在建筑工程实践中，迫使人们去研究结构的失效状态、失效特征，从而不断扩大设计方法、试验检测方法以及鉴定方法的邻域和范围。

在规定的时间和条件下，工程结构完成预定功能的概率，是工程结构的可靠概率度量。工程结构的可靠性，是指在规定的时间和条件下，工程结构具有满足预期安全性、适用性和耐久性等功能的能力。由于影响可靠性的各种因素存在着不定性，如荷载、材料性能的变异，计算模型不完善，制作质量的差异等，而且这些影响因素都是随机的，因此工程结构未完成预定功能的概率称为失效概率。工程结构设计的目的，是力求最佳的经济效益，将失效概率限制在人们事件所能接受的适当程度上，失效概率越小，可靠度越大，两者是互补的。

1.4.2　工程结构可靠性鉴定的类型

(1) 结构可靠性分类

结构功能的安全性、适用性和耐久性能否达到规定要求，是以结构的两种极限状态来划分的，其中承载力极限状态主要考虑安全性功能，正常使用极限状态主要考虑适用性和耐久性功能，这两种极限状态均规定有明确的标志和限值。

1）承载能力极限状态。承载力极限状态对应于结构或构件达到最大承载力或不适于继续承载的变形，当结构或构件出现下列状态之一时，即认为超过了承载能力极限状态：①整个结构或结构的一部分作为刚体失去平衡(如倾覆等)；②结构构件或连接因材料强度被超过而破坏，或因过度的塑性变形而不适于继续承载；③结构转变为机动体系；④结构或结构构件丧失稳定(如压屈等)。

2）正常使用极限状态。正常使用极限状态对应于结构或构件达到正常使用或耐久性能的某项规定限值。当结构或构件出现下列状态之一时，即认为超过了正常使用极限状态：①影响正常使用或外观的变形；②影响正常使用或耐久性能的局部破坏(包括裂缝)；③影响正常使用的振动；④影响正常使用的其他特定状态。

(2) 鉴定的类别及适用范围

按照结构功能的两种极限状态，结构可靠性鉴定可以分为两种鉴定内容，即安全性鉴定(或称为承载力鉴定)和使用性鉴定(或称为正常使用鉴定)。根据不同的鉴定目的和要求，安全性鉴定或使用性鉴定可分别进行，或选择其一进行，或合并为可靠性鉴定。各类别的鉴定有不同的使用范围，按不同要求，选用不同的鉴定类别。

1）可仅进行安全性鉴定的情况：①危房鉴定及各种应急鉴定；②房屋改造前的安全检查；③临时性房屋需要延长使用期的检查；④使用性鉴定中发现有安全问题。

2）可仅进行使用性鉴定的情况：①建筑物日常维护的检查；②建筑物使用功能的鉴定；③建筑物有特殊使用要求的专门鉴定。

3）应进行可靠性鉴定的情况：①建筑物大修前的全面检查；②重要建筑物的定期检查；③建筑物改变用途或使用条件的鉴定；④建筑物超过设计基准期继续使用的鉴定；⑤为制定建筑群维修改造规划而进行的普查。

当鉴定评为需要加固处理或更换构件时，根据加固或更换的难易程度、修复价值及加固修复对原建筑功能的影响程度，补充构件的适修性评定，作为工程加固修复决策时的参考或建议。

当要确定结构继续使用的寿命时，还可以进一步做结构的耐久性鉴定。

1.4.3　工程结构可靠性鉴定评级的层次与等级划分

将建筑结构体系按照结构失效的逻辑关系，划分为相对简单的三个层次，即构件、子单元和鉴定单元三个层次。

构件是鉴定的第一层次，也是最基本的鉴定单位，它可以是一个单元，如一根梁或柱，也可以是一个组合件，如一层桁架，也可以是一个片断，如一片墙。子单元由构件组成，是鉴定的第二层次，子单元层次一般包括地基基础，上部承重结构和围护系统三个子单元。鉴定单元由子单元组成，是鉴定的第三层次，根据建筑物的构造特点和承重体系的种类，将建筑物划分为一个或若干个可以独立进行鉴定的区段，则每个区段就是一个鉴定单元。

对安全性和可靠性鉴定，每个层次划分为四个等级；对使用性鉴定，每个层次划分为三个等级。鉴定从第一层次开始，根据构件各检查项目的评定结果，确定单个构件等级，根据子单元各检查项目及各种构件的评定结果，确定子单元等级；再根据子单元的评定结果，确定鉴定单元等级。

构件或子单元的检查项目是针对影响其可靠性的因素所确定的调查、检测或验算项目；如混凝土构件的安全性鉴定，涉及承载能力、构造、不适于继续承载的位移及裂缝四个检查项目。检查项目的评定结果最为重要，它不仅是各层次、各组成部分鉴定评级的依据，而且还是处理所查出问题的主要依据。子单元和鉴定单元的评定结果，由于经过了综合，只能作为被鉴定建筑物进行科学管理和宏观决策的依据，而不能据以处理问题。

（1）安全性鉴定

民用建筑安全性鉴定按构件、子单元和鉴定单元三个层次，每个层次分为四个等级进行鉴定。构件的四个安全等级用 a_u、b_u、c_u、d_u 表示，子单元的四个安全等级用 A_u、B_u、C_u、D_u 表示，鉴定单元的四个安全等级用 A_{su}、B_{su}、C_{su}、D_{su} 表示。安全性鉴定评级的层次，等级划分及工作内容见表 1.2。

表 1.2 安全性鉴定评级的层次、等级划分及工作内容

<table>
<tr><td>层次</td><td>第一层次</td><td>第二层次</td><td>第三层次</td></tr>
<tr><td>层名</td><td>构件</td><td>子单元</td><td>鉴定单元</td></tr>
<tr><td>等级</td><td>a_u、b_u、c_u、d_u</td><td>A_u、B_u、C_u、D_u</td><td>A_{su}、B_{su}、C_{su}、D_{su}</td></tr>
<tr><td rowspan="2">地基基础</td><td>—</td><td>按地基变形或承载力、地基稳定性等检查项目评定地基等级</td><td rowspan="6">鉴定单元
安全性评级</td></tr>
<tr><td>按同类材料构件各检查项目评定单个基础等级</td><td>每种基础评级</td></tr>
<tr><td rowspan="3">上部承重结构</td><td rowspan="2">按承载能力、构造、不适于继续承载的位移或残损等检查项目评定单个构件等级</td><td>每种构件评级</td></tr>
<tr><td>结构侧向位移评级</td></tr>
<tr><td>—</td><td>按结构布置、支撑、圈梁、结构间联系等检查项目评定结构整体性等级</td></tr>
<tr><td>围护系统承重部分</td><td colspan="2">按照上部承重结构检查项目及步骤评定维护系统承重部分各层次安全性等级</td></tr>
</table>

已有建筑物在鉴定后,通过采用加固措施一般还要继续使用,不论从保证其下一个目标使用期所必需的可靠度,或是从标准规范的适用性和合法性来说,均不能采用已被废止的原设计、施工规范作为鉴定的依据。现行的设计、施工规范可以作为鉴定的依据之一,但其针对的是拟建工程,不可能系统地考虑已有建筑物所能遇到的各种有关规定;也体现原设计、施工规范中尚行之有效,而由于某种原因已被现行规范删去的有关规定;此外,根据已有建筑物的特点和工作条件,鉴定标准还有专门的规定。

鉴定标准用文字统一表述各类结构各层次评级标准的分级原则,对有些不能用具体数量指标界定的分级标准,也需要依靠它来解释其等级的含义。民用建筑安全性鉴定评级各层次的分级标准见表 1.3。

表 1.3 安全性鉴定分级标准

<table>
<tr><td>鉴定对象</td><td>等级</td><td>分级标准</td><td>处理要求</td></tr>
<tr><td rowspan="4">构件</td><td>a_u</td><td>安全性符合鉴定标准对 a_u 级的要求,具有足够的承载能力</td><td>不必采取措施</td></tr>
<tr><td>b_u</td><td>安全性略低于鉴定标准对 a_u 级的要求,尚不显著影响的承载能力</td><td>可不必采取措施</td></tr>
<tr><td>c_u</td><td>安全性不符合鉴定标准对 a_u 级的要求,具显著影响承载能力</td><td>应采取措施</td></tr>
<tr><td>d_u</td><td>安全性极不符合鉴定标准对 a_u 级的要求,已严重影响承载能力</td><td>必须及时或立即采取措施</td></tr>
</table>

续表

鉴定对象	等级	分级标准	处理要求
子单元	A_u	安全性符合鉴定标准对 A_u 级的要求，不影响整体承载	可能有个别或一般构件应采取措施
	B_u	安全性略低于鉴定标准对 A_u 级的要求，尚不显著影响整体承载	可能有极少数构件应采取措施
	C_u	安全性不符合鉴定标准对 A_u 级的要求，显著影响整体承载	应采取措施，且可能有极少数构件必须采取措施
	D_u	安全性极不符合鉴定标准对 A_u 级的要求，严重影响整体承载	必须立即采取措施
鉴定单元	A_{su}	按 A_u 级的要求，各等级表述同"子单元"相应等级	各等级表述同"子单元"相应等级
	B_{su}		
	C_{su}		
	D_{su}		

注：对 a_u 级、A_u 级及 A_{su} 级的具体要求以及对其他各级不符合该要求的允许程度，分别由《民用建筑可靠性鉴定标准》第 4 章、第 6 章及第 8 章给出。

(2) 使用性鉴定

民用建筑使用性鉴定按构件、子单元和鉴定单元三个层次，每个层次分成三个等级进行鉴定。由于使用性鉴定中不存在类似安全性严重不足，必须立即采取措施的情况，所以使用性鉴定分级的档数比安全性和可靠性鉴定少一档。

构件的三个使用性等级用 a_s、b_s、c_s 表示，子单元的三个使用性等级用 A_s、B_s、C_s 表示，鉴定单元的三个使用性等级用 A_{ss}、B_{ss}、C_{ss} 表示。使用性鉴定评级的层次、等级划分及工作内容见表 1.4，各层次分级标准见表 1.5。

表 1.4 使用性鉴定评级的层次、等级划分及工作内容

<table>
<tr><td>层次</td><td>第一层次</td><td colspan="2">第二层次</td><td>第三层次</td></tr>
<tr><td>层名</td><td>构件</td><td colspan="2">子单元</td><td>鉴定单元</td></tr>
<tr><td>等级</td><td>a_s、b_s、c_s</td><td colspan="2">A_s、B_s、C_s</td><td>A_{ss}、B_{ss}、C_{ss}</td></tr>
<tr><td>地基基础</td><td>—</td><td colspan="2">按上部承重结构和围护系统工作状态评估地基基础等级</td><td rowspan="6">鉴定单元正常使用性评级</td></tr>
<tr><td rowspan="2">上部承重结构</td><td rowspan="2">按位移、裂缝、风化、锈蚀等检查项目评定单个构件等级</td><td>每种构件评级</td><td rowspan="2">上部承重结构评级</td></tr>
<tr><td>结构侧向位移评级</td></tr>
<tr><td rowspan="2">围护系统功能</td><td>—</td><td>按屋面防水、吊顶、墙、门窗、地下防水及其他防护设施等检查项目评定围护系统功能等级</td><td rowspan="2">围护系统评级</td></tr>
<tr><td colspan="2">按上部承重结构检查项目及步骤评定围护系统承重部分各层次使用性等级</td></tr>
</table>

表 1.5　使用性鉴定分级标准

鉴定对象	等级	分级标准	处理要求
构件	a_s	使用性鉴定符合鉴定标准对 a_s 级的要求,具有正常的使用功能	不必采取措施
	b_s	使用性鉴定略低于鉴定标准对 a_s 级的要求,尚不显著影响使用功能	可不必采取措施
	c_s	使用性鉴定不符合鉴定标准对 a_s 级的要求,显著影响使用功能	应采取措施
子单元	A_s	使用性鉴定符合鉴定标准对 A_s 级的要求,不影响整体使用功能	可能有极少数一般构件应采取措施
	B_s	使用性鉴定略低于鉴定标准对 A_s 级的要求,尚不影响整体使用功能	可能有极少数构件应采取措施
	C_s	使用性鉴定不符合鉴定标准对 A_s 级的要求,显著影响整体使用功能	应采取措施
鉴定单元	A_{ss}	对 A_{ss} 级的要求,各等级表述同"子单元"相应等级	各等级表述同"子单元"相应等级
	B_{ss}		
	C_{ss}		

注:对 a_s 级、A_s 级及 A_{ss} 级的具体要求以及对其他各级不符合该要求的允许程度,分别由《民用建筑可靠性鉴定标准》第 5 章、第 7 章及第 8 章给出。

(3) 可靠性鉴定

建筑结构可靠性鉴定按构件、子单元和鉴定单元三个层次,每个层次分为四个等级进行鉴定。各层次的可靠性鉴定评级,以该层次的安全性和使用性等级的评估结果为依据综合确定。

构件的四个可靠性等级用 a、b、c、d 表示,子单元的四个可靠性等级用 A、B、C、D 表示,鉴定单元的四个可靠性等级用Ⅰ、Ⅱ、Ⅲ、Ⅳ表示。可靠性鉴定评级的层次、等级划分及工作内容见表 1.6,各层次分级标准见表 1.7。

表 1.6　可靠性鉴定评级的层次、等级划分及工作内容

层次	第一层次	第二层次	第三层次
层名	构件	子单元	鉴定单元
等级	a、b、c、d	A、B、C、D	Ⅰ、Ⅱ、Ⅲ、Ⅳ
地基基础	以同层次安全性和使用性等级评定结果并列表达,或按鉴定标准规定的原则确定可靠性等级		鉴定单元可靠性评级
上部承重结构			
围护系统			

表 1.7　可靠性鉴定分级标准

鉴定对象	等级	分级标准	处理要求
构件	a	可靠性符合鉴定标准对 a 级的要求，具有正常的承载功能和使用功能	不必采取措施
	b	可靠性略低于鉴定标准对 a 级的要求，尚不影响承载功能和使用功能	可不必采取措施
	c	可靠性不符合鉴定标准对 a 级的要求，显著影响承载功能和使用功能	应采取措施
	d	可靠性极不符合鉴定标准对 a 级的要求，已严重影响安全	必须及时或立即采取措施
子单元	A	可靠性符合鉴定标准对 A 级的要求，不影响整体承载功能和使用功能	可能有极少数一般构件应采取措施
	B	可靠性略低于鉴定标准对 A 级的要求，尚不显著影响整体承载功能和使用功能	可能有极少数构件应采取措施
	C	可靠性不符合鉴定标准对 A 级的要求，显著影响整体承载功能和使用功能	应采取措施，且可能有极少数构件必须立即采取措施
	D	可靠性极不符合鉴定标准对 A 级的要求，已严重影响安全	必须立即采取措施
鉴定单元	Ⅰ	对Ⅰ级的要求，各等级表述同“子单元”相应等级	各等级表述同“子单元”相应等级
	Ⅱ		
	Ⅲ		
	Ⅳ		

注：对 a 级、A 级、Ⅰ级的具体分级界限以及对其他各级超出该界限的允许程度，由《民用建筑可靠性鉴定标准》第 9 章做出规定。

思考题与习题

1.1　简述结构检测的任务。

1.2　结构加固有何意义？

1.3　工程结构可靠性鉴定的目的是什么？

第二章　地基基础检测与加固

2.1 概　　述

对既有建筑物而言，基础是隐蔽工程，地基又是埋藏于基底下部的隐蔽体，地基基础的问题经常通过上部结构的某些变化反映出来，很难被直接发现。由于勘查、设计、施工不当或受外界环境影响，地基或基础出现的问题是多而杂的。所以，要查找出地基基础真正的问题，除了对地基性能、结构性能有深刻的认识以外，先进的检测技术和正确的方法也是必不可少的，只有发现问题，才有解决问题的可能。

地基基础的加固问题一直是国内外学者研究的热点和难点，由此派生了许多加固方法，本章仅对一些常用地基基础加固方法做简要介绍。

2.1.1　地基基础常见问题

(1) 地基刚度不足产生变形

地基在建筑物荷载作用下产生的沉降，包括瞬时沉降、固结沉降和蠕变沉降三部分。总沉降量或不均匀沉降超过建筑物允许沉降值时，将影响建筑物的正常使用或导致结构构件产生裂缝或整体倾斜等。

(2) 地基承载力不足发生失稳

如果地基承载力不足，地基将产生剪切破坏。地基产生剪切破坏将使建筑物的上部结构倾斜、破坏甚至倒塌。

(3) 地基渗流造成土体力学性能改变

土中渗流可在地基中形成土洞、溶洞或改变土体结构，导致地基破坏；渗流还可形成流土、管涌导致地基破坏；地下水位下降会引起地基中有效应力改变，导致地基沉降，对建筑物产生损害。

(4) 土坡滑动造成地基应力改变

建在土坡或坡顶或坡趾附近的结构物会因土坡滑动对结构物的安全构成威胁。造成土坡滑动的原因很多，除坡上加载、坡脚取土等人为因素外，还有土中渗流改变土的性质、土层界面强度降低以及土体强度随蠕变降低等因素。

(5) 地震造成土体液化

地震对建筑物的影响不仅与地震烈度有关，还与建筑场地效应、地基土动力特性有关。地震使地基土液化会对建筑产生严重影响。在同样的场地条件下，黏土地基和砂土地基、饱和土和非饱和土地基上房屋的震害差别也很大。

(6) 特殊土地基

这里的特殊土地基主要是指湿陷性黄土地基、膨胀土地基、冻土地基以及盐渍土地基等。特殊土的工程性质有其特殊性。

湿陷性黄土在天然状态上具有较高强度和较低的压缩性，但受水浸湿后其结构迅速破坏，强度降低，产生显著附加下沉。在湿陷性黄土地基上建造建筑物前，如果没有采取措施消除地基的湿陷性，则地基受水浸湿后往往会发生事故，影响其正常的使用和安全，严重时甚至导致建筑物破坏。

土中水冻结时，其体积增加约 9%。土体在冻结时，产生冻胀，在融化时，产生收缩。土体冻结后，抗压强度提高，压缩性显著减小，土体导热系数增大并具有较好的截水性能。土体融化时具有较大的流变性。地基土体的冻胀和融化导致建筑物开裂，甚至破坏，影响其正常使用和安全。

盐渍土含盐量高，固相中有结晶盐，液相中有盐溶液。盐渍土地基浸水后，因盐溶解而产生地基溶陷。另外，盐渍土中的盐溶液将导致建筑材料被腐蚀，影响建筑物的正常使用和安全。

(7) 其他地基问题

除了上述原因外，地下工程(地下铁道、地下商场、地下车库和人防工程等)的兴建，周边基坑的开挖，地下采矿造成的采空区，以及地下水位的变化，均可能导致影响范围内的地面下沉。另外，各种原因造成的地裂缝也对结构物的安全构成威胁。

(8) 基础工程问题

基础工程中常见问题可分为基础设计错误、基础错位、基础构件施工质量差以及其他问题。① 设计错误主要有对地基特性了解不全、基础宽度或深度不足、基础形式选择错误等。② 基础错位是指因设计或施工放线造成基础位置与上部结构要求位置不符合，如柱基础偏位、基础标高错误等。③ 基础构件施工质量问题类型很多，基础类型不同，质量事故也不同，如桩基础发生断桩、缩颈、桩身混凝土强度不够、桩端未达到设计要求等，又如混凝土强度未达到要求，钢筋混凝土表面出现蜂窝、露筋或孔洞等。④ 其他问题有筏板基础开裂、箱型基础渗水等。

2.1.2 建筑地基的检测步骤

进行地基检测时，应根据建筑物的重要性和原岩土工程勘察资料情况，查明土层分布及土的物理力学性质，适当补充勘探孔或原位测试孔，孔位应靠近基础。对于增层或加荷等建筑，应当在基础下取原状土进行室内土的物理力学性质试验或进行基础下的静力载荷试验。根据地基检验结果，结合当地经验，对地基进行综合评价。

(1) 调查建筑物现状

调查建筑物的实际使用荷载，沉降量和沉降稳定情况、沉降差、倾斜、扭曲和裂损情况等，并进行原因分析。

(2) 搜集建筑物的原始工程资料

搜集场地岩土工程勘察资料，既有建筑的地基基础和上部结构设计资料和图纸，隐蔽工程的施工记录及竣工图等；

(3) 分析原岩土工程勘察资料

1) 地基土层的分布及其均匀性，软弱下卧层、特殊土及沟、塘、古河道、墓穴、岩溶、土洞等。

2) 地基土的物理力学性质与地下水的水位及其腐蚀性。

3) 砂土和粉土的液化性质、软土的震陷性质以及场地稳定性。

(4) 调查邻近建筑、地下工程和管线等情况

(5) 提出检测方案

根据检测目的,结合搜集的资料和调查情况进行综合分析,提出检测方法、进行地基检测。

2.1.3 地基检测的分类

根据建筑物的加固要求和检测现场的场地条件,地基的检测方法可以分为三大类。

1) 钻探、坑探、槽探或地球物理等方法。钻探、坑探、槽探一般适用于了解地质构造、详述岩层。这种方法比较直观,可配合各种室内试验进行。

2) 原状土室内物理力学性质试验。原状土的室内试验项目内容比较多,其中常规试验包含:含水量、密度、干重度、孔隙率、饱和度、液塑限等。土的力学性能指标试验有压缩性试验、抗剪强度试验、侧压力系数试验、孔隙水压力系数试验、土动力特性试验等。在进行检测时应根据不同需要,不同土的种类选取不同方法。土的物理力学性能检测原理详见有关土力学教材,具体试验方法可参照《土工试验方法标准》(GB/T 50123—1999)和《工程岩体试验方法标准》(GB/T 50266—2013)。

3) 原位试验。原位试验指静力载荷试验、静力触探试验、动力触探试验、标准贯入试验、十字板剪切试验、旁压试验、现场剪切试验、波速测试、岩土原位应力测试、块体基础振动测试等。

2.2 地基检测

2.2.1 地基勘探

(1) 钻探

钻探是获取地表下地质资料的重要方法之一。通过钻探的钻孔可以采集原状岩土样,并做现场力学试验。在地层内钻成直径较小并具有相当深度的圆筒形孔眼称为钻孔,直径达500mm以上的钻孔称为钻井。钻探过程一般可按照如下程序进行:

1) 破岩。在钻探过程中广泛采用人力和机械方法,使小部分岩体脱离整体而成为粉末、岩土块或岩土芯。

2) 取岩。用冲洗液(或压缩空气)将孔底破碎的碎屑冲到孔外或靠人力或机械(抽筒、勺形钻头、螺旋钻头、取土器、岩心管等)将孔底的碎屑或样心取出地面。

3) 护壁。为顺利进行钻探工作,必须保护好孔壁,不使其坍塌。一般采用套管或泥浆来护壁。

4) 取样。取样是钻孔的主要目的之一,取样时要尽量避免原状土被扰动。土样的扰动程度可以分为4个等级,见表2.1。

表 2.1　土样扰动程度等级

级别	扰动程度	试验内容	级别	扰动程度	试验内容
Ⅰ	不扰动	土类定名、含水量、密度、强度试验、固结试验	Ⅲ	显著扰动	土类定名、含水量
Ⅱ	轻微扰动	土类定名、含水量、密度	Ⅳ	完全扰动	土类定名

5）绘制钻孔地质柱状图。钻孔地质柱状图是表示该钻孔所穿过的地层的综合信息图，图中表示有地质年代、土层埋藏深度、土层厚度、土层底部的绝对标高、岩土的描述、地面绝对标高、地下水的水位和测量日期、岩土样的选取位置等，柱状图比例一般为(1∶100)～(1∶500)。

(2) 坑探

坑探就是用人工或机械方式进行挖掘，以便直接观察岩土层的天然状态以及各地层之间有无接触关系等地质结构，并能取出接近实际的原状结构土样。其缺点是可达的深度较浅，且易受自然地质条件的限制。在工程地质勘探中，常用的坑探主要有坑、槽、井、洞等几种类型，见表 2.2。

表 2.2　工程地质勘探中坑的类型

类　型	特　点	用　途
试坑	深度数十米的小坑，形状不定	局部剥除地表覆土，揭露基岩
浅井	从地表向下垂直，断面呈圆形或方形，深度5～15m	确定覆盖层及风化层的岩性及厚度，取原状样，静力载荷试验，渗水试验
探槽	从地表垂直岩层或构造先挖掘成深度不大的(小于 3～5m)长条形槽子	追索构造线、断层，探查残积坡积层，风化岩石的厚度和岩性
竖井	形状与浅井相同，但深度可超过 20m 以上，一般在平缓山坡、漫滩、阶地等岩层较平缓的地方，有时需要支护	了解覆盖层厚度及性质，构造线、岩石破碎情况、岩溶、滑坡等，岩层倾角较缓时效果较好
平洞	在地面有出口的水平坑道，深度较大，适用较陡的基岩岩坡	调查斜坡地质构造，对查明地层岩性、软弱夹层、破碎带、风化岩层时，效果较好，还可取样或做原位试验

(3) 地球物理勘探

地球物理勘探简称物探，它是通过研究和观测各种地球物理场的变化来探测地层岩性、地质构造等地质条件的方法。地球物理场有电场、重力场、磁场、弹性波的应力场、辐射场等。由于组成地壳的不同岩层介质往往在密度、弹性、导电性、磁性、放射性以及导热性等方面存在差异，这些差异将引起相应的地球物理场的局部变化。通过测量这些物理场的分布和变化特征，结合已知地质资料进行分析研究，就可以达到推断地质性状的目的。该方法具有设备轻便、成本低、效率高、工作空间广等优点。但由于不能取样，不能直接观察，故多与钻探配合使用。几种地球物理勘探方法的适用条件见表 2.3。物探宜运用于下列场合：

1）钻探的先行手段，了解隐蔽的地质界线、界面或异常点。

2）钻探的辅助手段，在钻孔之间增加地球物理勘察点，为钻探成果的内插、外推提供依据。

3）原位测试手段，测定岩土体的波速、动弹性模量、特征周期、土对金属的腐蚀等参数。

表 2.3　几种地球物理勘探方法的适用条件

方法	应用范围			适用条件
直流电法	电阻率法	电测法	了解地层岩性、基岩埋深。 了解构造破碎带、滑动带位置，裂隙发育方向。 探测含水构造、含水层分布；寻找地下洞穴	探测的岩深要有足够的厚度，岩层倾角不宜大于 20°。 分层的 ρ 值有明显差异，在水平方向没有高电阻或低电阻屏蔽。 地形比较平坦
		电剖面	探测地层、岩性分界。 探测断层破碎带的位置。 寻找地下洞穴	分层的电性差异较大
	电位法	自然电场法	判定在岩溶，滑坡以及断裂带中地下水的活动情况	地下水埋藏较浅，流速足够大，并有一定的矿化度
		充电法	测定地下水流速、流向、测定滑坡的滑动方向和滑动速度	含水层深度小于 50mm，流速大于 1.0m/d，地下水矿化度微弱，围岩电阻率较大
交流电法	频率测深法		查找岩溶、断层裂隙及不同岩层界面	
	无线电波透视法		探测溶洞	
	地质雷达		探测岩层界面、洞穴	
地震勘探	直达波法		测定波速、计算土层动弹性参数	
	反射波法		测定不同地层界面	界面两层介质的波阻抗有明显差异，能形成反射面
	折射波法		测定性质不同的地层界面，基岩埋深、断层位置	
声波探测			测定动弹性参数，监测洞室围岩或边坡应力	
测井	电视测井		观察钻孔井壁	以光源为能源的电视测井不能在浑水中使用，如果以超声波为能量则可以在浑水或泥浆中使用
	井径测量		测定钻孔直径	
	电测井		测定含水层特性	

2.2.2　现场原位试验

地基检测中的试验可分为室内试验和野外的现场原位测试。室内试验具有边界条件、排水条件和应力路径容易控制等优点，但由于试验需要取试样，而土样在采样、运送、保存和制备等方面不可避免地受到不同程度的扰动，特别是对于饱和状态的砂质粉土和砂土，可能取不到原状土，这使得测得的力学指标严重失真。因此，为了取得准确可靠的力学指标，必须进行一定数量的野外现场原位试验。

野外原位测试是指在不扰动地层的情况下对地层进行测试。它和室内试验相比，有如下优点：

1）不用取样，直接测试。

2）测试的土体范围远比室内试样大，因而更具有代表性。

但原位测试也有许多不足之处，如难以控制边界条件，许多原位测试技术所得的参数和岩土的工程性质之间的关系建立在大量统计的经验关系之上等。因此，岩土的室内试验和原位测试应该相辅相成。原位的测试方法见表 2.4。

表 2.4 原位测试方法

测试类型			成果应用
动力触探			评价砂土密度；确定地基土承载力；确定变形模量
标准贯入试验			确定砂土密实度；确定黏性土状态和无侧限抗压强度；确定黏性土粉土和砂土的承载力；确定黏性土、砂土的抗剪强度和变形参数；估算单桩承载力；评价饱和砂土、粉土的地震液化
静力触探			按贯入阻力进行土层分类；确定地基土承载力；确定软土不排水抗剪强度；确定土的变形性质指标；估计饱和黏性土的天然重度；确定砂土的相对密实度和确定密实度的界限；确定砂土的内摩擦角；估计单桩承载力；判定地震时饱和砂土液化的可能性
平板静力载荷试验			确定地基土承载力；计算变形模量
野外剪切试验	直剪试验	大剪仪法	计算抗剪强度(c、φ)值
		水平挤出法推剪试验	计算抗剪强度(c、φ)值
	现场三轴试验		计算抗剪强度(c、φ)值、弹性模量和泊松比
	十字板剪切试验		计算地基承载力；确定软土路基临界高度
旁压试验			计算地基承载力；计算旁压模量；计算变形模量和压缩模量
波速试验	单孔波速法		按波速进行分层；对波速低的软弱地层(如饱和的黏质粉土、粉细纱地层)分析液化的可能性；根据剪切波速值，估计场地的卓越周期；计算地基土的弹性参数；划分场地土类型；探测异常地质如洞穴、地下管道等
	跨孔波速法		
	表面波速法		

(1) 静力载荷试验

1）试验原理。在设计的基础埋置深度处，一定规格的承压板上逐级施加荷载，并观测每级荷载下地基的变形特性，从而评定地基的承载力，计算地基的变形模量，预测实体基础的沉降量。静力载荷试验又分为浅层平板载荷试验和深层平板载荷试验。

静力载荷试验所反映的是承压板以下 1.5～2 倍承压板直径或宽度范围内地基强度、变形的综合性状。由此可见，该方法犹如基础的一种缩尺模型试验，是模拟建筑物基础工作条件的一种测试方法，因而利用其成果确定的地基容许承载力可靠、有代表性。当试验影响深度范围内土质均匀时，此法确定的该深度范围内土的变形模量也比较可靠。

用静力载荷试验测得的压应力 p 与相应的土体稳定沉降量 s 之间的关系曲线 p-s，按其所反映土体的应力状态，一般可划分为三个阶段，如图 2.1 所示。

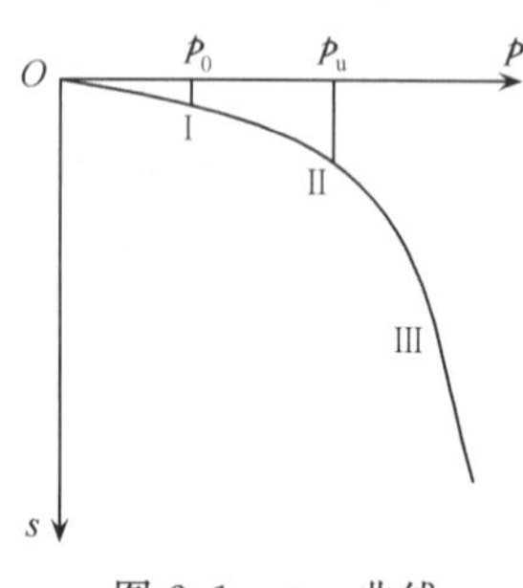

图 2.1　p-s 曲线

第Ⅰ阶段：从 p-s 曲线的原点到比例界限压力 p_0(其中 p_0 也称临塑压力)。该阶段 p-s 成线性关系，故称之为直线变形阶段，也称压密阶段。在这个阶段内受荷土体中任意点产生的剪应力小于土的抗剪强度，土体变形主要由于土中孔隙的减少引起，土颗粒主要是竖向变位，且随时间的延长渐趋稳定而土体压密。

第Ⅱ阶段：从临塑压力 p_0 到极限压力 p_u，p-s 曲线由直线关系转变为曲线关系，其曲线斜率随压力的增加而增大。这个阶段除土体的压密外，在承压板边缘已有局部土体的剪应力达到或超过土体的抗剪强度，周围土体开始发生剪切破坏；土体的变形是由于土中孔隙的压缩和土颗粒剪切移动同时引起。土粒同时发生竖向和侧向变位，且随时间的变化不易稳定，称之为局部剪切阶段。

第Ⅲ阶段：极限压力 p_u 以后，沉降急剧增加。即使不施加荷载，承压板也不断下沉，土中形成连续的滑动面，土从承压板下挤出，在承压板周围土体发生隆起及环状或放射状裂隙，称之为破坏阶段。土体变形主要由土颗粒剪切变位引起，土粒主要是侧向移动。

显然，当建筑物基底附加压力小于 p_0 时，地基土的强度是能保证的，且沉降较小。当基底附加压力大于 p_0 小于 p_u 时，地基土体不会发生整体破坏，但建筑物的沉降量较大。

静力载荷试验一般可用于下列目的：①确定地基土临塑荷载 p_0、极限荷载 p_u，为评定地基土的承载力提供依据；②估算地基土的变形模量、不排水抗剪强度和基床反力系数。

2）试验方法。静力载荷试验的装置由承压板、加荷装置及沉降观测装置等部分组成。承压板一般为方形板或圆形板。加荷装置包括压力源、载荷台架或反力架。加荷方式可采用重物加荷和油压千斤顶反压加荷两种方式。沉降观测装置有百分表、位移传感器或水准仪等，如图 2.2 所示。

试坑宽度不应小于压板宽度或直径的 3 倍，承压板面积不应小于 0.25m^2，对于软土不应小于 0.5m^2。应注意保持试验土层的原状结构和天然湿度。宜在准备试压的表面用不超过 20mm 厚的粗、中砂层找平。加荷等级不应少于 8 级。最大加载量不应少于荷载设计值的 2 倍。每级加载后，按间隔 10min、10min、10min、15min、15min 读取沉降量，以后为每隔 30min 读一次，当连续 2h 内每小时的沉降量小于 0.1mm 时，则认为已趋稳定，可再加下一级荷载。

当出现下列情况之一时，即可终止加载，其对应的前一级荷载定为极限荷载。

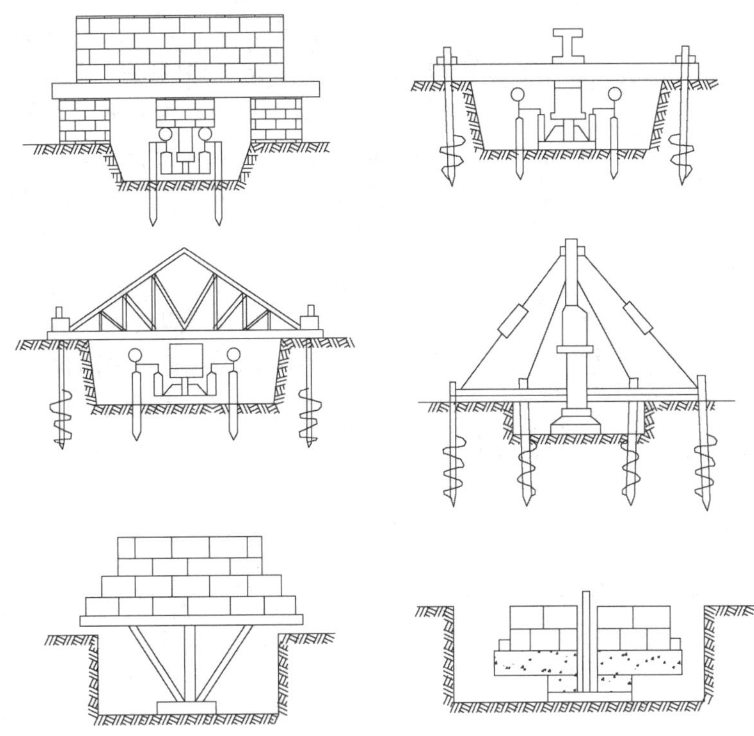

图 2.2　载荷试验加载示意图

① 承压板周围的土明显地侧向挤出。

② 沉降 s 急骤增大，荷载沉降 p-s 曲线出现陡降段。

③ 在某一荷载下，24h 内沉降速率不能达到稳定标准。

④ $s/b \geqslant 0.06$（其中 b 为承压板宽度或直径）。

试验完毕后可进行承载力特征值的推定，即①当 p-s 曲线上有明确的比例界限时，取该比例界限所对应的荷载值；②当极限荷载小于对应比例界限的荷载值的 2 倍时，取荷载极限值的一半；③当不能按上述两点要求确定时，承压板面积为 0.25～0.50m^2，可取 $s/b=0.01 \sim 0.015$ 所对应的荷载，但其值不应大于最大加载量的一半。

同一土层参加统计的试验点不应少于 3 点，并按照上述方法确定承载力基本值，如果基本值的极差不超过平均值的 30%，取此平均值作为该土层地基承载力特征值 f_{ak}。

3）技术拓展。依照浅层平板静力载荷试验方法，也可以对地基深层进行平板静力载荷试验，也可以对既有建筑物的地基进行平板静力载荷试验。深层平板静力载荷试验适用于确定深部地基土层的承载力，此处不再详述。

对于既有建筑物其试验位置应在承重墙的基础下，依靠建筑物自重，使用千斤顶直接加载，试验装置如图 2.3 所示。

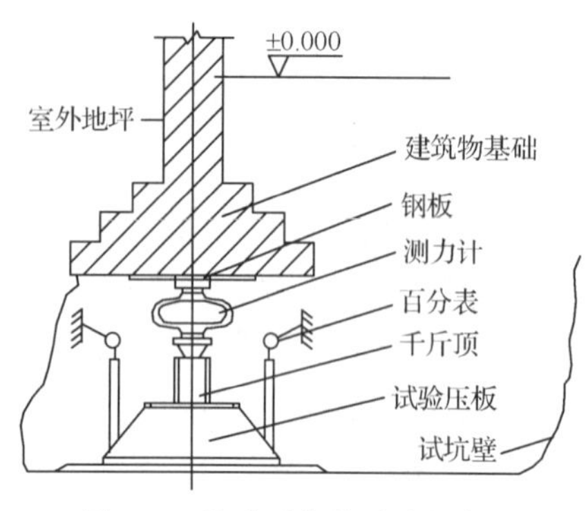

图 2.3 基础下荷载试验示意图

(2) 静力触探

1) 原理和优缺点。静力触探是通过一定的机械装置,将一定规格的金属探头(图 2.4)压入土层中,同时用传感器或专用仪表测试土层对触探头的贯入阻力,以此来分析地基土的物理力学性质。静力触探自 1917 年在瑞典正式使用以来,至今已有近 90 年的历史。20 世纪 60 年代初期,我国与其他国家大体上在同一时期发展了电测静力触探,利用传感器直接测量探头的贯入阻力,提高了测量的精度和工效,有很好的再现性,并能实现数据的自动采集和自动绘制静力触探曲线(图 2.5),反映土层剖面的连续性变化。

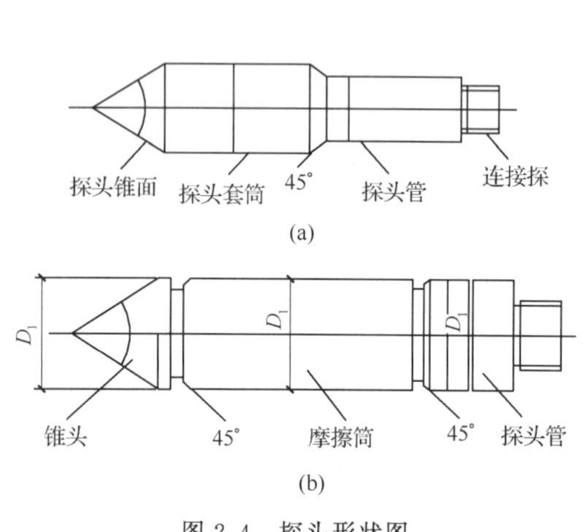

图 2.4 探头形状图

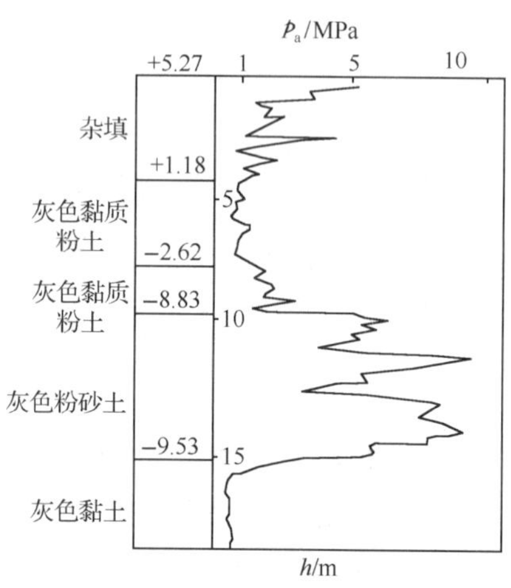

图 2.5 静力触探 p_a-h 曲线

静力触探的贯入机理是个很复杂的问题,而且影响因素也比较多,因此,目前土力学还不能完全综合地从理论上解析圆锥探头与周围土体间的接触应力分布及相应的土体变形问题。已有的近似机理的理论分析可分为三大类:承载力理论、孔穴扩张理论和稳定贯入流体理论。

承载力理论分析大多借助于对单桩承载力的半经验分析,这一理论把贯入阻力视为探头以下的土体受圆锥头的贯入力的影响,产生整体剪切破坏并由滑动面处土的抗剪强度提供的,而滑动面的形状是根据实验模拟或经验假设。承载力理论的分析适用于临界深度以上的贯入情况,对于压缩性土层是不适用的。

孔穴扩张理论分析的基本假设要点:圆锥探头在均质各向同性无限土体中的贯入机理与圆球及圆柱体孔穴扩张问题相似,并将土作为可压缩的塑性体;有的也认为静力触探圆锥头在土中的贯入与桩的刺入破坏相近,孔穴扩张可作为第一近似解释。因此,孔穴扩张理论分析适用于压缩性土层。

稳定贯入流体理论分析:假定土是不可压缩的流动介质,圆锥探头贯入时受应变力控制，根据其相应的应变路径得偏应力，并推导得出土体中的八面应力。故稳定流体贯入理论适用于饱和软黏土。

静力触探的主要优点是连续、快速、精确；可以在现场直接测得各土层的贯入阻力指标；掌握各土层在原始状态下有关的物理力学性质。这对于地基土层在竖向上变化复杂，用其他常规手段不能进行勘探时，有很大的作用。例如，对于饱和砂土、砂质粉土以及高灵敏度黏土层中钻探取样往往不易达到技术要求，或者无法取样，用静力触探连续压入测试，则显出其独特的优越性。但静力触探也有不足之处，如不能对土层进行直接的观察、鉴别；由于稳固的反力问题没有解决，测试深度不能超过 80m；对于含碎石、砾石的土层和很密实的砂层一般不适合应用。

2）静力触探试验的主要技术要求。静力触探的主要设备是静力触探仪，触探仪主要由 3 个部分组成：①贯入装置(包括反力装置)，其基本功能是可控制等速压入；②传动系统，目前国内外使用的传动系统有液压和机械两种，静力触探仪按其传动系统可以分为电动机械式、液压式和手摇轻型链式 3 种；③测量系统，包括探头、电缆和电阻应变仪等。

在静力触探的整个过程中，探头应匀速、垂直地压入土层中，压入速率一般控制在(1.2±0.3)m/min，静力触探探头上的传感器必须事先进行率定，室内率定非线性误差、重复性误差、滞后误差、温度漂移、归零误差等。在现场试验时，应检验现场的归零误差小于 3%，它是试验质量的重要指标。深度记录误差范围一般为±1%。当贯入深度大于 50m 时，应测量触探孔的偏斜度，校正土的分层界线。

(3) 圆锥动力触探

1）原理和特点。圆锥动力触探是利用一定的锤击动能，将一定规格的圆锥探头打入土中。根据打入土中的阻力大小判别土层的变化，确定土层的物理力学性质，对地基土作出工程地质评价。通常以打入土中一定距离所需的锤击数来表示土的阻力。

圆锥动力触探的优点是设备简单、操作方便、适应性广，并具有连续贯入的特性。对难以取样的砂土、粉土、碎石类土等，以及静力触探难以贯入的土层，动力触探是一种十分有效的测试手段。圆锥动力触探的缺点是不能采样对土进行直接鉴别描述，试验误差较大，再现性差。

2）动力触探的技术要求。动力触探设备的规格较多，不同设备规格所测得的触探指标不同，也就是说，某种动力触探指标对应其相应的设备规格。一般根据锤击能量分为轻型、重型和超重型三种(图 2.6)。

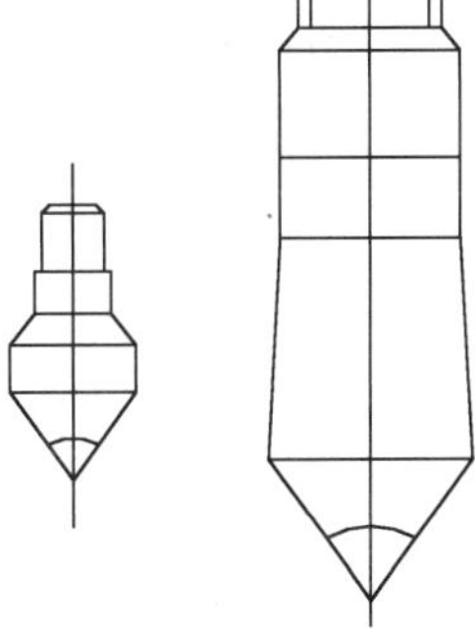

图 2.6　轻型、重型、超重型动力触探探头外形

动力触探试验的技术要点主要有：

① 自动落锤装置，如抓勾式、偏心轮式、钢球式、滑销式和滑槽式等。锤的脱落方式可分为碰撞式和缩径式两种。前者动作可靠，但如果操作不当，易反向撞出，影响试验成果；后者无反向撞击，但导向杆容易被磨损发生故障。

② 偏斜度。触探杆连接后的最初 5m 的最大偏斜度不应超过 1%，大于 5m 后的最大偏斜度不应超过 2%。试验开始时，应保持探头与探杆有很好的垂直导向，必要时可以预先钻孔作为

垂直导向。锤击过程中应防止锤击偏心、探杆歪斜和探杆测向晃动。每贯入 1m，应将探杆转动约一圈半，使触探杆能保持垂直贯入，并减少探杆的侧向阻力。当贯入深度超过 10m，每贯入 0.2m，就应当旋转探杆。

③ 试验中锤击间歇时间应做记录。锤击贯入应连续进行，不能间断，锤击速率一般为每分钟 15～30 击，在砂土和碎石类土中，锤击速率对试验成果影响不大，锤击速率可增加到每分钟 60 击。

④ 当贯入 15cm，且 N_{10}＞50 击或 $N_{63.5}$＞50 击即可停止试验，考虑改用超重型圆锥动力触探。

⑤ N_{10}和 $N_{63.5}$的正常范围为 3～50 击；N_{120}的正常范围为 3～40 击。当锤击数超出正常范围，如遇软黏土，可记录每击的贯入度。如遇硬土层，可记录一定锤击数下的贯入度。

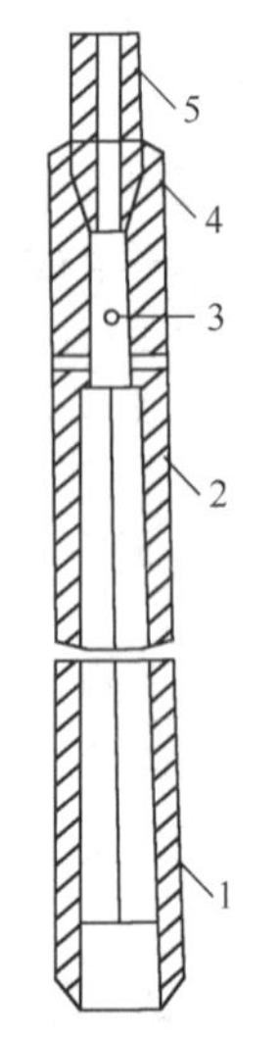

图 2.7　贯入器构成示意图

1. 贯入器靴；2. 贯入器身；3. 排水孔；4. 贯器头；5. 探杆接头

3）动力触探的适用范围。动力触探试验适用于强风化、全风化的硬质岩石、各种软质岩石及各类土。通过动力触探，可以对地基作出定性和定量评价：①定性评价。评定场地土层的均匀性；查明土洞、滑动面和软硬土层界面；检验评估地基土加固与改良的效果。②定量评价。确定砂土的孔隙比、相对密实度，粉土和黏性土的状态、土的强度和变形参数，评定天然地基土承载力或单桩承载力。

（4）标准贯入试验

1）原理和特点。标准贯入试验实质上仍属于动力触探类型之一，所不同的是，其触探头是标准规格的圆筒形探头(由两个半圆管合成的取土器)，称之为贯入器(图 2.7)。标准贯入试验就是利用一定的锤击动能，将标准贯入器打入土层，根据贯入阻力来评定土层的变化和土的物理力学性质。贯入阻力用贯入器贯入土层 30cm 的锤击数 $N_{63.5}$表示，也称标贯击数。

标准贯入试验开始于 20 世纪 40 年代，在国外有着广泛的应用，我国 1953 年开始应用。标准贯入试验结合钻孔进行，国内统一使用直径 42mm 的钻杆，国外有使用直径 50mm 或 60mm 钻杆的。

标准贯入试验的优点在于操作简便、设备简单、适应性广，而且通过贯入器可以采集扰动土样。本试验特别对不易钻探取样的砂土和砂质粉土物理力学性质的评定具有独特的意义。

2）标准贯入试验设备规格。标准贯入试验设备规格要符合表 2.5 的要求。

表 2.5　标准贯入试验设备规格

落锤	锤的质量	(63.5±0.5)kg	钻杆	直径	42mm
	落距	(76±2)cm		相对弯曲	小于 1‰
贯入器	长度	500mm	管靴	长度	(76±1)mm
	外径	(51±1)mm		刃口角度	18°～20°
	内径	(35±1)mm		刃口单刃厚度	2.5mm

3) 标准贯入试验的技术要求。为保证标准贯入试验用钻孔的质量，应采用回转钻进，当钻进至试验标高以上 15cm 处，应停止钻进。为保持孔壁稳定，必要时可用泥浆或套管护壁。如使用水冲钻进，应使用侧向水冲钻头，不能用向下水冲钻头，使孔底土尽可能少扰动。钻孔直径在 63.5～150mm。钻进时应注意以下几点：①仔细清除孔底残土到试验标高；②在地下水位以下钻进或遇承压含水砂层时，孔内水位或泥浆面始终应高于地下水位足够的高度，以减少土的扰动，否则会产生孔底涌土，降低标准贯击数 N 值；③下套管时，要防止套管过深，套管内的土未清除，使 N 值急增，不能反映实际；④下钻具时要缓慢下放，避免松动孔底土。

标准贯入试验所用的钻杆应定期检查，钻杆相对弯曲应小于 1/1000，接头应牢固。贯入锤应采用自动脱钩的自由落锤，并减小导向杆与锤间的摩擦阻力，以保持锤击能量恒定，它对 N 值影响较大。试验时先将整个杆件系统连同静置于钻杆顶端的锤击系统一起下到孔底，在静重下，贯入器的初始贯入度需做记录。如初始贯入度已超过 45cm，不做锤击贯入试验，N 值记为零。

试验分为两个阶段进行：①预打阶段，先将贯入器打入 15cm，如锤击已达 50 击，贯入度未达 15cm，记录实际贯入度；②试验阶段，将贯入器再打入 30cm，记录每打入 10cm 的锤击数，累计打入 30cm 的锤击数即为标准贯击数 N。当累计击数已达 50 击(国外有定为 100 击的)，而贯入度未达 30cm，应终止试验，记录实际贯入度 Δ_s 及累计锤击数 n 按下式换算成贯入 30cm 的锤击数，即

$$N=\frac{30n}{\Delta_s} \tag{2.1}$$

式中，Δ_s——对应锤击数 n 的贯入度，cm。

(5) 旁压试验

旁压试验是将圆柱形旁压器竖直地放入土中，通过旁压器在竖直的孔内加压，使旁压膜膨胀，并由旁压膜将压力传给周围土体，使土体产生变形直至破坏，通过测量施加压力和土变形之间的关系，可得到地基土在水平方向上的应力-应变关系。试验装置如图 2.8 所示。

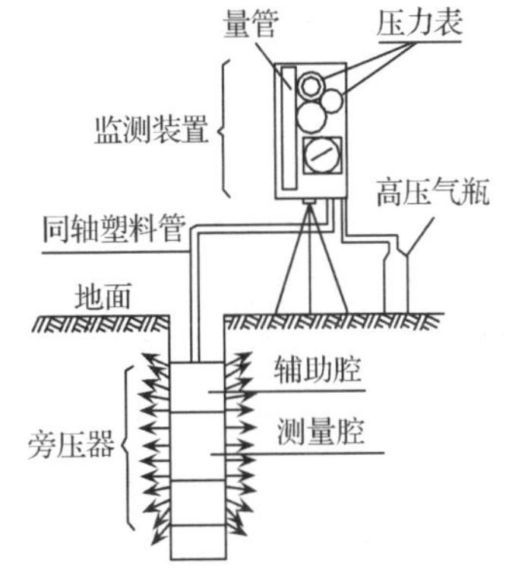

图 2.8　旁压试验装置示意图

根据旁压器置于土中的方法，可以将旁压仪分为预钻式、自钻式和压入式等。预钻式旁压仪一般需有竖向钻孔，自钻式旁压仪利用自转的方式钻到预定位置，压入式旁压仪以静压方式压到预定位置。

和静力载荷试验相对比，旁压试验有设备轻便、测试期短等特点，但其精度受成孔质量的影响较大。

(6) 原位剪切试验

1) 现场直剪试验。现场直剪试验的原理和室内直剪试验的原理基本相同，但由于该法的试验土体远比室内试样大，能包括宏观结构的变化，且试验条件接近原位条件，因此

结果更接近实际工程情况(图 2.9)。现场直剪试验可分为土体本身、土体沿软弱结构面和土体与混凝土接触面的剪切试验三种。进一步可以再分成土体试样在法向应力作用下沿剪切面破坏的抗剪试验、土体剪断后沿剪切面继续剪切的抗剪试验(摩擦试验)和法向应力为零时土体剪切的抗切试验。在进行现场直剪试验时,应根据现场条件、工程荷载特点、可能发生的剪切破坏模式、剪切面的位置及方向、剪切面的应力等条件,确定试验对象及相应的试验方法。

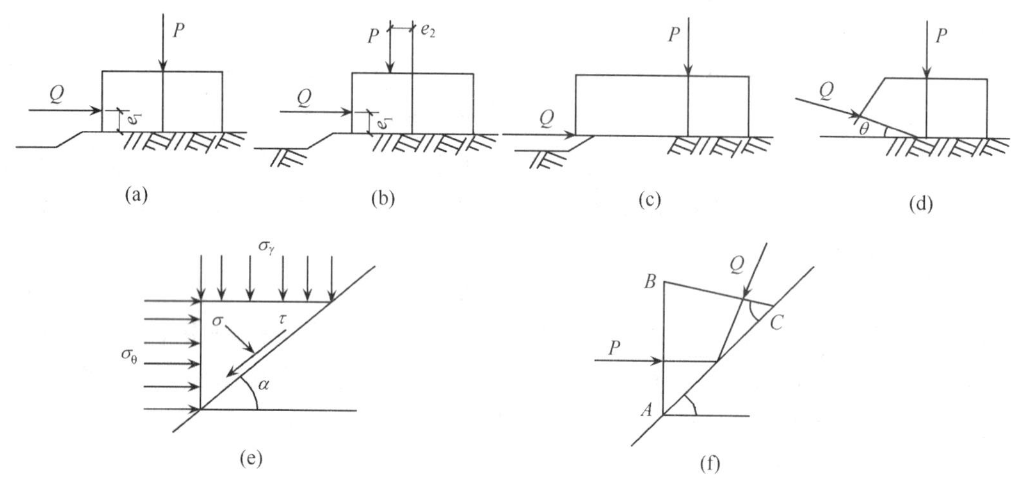

图 2.9 现场直剪试验示意图

(a)、(b)、(c)平推法;(d)斜推法;(e)、(f)沿软弱面水平挤出法

2)现场三轴试验。现场三轴试验可综合研究土体的力学性质,能测定模量、泊松比及强度值,它分为等侧($\sigma_1>\sigma_2=\sigma_3$)三轴试验和真三轴($\sigma_1>\sigma_2>\sigma_3$)试验,应根据土体围压的实际情况选用。现场三轴试验适用于岩石、碎石土等。试验前应了解岩石的应力状态及工程荷载条件,以确定围压和轴向压力的大小和加荷方式(图 2.10)。试验应在有代表性的地段或工程稳定性的关键部位,一般是在试洞内进行。

3)十字板剪切试验。十字板剪切试验是用插入软黏土中的十字板头,以一定的速率旋转,测出土的抵抗力矩,然后换算出土的抗剪强度(图 2.11)。这种方法测得的抗剪强度值相当于试验深度处天然土层的不排水抗剪强度,在理论上相当于三轴不排水剪的黏聚力值或无侧限抗压强度的一半($\phi=0$)。十字板剪切试验具有对土扰动小、设备轻便、测试速度快、效率高等优点,适用于饱和软黏土($\phi\approx0$)。应用的目的有计算地基承载力,确定桩的极限端承力和摩擦力,确定软土地区路基、海堤、码头、土坝的临界高度,判定软土的固结历史。因此该试验在我国沿海软土地区被广泛应用。

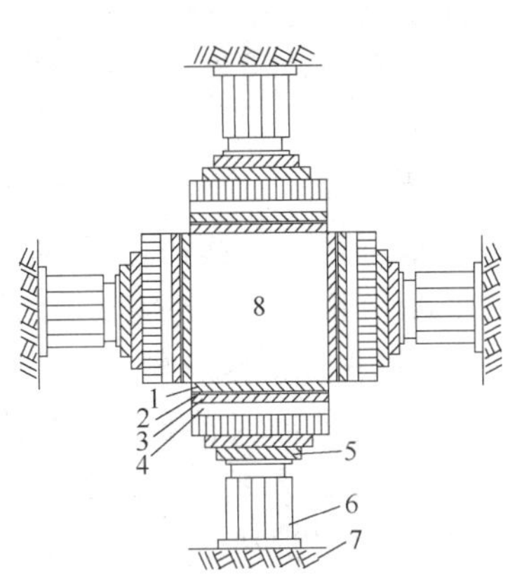

图 2.10　现场三轴试验围压设备示意图

1. 黄油；2. 毛毡；3. 沥青油毛毡；4. 承压板；5. 传力架 6. 千斤顶；7. 反力台；8. 试件

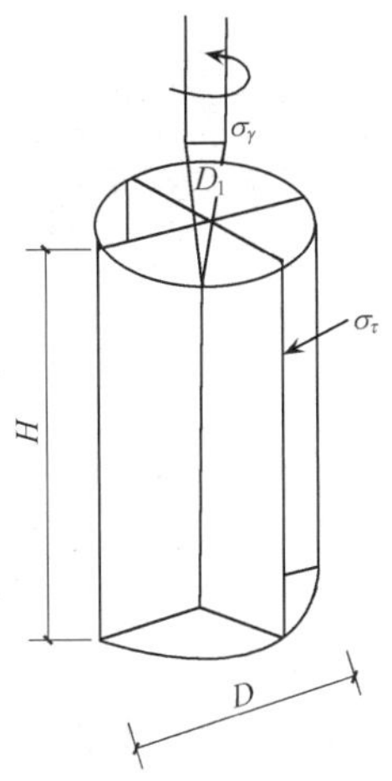

图 2.11　十字板剪切试验原理示意图

(7) 波速试验

弹性波在地层介质中的传播可分为压缩波和剪切波，在地层表面传播的面波可分为 R 波和 L 波。它们在介质中传播的特征和速度各不相同。波速测试就是测定土层的波速，依据弹性波在土体内的传播速度间接测定土体在小应变条件下(10^{-6}～10^{-4})的动弹性模量和泊松比。

试验方法。试验方法分为跨孔法、单孔波速法(检层法)和面波法(图 2.12)。

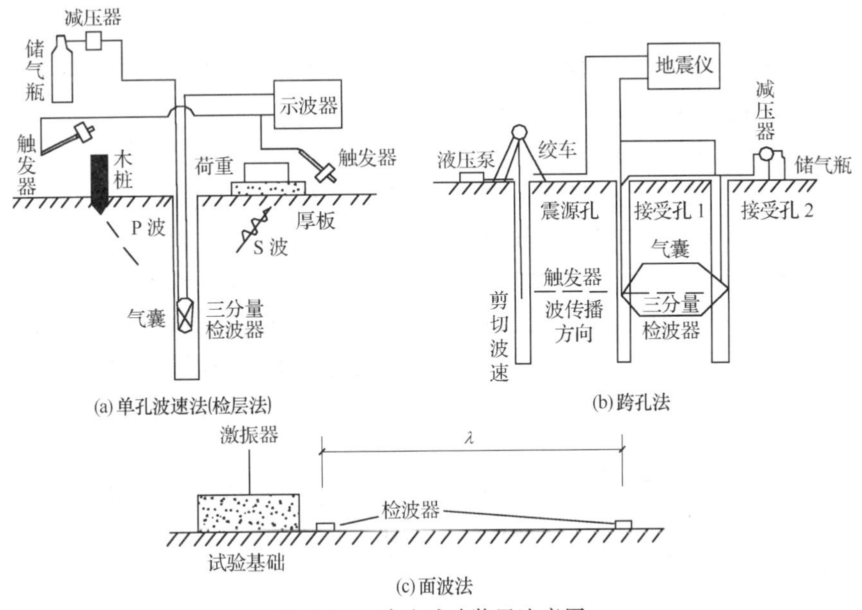

图 2.12　波速试验装置法意图

① 跨孔法以一孔为激发孔,布置一或两个检波孔。当孔深超过 15m 时,应对钻孔的倾斜度及倾斜方位进行测量,以便对激发孔和检波孔的水平距离进行修正。跨孔法可直接测定不同深度处土层的波速。近地表的测点宜布置在距地表 0.4m 的深度处,其余测点深度间距 1～2m 为宜。

② 单孔波速法(检层法)试验的孔应竖直。在距孔口 1.0～3.0m 处放一长度为 2～3m的混凝土板或木板,上压约 500kg 的重物(或汽车前轮),用锤沿板纵轴从两个相反方向水平敲击板端,产生水平剪切波,检波器固定在孔内不同深度处接收剪切波,测试应自下而上进行。在一个试验深度上,应重复试验多次,以保证试验质量。

③ 面波法测试,测定不同激振频率下瑞利波的波长,可得地表下一个波长深度范围内土的平均波速。面波法适用于地质条件简单、波速高的土层下伏有波速低的土层的场地,测试深度不大。当激振频率大于 20～30Hz 时,测试深度应小于 3～5m。

2.3 基础检测

对于既有建筑物基础的检测应该明确检测的目的,有侧重点的进行检查,对已经暴露出问题的部位更要详细检测。检测前应搜集基础、上部结构和管线设计、施工等方面的资料和竣工图,了解建筑物各部位基础的实际荷载。

对既有建筑来说,有的因建造时间久远,原始资料不全;有的受环境影响,建筑有不同程度的损坏。只有通过开挖探坑,将基础暴露出来,才能对基础的现状有全面的了解。通过开挖探坑验证基础类型、材料、尺寸及埋置深度,检查基础开裂、腐蚀或损坏程度,判定基础材料的强度等级。对倾斜的建筑应查明基础的倾斜、弯曲、扭曲等情况。对桩基应查明其入土深度、持力层情况和桩身质量。

2.3.1 桩基础检测

桩基础检测通常是指新建建筑物的桩基检测,对既有建筑物桩基质量进行检测则需要将基础进行开挖或将基础和上部结构断开。

(1) 桩基础检测的方法及分类

桩基础检测的主要内容是桩基的承载能力和完整性。按照设计与施工质量验收规范所规定的具体检测项目的方式,桩基的检测可以分为三类。

1) 直接法。即通过现场原型试验直接获得检测项目结果的检测方法。直接从桩身混凝土中钻取芯样,测定桩身混凝土的质量。开挖检查桩底沉渣和持力层情况,并测定桩长。水平承载力和竖向承载力的静载试验能够测量桩基的极限承载力,测定桩侧、桩端阻力,也可以通过埋设位移计,测定桩身各截面位移量,也可测量相应荷载作用下的桩身应力,并以此计算桩身弯矩。

2) 半直接法。即在现场原型试验的基础上,同时基于一些理论假设和工程实践经验并加以综合分析才能最终获得检测项目结果的检测方法。主要包括:低应变法、高应变法和声波透射法。

3) 间接法。依据直接法已取得的试验成果,结合土的物理力学试验或原位测试数据，通过统计分析，给出经验公式或半理论半经验公式。由于影响因素的复杂性，该方法对设计参数的判断有很大的不确定性，所以只适用于工程初步设计的估算。

由于各种检测方法的可靠性和经济性不同，因此应根据检测目的、检测方法的适用范围，综合考虑各种因素，合理选择检测方法，确定抽检数量，使各种检测方法之间能互为补充或验证，在“安全适用、正确评价”的前提下做到经济合理。各种桩基础检测方法见表2.6。

表2.6　基桩检测方法汇总

检测方法	检测目的	检测方法	检测目的
单桩竖向抗压静载试验	确定单桩竖向抗压极限承载力；判定竖向抗压承载力是否满足设计要求；通过桩身应变、位移测试测定桩侧、桩端阻力，验证高应变法的单桩竖向抗压承载力检测结果	单桩水平静载试验	确定单桩水平临界荷载和极限承载力，推定土抗力参数；判定水平承载力或水平位移是否满足设计要求；通过桩身应变、位移测试，测定桩身弯矩
单桩竖向抗拔静载试验	确定单桩竖向抗拔极限承载力；判定竖向抗拔承载力是否满足设计要求；通过桩身桩身应变，位移测试，测定桩的抗拔侧阻力	钻芯法	检测灌注桩桩长、桩身混凝土强度、桩底沉渣厚度，判定或鉴别桩端持力层岩土性状，判定桩身完整性类别
高应变法	判定单桩竖向抗压承载力是否满足设计要求；检测桩身缺陷及其位置，判定桩身完整性类别；分析桩侧和桩端土阻力；进行打桩过程监控	声波透射法	检测灌注桩桩身缺陷及其位置，判定桩身完整性类别
		低应变法	检测桩身缺陷及其位置，判定桩身完整性类别

(2) 检测结果评价和检测报告

桩的设计要求通常包含承载力、混凝土强度以及施工质量验收规范规定的各项内容，而施工后基桩检测结果的评价包含了承载力和完整性两个相对独立的评价内容。对于桩身完整性检测，《建筑基桩检测技术规范》(JGJ 106—2014)给出了完整性类别的划分标准，见表2.7。

表2.7　桩身完整性分类

桩身完整性类别	分类原则
Ⅰ	桩身完整
Ⅱ	桩身有轻微缺陷，不会影响桩身结构承载力的正常发挥
Ⅲ	桩身有明显缺陷，对桩身结构承载力有影响
Ⅳ	桩身存在严重缺陷

检测结果评价要按以下原则进行：①完整性检测与承载力检测相互配合，多种检测方法

相互验证与补充;②在充分考虑受检桩数量及代表性基础上,结合设计条件(包括基础和上部结构形式、地质条件、桩的承载性状和沉降控制要求)与施工质量可靠性,给出检测结论。

检测报告是最终向委托方提供的重要技术文件。作为技术存档资料,检测报告首先应结论准确,用词规范,具有较强的可读性;其次是内容完整、精炼。常规的内容包括:①委托方名称,工程名称、地点,建设、勘察、设计、监理和施工单位,基础、结构形式,层数,设计要求,检测目的,检测数量,检测依据,检测日期;②地基条件描述;③受检桩的桩型、尺寸、桩号、桩位、桩顶标高和相关施工记录;④检测方法,检测仪器设备,检测过程叙述;⑤受检桩的检测数据,实测与计算分析曲线、表格和汇总结果;⑥与检测内容相应的检测结论。

报告中应包含受检桩原始检测数据和曲线,并附有相关的计算分析数据和曲线,对仅有检测结果而无任何检测数据和曲线的报告,则视为无效。

(3) 单桩竖向抗压静载试验

单桩竖向抗压静载试验能够确定单桩竖向抗压承载力,是检测基桩竖向抗压承载力最直观、最可靠的试验方法。试验的主要目的是确定基桩竖向抗压承载力,虽然试验中也能得到与承载力相对应的沉降,但必须指出,静载试验中的沉降量与建(构)筑物的后期沉降量不一样。前者的影响因素主要是桩(包括桩型、桩长、桩径、成桩工艺等)和桩周桩端的岩土性状,后者的影响因素还有群桩效应、建(构)筑物的结构形式等诸多因素。

1) 试验方法。在国内外,现有循环加载法、卸荷法、等变形速率法、终级荷载长时间维持法等试验方法。我国建筑工程中惯用的静载试验方法是维持荷载法。维持荷载法又可以分为慢速维持荷载法和快速维持荷载法。

2) 设备仪器及其安装。试验加载宜采用油压千斤顶。当采用两台及两台以上千斤顶加载时应并联同步工作,且所采用的千斤顶型号、规格应相同;千斤顶的合力中心应与桩轴线重合。加载反力装置可根据现场条件选择锚桩横梁反力装置(图 2.13)、压重平台反力装置(图 2.14)、锚桩压重联合反力装置、地锚反力装置(图 2.15),并应符合下列规定:①应对加载反力装置的全部构件进行强度和变形验算;②应对锚桩抗拔力进行验算,采用工程桩作锚桩时,锚桩数量不应少于 4 根,并应监测锚桩的上拔量;③压重宜在检测前一次加足,并均匀稳固地放置于平台上;④压重给地基的压应力不宜大于地基承载力特征值的 1.5 倍,有条件时,宜利用工程桩作为堆载支点。

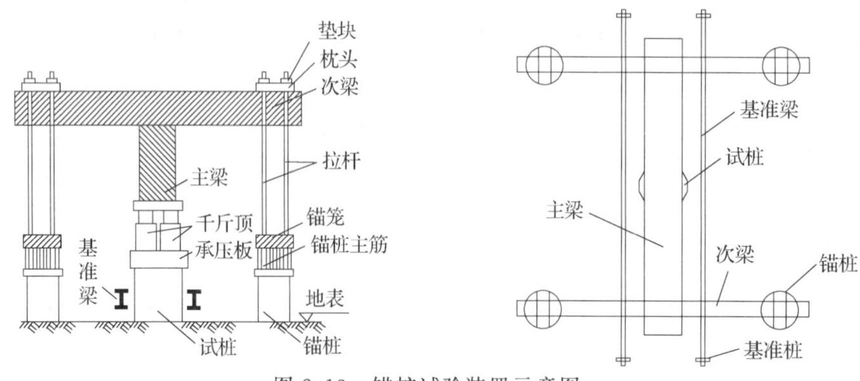

图 2.13　锚桩试验装置示意图

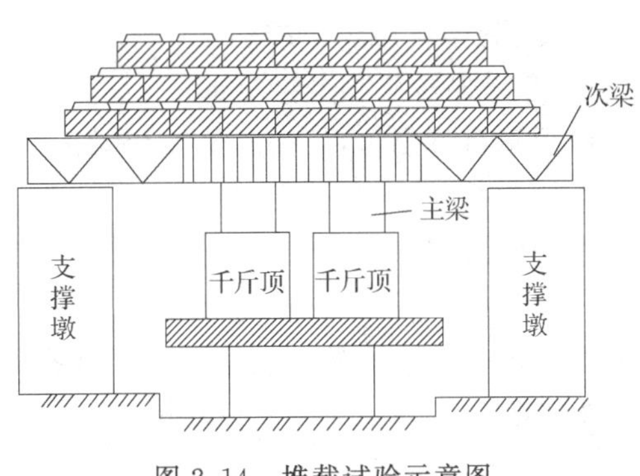

图 2.14　堆载试验示意图

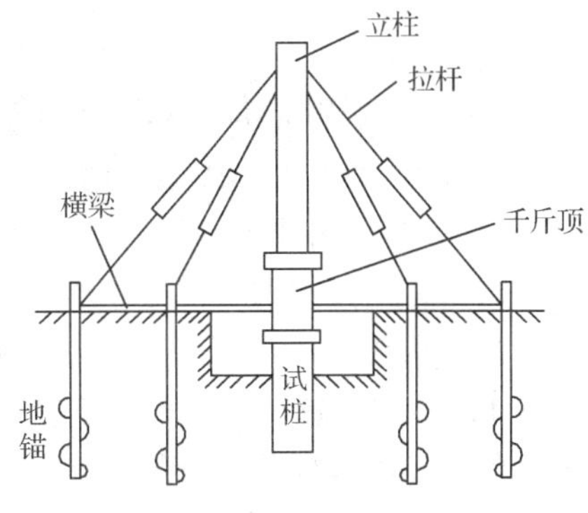

图 2.15　伞形地锚装置示意图

3）试验加卸载方式。加载应分级进行，采用逐级等量加载；分级荷载宜为最大加载量或预估极限承载力的1/10，其中第一级可取分级荷载的2倍。《建筑地基基础设计规范》(GB 50007—2011)中规定，加载分级不应小于8级，分级荷载宜为预估极限承载力的1/8～1/10；《建筑桩基技术规范》(JGJ 94—2008)中规定，分级荷载为预估极限承载力的1/10～1/15。不同规范包括其他行业标准对分级荷载的取值规定不是完全一样的。一般说来，工程桩的验收试验，分级荷载可取大一些，指导设计的试桩试验宜取小一些，科研性质的静载试验等，可以根据需要采用非等量加载。

终止加载后开始卸载，卸载应分级进行，每级卸载量取加载时分级荷载的2倍，逐级等量卸载。加、卸载时应使荷载传递均匀、连续、无冲击，每级荷载误差不得超过分级荷载的±10%。

① 慢速维持荷载法试验。每级荷载施加后按第5min、15min、30min、45min、60min测读桩顶沉降量，以后每隔30min测读一次。当桩顶沉降速率达到相对稳定标准时，再施加下一级荷载。试桩沉降量的相对稳定标准：在每级荷载作用下，桩顶的沉降量连续两次在每小时内不超过0.1mm，可视为稳定（由1.5h内连续三次每30min的沉降观测值计算）。

卸载时，每级荷载维持1h，按第15min、30min、60min测读桩顶沉降量后可卸下一级荷载；卸至零后，应测读桩顶残余沉降量，维持时间不得少于3h，测读时间为第15min、30min，以后每隔30min测读一次。

② 快速维持荷载法。每级荷载施加后，按第5min、15min、30min测读桩顶沉降量，以后每隔15min测读一次。当桩顶沉降速率达到相对稳定标准时，再施加下一级荷载。加载时每级荷载维持时间不少于1h，最后15min时间间隔的桩顶沉降增量小于相邻15min时间间隔的桩顶沉降增量。

卸载时，每级荷载维持15min，按第5min、15min测读桩顶沉降量后，即可开始卸下一级荷载；卸载至零后，应测读桩顶残余沉降量，维持时间不得少于2h，测读时间为第5min、10min、15min、30min，以后每隔30min测读一次。

4）终止加载条件。

① 某级荷载作用下，桩顶沉降量大于前一级荷载作用下沉降量的5倍，且桩顶总沉降

量超过 40mm(或 2 倍,且经 24h 尚未达到稳定标准,该条件只对慢速维持荷载法适用)。

② 已达到设计要求的最大加载值,且桩顶沉降达到相对稳定标准。

③ 当工程桩作锚桩时,锚桩上拔量已达到允许值。

④ 当荷载-沉降曲线呈缓变型时,可加载至桩顶总沉降量 60～80mm;当桩端阻力尚未充分发挥时,可加载至桩顶累计沉降量超过 80mm。

5) 单桩抗压极限承载力。《建筑基桩检测技术规范》(JGJ 106—2014)中规定单桩竖向抗压极限承载力统计值按以下方法确定。

① 成桩工艺、桩径和单桩竖向抗压承载力设计值相同的受检桩数量不少于 3 根时,可进行单位工程单桩竖向抗压极限承载力统计值计算。

② 参加统计的受检桩试验结果,当满足其极差不超过平均值的 30%时,取其算术平均值为单桩竖向抗压极限承载力。当极差超过平均值的 30%时,应分析原因,结合桩型、施工工艺、地基条件、基础形式等工程具体情况结合确定极限承载力,不能明确极差过大的原因时,宜增加试桩数量。

③ 对桩数为 3 根或 3 根以下的柱下承台,或工程桩抽检数量少于 3 根时,应取低值。

6) 单桩竖向抗压承载力特征值。单位工程同条件下单桩竖向抗压承载力特征值应按其极限承载力统计值的一半取值。

7) 极限承载力的外推。在许多情况下,桩的静载试验加载往往达不到极限荷载而终止试验,对工程桩的试验也不允许将桩压至极限破坏状态,因此,给判定桩的极限承载力造成困难。利用前期实测的 Q-s 曲线推测后期的 Q-s 曲线,确定桩的极限承载力成为必须要解决的问题之一,国内外的许多学者做了大量工作,常用的极限荷载外推法有双曲线法、指数方程法和作图法等。读者可以参照相关专著。

8) 自平衡法静载试验技术。传统单桩竖向抗压静载试验需要较大的反力装置,除非埋设桩底反力、桩身应变测量元件,试验结果不能划分桩侧阻力和桩端阻力。对于大直径大吨位的桩和大开挖的桩基工程,由于试验设备无法安装,静载试验难以进行,以致许多重要的建构筑物的大吨位基桩往往得不到准确的承载力数据,基桩的承载潜力不能得到充分地发挥。

自平衡法静载试验技术是将千斤顶放置在桩的底部,向上顶桩身的同时,向下压桩底,使桩的摩擦阻力和端阻力互为反力,分别得到荷载-位移曲线,叠加后得到桩顶的承载力和位移关系的 Q-s 曲线,试验装置如图 2.16 所示。这种方法解决了大吨位桩竖向承载力不能现场试验的问题,并分别测得桩侧阻力和桩端阻力以便更有利于指导设计。利用这种新试验技术,还可完成人工挖孔桩持力层原位荷载试验,对受场地条件限制无法进行常规静载试验的桩能够进行单桩竖向承载力现场试验。

这种试验方法的思路是在 1969 年由日本的中山和藤关提出的。1973 年,他们取得了对于钻孔桩的测试专利;1978 年,Sumii 获得了对于预制桩的测试专利。基于同样的思路,相似的技术也被 Cernak 等于 1988 年和美国西北大学教授Osterberg于 20 世纪 80 年代中期所开发,并且在美国、英国、日本、加拿大、新加坡和中国香港等地得到了广泛应用。

我国工程界、学术界对 Osterberg 法表现出极大的兴趣。史佩栋教授自 1995 年起在许多地方做了推广介绍,清华大学水利水电工程系率先利用该法结合大型渗水力土工模

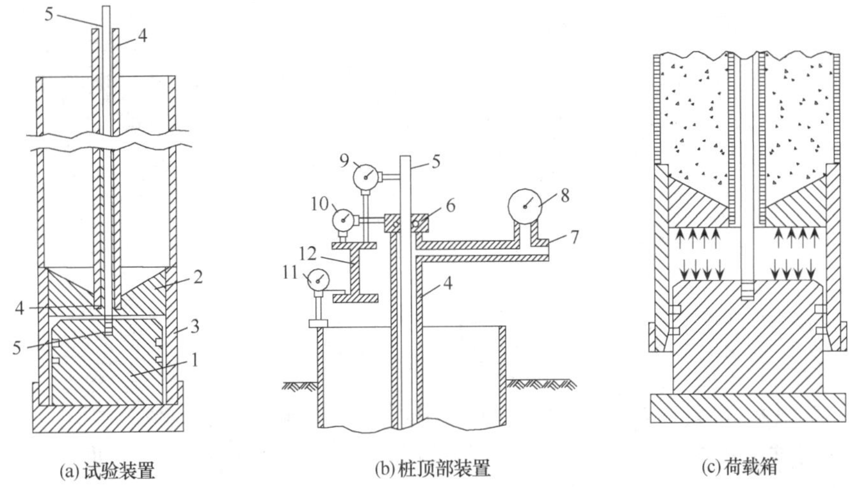

图 2.16　自平衡法试验装置示意图

1. 活塞；2. 顶盖；3. 箱壁；4. 输压竖管；5. 芯棒；6. 密封圈；
7. 竖压横管；8. 压力表；9、10、11. 百分表；12. 基准梁

型试验，进行了桩底受托桩、桩顶受压桩及桩顶受拉桩三者的侧阻力发挥机理的差异的试验研究，并建立了从 Osterberg 法试验结果推导抗压桩及抗拔桩承载力的关系式。通过实践应用认为，Osterberg 试桩法除了作为测定桩的承载力的一种方法外，还十分有利于对桩土相互作用机理等课题进行高水平的研究。东南大学土木工程系等对 Osterberg 法进行研究，编制了江苏省地方标准《桩承载力自平衡测试技术规程》(DB32/T 291—1999)。

(4) 单桩竖向抗拔静载试验

基础承受上拔力的建(构)筑物主要有以下几种类型：① 高压送电线路塔；② 电视塔等高耸构筑物；③ 承受浮托力为主的地下工程和人防工程，如深水泵房、(防空)地下室或其他工业建筑中的深坑；④ 在水平力作用下出现上拔力的建(构)筑物；⑤ 膨胀土地基上的建筑物；⑥ 海上石油钻井平台；⑦ 悬索桥和斜拉桥中所用的锚桩基础；⑧ 修建船舶的船坞底板等。

《建筑地基基础设计规范》(GB 50007—2011)规定，当桩基承受拔力时，应对桩基进行抗拔验算及桩身抗裂验算。因浮托力作用或抗浮措施不当而造成地下工程的破坏，在国内已有数例，如武汉某地下冷库、上海某地下机库等。因此，加强抗拔承载力的研究具有普遍的工程意义。桩基础上拔承载力的计算还没有从理论上很好的解决，在这种情况下，现场原位试验在确定单桩竖向抗拔承载力中的作用就显得尤为重要。

1) 测试装置。单桩竖向抗拔静载试验设备主要由主梁、次梁、反力桩或反力支承墩等反力装置，千斤顶、油泵等加载装置，压力表、压力传感器或荷重传感器等荷载测量装置，百分表或位移传感器等位移测量装置组成(图 2.17)。

2) 测试方法。单桩竖向抗拔静载试验宜采用慢速维持荷载法。必要时，也可以采用多循环加、卸载方法。慢速维持荷载法可按下面要求进行：

① 加卸载分级(与单桩竖向抗压静载试验的试验加卸载方式相同)。

② 桩顶上拔量的测量(有加载与卸载之分，测量方法与单桩竖向抗压静载试验的试验加卸载方式相同)，试验时应注意观察桩身混凝土的开裂情况。

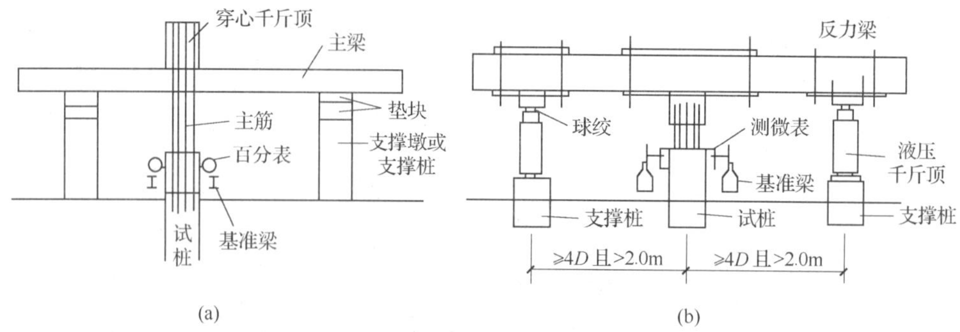

图 2.17　抗拔试验装置示意图

③ 变形相对稳定标准。在每级荷载作用下，桩顶的沉降量在每小时内不超过 0.1mm，并连续出现两次时，可视为稳定(由 1.5h 内连续 3 次每 30min 的沉降观测值计算)。当桩顶上拔速率达到相对稳定标准时，再施加下一级荷载。

④ 终止加载条件。当出现下列情况之一时，可终止加载：在某级荷载作用下，桩顶上拔量大于前一级上拔荷载作用下的上拔量 5 倍时；按桩顶上拔量控制，当累计桩顶上拔量超过 100mm 时；按钢筋抗拉强度控制，钢筋应力达到钢筋强度设计值，或某根钢筋拉断；对于验收抽样检测的工程桩，达到设计要求的最大上拔量或上拔荷载值。

如果在较小荷载下出现某级荷载的桩顶上拔量大于前一级荷载下的 5 倍时，应综合分析原因。若是试验桩，必要时可继续加载，当桩身混凝土出现多条环向裂缝后，其桩顶位移会出现小的突变，而此时并没有达到桩侧土的极限抗拔力。

3) 抗拔承载力特征值。与单桩竖向抗压静载试验单桩竖向抗压承载力特征值的方法相应，当工程桩不允许带裂缝工作时，取桩身开裂的前一级荷载作为单桩竖向抗拔承载力的特征值，并与按极限荷载一半取值确定的承载力特征值相比取低值。

(5) 单桩水平荷载试验

桩所受的水平荷载有多种形式，如风力、制动力、地震力、船舶撞击力及波浪力等。近年来，随着高层建筑物的大量兴建，风力、地震力等水平荷载成为建筑物设计中的控制因素，建筑桩基的水平承载力和位移计算成为建筑物设计的重要内容之一。

水平承载桩的工作性能主要体现在桩与土的相互作用上，即利用桩周土的抗力来承担水平荷载。按桩土相对刚度的不同，水平荷载作用下的桩-土体系有两类工作状态和破坏机理：一类是刚性短桩，因转动或平移而被破坏；一类是弹性长桩，桩身产生挠曲变形。

单桩水平静载试验采用接近于水平受荷桩实际工作条件的试验方法，确定单桩水平临界荷载和极限荷载，推定土抗力参数，或者对工程桩的水平承载力进行检验和评价。当桩身埋设有应变测量传感器时，可测量相应水平荷载作用下的桩身应力，并由此计算得出桩身弯矩的分布情况，为检验桩身强度、推求出不同深度弹性地基系数提供依据。

1) 试验装置。水平推力加载装置宜采用油压千斤顶(卧式)，加载能力不得小于最大试验荷载的 1.2 倍。采用荷载传感器直接测定荷载大小。水平力作用点应当与实际工程的桩基承台底面标高一致，如果高于承台底面标高，试验时在相对承台底面处会产生附加弯矩，会影响到测试结果。千斤顶与试桩接触处需安置一球形支座。千斤顶与试桩的接触处应适当补强。反力装置应根据现场具体条件选用，最常见的方法是利用相邻桩提供反力，如图 2.18 所示；也可利用周围现有的结构物作为反力装置或专门设置反力结构，但其承载能力和作用方向上的刚度应大于试验桩的 1.2 倍。

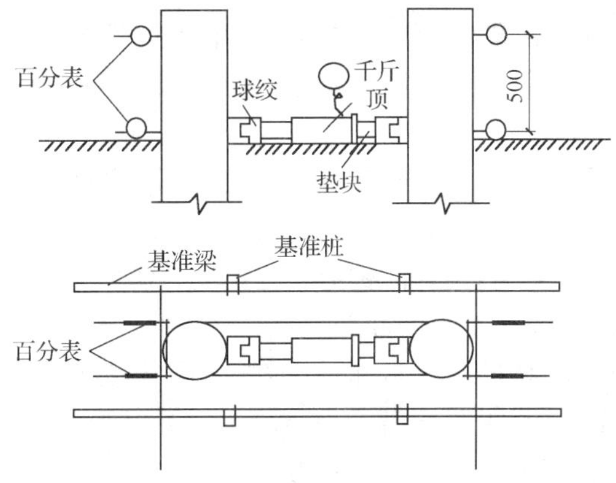

图 2.18 水平静载试验装置示意图

2）测试方法。单桩水平静载试验应根据工程桩的实际受力特性，选用单向多循环加载法或慢速维持荷载法。对于长期承受水平荷载作用的工程桩，加载方式宜采用慢速维持荷载法。单向多循环加载法主要是模拟实际结构的受力形式，但由于结构物承受的实际荷载异常复杂，因此很难达到预期目的。对需要测量桩身应力或应变的试验桩不宜采取单向多循环加载法，因为它会对桩身内力的测试带来不稳定因素。水平试验桩通常以结构破坏为主，为缩短试验时间，可采用时间更短的快速维持荷载法，如《港口工程桩基规范》(JTJ 254—2012)规定每级荷载维持 20min。

慢速维持荷载法的加卸载分级、试验方法及稳定标准应按“单桩竖向抗压静载试验”相应的规定进行。当出现下列情况之一时，可终止加载：

① 桩身折断。对长桩和中长桩，水平承载力作用下的破坏特征是桩身弯曲破坏，即桩发生折断。

② 水平位移超过 30～40mm(软土中的桩或大直径桩时可取高值)。

③ 水平位移达到设计要求的水平位移允许值。

3）承载能力确定。单桩水平临界荷载是桩身受拉区混凝土明显推出工作前的最大荷载。单桩水平极限承载力是对应于桩身折断或桩身钢筋应力达到屈服时的前一级水平荷载。单桩水平承载力特征值的确定应符合下列规定：

① 当桩身不允许开裂或灌注桩的桩身配筋率小于 0.65%时，可取水平临界荷载的 0.75 倍作为单桩水平承载力特征值；

② 对钢筋混凝土预制桩、钢桩或桩身配筋率不小于 0.65%的灌注桩，可取设计桩顶标高处水平位移所对应荷载的 0.75 倍作为单桩水平承载力特征值。水平位移可按下列规定取值：a. 对水平位移敏感的建筑物取 6mm；b. 对水平位移不敏感的建筑物取 10mm。

③ 取设计要求的水平允许位移对应的荷载作为单桩水平承载力特征值，且应满足桩身抗裂的要求。

当水平承载力按设计要求的水平允许位移控制时，可取设计要求的水平允许位移对应的水平荷载作为单桩水平承载力特征值,但应满足有关规范抗裂设计的要求。

(6) 低应变动力测试

桩的低应变测试方法是一种基于一维波动理论的动力测试方法。动测法的主要特点是检测速度快、费用低和检测覆盖面广。如果采用低应变方法的抽检比例占总桩数的100%,则可降低直接法小比例抽测漏检的概率。它已成为桩身施工质量检测中应用最为普遍的方法。

低应变法适用于检测混凝土桩的桩身完整性,判定桩身缺陷的程度及位置。它属于快速普查桩的施工质量的一种半直接法。桩身完整性定义为反映桩身截面尺寸相对变化、桩身材料密实性和连续性的综合性指标;桩身缺陷定义为使桩身完整性恶化,在一定程度上引起桩身结构强度和耐久性降低的桩身断裂、裂缝、夹泥(杂物)、空洞、蜂窝、松散等现象。

桩身的完整性并不是严格的定量指标,对不同的桩身完整性的检测方法,具体的判定特征也各异,但为了便于采用,规范给出了一个统一分类标准,详见表2.7。图2.19是几种低应变法测试波形与桩实际形状对比的示意图。

(7) 高应变动力测试

高应变法的主要功能是判定单桩竖向抗压承载力是否满足设计要求。这里所说的承载力是指在桩身强度满足桩身结构承载力的前提下,得到的桩周岩土对桩的抗力(静阻

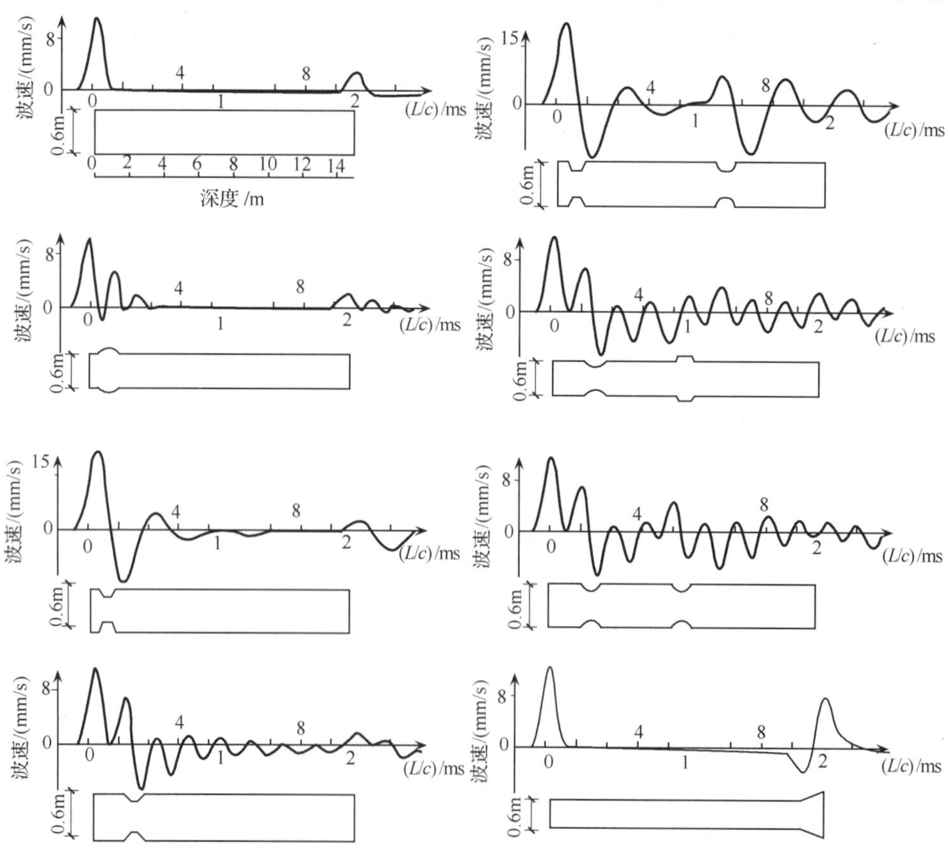

图2.19 几种低应变法测试波形与桩实际形状对比

力）。所以要得到极限承载力，应使桩侧和桩端岩土阻力充分发挥，否则就不能得到承载力的极限值，只能得到承载力的检测值。

高应变法检测桩身的完整性存在着设备笨重、效率低及费用高等缺点。由于具有激励能量和检测有效深度大的优点，特别在判定桩身水平整合型缝隙、预制桩接头等缺陷时，能够在查明这些缺陷是否影响竖向抗压承载力的基础上合理判定缺陷程度，是低应变检测这类缺陷桩的补充验证手段。

高应变检测技术是从打入式预制桩发展起来的，试打桩和打桩监控属于其特有的功能。它能监测预制桩打入时的桩身应力、锤击能量的传递、桩身完整性变化，为沉桩工艺参数及桩长选择提供了依据，是静载试验无法做到的。

1）限制条件。高应变法检测桩承载力属于半直接法，它只能通过应力直接测量得到打桩时的土阻力，与桩的承载力并无直接对应关系。静阻力信息需从打桩土阻力中提取，同时还需将静阻力与桩的沉降建立关系。于是要假设桩土力学模型及其参数，模型及其参数的建立和选择只能是近似的、甚至是经验性的，它们是否合理、准确，则需要通过大量工程实践经验积累和特定桩型和地质条件下的静动对比来不断完善。

灌注桩的截面尺寸和材质的非均匀性、施工的隐蔽性（干作业成孔桩除外）以及由此引起的承载力变异性均普遍高于打入式预制桩；混凝土材料应力-应变关系的非线性、桩头加固措施不当、传感器安装条件差及安装处混凝土质量的不均匀，导致灌注桩检测采集的波形质量低于预制桩，波形分析中的不确定性和复杂性又明显高于预制桩。与静载试验结果对比，灌注桩高应变检测判定的承载力误差也如此。

大直径灌注桩、扩底桩由于尺寸效应，通常其静载的 Q-s 曲线表现为缓变型，端阻力发挥所需的位移很大。多数情况下，高应变检测所用锤的重量有限，很难在桩顶产生持续较长时间的高水平作用荷载，达不到使土阻力充分发挥所需的位移量。根据以往测试经验，能使桩顶产生 10mm 的动位移已很困难了，这与静载试验产生的沉降相比，明显偏低。

2）测试仪器。检测仪器的主要技术性能指标的最低要求可以参照建筑工业行业标准《基桩动测仪》(JG/T 3055)，并且应具有保存、显示实测力与速度信号和信号处理与分析的功能。由于动测仪器的使用环境恶劣，所以仪器的环境性能指标和可靠性也很重要。

对不同类型的桩，各种因素的影响会使最大冲击加速度变化很大。因此应根据实测经验来合理选择加速度传感器的量程，选择的量程应大于预估最大冲击加速度值的 1 倍以上。如对钢桩而言，宜选择 20 000～30 000m/s^2 量程的加速度传感器。

对于力传感器，虽然实测轴向平均应变一般在 $\pm 1000\mu\varepsilon$ 以内，但考虑到锤击偏心、传感器安装初变形以及钢桩测试等极端情况，最大轴向应变范围不应小于 ± 2500～$\pm 3000\mu\varepsilon$，而相应的应变适调仪应具有较大的电阻平衡范围。

3）锤击设备。锤击设备应具有稳固的导向装置，而且高应变检测使用的重锤应当材质均匀、形状对称、锤底平整，高径（宽）比不得小于 1。锤的重量应大于预估单桩极限承载力的 1.0%～1.5%，混凝土桩的桩径大于 600mm 或桩长大于 30m 时取高值。当桩较长或桩径较大时，要使桩的侧阻和端阻发挥作用，一般需要的位移较大。

4）传感器安装。检测时至少应对称安装冲击力和冲击响应（质点运动速度）测量传

感器各两个(图 2.20)。冲击力和响应测量可采取以下方式:

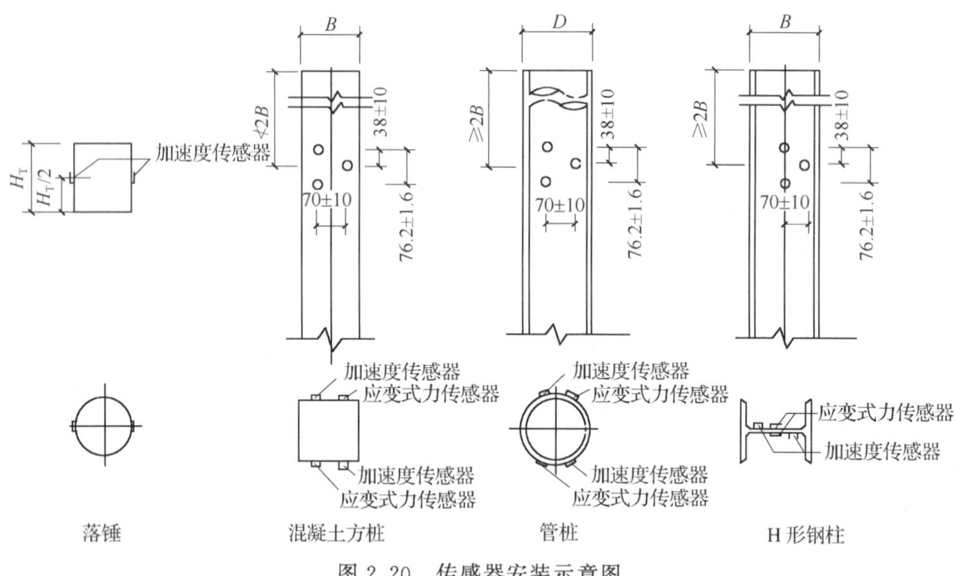

图 2.20　传感器安装示意图

① 在桩顶下的桩侧表面分别对称安装加速度传感器和力传感器,直接测量桩身测点处的响应和应变,并将应变换算成冲击力。安装面处的材质和截面尺寸应与原桩身相同,传感器不得安装在截面突变处附近。

② 在桩顶下的桩侧表面对称安装加速度传感器直接测量响应,在自由落锤锤体处对称安装加速度传感器直接测量冲击力。

5) 数据处理。数据选取后,可以采用实测曲线拟合法或凯司法判定单桩承载力;采用实测曲线拟合法或计算所得桩身完整性系数判定桩身的完整性。具体判定方法和公式,请参阅《建筑桩基检测技术规范》(JGJ 106—2011)和相关文献。

(8) 声波透射法

混凝土灌注桩的声波透射检测法是在混凝土声学检测技术的基础上发展起来的。混凝土的声学检测始于 1949 年,经过几十年的研究、探索和实践,这项技术在仪器设备、测试方法、应用范围、数据分析、处理方法等方面都得到了很大发展,在许多国家和地区得到了广泛应用,成为混凝土无损检测的重要手段。

声波透射法的特点是检测全面、细致,检测的范围可以覆盖全桩长的各个横截面,信息量相当丰富,结果准确可靠,且现场操作简便、迅速,不受桩长、长径比和场地的限制。

1) 声波透射法的分类。按照声波换能器通道在桩体中的布置方式,声波透射法可以分为 3 种方式(图 2.21):①桩内跨孔透射;②桩内单孔透射;③桩外孔透射法。

跨孔法是一种较成熟且可靠的方法,是声波透射法检测灌注桩混凝土质量最主要的形式,另外两种方式在检测过程的实施、数据的分析和判断上,均存在不少困难,检测方法的实用性、检测结果的可靠性均较低。

2) 声测管的埋设及要求。声测管是声波透射法测桩时径向换能器的通道,其埋设数

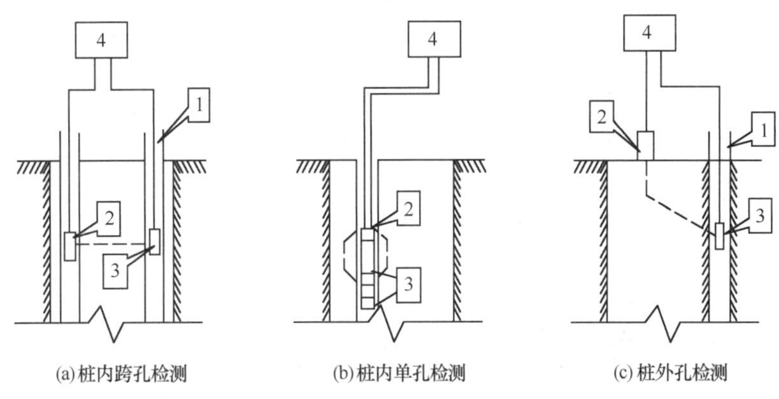

图 2.21　灌注桩声波透射法检测方式示意图

1. 声测管(或钻孔);2. 发射换能器;3. 接收换能器;4. 声波检测仪

量决定了检测剖面的个数(检测剖面数为 C_n^2,其中 n 为声测管数),同时也决定了检测精度。声测管埋设数量越多,则两两组合形成的检测剖面就越多,声波对桩身混凝土的有效检测范围就更大、更细致,但需要消耗更多的人力、物力,增加了成本。

声测管应沿桩截面外侧呈对称形状布置。按图 2.22 所示的箭头方向顺时针旋转依次编号。3 种不同类型的检测剖面其编组分别为(1-2)、(1-2,1-3,2-3)、(1-2,1-3,1-4,2-3,2-4,3-4)。

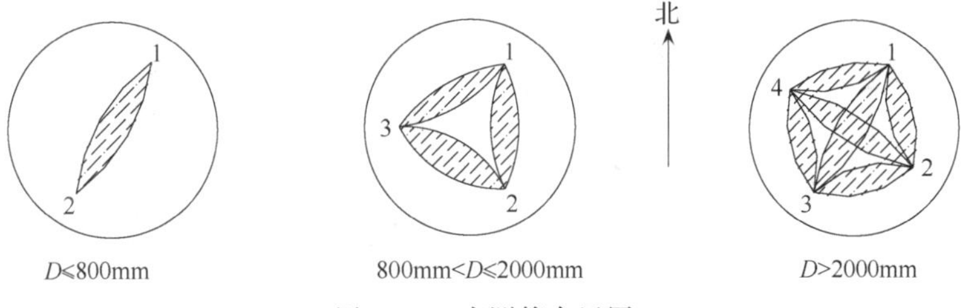

图 2.22　声测管布置图

3) 桩身完整性判别。桩身完整性应该考虑多项因素按表 2.8 来综合判别,需要结合桩身混凝土各声学参数临界值、PSD 判据、混凝土声速低限值以及桩身质量可疑点加密测试后确定的缺陷范围来判断。

(9) 钻芯法

钻芯法是一种局部破损检测方法,具有科学、直观、实用等特点,不仅可检测混凝土灌注桩,也可检测地下连续墙的施工质量,检测地下连续墙的施工质量是钻芯法的优势所在。钻芯法还可检测混凝土质量及强度,而且可检测沉渣厚度、混凝土与持力层的接触情况,以及持力层的岩土性状,是否存在夹层等。钻芯法借鉴了地质勘探技术,在混凝土中钻取芯样,通过芯样的表观质量和芯样试件抗压强度的试验结果,综合评价混凝土的质量是否符合设计要求。

表 2.8　声波透射法桩身完整性判定

类　别	特　征
Ⅰ	各检测剖面的声学参数均无异常,无声速低于低限值异常
Ⅱ	某一检测剖面个别测点的声学参数出现异常,无声速低于低限值异常
Ⅲ	某一检测剖面连续多个测点的声学参数出现异常 两个或两个以上检测剖面在同一深度测点的声学参数出现异常 局部混凝土声速出现低于低限值异常
Ⅳ	某一检测剖面连续多个测点的声学参数出现明显异常 两个或两个以上检测剖面在同一深度测点的声学参数出现明显异常 桩身混凝土声速出现普遍低于低限值异常或无法检测首波或声波接受信号严重畸变

钻芯法不仅用于混凝土灌注桩的质量检测,也用于混凝土结构质量等方面的检测,具体可参见本书混凝土检测相关章节,关于钻芯设备及技术参数参见本书中与混凝土钻芯法相关的内容。

1) 检测要求。基桩和地下连续墙钻芯法检测不应简单地采用随机抽样的方法进行,应结合设计要求、施工现场记录以及其他检测方法的检测结果,经过综合分析后对质量确有问题或质量较差的、有代表性的部位进行抽检。抽取的数量应符合下列规定(验证检测和扩大检测不在此范围内)。

① 基桩钻芯检验抽取数量不应少于总桩数的 5%,且不得少于 5 根;当总桩数不多于 50 根时,钻芯检验桩数不得少于 3 根。

② 对于端承型大直径灌注桩,当受设备或现场条件限制无法检测单桩竖向抗压承载力时,可采用钻芯法测定桩底沉渣厚度并钻取桩端持力层岩土芯样检验桩端持力层。抽检数量不应少于总桩数的 10%,且不得少于 10 根。

2) 钻孔数量及钻孔位置。基桩钻孔数量应根据桩径 D 大小确定。当 $D<1.2$m,每桩钻 1 孔;当 1.2m$\leqslant D\leqslant$1.6m,每桩宜钻 2 孔;当 $D>1.6$m,每桩宜钻 3 孔。为准确确定桩的中心点,桩头宜开挖裸露;否则,应由经纬仪测出桩位中心。当钻芯孔为 1 个时,宜在距桩中心 10～15cm 的位置开孔;当钻芯孔为 2 个或 2 个以上时,开孔位置宜在距桩中心 $0.15D$～$0.25D$ 范围内均匀布置。

3) 钻孔孔深。《建筑地基基础设计规范》(GB 50007—2011)规定,嵌岩灌注桩要求按端承桩设计,桩端以下 3 倍桩径的范围内无软弱夹层、断裂破碎带和洞隙分布,在桩底应力扩散范围内无岩体临空面;虽然施工前已进行岩土工程勘察,但有时钻孔数量有限,对较复杂的地质条件,很难全面弄清岩层、土层的分布情况。因此,应对桩底持力层进行足够深度的钻探。每桩至少应有一孔钻至设计要求的深度,如设计没有明确要求时,也应钻入持力层 3 倍桩径且不应少于 3m。

4) 结果分析与判定。混凝土芯样试件应按照《建筑基桩检测技术规范》(JGJ 106—2014)执行,芯样强度应按照《普通混凝土力学性能试验方法》(GB/T 50081—2002)中的有关规定执行;桩底岩芯单轴抗压强度试验可按照《建筑地基基础设计规范》(GB 50007—2011)附录 J 执行。

混凝土芯样试件抗压强度检测值应按一组三块试件强度值的平均值确定。同一受检桩同一深度部位，有两组或两组以上混凝土芯样试件抗压强度代表值时，取其平均值作为该桩该深度处混凝土芯样试件抗压强度的检测值。

受检桩中不同深度位置的混凝土芯样试件抗压强度代表值中的最小值为该桩混凝土芯样试件抗压强度检测值。

桩端持力层应根据芯样特征、岩石芯样单轴抗压强度试验、动力触探或标准贯入试验结果，综合判定。

桩身完整性类别应结合钻芯孔数、现场混凝土芯样特征、芯样单轴抗压强度试验结果，按表 2.9 的特征进行综合判定。

表 2.9 钻芯法桩身完整性判定

类别	特征
Ⅰ	混凝土芯样连续、完整、侧表面光滑、胶结好、骨料分布均匀、呈长柱状、断口吻合，芯样侧面仅见少量气孔
Ⅱ	混凝土芯样连续、完整、胶结较好、芯样侧表面较光滑、骨料分布基本均匀、呈柱状、断口基本吻合，芯样侧面局部见蜂窝麻面、沟槽
Ⅲ	大部分混凝土芯样胶结较好，无松散、夹泥或分层现象，但有下列情况之一： 芯样局部破碎且破碎长度不大于 10cm；芯样骨料分布不均匀；芯样多呈短柱状或块状；芯样侧面蜂窝麻面、沟槽连续
Ⅳ	钻进很困难；芯样任一段松散、夹泥或分层；芯样局部破碎且破碎长度大于 10cm

桩质量评价应按单桩进行，出现下列情况之一时，判定为不能满足设计要求：

① 桩身完整性类别为Ⅳ类的桩。

② 受检桩混凝土芯样试件抗压强度检测值小于混凝土设计强度等级的桩。

③ 桩长、桩底沉渣厚度不满足设计或规范要求的桩。

④ 桩端持力层岩土性状(强度)或厚度未达到设计或规范要求的桩。

2.3.2 其他基础检测

其他基础的检测方法可以按照其材料分别进行归类，对于混凝土基础(独立基础、条形基础、筏板基础、箱形基础等)其强度检测方法可以采用回弹法、钻芯取样法等；对其浇注质量和裂缝可以采用超声法；对于保护层厚度和钢筋数量、位置可采用钢筋保护层测定仪检测；对于砖砌条形基础其强度检测可采用取样法等砌体检测方法。一般地，建筑工程基础的检验应按下列步骤进行：①目测基础的外观质量，检查基础尺寸；②检测基础轴线位置，柱荷载偏心情况，基础埋置深度，持力层情况；③用手锤等工具初步检查基础的质量。用非破损法或钻孔取芯法测定基础材料的强度；④检查钢筋直径、数量、位置和锈蚀情况；⑤测定基础的变形、裂缝、沉降等情况。

根据基础裂缝、腐蚀或破损程度以及基础材料的强度等级，判断基础工程质量；按实际承受荷载和变形特征进行基础承载力和变形验算，确定基础加固的必要性。

2.4 地基加固

对于工程地基问题,首先应收集设计施工资料,考察建筑物实际荷载和适用情况,查明问题原因,然后就不同问题进行不同的处理。地基承载力不足可以从减小地基中的附加应力或提高地基承载能力两方面入手来解决。

提高地基承载能力的方法大致有:深层搅拌法、高压喷射注浆法、渗入性灌浆法、劈裂灌浆法、挤密灌浆法、电动化学灌浆法、树根桩法、土桩、灰土桩法。地基处理方法的适用范围见表 2.10。

表 2.10　常用地基处理方法分类及其适用范围

类别	方法	简要原理	适用范围
灌入固化物	深层搅拌法	利用深层搅拌机将水泥或石灰和地基土原位搅拌形成圆柱状、格栅状或连续墙水泥土增强体,形成复合地基以提高地基承载力,减小沉降。深层搅拌法分喷浆搅拌法和喷粉搅拌法两种。也常用它形成防渗帷幕	淤泥、淤泥质土和含水率较高地基承载力标准值不大于 120kPa 的黏性土、粉土等软土地基
	高压喷射注浆法	利用钻机将带有喷嘴的注浆管钻进预定位置,然后用 20MPa 左右的浆液或水的高压流冲切土体,用浆液置换部分土体,形成水泥土增强体。高压喷射注浆法有单管法、二重管法、三重管法。在喷射浆液的同时通过旋转,提升可形成定喷,摆喷和旋喷。高压喷射注浆法可形成复合地基以提高承载力,减少沉降。也常用它形成防渗帷幕	淤泥、淤泥质土、黏性土、粉土、黄土、砂土、人工填土和碎石土等地基,当土中含有较多的大块石,或有机质含量较高时应通过试验确定其适用性
	渗入性灌浆法	在灌浆压力作用下,将浆液灌入土中填充天然孔隙,改善土体的物理力学性质	中砂、粗砂、砾石地基
	劈裂灌浆法	在灌浆压力作用下,浆液克服地基土中初始应力和抗拉强度,使地基中原有的孔隙或裂隙扩张,或形成新的裂缝和孔隙,用浆液填充,改善土体的物理力学性质。与渗入灌浆相比,其所需灌浆压力较高	岩基或砂、砂砾石、黏性土地基
	挤密灌浆法	通过钻孔向土层中压入浓浆液,随着土体压密将在压浆点周围形成浆泡。通过压密和置换改善地基性能。在灌浆过程中因浆液的挤压作用可产生辐射桩上抬力,可引起地面局部隆起。利用这一原理可以纠正建筑物不均匀沉降	常用于中砂地基,排水条件较好的黏性土地基
	电动化学灌浆法	当在黏性土中插入金属电极并通以直流电后,在土中引起电渗、电泳和离子交换等作用,在通电区含水量降低,从而在土中形成浆液“通道”。若在通电同时向土中灌注化学浆液,就能达到改善土体物理力学性质的目的	黏性土地基
加筋	树根桩法	在地基中设置如树根状的微型灌注桩(直径 70～250mm),提高地基或土坡的稳定性,桩里面有钢筋	各类地基
振密、挤密	土桩、灰土桩法、双灰桩、强夯法	采用沉管法、爆扩法和冲击法在地基中设置土桩或灰土桩,在成桩过程中挤密桩间土,由挤密的桩间土和密实的土桩或灰土桩形成复合地基	地下水位以上的湿陷性黄土、杂填土、素填土等地基

灌浆加固技术将能够固化的浆液注入地基土体，通过物理化学作用，改善地基土体的物理力学性质，达到加固地基的目的。根据灌浆机理，灌浆法可以分为：渗入性灌浆、劈裂灌浆、压密灌浆和电动化学灌浆。按照灌浆材料可以分为水泥系浆材、化学浆材和混合浆材（图 2.23）。

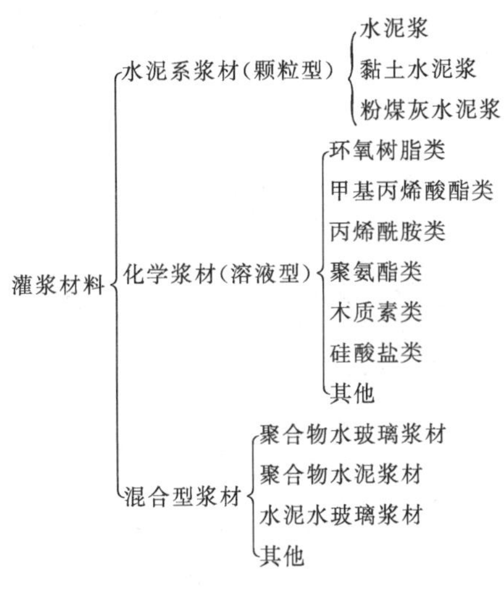

图 2.23　浆体材料分类

高压喷射注浆法适用于淤泥、淤泥质土、黏性土、粉土、黄土、砂土、人工填土和碎石土等地基。但灌浆加固技术与高压喷射注浆加固技术在湿陷性黄土地区谨慎使用。

灰土挤密桩法适用于处理地下水位以上的湿陷性黄土、素填土和杂填土等地基。深层搅拌法适用于处理淤泥、淤泥质土、粉土和含水量较高的黏性土等地基。硅化法可分双液硅化法和单液硅化法。当地基土的渗透系数大于 2.0m/d 的粗颗粒土时，可采用双液硅化法（水玻璃和氯化钙）；当地基土的渗透系数为 0.1～2.0m/d 的湿陷性黄土时，可采用单液硅化法（水玻璃）；对自重湿陷性黄土，宜采用无压力单液硅化法。碱液法适用于处理非自重湿陷性黄土地基。这些加固技术的设计和施工方法可以参见国家现行标准《建筑地基处理技术规范》（JGJ 79—2002）有关规定执行。

2.5　基础加固

既有建筑物地基基础加固主要针对：①基础强度不足。主要由设计或施工引起的，例如，基础高度不够、配筋不足、基础混凝土强度不足、浇注质量差等。②基础受到损伤。基础如果因受到冻胀、不均匀沉降或其他原因而遭到损伤。③地基承载力不足。

常见的基础处理方法有：加大基础底面积、加深基础法、锚杆静压桩法、树根桩法、静压桩法、石灰桩法、地基加固等。

2.5.1　加大基础底面积

加大基础底面积法适用于既有建筑的地基承载力或基础底面积尺寸不能满足设计要

求时的加固。采用混凝土套或钢筋混凝土套加大基础底面积。加大基础底面积的设计和施工应符合下列规定：

1）一般地，基础承受偏心(轴心)受压，可采用不对称(对称)加宽。当原条形基础承受中心荷载时，可采用双面加宽(图 2.24)；对单独柱基础加固可沿基础底面四边扩大加固(图 2.25)；当原基础承受偏心荷载、或受相邻建筑基础条件限制、或为沉降缝处的基础、或为不影响室内正常使用时，可用单面加宽基础(图 2.25)。

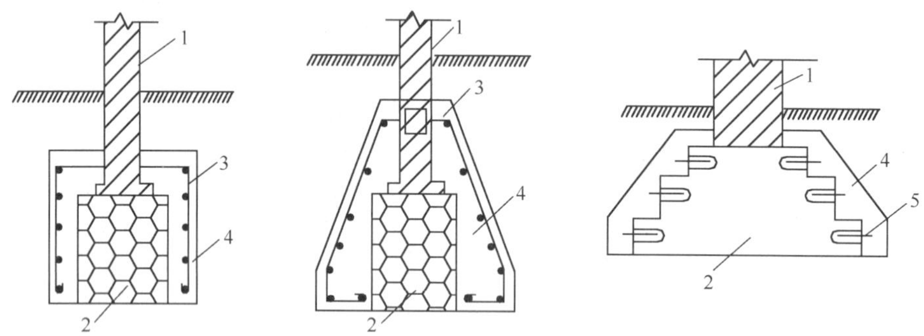

图 2.24　条形基础双面加宽示意图

1. 原有墙体；2. 原有墙下条形基础；3. 基础加宽部分配筋示意；4. 基础中宽部分；5. 植筋

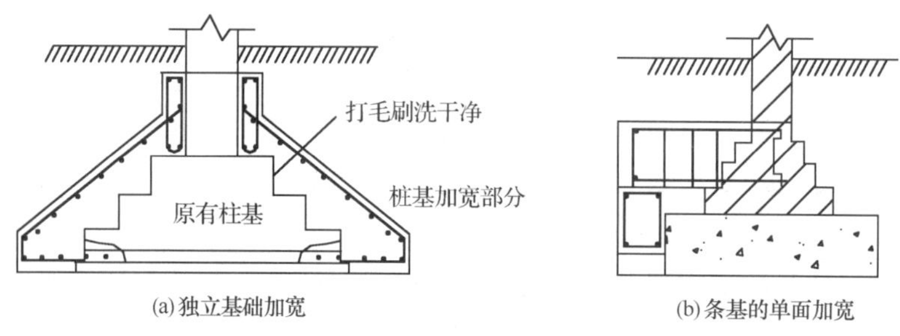

(a)独立基础加宽　　(b)条基的单面加宽

图 2.25　独立基础加宽及条基的单面加宽示意图

2）在灌注混凝土前应将原基础凿毛和刷洗干净后，铺一层高强度等级水泥浆或涂上混凝土界面剂，以增加新老混凝土基础的粘结力。

3）对加宽部分，地基上应铺设厚度和材料均与原基础垫层相同的夯实垫层，以使加套后的基础与原基础的基底标高和应力扩散条件相同及变形协调。

4）当采用混凝土套加固时，基础每边加宽的宽度其外形尺寸应符合国家现行标准《建筑地基基础设计规范》(GB 50007—2011)中有关刚性基础台阶宽高比允许值的规定。沿基础高度隔一定距离应设置锚固钢筋。

5）当采用钢筋混凝土套加固时，加宽部分的主筋应与原基础内主筋相焊接。

6）对条形基础加宽时，应按长度 1.5～2m 划分成单独区段，分批、分段、间隔施工，不能在基础全长上挖成连续的坑槽或使坑槽内地基土暴露过久，而使原基础产生和加剧不均匀沉降。

当采用混凝土或钢筋混凝土套加大基础底面积还不能满足地基承载力和变形等的设计要求时，可以考虑改变基础形式的方法。例如，将原独立基础改成条形基础；将原条形基础改成十字交叉条形基础或筏形基础；将原筏形基础改成箱形基础。这样不但更能扩大基底面积，用以满足地基承载力和变形的设计要求，也可以减少地基的不均匀变形。

2.5.2　加深基础法

1）基本概念。加深基础法是直接在基础下挖坑，挖至新的持力层，在坑内浇注混凝土，以满足地基承载力和变形的设计要求。这种施工方法也称基础托换(图 2.26)。这种方法适合于地基浅层有较好的持力层，地下水位较低的场地。基础托换的优点是施工简便，由于托换工作大部分是在建筑物的外部进行，所以在施工期间仍可以使用建筑物。缺点是工期较长，由于建筑物的荷重将置换到新的地基土上，对被托换建筑物而言，将会产生一定的附加新沉降。

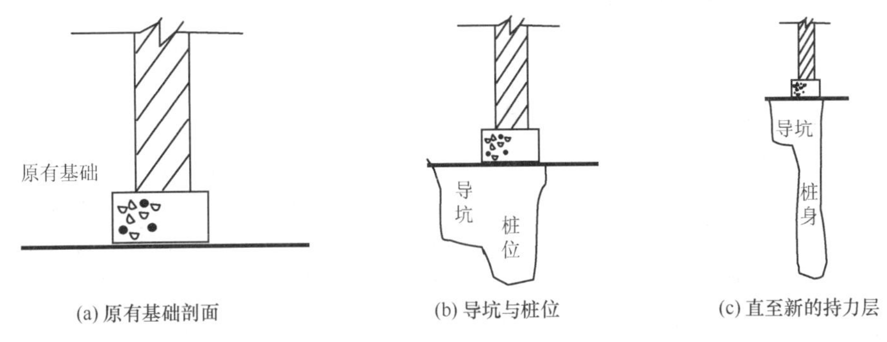

图 2.26　基础托换示意图

2）施工步骤。加深基础用的现浇混凝土墩可以是间断的或连续的，主要取决于被托换的既有建筑的荷载大小和墩下地基土的承载能力及其变形性能。具体施工步骤如下：

① 在贴近被托换的基础侧面，由人工开挖竖向导坑，并挖到比原有基础底面以下深 1.5m 处。

② 将导坑横向扩展到直接的基础下面，并继续在基础下面开挖到所要求的持力层标高。

③ 采用现浇混凝土浇注已被开挖出来的基础下的挖坑体积。在离原有基础底面 8cm 处停止浇注，养护一天后，将 1∶1 干硬性水泥砂浆放进 8cm 的空隙内进行干填。由于干填的这一层厚度很薄，所以实际上可视为不产生收缩的，因而建筑物不会因混凝土收缩而发生附加沉降。有时也可以使用液态砂浆通过漏斗注入，并在砂浆上保持一定的压力直到砂浆凝固结硬为止。如果用早强水泥，可加快施工进度。

④ 用同样步骤，再分段分批的挖坑和修筑墩子，直至全部托换基础的工作完成为止。

对于许多大型建筑物基础托换时，由于墙身内应力的重分布，有可能在要求托换的基础下面直接开挖小坑，而不需要在原有基础下面加临时支撑。在开挖过程中由于土拱的作用，使作用在挡板上的荷载大大减少，且土压力的数值将不随深度的增加而增加，故所有坑壁都可以应用 5～20cm 的横向挡板，并可边挖边建立支撑。

在墩式基础施工时，基础内外两侧土体高差形成的土压力足以使基础产生位移，故需提供类似挖土时的横撑、对角撑或锚杆(图 2.27)。因为墩式基础不能承受水平荷载，侧向位移将会导致建筑物的严重开裂。

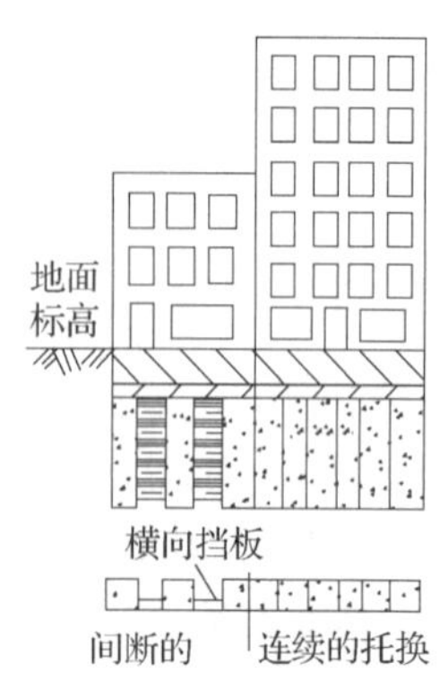

图 2.27　间断托换、连续托换

2.5.3　锚杆静压桩法

锚杆静压桩是锚杆和静力压桩两项技术巧妙结合而形成的一种桩基施工新工艺。加固机理类同于打入桩及大型压入桩,受力直接和清晰。其工艺是在建筑物基础上按设计开凿压桩孔和锚杆孔,用黏结剂埋好锚杆,然后安装压桩架与建筑物基础连为一体,并利用既有建筑物的自重作反力,用千斤顶将预制桩段压入土中,桩段间用硫磺胶泥或焊接连接。当压桩力或压入深度达到设计要求后,将桩与基础用微膨胀混凝土浇注在一起,桩即可受力,从而达到提高地基承载力和控制沉降的目的。锚杆静压桩的设备装置如图 2.28 所示。

1) 特点。既有建筑物地基基础加固采用锚杆静压桩法,主要用于托换加固和纠偏加固工程中。实践表明,加固工程中使用该法具有以下明显优点:①保证工程质量。采用锚杆静压桩加固,传荷过程和受力性能非常明确,在施工中可直接测得实际压桩力和桩的入土深度,对施工质量有可靠保证。②做到文明清洁施工。压桩施工过程中,无振动、无噪声、无污染,对周围环境无影响,做到文明施工。③施工条件要求低。由于压桩施工设备轻便、简单,可在狭小的空间内进行压桩作业,并可在车间不停产、居民不搬迁的情况下进行基础托换加固。④锚杆静压桩配合掏土或冲水,可以成功地应用于既有倾斜建筑的纠倾工程中。

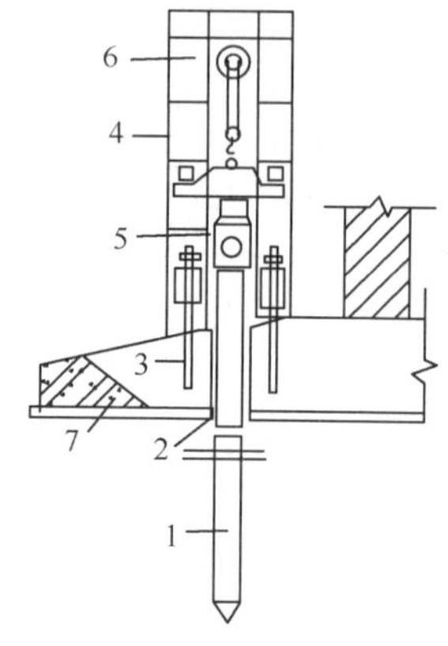

图 2.28　锚杆静压桩装置示意图

1. 桩;2. 压桩机;3. 锚杆;4. 反力架;5. 千斤顶;6. 电动葫芦;7. 基础

2) 锚杆静压桩设计内容。设计前必须对准备加固的工程进行调研,其内容除需查明原因外,还需对其沉降、倾斜、开裂、上部结构、地基基础、地下管网、障碍物、周围环境等情况做周密的调查了解,同时还需了解托换或纠倾所必需的其他资料。设计内容为:确定单桩垂直容许承载力、桩断面及桩数设计、桩位布置设计、桩身强度及桩段构造设计、锚杆构造与设计,下卧层强度及桩基沉降验算、承台厚度验算等。

① 单桩垂直允许承载力的确定。单桩垂直允许承载力一般可由现场桩的荷载试验确定,当现场缺乏试验条件时,也可以根据静力触探资料确定;或者参照当地规程规范提供的指标进行计算确定。

② 桩断面及桩数。桩断面根据上部荷载、地质条件、压桩设备加以初选,一般的断面为(200mm×200mm)~(350mm×350mm)。大量试验表明,有承台的单桩承载力比无承台的单桩承载力大,桩土共同工作是客观存在的事实。既有建筑地基基础托换加固设计中一般建议取 7∶3,即 70%荷载由桩承受,30%荷载由土承受,也可以采用按地基承载力大小及地基承载力利用程度相应选取桩土分担比,使之更为合理。

若是在加层托换加固设计中，既有建筑荷载压强小于地基允许承载力，并且建筑物沉降已趋稳定时，可考虑既有建筑的荷载由土承受，加层部分荷载由桩承受。由桩承受的荷载值除以单桩垂直允许承载力就为桩数，若确定的桩数过多，则桩距过小，应当在初选断面基础上重选大一级断面，重新计算桩数，直到合理为止。

③ 桩身设计。对托换加固工程，通过计算决定托换桩的数量，其桩位孔应尽量在靠近受力点的两侧布置，使之在刚性角范围内，以减小基础的弯矩。对条形基础可以布置在靠近基础的两侧，如图 2.29 所示；独立柱基可围着柱子对称布置，如图 2.30 所示；板基、筏基可布置在靠近荷载大的部位以及基础边缘，尤其转角的部位，以适应马鞍形的基底接触应力分布。

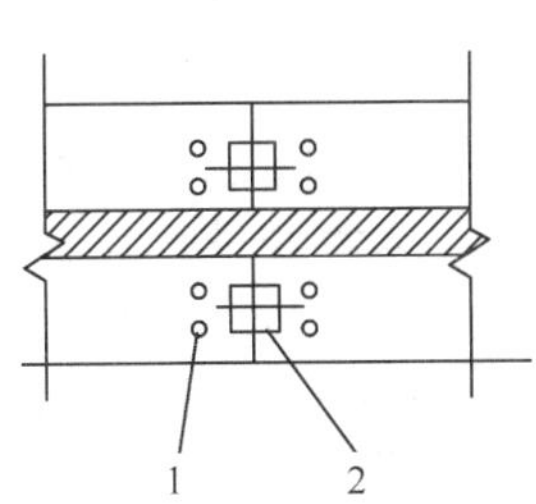

图 2.29　条形基础布桩

1. 锚杆；2. 压桩孔

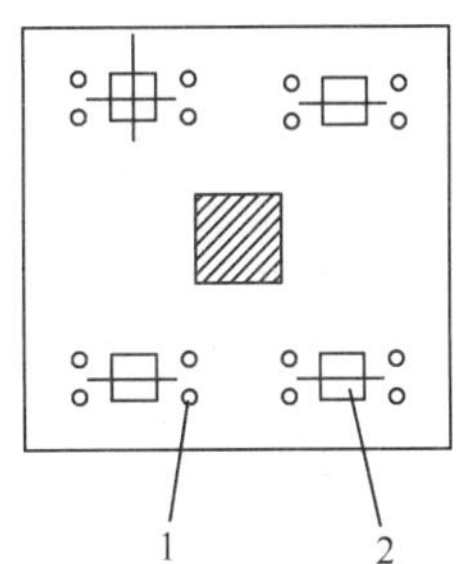

图 2.30　独立基础布桩

1. 锚杆；2. 压桩孔

钢筋混凝土方桩的桩身强度可根据压桩过程中的最大压桩力，并按钢筋混凝土受压构件进行设计，其桩身结构强度应略高于地基土对桩的承载能力。桩段混凝土的强度等级一般为 C30，保护层厚度为 4cm。按桩身结构强度计算时，由于桩入土后，桩身就受到周围土的约束，处于三向应力工作状态。目前在日本、欧洲的规范中是不考虑长细比因素的影响，根据工程实践的经验，在设计中，可以不考虑失稳及长细比对强度的折减。桩可以采用硫磺胶泥连接或焊接连接。

④ 其他设计内容。除了上述内容以外，锚杆静压桩设计还应包括：桩身构造及配筋、锚杆设计、下卧层及桩基沉降验算、承台厚度验算。静压桩施工流程如图 2.31 所示。

2.5.4　树根桩法

树根桩适用于各种不同的土质条件，对既有建筑的修复、增层、地下铁道的穿越以及增加边坡稳定性等托换加固的都可以应用，其适用性非常广泛（图 2.32）。

树根桩是一种小直径的钻孔灌注桩，其直径通常为 100～300mm，国外是在钢套管的导向下用旋转法钻进，在托换工程中使用时，往往要钻穿原有建筑物的基础进入地基土中直至设计标高，清孔后下放钢筋（钢筋数量从 1 根到数根，视桩径而定），同时放入注浆管，再用压力注入水泥浆或水泥砂浆，边灌、边振、边拔管而成桩。也可放入钢筋后再放碎石，再注入水泥浆或水泥砂浆。

树根桩技术具有机具简单，施工场地小，施工时振动和噪声小，施工方便等优点。树根桩不仅可承受竖向荷载，还可承受水平向荷载。压力注浆使桩的外侧与土体紧密结合，

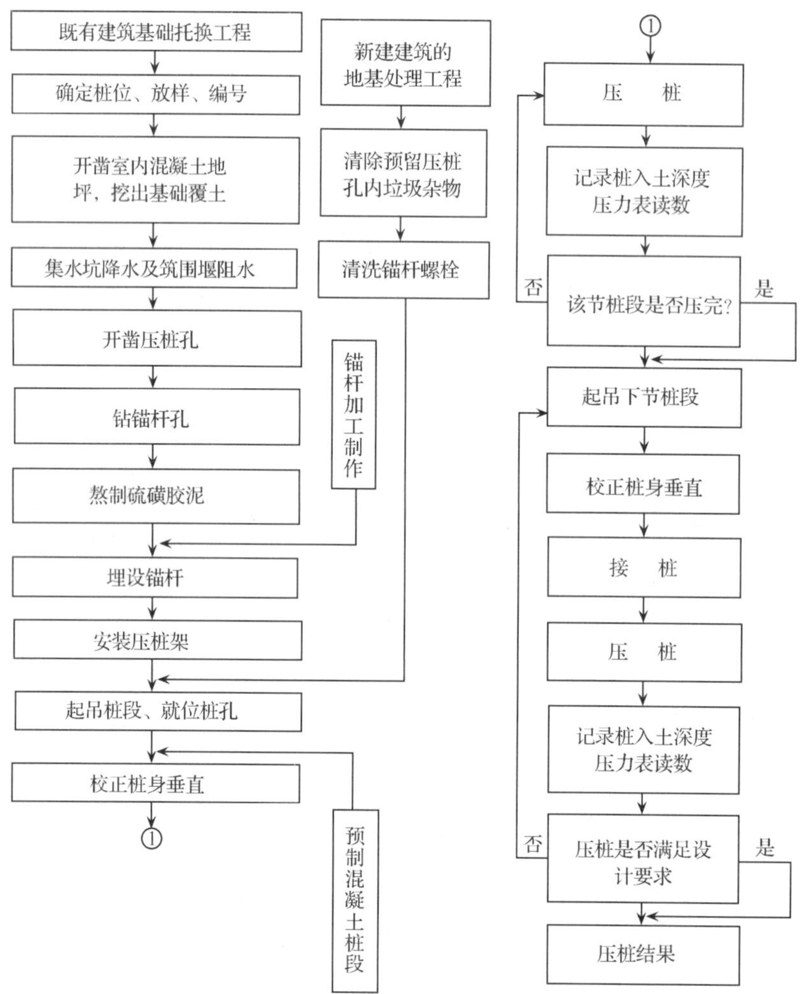

图 2.31　静压桩法施工流程图

使桩具有较大的承载力。树根桩一般为摩擦桩,与地基土体共同承担荷载,可视为刚性桩复合地基。对于网状树根桩,可视为加筋复合土体。国外一般将树根桩归为加筋加固法。

1）树根桩设计。树根桩加固地基设计的计算内容与树根桩在地基加固中的效用有关,应视工程情况区别对待。下面分别加以介绍:

① 单桩承载力。单桩承载力可根据单桩静力荷载试验确定,树根桩端阻力一般不计。由于树根桩是采用压力注浆而形成桩的,桩的侧摩阻力一般比钻孔灌注桩和预制桩的大。如无试验数据时,可采用现行国家标准《建筑地基基础设计规范》(GB 50007—2011)有关规定估算。抗压摩擦阻力可取上限值,抗拔桩侧摩阻力可取下限值。

树根桩长径比大,在计算树根桩单桩承载力时,应考虑其有效桩长的影响。树根桩与桩间土共同承担荷载,树根桩的承载力还取决于建筑物所能承受的容许沉降值。容许沉降值越大,树根桩承载力发挥越好,否则就低。承担同样的荷载,当树根桩承载力发挥低

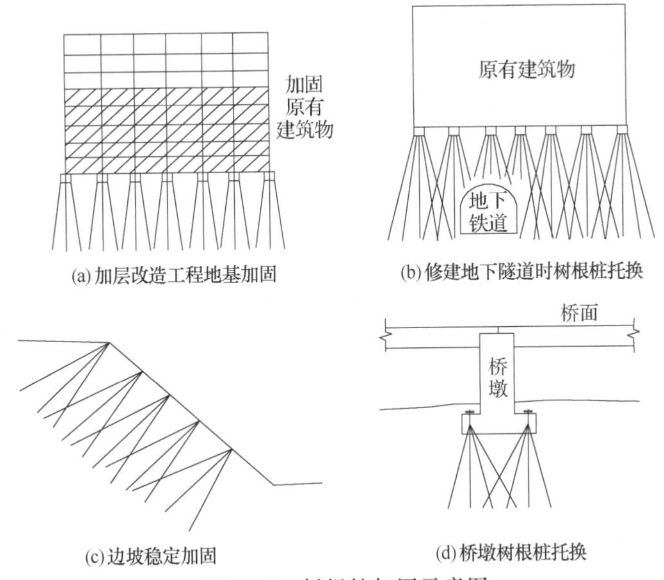

(a)加层改造工程地基加固　(b)修建地下隧道时树根桩托换

(c)边坡稳定加固　(d)桥墩树根桩托换

图 2.32　树根桩加固示意图

时,需增加桩的数量。

② 树根桩复合地基。采用树根桩加固地基,桩与地基土共同承担上部荷载,桩与土形成复合地基。树根桩复合地基一般属于刚性桩复合地基。树根桩托换基础极限承载力可按下式计算。

$$P_{f}=\alpha nP_{pf}+\beta F_{s} \tag{2.2}$$

式中,P_f——承台基础极限承载力,kN;

P_{pf}——树根桩单桩极限承载力,kN;

n——承台下树根桩的桩数;

α——树根桩承载力发挥系数;

F_s——承台下地基土极限承载力,kN;

β——承台下地基土承载力发挥系数。

③ 其他形式的树根桩设计。树根桩一般并不单根使用或简单竖向承受压力,而是形成桩网结构。对于网状树根桩设计应首先进行树根桩布置,再按布置情况进行验算。

内力分析的内容有:钢筋的拉应力、压应力和剪应力;灌浆材料的压应力;网状结构树根桩中土的压应力;树根桩的设计长度;钢筋与压顶梁的黏着长度;网状结构树根桩用于受拉加固时,压顶梁的弯曲压应力。

外力分析的内容有:将网状结构树根桩的桩系(包括土在内)视为刚体时的稳定性;包括网状结构树根桩的桩系在内的天然土体的整体稳定性。

2) 树根桩施工流程。

① 成孔。根据设计要求和场地工作条件选择钻机。钻孔达到设计要求后,应进行清孔。

② 放置钢筋或钢筋笼。清孔结束后,按设计要求放置钢筋或钢筋笼。钢筋笼外径应小于设计桩径 40～50mm,钢筋笼制作时每节长度取决于作业空间的大小,节间钢筋搭接应错开,搭接长度应满足有关规定。

③ 放置压浆管。压浆管放在钢筋笼或钻孔中心位置,常采用直径 20mm 的无缝铁管。放置就位后即可压入清水继续清孔。

④ 投入细石子。将冲洗干净的细石子(粒径 5～15mm)缓缓投入钻孔内,套管拔除再补灌细石子,直到灌满。此时,压浆管继续压入清水冲洗,直到溢出清水为止。

⑤ 注浆。注浆时让水泥浆从钻孔底部逐渐向上升,分段注浆,分段提升注浆管,直至水泥浆从孔口溢出。浆液可用水泥浆和水泥砂浆两种。为提高水泥浆的流动性和早期强度,可适量加入减水剂及早强剂。纯水泥浆的水灰比一般采用 0.4～0.5,水泥砂浆一般采用水泥∶砂∶水＝1∶0.3∶0.4 配比,一次注浆。

2.5.5 静压桩法

静压桩(也称压入桩或顶承静压桩)是在托换坑内利用建筑物上部结构自重作支承反力,用千斤顶将预制钢管桩或钢筋混凝土桩逐段压入土中的托换方法(图 2.33)。坑式静压桩亦是将千斤顶的顶升原理和静压桩技术融为一体的托换技术。托换方法的分类见表 2.11。

表 2.11　静压桩加固方法分类及其适用范围

托换	基础加宽法	通过加宽原建筑物基础减少基底接触压力,使原地基满足要求,达到加固目的	原地基承载力较高
	墩式托换法	通过置换,在原基础下设置混凝土墩,使荷载传至较好土层,达到加固目的	地基一定深处有较好持力层
	桩式托换法	在原建筑物基础下设置钢筋混凝土桩以提高承载力、减少沉降达到加固目的,按设置桩的方法分静压桩法、树根桩法和其他桩式托换法。静压桩法又可分为锚杆静压桩法和其他静压桩法	原地基承载力较低

2.5.6 石灰桩法

石灰桩加固技术是先用机械或人工的方法在基础两侧成孔,然后灌入生石灰块,或灌入掺有粉煤灰、炉渣等掺合料的生石灰混合料,进行振密或夯实形成石灰桩桩体,桩体与桩间土形成石灰桩复合地基,以提高地基承载力,减小沉降。基础承担的荷载通过托梁传递给地基(图 2.34)。石灰桩加固地基机理主要包括置换作用、生石灰吸水膨胀挤密作用、石灰吸水、升温、以及胶凝、离子交换和碳化作用使桩周土强度提高等。石灰桩法适用于加固杂填土、素填土和黏性土地基,有经验时也可用于淤泥质土地基,在湿陷性黄土地区加固效果显著。采用石灰桩加固地基时,当土的渗透系数太小时不利于软土脱水固结,脱水加固效果小;若被加固土的渗透性太大,孔中充水石灰难以密实,效果不好。在考虑采用石灰桩加固地基时,应注意适用条件,以及正确的施工方法,否则达不到预期效果。

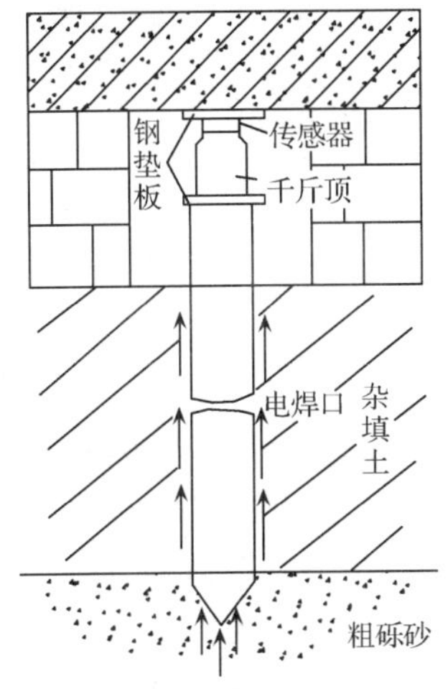

图 2.33　坑式静压桩

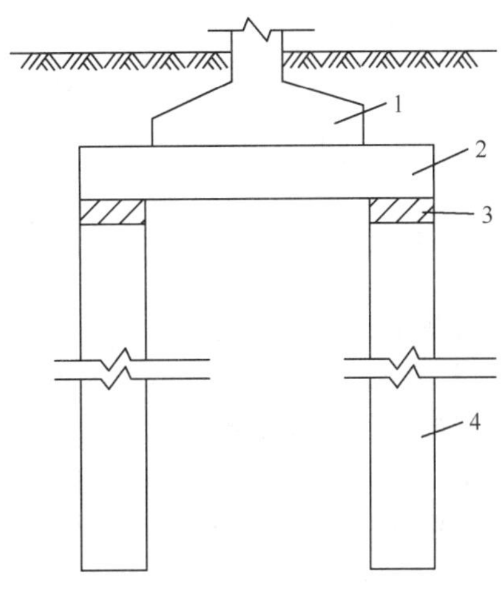

图 2.34　石灰桩示意图

1. 原有基础;2. 托梁;3. 桩头;4. 石灰桩身

思考题与习题

2.1　常用的地基检测方法如何分类?其作用分别是什么?

2.2　触探作为一种测试技术其原理和作用是什么?

2.3　现场原位测试都有哪些方法?

2.4　试述基础检测要点。

2.5　为什么说低应变法不能检测桩的承载能力?

2.6　基桩的检测中哪些属于直接法?哪些属于间接法?

2.7　基桩承载力检测中最可靠的方法是什么?

2.8　何为桩的自平衡法实验?

2.9　在什么情况下地基基础需要加固?常用的加固方法都有哪些?

2.10　某些特殊地基(冻胀土、湿陷性黄土、盐渍土等),加固时需要注意哪些问题?

2.11　某三层房屋,采用条形基础,原有基础宽度 1.0m,埋深 1.5m,地基土为黏性土,地基承载力特征值 100kPa,重度为 17.9kN/m^3,经测试发现现有地基承载能力刚能满足现有荷载要求,因房屋使用功能改变原有荷载将增加 70%,在荷载改变前需对基础进行处理,试用基础加宽和加深两种方法对基础进行加固设计。

第三章　砌体结构检测与加固

3.1　砌体结构的特点

(1) 砌体结构的主要优点

1) 取材方便。对块材而言，我国各种天然石材分布较广。例如，土坯、蒸养灰砂砖块的砂、焙烧砖的黏土、制造粉煤灰砖的工业原料均可就近取得。块材的生产工艺简单，易于生产。对于胶结材料的砂浆而言，石灰、水泥、砂子、黏土均可就近或就地取得。

2) 建筑性能良好。砌体结构具有良好的耐火性和较好的耐久性，在一般情况下，砌体可耐受400℃左右的高温。砌体的保温、隔热性能好，节能效果也好。其抗腐蚀方面的性能较好，受大气的影响小，能满足预期耐久年限的要求。

3) 能够代替其他建筑材料。采用砌体结构可节约木材、钢材和水泥，而且与木材、钢材和水泥等建筑材料相比，其价格便宜，工程造价低。

(2) 砌体结构的主要缺点

1) 结构性能差。通常砌体强度较低，因而墙、柱截面尺寸大，材料用量增多，致使运输量加大，结构自重大，在地震作用下引起的惯性力也增大，对抗震不利。由于砌体结构的抗拉、抗弯、抗剪等强度都较低，无筋砌体的抗震性能差，需要采用配筋砌体或构造连接来改善结构的抗震性能。

2) 用工量大。砌体结构施工基本上采用手工方式，一般民用的砖混结构住宅楼，砌筑工作量要占整个施工工作量的25%以上，砌筑劳动量大。

3) 占地多。目前黏土砖在砌体结构中应用的比例仍然很大。黏土砖的大量生产势必会耗用耕地，影响农业生产，对生态环境平衡不利。

了解了砌体结构的特点，在检测和加固时才能做到心中有数，正确的处理问题。

3.2　砌体结构检测的内容与分类

3.2.1　砌体结构的质量检查内容

(1) 物理力学性能检查

砌体结构施工时，应定时对其原材料按照国标或部颁建材标准进行随机抽样检查。已建砌体结构，应对砌筑材料砖、砌块、石料、砂浆的强度及其腐蚀、风化与冻融损坏情况进行检查，取样检测或实地进行检测，特别对于墙基、柱脚以及经常处于潮湿、腐蚀条件下的外露砌体，应当进行重点检查和检测。

(2) 裂缝检查

应当重点对墙、柱受力较大的部位(如梁支座下的砌体、墙和柱的变截面处、地基不均匀沉降以及产生明显变形的部位)进行检查。对于已产生裂缝的部位,应当仔细测定其裂缝宽度、长度及其分布状况。

(3) 损伤检查

对于已经出现的损伤部位,应测绘出损伤面积大小和分布状况。特别对于承重墙、柱及过梁上部砌体的损伤应严格进行检测。另外,对于非正常开窗、打洞和墙体超载、砌体的通缝、局部受压等情况也应认真检查。

(4) 变形检查

重点检查承重墙、高大墙体、柱的凸、凹变形和倾斜变位等变形情况。

(5) 连接部位的检查

检查墙体的纵横连接,垫块设置及连接件的滑移、松动、损坏情况。特别对于屋架、屋面梁、楼面板与墙、柱的连接点,吊车梁与砖墙的连接点,应当重点进行严格检查。

(6) 圈梁检查

检查圈梁的布置、拉接情况及其构造要求是否合理。检查其原材料的材质情况,例如,混凝土的强度,有条件的情况下可以对圈梁钢筋位置、直径及强度进行复查。

(7) 墙体稳定性检查

主要是检测其支承约束情况和高厚比,对于独立的填充墙应注意其连接情况。

(8) 施工质量检查

施工质量主要是指砌筑质量,砂浆的饱满程度、砂浆与砌块的黏结性能,检查组砌是否得当、墙面平整度等指标。另外,还应对圈梁、墙梁、托梁等重要构件混凝土施工质量进行检查。

3.2.2　砌体结构检测的工作程序及准备

(1) 砌体结构检测的工作程序

接受委托→调查并确定检测目的、内容和范围→确定检测方法→设备、仪器标定→检测→计算、分析、推定→检测报告。

(2) 调查阶段工作内容

1) 收集被检测工程的原设计图纸、施工验收资料、砖与砂浆的品种及有关原材料的试验资料。

2) 现场调查工程的结构形式、环境条件、使用期间的变更情况、砌体质量及其存在问题。

3) 进一步明确检测原因和委托方的具体要求。

(3) 选择检测方法

根据调查结果和检测的目的、内容和范围,以及新颁布的《砌体工程现场检测技术标准》(GB/T 50315—2011)中的规定技术选择一种或数种检测方法。砌体材料强度检测方法见表 3.1。

(4) 划分检测单元

检测单元是指受力性质相似或结构功能相同的同一类构件的集合。一个或若干个可以独立分析的结构单元作为检测单元,每一结构单元划分为若干个检测单元。

(5) 确定测区

测区是检测样的集合,是检测单元的子集。一个测区能够独立的产生一个强度代表值(或推定强度值),这个子集必须具有一定的代表性。一个检测单元内,应随机选择6个构件(单片墙体、柱),作为6个测区。当检测单元中不够6个构件时,应将每个构件作为一个测区。

(6) 执行规范规定的测点数

测点是独立产生强度换算值的最小单元,这个强度换算值是强度代表值的计算依据之一。强度换算值与强度代表值的区别在于前者没有经过概率保证而后者有。各种检测方法的测点数,应符合下列要求:①原位轴压法、扁顶法、切制抗压试件法、原位单剪法、筒压法,测点数不应少于1个;②原位双剪法、推出法,测点数不应少于3个;③砂浆片剪切法、砂浆回弹法、点荷法、砂浆片局压法、烧结砖回弹法,测点数不应少于5个。

(7) 其他事项

1) 检测前应先检查设备、仪器,并进行标定。

2) 计算分析过程中,若发现检测数据不足或出现异常情况时,应组织补充检测。

3) 现场检测结束后,应立即修补因检测造成的砌体局部损伤部位。修补后的砌体,应满足原构件承载能力的要求。

4) 从事检测和强度推定的人员,应当经过专门培训,合格者方能参加检测和撰写报告。

(8) 完成检测报告

检测工作完毕,应及时提出符合检测目的的检测报告。

3.2.3　砌体材料的强度检测方法

(1) 按照对墙体的损伤程度分类

1) 非破损检测方法。非破损检测,对砌体结构的既有力学性能没有影响。

2) 半破损检测方法。半破损检测,对砌体结构的既有力学性能有局部的、暂时的影响,但可修复。一般来说局部破损法检测得到的数据要比非破损法准确一些。砖柱和宽度小于2.5m的墙体,不宜选用有局部破损的检测方法。

(2) 按检测内容分

1) 检测砌筑砂浆强度可采用推出法、筒压法、砂浆片剪切法、砂浆回弹法、点荷法、砂浆片局压法,见表3.1。

2) 检测砌筑块体抗压强度可采用烧结回弹法、取样法,见表3.1。

3) 检测砌体抗压强度有原位轴压法、扁顶法、切制抗压试件法,见表3.2。

4) 检测砌体工作应力、弹性模量可采用扁顶法,见表3.2。

5) 检测砌体抗剪强度可采用原位单剪法、原位双剪法,见表3.2。

(3) 按照得到砖砌体强度的方法分类

1) 直接法。直接测定砌体的某一单项强度指标(如抗压强度、抗剪强度或弯拉强度)。当需要砖砌体其他强度指标时,需根据已测定的指标推断并计算砌体砂浆的强度等

表 3.1　砌体材料强度检测方法一览表

分类	检测方法	特点	用途	限制条件
砌块材性检测	取样法	①属于取样检测，在墙体上取出符合要求的砌体试样，在实验室进行力学指标试验；②直观性、准确性强，受外界影响因素小；③取样、运输困难；④检测部位局部破损	检测普通砖砌体的抗压强度	①取样尺寸有一定限制；②同一墙体上的测点数量不宜多于 1 个；③取样、运输时不能使试件受损
	烧结砖回弹法	①属于无损检测；②测区选择灵活；③技术成熟，操作简便；④对墙面装修有破损	检测普通烧结砖以及多孔烧结砖	6～30MPa
砂浆材性检测	推出法	①检测结果综合反映了施工质量和材料质量；②设备较轻便；③检测部位局部破损	检测普通砖、烧结多孔砖、蒸压灰砂砖或蒸压粉煤灰砖墙体的砂浆强度	当水平灰缝的砂浆饱满度低于65%时，不宜选用
	筒压法	①属取样检测；②仅需利用一般混凝土试验室的常用设备；③取样部位局部破损	检测烧结普通砖和烧结多孔砖墙体中的砂浆强度	
	砂浆片剪切法	①属取样检测；②专用的砂浆测强仪及其标定仪，较为轻便；③测试工作较简便；④取样部位局部损伤	检测烧结普通砖和烧结多孔砖墙体中的砂浆强度	
	砂浆回弹法	①属原位无损检测，测区选择不受限制；②回弹仪有定型产品，性能较稳定，操作简便；③检测部位的装修面层仅局部损伤	①检测烧结普通砖和烧结多孔砖墙体中的砂浆强度；②主要用于砂浆强度均质性检查	①不适用于砂浆强度小于 2MPa 的墙体；②水平灰缝表面粗糙且难以磨平时，不得采用
	点荷法	①属取样检测；②测试工作较简便；③取样部位局部损伤	检测烧结普通砖和烧结多孔砖墙体中的砂浆强度	不适用于砂浆强度小于 2MPa 的墙体
	贯入法	①属于无损检测；②测区选择灵活；③技术成熟，操作简便；④对墙面装修有破损	水泥砂浆、水泥混合砂浆	0.4～16MPa

级，并测定砌筑砖或砌块的强度等级，最后推断砌体的其他强度指标，如原位轴压法、扁顶法、原位单砖双剪法等。

表 3.2 砌体强度检测方法一览表

分类	检测方法	特点	用途	限制条件
原位检测	原位轴压法	①检测结果综合反映了材料质量和施工质量;②直观性、可比性强;③设备较重;④检测部位有较大局部破损	①检测普通砖和多孔砖砌体的抗压强度;②火灾、环境侵蚀后的砌体剩余抗压强度	①槽间砌体每侧的墙体宽度不应小于 1.5m;测点宜选在墙体长度方向的中部②限用于 240mm 厚砖墙
	扁顶法	①检测结果综合反映了材料质量和施工质量;②直观性、可比性强;③扁顶重复使用率较低;④砌体强度较高或轴向变形较大时,难以测出抗压强度;⑤设备较轻便;⑥检测部位有较大局部破损	①检测砌体的抗压强度、或剩余抗压强度;②检测砌体受压工作应力、砌体弹性模量	①槽间砌体每侧的墙体宽度不应小于 1.5m;测点宜选在墙体长度方向的中部;②不适用于测试墙体破坏荷载大于 400kN 的墙体
	原位单剪法	①检测结果综合反映了材料质量和施工质量;②直观性强;③检测部位有较大局部破损	检测各种砖砌体的抗剪强度	测点宜选在窗下墙部位,且承受反作用力的墙体应有足够长度
	原位双剪法	①检测结果综合反映了施工质量和材料质量;②直观性强;③设备较轻便;④检测部位局部破损	检测烧结普通砖和烧结多孔砖砌体的抗剪强度	正应力或竖向初始应力的大小对检测结果有直接影响
制样检测	切制抗压试件法	①检测结果综合反映了材料质量和施工质量;②试件尺寸与标准抗压试件相同;直观性、可比性较强;③设备较重,现场取样时有水污染;④取样部位有较大局部破损,需切割、搬运试件;⑤检测结果不需换算	①检测普通砖和多孔砖砌体的抗压强度;②火灾、环境侵蚀后的砌体剩余抗压强度	取样部位每侧的墙体宽度不应小于 1.5m;且应为墙体长度方向的中部或受力较小处

2) 间接法。间接法是分别测定砌体砂浆的强度等级以及砖的强度等级,并用检测得到的数据评定砌体的多项强度指标。目前已有的间接法有筒压法、点荷法、回弹法等。

(4) 按测定数据的场所分

1) 原位法。原位法是在现场砌体上直接测定砌体或砂浆的强度。在砌体工程现场检测技术标准中,砂浆的原位法分为砂浆回弹法、贯入法、推出法 3 种方法。

原位法的优点是在现场直接测定,其缺点是检测结果离散性大,有时还有系统误差。对于砂浆而言,由于砂浆硬化后表面硬度明显提高,因此与表面硬度有关的回弹法和贯入法的检测结果也会存在系统偏差。加之这两种方法的测点小,局部缺陷的影响显著,检测结果的偏差大。从检测方法来看,回弹法最简单。

2) 取样法。取样法是从砖砌体中取得不同的试样,在脱离砌体的情况下测定所需的参数。两者相比原位法测定较快,有一些影响因素不易排除,取样法的取样过程比较麻烦。在砌体工程现场检测技术标准中,砂浆的取样法分筒压法、砂浆片剪切法、点荷法 3

种方法。

由于取样法的试验在室内进行，所以取样法的优势是检测结果精度较高。因为：①可通过选择试件排除局部缺陷对检测结果的影响（局部的坑、汽泡、裂纹及不饱满的影响）；②可消除砌体对砂浆强度检测结果的影响（如上部砖的压力及周围砖的约束力）；③可消除环境因素的影响（如砂浆含水率的影响），原位法通常很难消除这些因素的影响。

为避免混淆，本章中砌筑块材的强度用 f_1 表示，砂浆强度用 f_2 表示，砌体强度用 f 表示。

3.3　砌筑块材检测

3.3.1　取样法测定砌块强度

取样法就是在既有的砌体材料的建筑结构体上取出整块的砌块，按照《×××基本力学性能试验方法标准》来测定砌块强度的方法，俗称常规方法。

(1) 取样法基本原理

测量试块的几何尺寸，测试试块的垂直极限荷载，求试块单位面积的荷载值，然后按照评定标准来确定材料的强度等级。

(2) 取样法操作步骤

1) 取样。取样时尽量选择对结构损伤较小的部位，不如女儿墙上、窗台下等。取样数量必须满足相关标准的规定量。

2) 成样。把砌块按照试验技术要求制成试块。

3) 基础量的测试，如几何尺寸等。

4) 试压，读取荷载值。试压是测定强度产生数据的具体过程。

5) 测试记录与数据处理。

6) 材料强度的评定。不同产品有相关的技术标准，如《普通烧结砖》(GB 5101—2003)等。

(3) 取样法技术特点

技术成熟、直接、准确、可信度高。

3.3.2　回弹法测定砌块强度

(1)回弹法基本原理：

砌块回弹法的基本原理与混凝土回弹法的检测原理相同，都是用材料表面硬度来间接推定材料强度的一种方法，此处不再详述。检测时应遵循以下条件：① 应满足《砌体工程现场检测技术标准》技术要求的回弹仪；② 检测的测批、单元、块材的数量以及推定的区间均应满足检测样本容量的要求；③ 遵从《砌体工程现场检测技术标准》的试验步骤和数据处理的具体规定。

(2) 回弹法操作步骤

1) 测试记录与数据处理。每个砌块的检测面读取 5 个回弹值，然后求其平均值。试件的数量为每组 10 块,即每组有 10 个这样的平均值。

2) 材料强度的推定。砌块强度回弹法的检测方法以及数据处理方法详见《砌体工程现场检测技术标准》。

(3) 回弹法技术特点

技术成熟、方便、简捷(易操作),但检测的数据庞大,可信度一般。若与取样法配合应用,能够显著提高测定结果的可信度。

3.4 砂浆强度检测

3.4.1 砂浆测强回弹法

(1) 回弹法检测原理

回弹法是根据砂浆表面硬度推断砌筑砂浆立方体抗压强度的一种检测方法,是无损原位检测技术的一种。砂浆强度的回弹法的原理与混凝土强度回弹法的原理基本相同,即应用回弹仪检测砂浆表面硬度,用酚酞试剂检测砂浆碳化深度,以此两项指标换算为砂浆强度。所使用的砂浆回弹仪也与混凝土回弹仪相似。

(2) 回弹法特点

操作简便,检测速度快,仪器便于携带,准备工作不多等是回弹法的优点,其缺点是检测结果有一定的偏差。测位宜选在承重墙的可测面上,并避开门窗洞口及预埋件等附近的墙体。墙面上每个测位的面积宜大于 $0.3m^2$。回弹法不适用于推定高温、长期浸水、化学侵蚀、火灾等情况下的砂浆抗压强度。

回弹法进行检测的内容有两个,一是回弹值,一是碳化深度。在砂浆测强的方法中,唯有回弹法需要对砂浆表面的碳化状况进行检测。

(3) 设备的技术要求

砂浆回弹仪的主要技术性能指标应符合《砌体工程现场检测技术标准》的要求,其示值系统为指针直读式。砂浆回弹仪每半年校验一次。并且在工程检测前后,均应对回弹仪在钢砧上做率定。

(4) 检测方法及数据判定

砂浆回弹法的检测方法以及数据判定详见《砌体工程现场检测技术标准》。

3.4.2 砂浆测强推出法

(1) 推出法检测原理

推出法是将推出仪安放在事先准备好的墙体的孔洞内,将转从一侧向另一侧推出的方法。推出法适用于推定 240mm 厚普通砖墙中的砌筑砂浆强度,所测砂浆的强度等级宜为 M1～M15。推出仪由反力机构、传感器、推出力峰值测定仪等组成,其工作状况如图 3.1 所示。

(2) 推出法特点

属于原位检测的一种,直接,检测值可靠,准备工作繁杂,技术操作难度大,检测工期长。

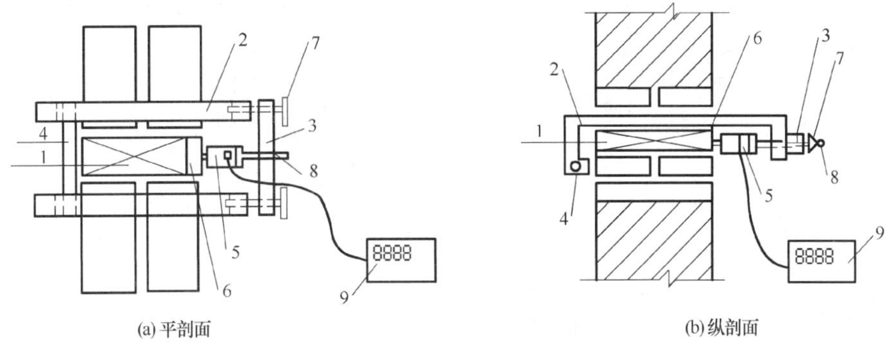

图 3.1　推出仪及检测安装

1. 被推出丁砖；2. 支架；3. 前梁；4. 后梁 5. 传感器；
6. 垫片；7. 调平螺丝；8. 传力螺杆；9. 推出力峰值测定仪

(3) 设备的技术要求

推出设备的主要技术性能指标应符合《砌体工程现场检测技术标准》的要求。

(4) 检测方法及数据判定

砂浆回弹法的检测方法以及数据判定详见《砌体工程现场检测技术标准》。

3.4.3　砂浆测强筒压法

(1) 筒压法基本原理

将按照规定制成的标准试样，采用标准的装样方法装入筒内，按照标准的加荷速度加至规定的荷载(10kN 或 20kN)后卸荷，然后将试样进行分筛，记取各筛余量。假如按照筛子从上到下的顺序，把筛子都分成第一级、第二级和筛底三级的话，筒压比的概念就可以这样来描述：即把第一级与第二级筛余量之和与三级筛余量总和之间的相对比值就叫做砂浆测强的筒压比。

筒压比和砂浆强度关联的途径：砂浆强度越低，在筒压试验时被压成碎末的砂浆量就越大，底盘中的量就越多，即筒压比则越小。通俗地讲，大颗粒越多，砂浆强度越高。

检测时，应从砖墙中抽取砂浆试样，在试验室内进行筒压荷载试验，求得筒压比，然后以筒压比作为参数按照公式来换算砂浆的强度。

(2) 筒压法适用范围

筒压法适用于推定烧结普通砖墙中砌筑砂浆的强度。砂浆的品种及其强度范围应符合：①中、细砂配制的水泥砂浆，砂浆强度为 2.5～20MPa；②中、细砂配制的水泥石灰混合砂浆(以下简称混合砂浆)，砂浆强度为 2.5～15.0MPa；③中、细砂配制的水泥粉煤灰砂浆(以下简称粉煤灰砂浆)，砂浆强度为 2.5～20MPa；④石灰质石粉砂与中、细砂混合配制的水泥石灰混合砂浆和水泥砂浆(以下简称石粉砂浆)，砂浆强度为 2.5～20MPa。

筒压法不适用于推定遭受火灾、化学侵蚀等砌筑砂浆的强度。

(3) 筒压法检测设备

筒压法的主要检测设备有：承压筒(图 3.2)可用普通碳素钢或合金钢自行制作，也可用测定轻骨料筒压强度的承压筒代替；50～100kN 压力试验机或万能试验机；砂摇筛机；

干燥箱;孔径为 5mm、10mm、15mm 的标准砂石筛(包括筛盖和底盘);水泥跳桌;称量为 1000g、感量为 0.1g 的托盘天平。

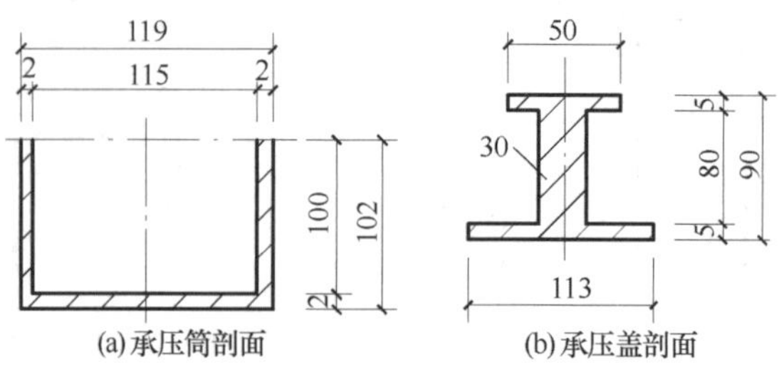

图 3.2　承压筒构造

(4) 筒压法检测方法及数据处理

砂浆筒压法的检测方法以及数据判定详见《砌体工程现场检测技术标准》。

3.4.4　砂浆片测强剪切法

(1)剪切法基本原理

剪切法检测时,应从砖墙中抽取砂浆片试样,采用砂浆剪切测强仪检测其抗剪强度,然后换算为砂浆强度。砂浆测强仪的工作状况如图 3.3 所示。

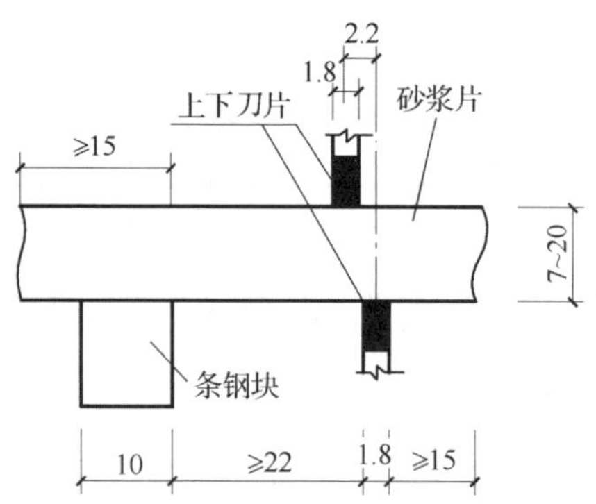

图 3.3　砂浆剪切测强仪工作原理

砂浆剪切设备的主要技术指标应符合《砌体工程现场检测技术标准》的要求。

(2) 剪切法检测方法及数据处理

砂浆剪切法的检测方法以及数据判定详见《砌体工程现场检测技术标准》。

3.4.5　砂浆测强点荷法

(1)点荷法基本原理

点荷法是通过对砌筑砂浆层试件施加集中的“点式”荷载,测定试样所能承受的“点荷值”,结合考虑试件的尺寸,计算出砂浆的立方体强度。

(2) 点荷法检测设备

此方法需要自制加载头两个,点荷法的加载头是一圆锥体,锥顶部为半径 $r=5$mm

的截球体(图 3.4)。

(3) 点荷法制备试件

1) 从每个测点处剥离出砂浆大片。

2) 加工或选取的砂浆试件应符合下列要求:厚度为 5～12mm,预估荷载作用半径为 15～25mm,大面应平整,边缘规则性不作要求。

3) 在砂浆试件上画出作用点,量测其厚度,精确至 0.1mm。

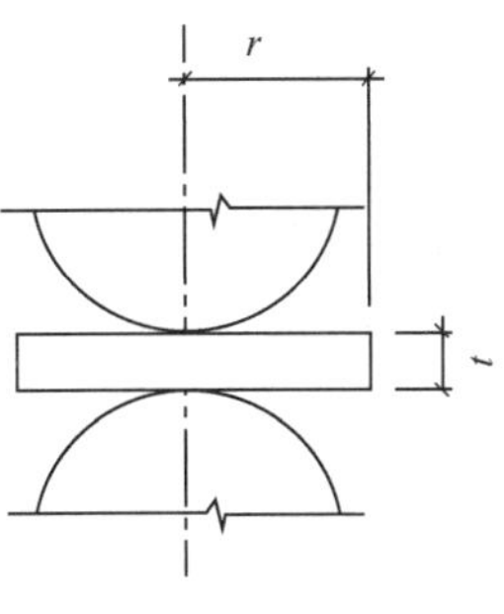

图 3.4　点荷载法加载

(4) 点荷法检测方法

在小吨位压力试验机上、下压板上分别安装上、下加荷头,两个加荷头应对齐。将砂浆试件水平放置在下加荷头上,上、下加荷头对准预先画好的作用点,并使上加荷头轻轻压紧试件,然后缓慢匀速施加荷载至试件破坏。试件可能破坏成数个小块。记录荷载值,精确至 0.1kN。将破坏后的试件拼接成原样,测量荷载实际作用点中心到试件破坏线边缘的最短距离即荷载作用半径,精确至 0.1mm。

(5) 点荷法检测方法及数据处理

砂浆点荷法的检测方法以及数据判定详见《砌体工程现场检测技术标准》。

3.4.6　砂浆测强贯入法

(1)贯入法检测原理

贯入法就是把标准的针头用标准的力灌入砂浆,测得其贯入的深度。设备施加力的原理与回弹仪的工作原理相似。贯入的深度越大,表明砂浆的强度越低。

(2) 贯入法特点

贯入法的特点与回弹法特点也相似,具有操作简便,检测速度快,仪器便于携带等优点,其缺点是检测结果有一定的偏差,可行度较低。但贯入法能够测 0.4MPa 及其以上强度的既有砂浆。

(3) 设备的技术要求

砂浆贯入仪的主要技术性能指标应符合《贯入法检测砌筑砂浆抗压强度技术规程》的要求,其示值系统为指针直读式。

(4) 检测方法及数据判定

砂浆回弹法的检测方法以及数据判定详见《贯入法检测砌筑砂浆抗压强度技术规程》。

3.5　砌体强度的直接检测

3.5.1　砌体强度检测方法

(1) 原位轴压法

原位轴压法适用于推定 240mm 厚普通砖砌体的抗压强度。检测时,在墙体上开凿两条水平的槽型孔来安放原位试验的压力机,如图 3.5 所示。

所选择的检测部位应具有代表性,并应符合下列规定:①宜在墙体中部距楼、地面

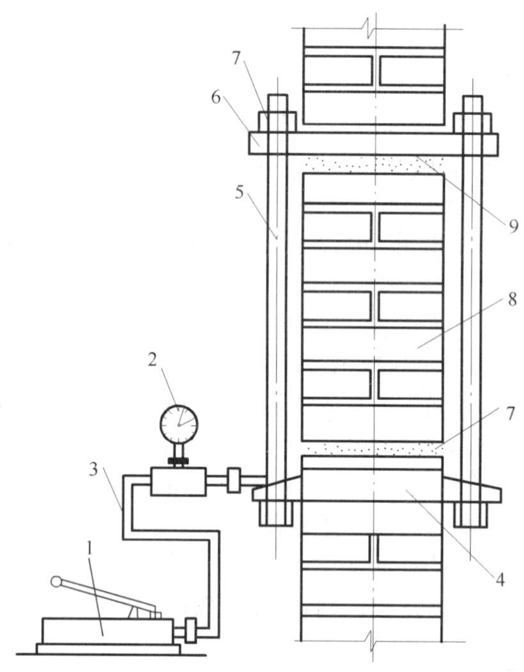

图 3.5 原位压力机检测工作状况

1. 手动油泵;2. 压力表;3. 高压油管;4. 扁式千斤顶;
5. 拉杆(共 4 根);6. 反力板;7. 螺母;8. 槽间砌体;9. 砂垫层

1m 左右的高度处;槽间砌体每侧的墙体宽度不应小于 1.5m;②同一墙体上,测点不宜多于 1 个,且宜选在沿墙体长度中间部位;多于 1 个时,水平净距不得小于 2.0m;③检测部位不得选在挑梁下、应力集中部位以及墙梁的墙体计算高度范围内。

原位轴压法测强时,测点上部墙体的压应力(MPa)对检测结果有显著影响,其值可按墙体实际所承受的荷载标准值计算。

(2) 扁顶法

扁顶法除了能推定普通砖砌体的抗压强度外,还能对砌体的实际受压工作应力和弹性模量进行测定。因此本方法对检测砌体的工作性能以及可靠程度有着比较积极的意义。扁顶法由于使用扁平的千斤顶,所以又叫扁千斤顶法。

检测时应首先选择适当的检测位置,其选择方法与原位轴压法相同。检测时,在墙体的水平灰缝处开凿两条槽孔,安放扁顶,油泵等检测设备,如图 3.6 所示。

在扁顶法中,扁式液压千斤顶既是出力元件又是测力元件,要求扁顶的厚度小于水平灰缝厚度为 5～7mm,且具有较大的垂直变形能力,一般需采用 1mm 厚的 1Cr18Ni9Ti 等优质合金钢薄板制成。当扁顶的顶升变形大于 10mm,或取出一皮砖安设扁顶试验时,应增设钢制可调楔形垫块,以确保扁顶可靠的工作。扁顶的大面尺寸分别为 250mm×250mm、250mm×380mm、380mm×380mm 和 380mm×500mm,对 240mm 厚墙体可选用前两种扁顶,对 370mm 厚墙体可选用后两种扁顶。扁顶的主要技术指标,应符合《砌体工程现场检测技术标准》的相关技术要求。

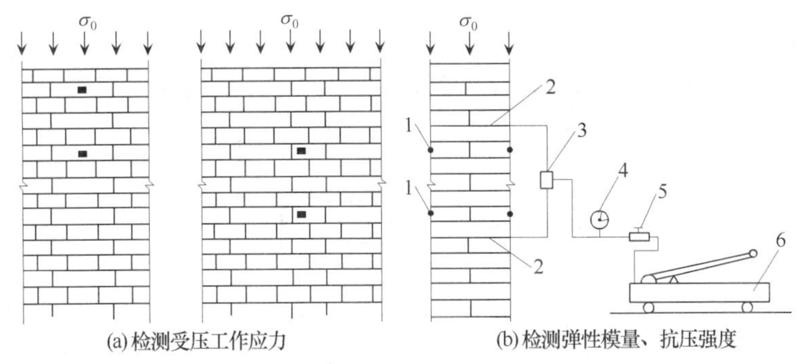

图 3.6　扁顶法检测装置与变形测点布置

1. 变形测量脚标(两对);2. 扁式液压千斤顶;3. 三通接头;4. 压力表;5. 溢流阀;6. 手动油泵

检测完毕后根据扁顶的校验结果,将油压表读数换算为试验荷载值。根据试验结果,应按现行国家标准《砌体基本力学性能试验方法标准》的方法,计算砌体在有侧向约束情况下的弹性模量;当换算为标准砌体的弹性模量时,计算结果应乘以换算系数 0.85。

扁顶法测强时,测点上部墙体的压应力(MPa)对检测结果有显著影响,其值可按墙体实际所承受的荷载标准值计算。

(3) 切制抗压试件法

在具有代表性且对结构安全影响较小的墙体切制试件,切制时不得对原有结构或构件构成安全问题,切制时宜采用无振动的切割方法。一般截面尺寸为 240mm×370mm 或 370mm×490mm,高度为较小边长的 2.5~3 倍,将试件外围四周的砂浆剔去,注意在墙长方向(即试件长边方向)可按原竖缝自然分离,不要敲断条砖,留有马齿槎,只要核心部分长 370mm 或 490mm 即可。四周暂时用角钢包住,小心取下,注意不要让试件松动。然后在加压面用 1∶3 砂浆座浆抹平,养护 7 天后按照《砌体工程现场检测技术标准》的相关技术要求较小加压。

(4) 原位单剪法

原位单剪法适用于推定砖砌体沿通缝截面的抗剪强度。检测时,检测部位宜选在窗洞口或其他洞口下三皮砖范围内,将试验区取 L(370~490mm)长一段,两边凿通、齐平,加压面座浆找平,加压用千斤顶,受力支承面要加钢垫板,逐步施加推力。

检测设备包括螺旋千斤顶或卧式液压千斤顶、荷载传感器及数字荷载表等。试件的预估破坏荷载值应在千斤顶、传感器最大测量值的 20%~80%。检测前,应标定荷载传感器及数字荷载表,其示值相对误差不应大于 3%。

设备准备好之后应对试件进行加工,试件的加工过程中,应避免扰动被测灰缝。首先在选定的墙体上,应采用振动较小的工具加工切口,现浇钢筋混凝土传力件。测量被测灰缝的受剪面尺寸,精确至 1mm。安装千斤顶及检测仪表,千斤顶的加力轴线与被测灰缝顶面应对齐(图 3.7)。匀速施加水平荷载,并控制试件在 2~5min 内破坏。当试件沿受剪面滑动、千斤顶开始卸荷时,即判定试件达到破坏状态。记录破坏荷载值,结束试验。在预定剪切面(灰缝)破坏方为有效试验。加荷试验结束后,翻转已破坏的试件,检查剪切面破坏特征及砌体砌筑质量,并详细记录。

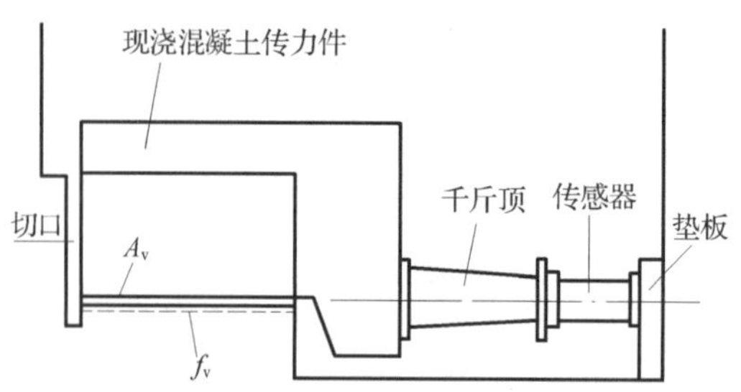

图 3.7　原位单剪检测工作原理示意

根据检测仪表的校验结果,进行荷载换算,精确至 10N。根据试件的破坏荷载和受剪面积,按照《砌体工程现场检测技术标准》的规定计算砌体的沿通缝截面抗剪强度。

(5) 原位双剪法

本方法与单剪法原理相同,适用于推定烧结普通砖砌体的抗剪强度。检测时,将原位剪切仪的主机安放在墙体的槽孔内,其工作原理如图 3.8 所示。

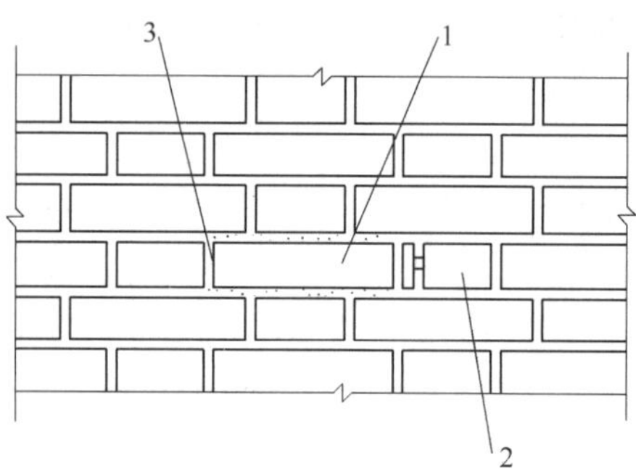

图 3.8　原位双剪试验示意

1. 剪切试件;2. 剪切仪主机;3. 掏空的竖缝

检测时剪切面为两个,而且有上部荷载作用,所以本方法优先选择的检测位置为窗下墙,可以忽略上部压应力 σ_0,或者可以采取其它方法释放上部压应力 σ_0,如果受到条件限制不能忽略或释放上部压应力时则应当准确计算上部压应力 σ_0。

测点的选择应符合下列规定:①每个测区随机布置的 n_1 个测点,在墙体两面的数量宜接近或相等。以一块完整的顺砖及其上下两条水平灰缝作为一个测点(试件)。②试件两个受剪面的水平灰缝厚度应为 8~12mm。③下列部位不应布设测点:门、窗洞口侧边 120mm 范围内;后补的施工洞口和经修补的砌体;独立砖柱和窗间墙。④同一墙体的各测点之间,水平方向净距不应小于 0.62m,垂直方向净距不应小于 0.5m。

原位双面剪切测强时,测点上部墙体的压应力(MPa)对检测结果有显著影响,其值可按墙体实际所承受的荷载标准值计算。

3.5.2　检测数据的处理

每一检测单元的砌体抗压强度标准值或砌体沿通缝截面的抗剪强度标准值,应分别按以下方法进行推定。

1）当测区数 n_2 不小于 6 时

$$f_k = f_m - k \cdot s \tag{3.1}$$

$$f_{v,k} = f_{v,m} - k \cdot s \tag{3.2}$$

式中，f_k——砌体抗压强度标准值，MPa；

f_m——同一检测单元的砌体抗压强度平均值，MPa；

$f_{v,k}$——砌体抗剪强度标准值，MPa；

$f_{v,m}$——同一检测单元的砌体沿通缝截面的抗剪强度平均值，MPa；

k——与 α、C、n_2 有关的强度标准值计算系数（表 3.3）；

α——确定强度标准值所取的概率分布下的分位数（本标准取 $\alpha=0.05$）；

C——置信水平（取 $C=0.60$）。

表 3.3 计算系数

n_2	5	6	7	8	9	10	12	15	18	20	25	30	35	40	45	50
k	2.005	1.947	1.908	1.880	1.858	1.841	1.816	1.790	1.773	1.764	1.748	1.736	1.728	1.721	1.716	1.712

注：$C=0.60$，$\alpha=0.05$。

2）当测区数 n_2 小于 6 时

$$f_k = f_{mi,min} \tag{3.3}$$

$$f_{vk} = f_{vi,min} \tag{3.4}$$

式中，$f_{mi,min}$——同一检测单元中，测区砌体抗压强度的最小值，MPa；

$f_{vi,min}$——同一检测单元中，测区砌体抗剪强度的最小值，MPa。

3）每一检测单元的砌体抗压强度或抗剪强度，当检测结果的变异系数 δ 分别大于 0.2 或 0.25 时，不应直接按式（3.1）或式（3.2）计算。此时应检查检测结果离散性较大的原因，若查明是因混入不同总体的样本所致，应分别进行统计，并分别按式（3.1）～式（3.4）确定标准值。各种检测强度的最终计算或推定结果，均应精确至 0.01MPa。

3.6 砌体结构其他项目的检验

除强度外，砌体的质量还有许多检测项目，这些在《砌体结构施工质量验收规范》中都有明确的规定，其检测方法也比较简单，在此不再详细论述。

3.7 砌体结构的加固方法

砌体结构的加固是一个综合性较强的工作，必须针对砌体结构的特点明确判断问题的产生原因，有针对性的进行加固处理。例如，出现温度裂缝后，必须采用更换保温层等构造的措施；出现地基沉降裂缝时，必须先对地基进行适当处理等。对于上部结构主要的加固目的有承载能力不足的加固，整体性不足的加固。

3.7.1 扩大砌体的截面加固

(1) 一般要求

这种方法适用于砌体承载力不足而裂缝尚属轻微,要求扩大的面积不是很大的情况。一般的墙体、砖柱均可采用此法。加大截面的砖砌体中砖的强度等级常与原砌体相同,而砂浆强度等级应比原砌体中的提高一级,且最低不低于 M2.5。

加固后通常可考虑新旧砌体共同工作,要求新旧砌体有良好的结合。为此,常采用以下两种方法。

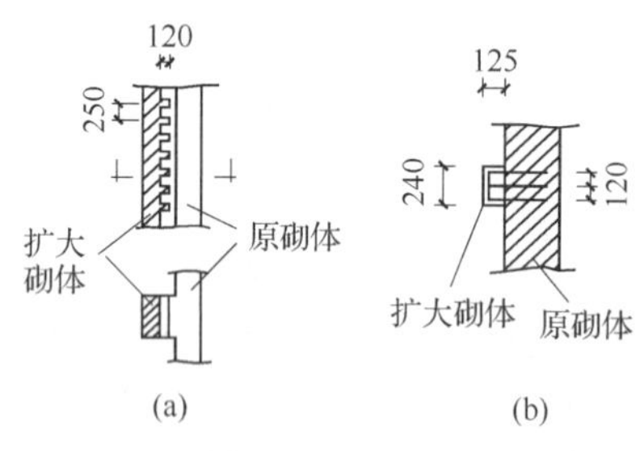

图 3.9 扩大砌体截面加固构造

1) 新旧砌体咬槎结合。如图 3.9(a)所示,在旧砌体上每隔 4～5 皮砖,剔去旧砖成 120mm 深的槽,砌筑扩大砌体时应将新砌体与之仔细连接,新旧砌体成锯齿形咬槎,可以保证共同工作。

2) 插筋连接。在原有砌体上每隔 5～6 皮砖,在灰缝内打入 $\phi6$ 钢筋,也可以用冲击钻在砖上打洞,用 M5 砂浆植筋,砌新砌体时,钢筋嵌于灰缝之中,如图 3.9(b)所示。

无论是咬槎连接还是插筋连接,原砌体上的面层必须剥去,凿口后的粉尘必须洗干净并湿润后再砌扩大砌体。

(2) 加固后的承载力计算

考虑到原砌体已处于承载状态,后加砌体存在着应力滞后的情况,在原砌体达到极限应力状态时,后加砌体一般达不到强度设计值,为此,对后加砌体的设计抗压强度值 f,应乘以一个 0.9 的系数。于是,加固后砌体承载力为

$$N \leqslant \varphi(fA + 0.9 f_N A_N) \tag{3.5}$$

式中,N——荷载产生的轴向力设计值;

φ——由高厚比及偏心距 e 查得的承载力影响系数;

f、f_N——原砌体和扩大砌体的抗压强度设计值;

A、A_N——原砌体和扩大砌体的截面面积。

但在验算加固后的高厚比及正常使用极限状态时,不必考虑新加砌体的应力滞后影响,可按一般砌体的计算公式来计算。

3.7.2 外加钢筋混凝土加固

当砖柱承载力不足时,常可以用外加钢筋混凝土加固。

(1) 外加钢筋混凝土的形式

外加钢筋混凝土可以是单面的、双面的和四面包围的。外加钢筋混凝土的竖向受压钢筋可用 $\phi8$～$\phi12$,横向钢箍可用 $\phi4$～$\phi6$,至少应有一半数量的闭口钢箍。闭合箍筋中间可用开口或闭口箍筋与原砌体连接。如果闭口箍的一边必须在原砌体内,可凿去一块顺砖让闭口箍通过,然后用豆石混凝土填实。具体做法如图 3.10～图 3.12 所示。

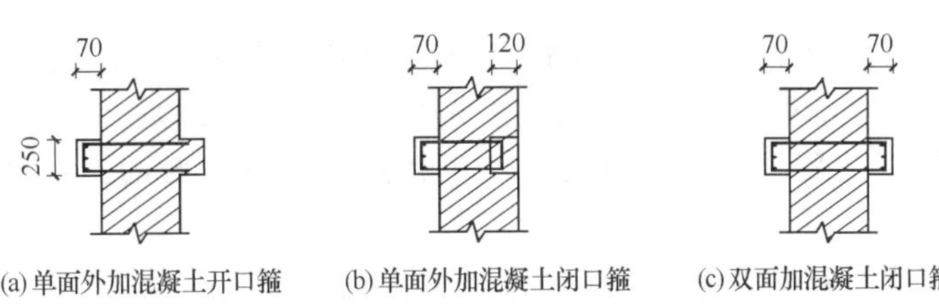

图 3.10　钢筋混凝土加固平直墙面

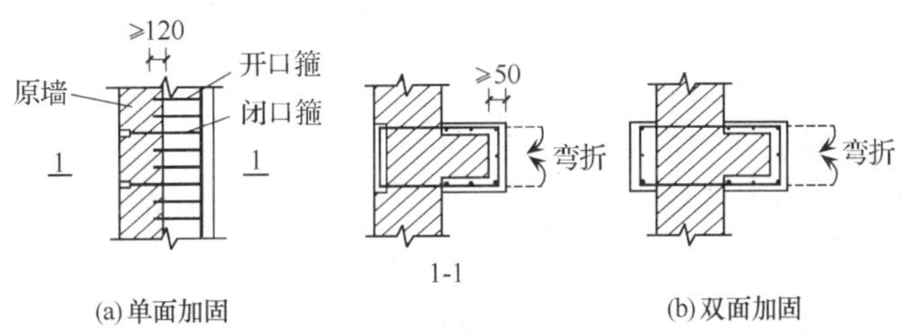

图 3.11　钢筋混凝土加固砖壁柱

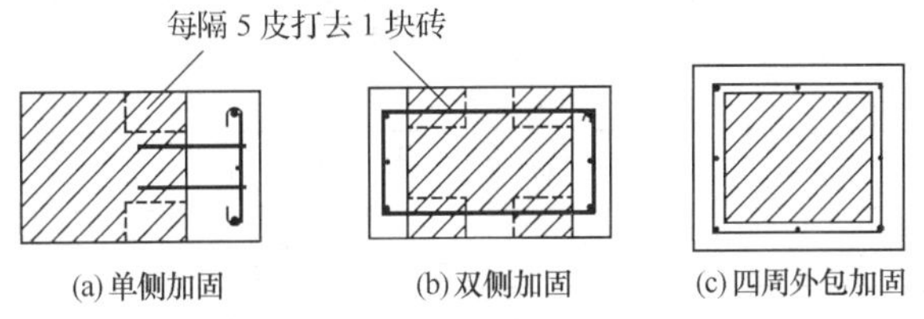

图 3.12　钢筋混凝土加固砖柱

图 3.10 为平直墙体外贴钢筋混凝土加固。图 3.10(a)、(b)是单面外加混凝土，图 3.10(b)为每隔 5 皮砖左右凿掉一块顺砖，使钢筋可封闭，图 3.10(c)为双面外加混凝土。

图 3.11 为墙壁柱外贴钢筋混凝土加固。

图 3.12 为钢筋混凝土加固砖柱。为了使混凝土与砖柱更好地结合，每隔 300mm(约 5 皮砖)打去一块砖，使后浇注的混凝土嵌入砖砌体内。外包层较薄时也可用砂浆。四面外包层内应设置 $\phi 4 \sim \phi 6$ 的封闭箍筋，间距不应超过 150mm。

混凝土常用 C15 或 C20。若采用加筋砂浆层，则砂浆的强度等级不宜低于 M7.5。若砌体为单向偏心受压构件时，可仅在受拉一侧加上钢筋混凝土。当砌体受力接近中心受压或双向均可能偏心受压时，可在两面或四面贴上钢筋混凝土。

(2) 加固墙体的受压承载力计算

经混凝土加固后的砌体已成为组合砌体，可按砌体结构设计规范中的组合砌体计算。但应考虑新浇混凝上与原砌体所受应力起点不同，即混凝土存在着应力滞后，因此在计算加固后组合砌体的承载力时，应考虑混凝土部分的强度折减。另外，对于原砌体结构，一般可不折减，但若已经出现破损，其承载力会有所下降，也可视破损程度不同而乘一个

(0.7～0.9)的减低系数。

1) 轴心受压组合砌体。轴心受压组合砖砌体的承载力为

$$N \leqslant \varphi_{com}(f_{m0}A_{m0} + \alpha_c f_c A_c + \alpha_s f'_y A'_s) \tag{3.6}$$

式中,φ_{com}——轴心受压构件的稳定系数,可根据加固后截面的高厚比及配筋率,按表3.4采用;

f_{m0}——原构件砌体抗压强度设计值;

A_{m0}——原构件截面面积;

α_c——混凝土强度利用系数,对砖砌体,取$\alpha_c=0.8$,对混凝土小型空心砌块砌体,取$\alpha_c=0.7$;

f_c——混凝土轴心抗压强度设计值;

A_c——新增混凝土面层的截面面积;

α_s——钢筋强度利用系数,对砖砌体,取$\alpha_s=0.85$,对混凝土小型空心砌块砌体,取$\alpha_c=0.75$;

f'_y——新增竖向钢筋抗压强度设计值;

A'_s——新增受压区竖向钢筋截面面积。

表3.4 组合砖砌体构件的稳定系数 φ_{com}

高厚比β	配筋率ρ/%				
	0.2	0.4	0.6	0.8	≥1.0
8	0.93	0.95	0.97	0.99	1.00
10	0.90	0.92	0.94	0.96	0.98
12	0.85	0.88	0.91	0.93	0.95
14	0.80	0.83	0.86	0.89	0.92
16	0.75	0.78	0.81	0.84	0.87
18	0.70	0.73	0.76	0.79	0.81
20	0.65	0.68	0.71	0.73	0.75

注:组合砖砌体构件截面的配筋率$\rho=A'_s/bh$。

2) 偏心受压组合砌体。偏心受压组合砌体的受力状态如图3.13所示。由图示的受力极限平衡条件,可得偏心受压组合砌体的承载力计算公式

$$N \leqslant f_{m0}A'_m + \alpha_c f_c A'_c + \alpha_s f_y A'_s - \sigma_s A_s \tag{3.7}$$

$$N \cdot e_N \leqslant f_{m0}S_{ms} + \alpha_c f_c S_{cs} + \alpha_s f'_y A'_s(h_0 - a') \tag{3.8}$$

此时截面受压区高度x,可由下式解得:

$$f_{m0}S_{mN} + \alpha_c f_c S_{cN} + \alpha_s f'_y A'_s e'_N - \sigma_s A_s e_N = 0 \tag{3.9}$$

式中,A'_m——砌体受压区的截面面积;

α_c——偏心受压构件混凝土强度利用系数,对砖砌体,取$\alpha_c=0.90$,对混凝土小型空心砌块砌体,取$\alpha_c=0.80$;

A'_c——混凝土面层受压区的截面面积;

α_s ——偏心受压构件钢筋强度利用系数，对砖砌体，取 $\alpha_s=1.0$，对混凝土小型空心砌块砌体，取 $\alpha_s=0.95$；

e_N ——钢筋 A_s 的合理点至轴向力 N 作用点的距离，即

$$e_N=e+e_a+(h/2-a) \tag{3.10}$$

e'_N ——钢筋 A'_s 的重心至轴向力 N 作用点的距离，即

$$e'_N=e+e_a+(h/2-a') \tag{3.11}$$

e ——轴向力对加固后截面的初始偏心距，按荷载设计值计算，当 $e<0.05h$ 时，取 $e=0.05h$；

e_a ——加固后的构件在轴向力作用下的附加偏心距，即

$$e_a=\frac{\beta^2 h}{2200}(1-0.022\beta) \tag{3.12}$$

S_{ms} ——砌体受压区的截面面积对钢筋 A_s 重心的面积矩；

S_{cs} ——混凝土面层受压区的截面面积对钢筋 A_s 重心的面积矩；

S_{mN} ——砌体受压区的截面面积对轴向力 N 作用点的面积矩；

S_{cN} ——混凝土外加面层受压区的截面面积对轴向力 N 作用点的面积矩；

β ——加固后的构件高厚比；

h ——加固后的截面高度；

h_0 ——加固后的截面有效高度；

a、a' ——分别为钢筋 A_s 和 A'_s 的合力点至截面较近边的距离；

σ_s ——受拉钢筋 A_s 的应力。当大偏心受压时（$\xi\leqslant\xi_b$），$\sigma_s=f_y$，当小偏心受压时（$\xi>\xi_b$），$\sigma_s=650-800\xi$，但 $-f'_y\leqslant\sigma_s\leqslant f_y$；

ξ ——加固后砌体构件截面受压区的相对高度，即 $\xi=x/h_0$；

ξ_b ——加固后截面受压区相对高度的界限值，对 HPB300 级钢筋配筋，取 0.575，对 HRB335 和 HRBF335 级钢筋配筋，取 0.550；

A_s ——距轴向力 N 较远一侧钢筋的截面面积；

A'_s ——距轴向力 N 较近一侧钢筋的截面面积。

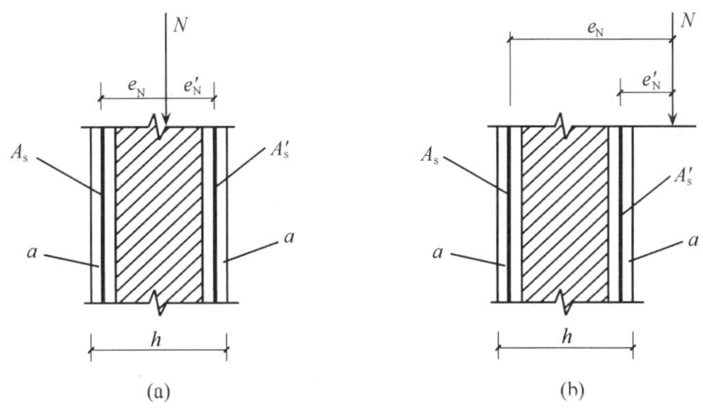

图 3.13　组合砌体偏心受压构件

(3) 外包混凝土加固砖柱

四周外包混凝土加固砖柱的效果较好,对于轴心受压砖柱及小偏心受压砖柱,其承载力的提高效果尤为显著。由于封闭箍筋的作用,使砖柱的侧向变形受到约束,受力类似于网状配筋砖砌体。由此,四周外包混凝土加固砖柱的受压承载力可按下式计算:

$$N \leqslant N_1 + 2\alpha_1 \varphi_n \frac{\rho_v f_y}{100}\left(1 - \frac{2e}{y}\right)A \tag{3.13}$$

式中,N_1——加固砖柱按组合砖砌体,即按式(3.6)~式(3.9)算得的受压承载力;

φ_n——高厚比和配筋率以及轴向力偏心距对网状配筋砖砌体受压构件承载力的影响系数,按《砌体结构设计规范》(GB 50003—2011)有关表取用;

ρ_v——体积配箍率。当箍筋的长度为 a,宽度为 b,间距为 s,单肢截面面积为 A_{sv1} 时

$$\rho_v = \frac{2A_{sv1}(a+b)}{abs} \times 100 \tag{3.14}$$

式中,e——轴向力偏心距;

f_y——箍筋的抗拉强度设计值;

A——被加固砖柱的截面面积;

α_1——新浇的材料强度折减系数,它与原柱的受力状态有关,当加固前原砖柱未损坏时,取 $\alpha_1=0.9$;部分损坏或应力较高时,取 $\alpha_1=0.7$。

3.7.3 外包钢加固

外钢加固具有快捷、高强的优点。用外包钢加固时施工速度快,且不要养护期,可立即发挥作用。外包钢加固可在基本上不增大砌体尺寸的条件下,较多的提高结构的承载力。用外包钢加固砌体,还可大幅度的提高其延性,在本质上改变砌体结构的脆性破坏特征。

外包钢常用来加固砖柱和窗间墙。具体做法是首先用水泥砂浆把角钢粘贴于被加固砌体的四角,并且用卡具临时夹紧固定,然后焊上缀板而形成整体。随后去掉卡具,外面粉刷水泥砂浆,即可平整表面,又可防止角钢生锈,如图 3.14(a)所示。对于宽度较大的窗间墙,如墙的高宽比大于 2.5 时,应在中间增加一缀条,并用穿墙螺栓拉结,如图 3.14(b)所示。外包角钢不应小于∟50×5,缀板(条)可用 35mm×5mm 或 60mm×12mm 的钢板。注意,加固角钢下端应当可靠地锚入基础,上端应有良好的锚固措施,以保证角钢有效地发挥作用。

经外包钢加固后,砌体变为组合砖砌体,由于缀板和角钢对砖柱的横向变形起到了一定的约束作用,使砖柱的抗压强度有所提高。参考混凝土组合砖柱以及网状配筋砖砌体的计算方法,可得出如下的承载力计算公式。

对于加固后为轴心受压的砖柱,计算公式为

$$N \leqslant \varphi_{con}[fA + \alpha f'_a A'_a] + N_{av} \tag{3.15}$$

对于加固后为偏心受压的砖柱,计算公式为

$$N \leqslant fA' + \alpha f'_a A' - \sigma_a A_a + N_{av} \tag{3.16}$$

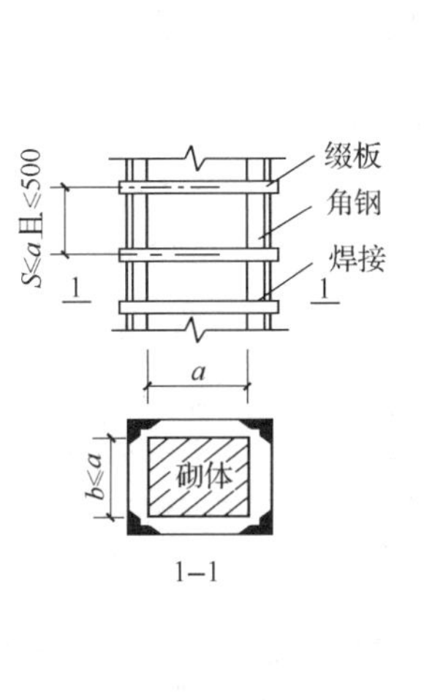

(a) 外包钢加固砖柱

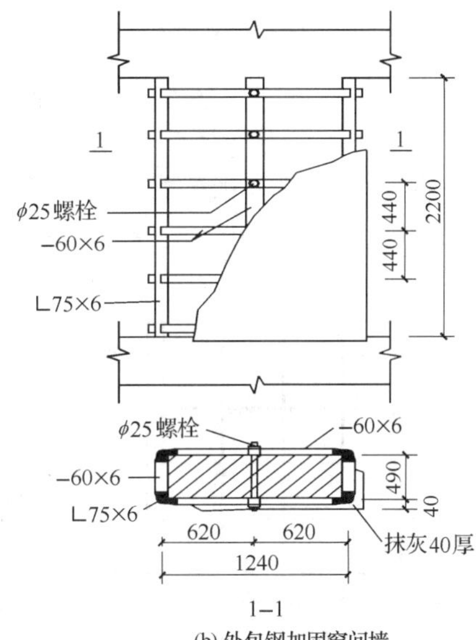

(b) 外包钢加固窗间墙

图 3.14　外包钢加固砌体结构

式中，f'_a——加固型钢的抗压强度设计值；

A'_a、A_a——受压或受拉加固型钢的截面面积；

σ_a——受拉肢型钢 A_a 的应力。

由于缀板和角钢对砖柱的约束，使砖砌体强度提高而增大的砖柱承载力 N_{av} 为

$$N_{av}=2\alpha_1\varphi_{con}\frac{\rho_{av}f_{av}}{100}\left(1-\frac{2e}{y}\right)A \tag{3.17}$$

式中，ρ_{av}——体积配箍率，当取单肢缀板的截面面积为 A_{av1}，间距为 s 时

$$\rho_{av}=\frac{2A_{av1}(a+b)}{abs}$$

f_{av}——缀板的抗拉强度设计值。

3.7.4　钢筋网水泥砂浆层加固

钢筋水泥砂浆加固墙体是在墙体表面去掉粉刷层后，附设由 $\phi4\sim\phi8$ 组成的钢筋网片，然后喷射砂浆（或细石混凝土）或分层抹上密实的砂浆层。这样使墙体形成组合墙体，俗称夹板墙。夹板墙可大大提高砌体的承载力及延性。

钢筋网水泥砂浆加固的具体做法如图 3.15 所示。

钢筋网水泥砂浆面层厚度应为 35～45mm，若面层厚度大于 45mm，则应采用细石混凝土。面层砂浆的强度等级一般不低于 M15，面层混凝土的强度等级可用 C15 或 C20。面层钢筋网需用 $\phi4\sim\phi6$ 的穿墙拉筋与墙体固定，间距不宜大于 500mm。受力钢筋的保护层厚度不应小于表 3.5 中的值。

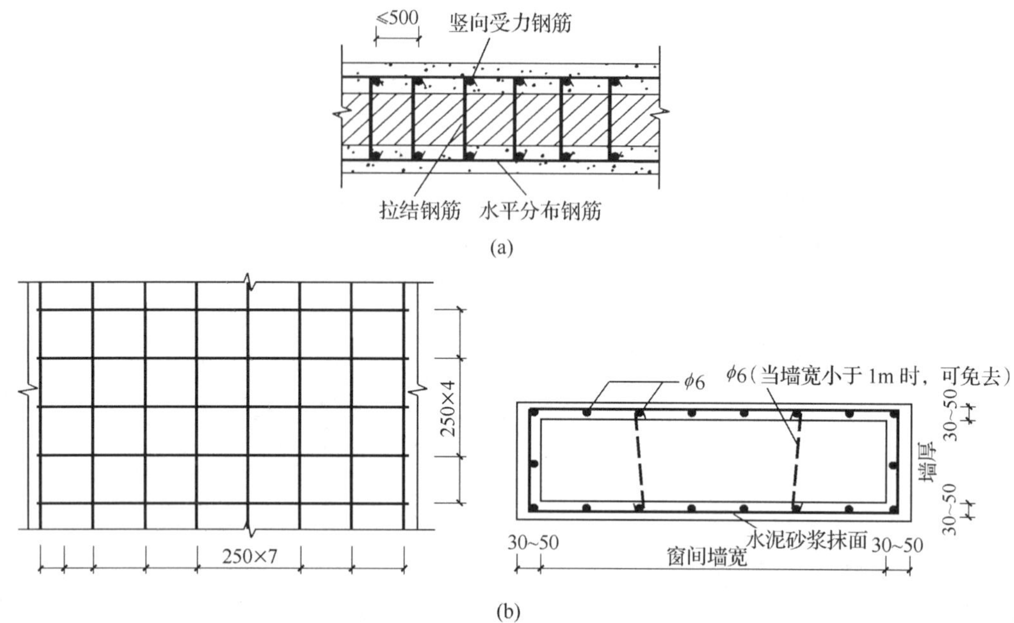

图 3.15　钢筋砂浆加固砌体

表 3.5　保护层厚度(mm)

构件类别	环境条件	
	室内正常环境	夏天或室内潮湿环境
墙	15	25
柱	25	35

受力钢筋应当使用Ⅰ级钢筋，对于混凝土面层也可采用Ⅱ级钢筋。受压钢筋的配筋率，对砂浆面层不应小于0.1%；受力钢筋直径应大于ϕ8，横向筋按构造设置，间距不宜大于20倍受压主筋的直径及500mm，但也不宜过密，应大于等于120mm。横向钢筋遇到门窗洞口，应将其弯折90°(直钩)并锚入墙体内。

喷抹水泥砂浆面层前，应当先清理墙面并加以湿润。水泥砂浆应分层抹，每层厚度不宜大于15mm，以便压密压实。原墙面如有损坏或酥松、碱化部位，应先拆除这些后再修补好。

钢筋网砂浆面层适用于加固大面积墙面，但不宜用于下列情况：①孔径大于15mm的空心砖墙及240mm厚的空斗砖墙；②砌筑砂浆强度等级小于M0.4的墙体；③墙体严重疏松或油污，碱化层不易清除，难以保证面层的黏结质量。

钢筋网面层加固后的砌体也是组合砌体，也可按式(3.16)计算其承载力，这里不再重复。

3.7.5 增加圈梁或拉杆

(1) 增设圈梁

若墙体开裂比较严重，为了增加房屋的整体刚性，则可以在房屋墙体一侧或两侧增设钢筋混凝土圈梁，也可以采用型钢圈梁。钢筋混凝土圈梁的混凝土强度等级一般为C15～C20，截面尺寸至少为120mm×180mm。圈梁配筋可采用4ϕ10～4ϕ14，箍筋可用ϕ5～ϕ6@200～250mm。为了使圈梁与墙体很好结合，可用螺栓、插筋锚入墙体，每隔1.5～2.5m可在墙体凿通一洞口（宽120mm），在浇注圈梁时，同时填入混凝土使圈梁咬合于墙体上。具体做法如图3.16所示。

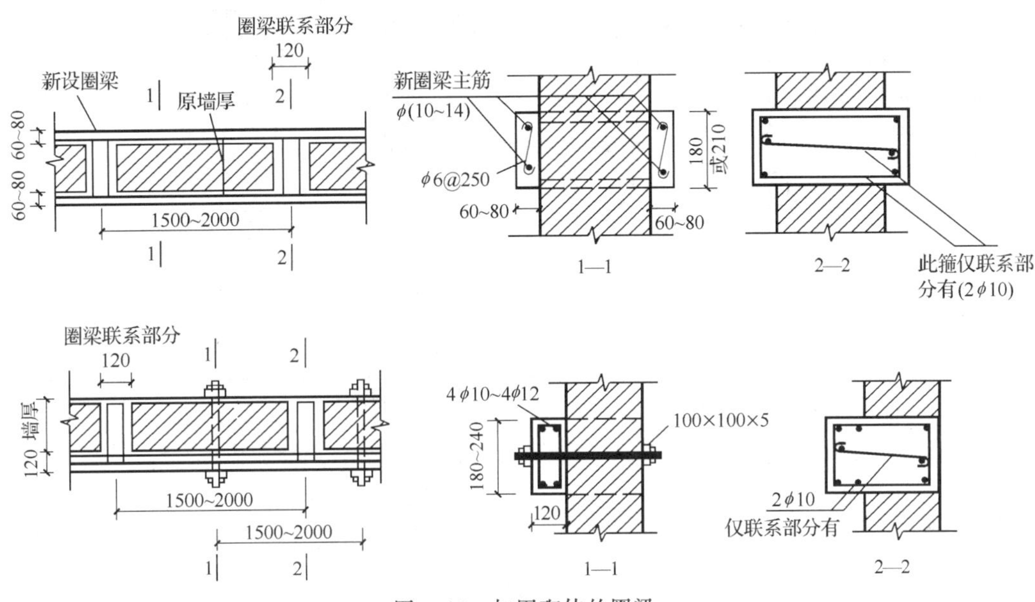

图 3.16 加固砌体的圈梁

(2) 增设拉杆

墙体因受水平推力、基础不均匀沉降或温度变化引起的伸缩等原因而产生外闪，或者因内外墙咬槎不良而裂开，可以增设拉杆，如图3.17所示。拉杆可采用圆钢或型钢。

如果采用钢筋拉杆，应当通长拉结，并可沿墙的两边设置。对较长的拉杆，中间应设花篮螺丝，以便拧紧拉杆。拉杆接长时可用焊接。露在墙外的拉杆或垫板螺帽，应做防锈处理，为了美观，也可适当做些建筑处理。

增设拉杆的同时也可以同时增设圈梁，以增强加固效果，并且可将拉杆的外部埋入圈梁中。

加固砖墙的拉杆直径可按表3.6选用；选定了拉杆直径，可按表3.7再选用垫板尺寸。

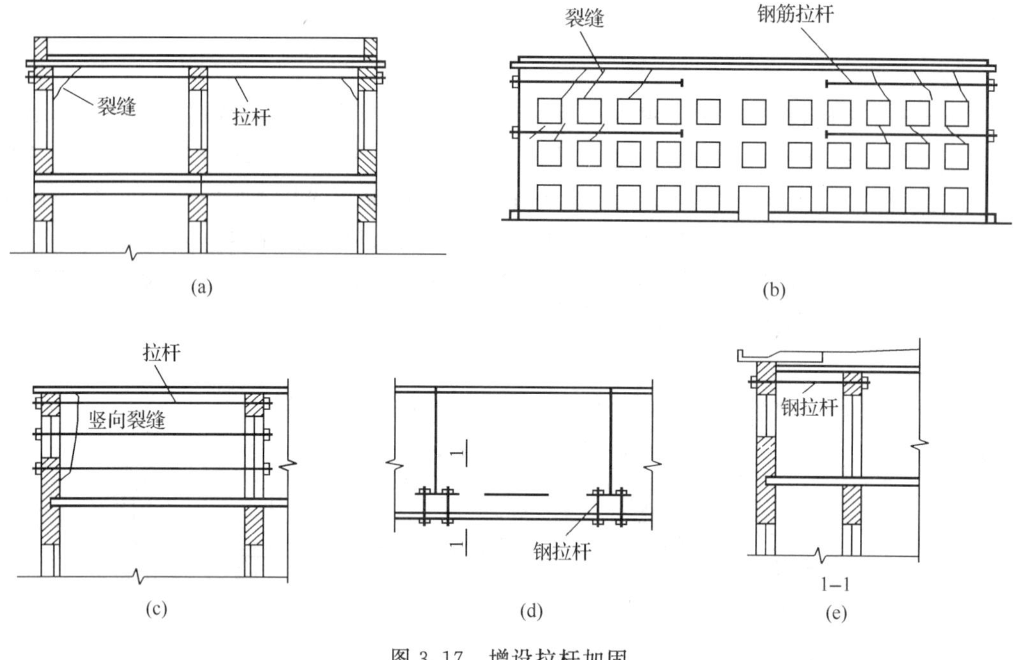

图 3.17　增设拉杆加固

表 3.6　加固拉杆的直径选用

拉杆间距	房屋进深		
	5～7m	8～10m	11～14m
4～5m(一个开间)	2ϕ16	2ϕ18	2ϕ20
10～12m(三个开间)	2ϕ22	2ϕ25	2ϕ28

表 3.7　垫板尺寸选用表

直径	ϕ16	ϕ18	ϕ20	ϕ22	ϕ25	ϕ28
角钢垫板	∟90×90×8	∟100×100×10	∟125×125×10	∟125×125×10	∟140×140×10	∟160×160×14
槽钢垫板	⊏100×48	⊏100×48	⊏120×53	⊏140×58	⊏160×58	⊏160×58
方形垫板	80×80×8	90×90×9	100×100×10	110×110×11	130×130×13	140×140×14

3.7.6　其他加固方法

砌体破损的情况千差万别,加固砌体也应当视具体情况不同而采用不同的方法。除了上述几种主要的加固方法以外,还有不少其他方法。

例如,门窗上的过梁若为砌体过梁,因某种原因产生了裂缝,这时可改为加筋砌体过梁或增设钢筋混凝土过梁,如图 3.18 所示。

又如,大梁下的砌体产生裂缝是由于局部承压不足产生的,则可托梁加垫,如图 3.19 所示。

当某墙体局部破损严重,难以加固时,可拆除部分墙体,改用混凝土柱,如图 3.20 所示。

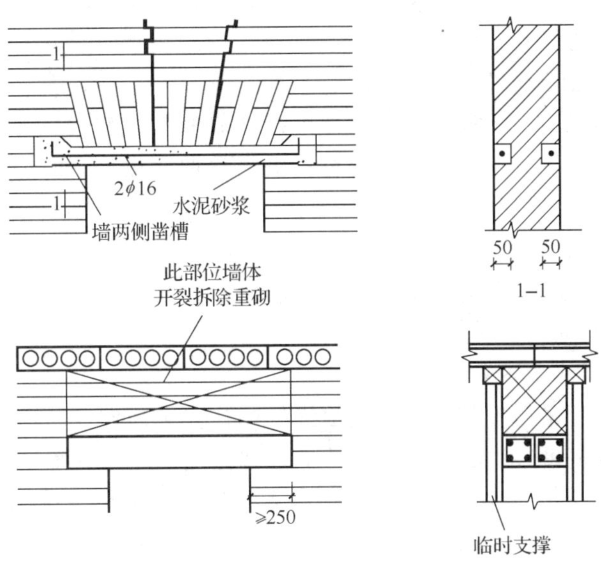

图 3.18 过梁加固

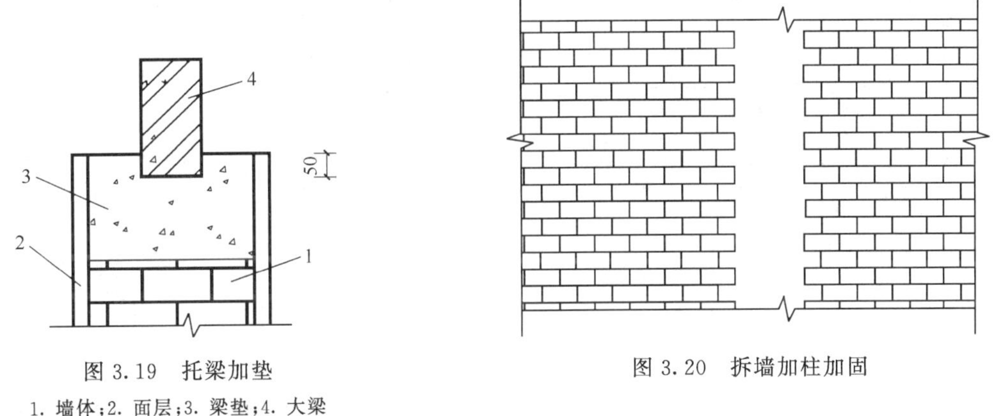

图 3.19 托梁加垫

1. 墙体;2. 面层;3. 梁垫;4. 大梁

图 3.20 拆墙加柱加固

不论采用何种加固方法,当拆除某部分墙体(包括开洞口)时,均应采取临时加固措施,以避免在加固过程中产生破坏。

3.7.7 砌体结构裂缝处理

砌体出现裂缝是工程中非常普遍的质量事故之一。轻微细小的裂缝影响房屋的外观和使用功能,而严重的裂缝则会影响砌体的承载力,甚至会引起倒塌。因此必须认真分析,妥善处理。一旦砌体发生开裂,应首先分析开裂原因,鉴别裂缝性质,并观察裂缝的稳定性及其发展状态。这可以从构件受力的特点,建筑物所处的环境条件,以及裂缝所处的位置、出现的时间及形态综合加以判断。如果在裂缝上涂一层石膏或石灰,经过一段时间后,若石膏或石灰不开裂,说明裂缝已经稳定。在裂缝原因已经查清的基础上,采取有效措施补强。对除荷载裂缝以外,不至于危及安全且已经稳定的裂缝,常常采用填缝密封、配筋填缝密封、灌浆等修补方法。

(1) 填缝密封修补法

砌体的填缝密封修补法,通常用于墙体外观维修和裂缝较浅的场合。常用材料有水泥砂浆、聚合水泥砂浆等。这类硬质填缝材料极限拉伸率很低,如砌体尚未稳定,修补后可能会再次开裂。

这类填缝密封修补方法的工序为先将裂缝清理干净,用勾缝刀、抹子、刮刀等工具将1∶3的水泥砂浆或比砌筑砂浆强度高一级的水泥砂浆或掺有107胶的聚合水泥砂浆填入砖缝内。

(2) 配筋填缝密封修补法

当裂缝较宽时,可采用配筋水泥砂浆填缝的修补方法,即在与裂缝相交的灰缝中嵌入细钢筋,然后再用水泥砂浆填缝。这种方法的具体做法是在两侧每隔4～5皮砖处剔凿一道长800～1000mm,深30～40mm的砖缝,埋入一根ϕ6钢筋,端部弯成直钩并嵌入砖墙竖缝,然后用强度等级为M10的水泥砂浆嵌填严实,如图3.21所示。

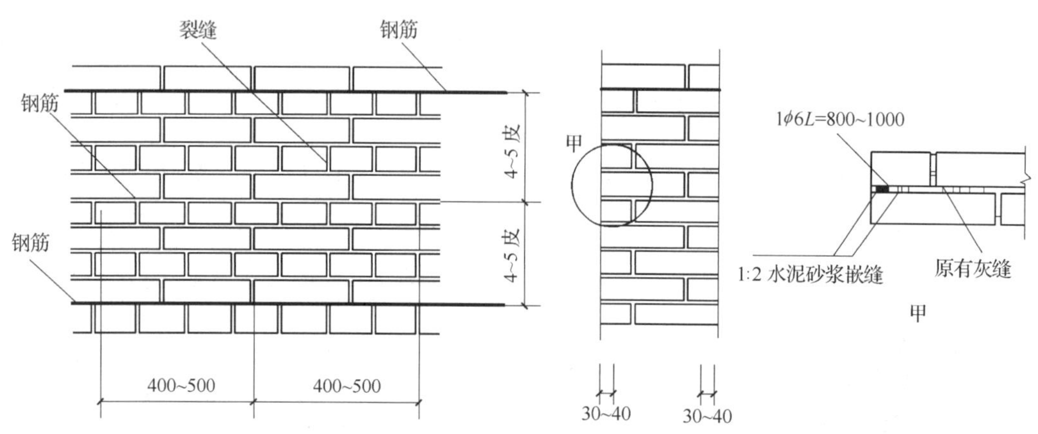

图3.21 配筋填缝密封修补法

施工时应注意以下几点:①两面不要剔同一条缝,最好隔两皮砖;②必须处理好一面,并等砂浆有一定强度后再施工另一面;③修补前剔开的砖缝要充分浇水湿润,修补后必须浇水养护。

(3) 灌浆修补法

当裂缝较细,裂缝数量较多,发展已基本稳定时,可采用灌浆补强的方法。灌浆修补是利用浆液自身重力或外加压力,将含有胶合材料的水泥浆液或化学浆液灌入裂缝内,使裂缝黏合起来的一种修补方法,如图3.22所示。

这种方法设备简单,施工方便,价格便宜,修补后的砌体可以达到甚至超过原砌体的承载力,裂缝不会在原来位置重复出现。

灌浆常用的材料有纯水泥浆、水泥砂浆、水玻璃砂浆或水泥石灰浆等。在砌体修补中,可用纯水泥浆,因纯水泥浆的可灌性较好,可顺利地灌入贯通外露的孔隙,对宽度为3mm左右的裂缝可以灌实。当裂缝宽度大于5mm时,可采用水泥砂浆。裂缝细小时,

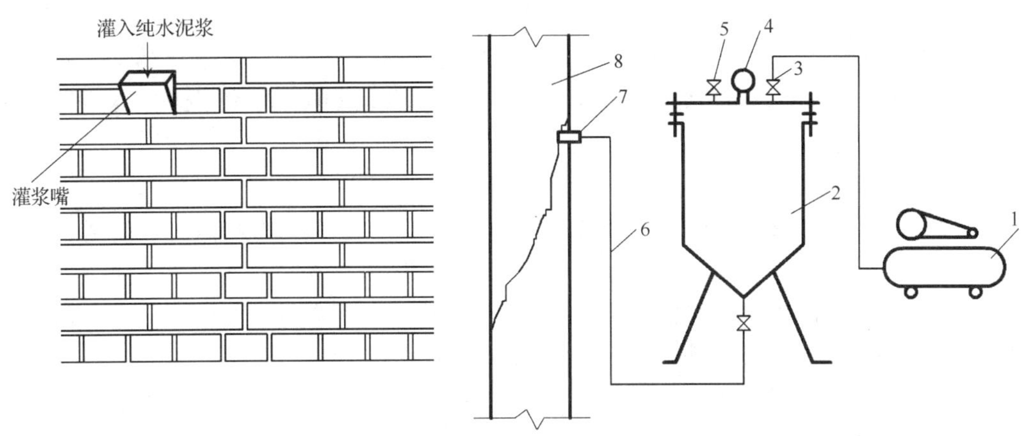

图 3.22　压力灌浆装置示意图

1. 空压机；2. 压浆罐；3. 进气阀；4. 压力表；5. 进浆口；6. 输送管；7. 灌浆嘴；8. 墙体

可采用压力灌浆。灌浆浆液配合比见表 3.8，表中稀浆用于 0.3～1mm 宽的裂缝；稠浆用于 1～5mm 的裂缝；砂浆则适用于宽度大于 5mm 的裂缝。

表 3.8　裂缝灌浆浆液配合比

浆别	水泥	水	胶结料	砂
稀浆	1	0.9	0.2(107 胶)	
	1	0.9	0.2(二元乳胶)	
	1	0.9	0.01～0.02(水玻璃)	
	1	1.2	0.06(聚乙酸乙烯)	
稠浆	1	0.6	0.2(107 胶)	
	1	0.6	0.15(二元乳胶)	
	1	0.7	0.01～0.02(水玻璃)	
	1	0.74	0.055(聚乙酸乙烯)	
砂浆	1	0.6	0.2(107 胶)	1
	1	0.6～0.7	0.15(二元乳胶)	1
	1	0.6	0.01(水玻璃)	1
	1	0.4～0.7	0.06(聚乙酸乙烯)	1

水泥灌浆的浆液中需掺入悬浮型外加剂，以提高水泥的悬浮性，延缓水泥的沉淀时间，防止灌浆设备及输送系统堵塞。外加剂一般采用聚乙烯醇或水玻璃或 107 胶。掺入外加剂后，水泥浆液的强度略有提高。掺加 107 胶还可增强黏结力，但掺入量过大，会使灌浆材料的强度降低。

配置浆液采用聚乙烯醇作外加剂时，先将聚乙烯醇溶解于水中形成水溶液，然后边搅拌边掺加水泥即可。聚乙烯醇与水的重量配制比为：聚乙烯醇∶水＝2∶98。最后按水泥∶水溶液(质量比)＝1∶0.7 比例配制成混合浆液。当采用水玻璃作外加剂时，只要将 2%(按水质量计)的水玻璃溶液倒入刚搅拌好的纯水泥浆中搅拌均匀即可。当采用 107

胶作外加剂时,先将定量的107胶溶于水成溶液,然后用这种溶液拌制灌浆浆液。另外,还有一种加氟硅酸钠的水玻璃砂浆用于灌实较宽的裂缝,其配合比为:水玻璃∶矿渣粉∶砂=(1.15~1.5)∶1∶2,再加15%的纯度为90%的氟硅酸钠。灌浆法修补裂缝可按下述工艺流程进行:

1) 清理裂缝,使裂缝通道贯通,无堵塞。

2) 灌浆嘴布置。在裂缝交叉处和裂缝端部均应设置灌浆嘴,布嘴间距可按照裂缝宽度大小在250~500mm选取。厚度大于360mm的墙体,应在墙体两面都设置灌浆嘴。在墙体的设置灌浆嘴处,应预先钻孔,孔径稍大于灌浆嘴的外径,孔深30~40mm,孔内应冲洗干净,并先用纯水泥浆涂刷,然后用1∶2水泥砂浆固定灌浆嘴。

3) 用加有促凝剂的1∶2水泥砂浆嵌缝,以避免灌浆时浆液外溢。嵌缝时应注意将混水砖墙裂缝附近的原粉层刷剔除,冲洗干净后,用新砂浆嵌缝。

4) 待封闭层砂浆达到一定强度后,先向每个灌浆嘴中灌入适量的水,使灌浆通道畅通。再用0.2~0.25MPa的压缩空气检查通道泄漏程度,如泄漏较大,应补漏封闭。然后进行压力灌浆,灌浆顺序自下而上,当附近灌浆嘴溢出或进浆嘴不进浆时方可停止灌浆。灌浆压力控制在0.2MPa左右,但不宜超过0.25MPa。发现墙体局部冒浆时,应停止灌浆约15min或用快硬水泥砂浆临时堵塞,然后再进行灌浆。当向靠近基础或楼板(多孔板)处灌入大量浆液仍未灌满时,应增大浆液浓度或停1~2h后再灌。

5) 全部灌完后,停30min再进行二次补灌,以提高灌浆密实度。

6) 拆除或切断灌浆嘴,表面清理抹平,冲洗设备。对于水平的通长裂缝,可沿裂缝钻孔,做成销键,以加强两边砌体的共同作用。销键直径25mm,间距250~300mm,深度可以比墙厚小20~25mm。做完销键后再进行灌浆,灌浆方法同上。

3.8　砌体结构加固实例

【例3.1】 某非抗震设防区办公楼,刚性方案,纵横墙混合承重,钢筋混凝土现浇楼面屋面,房间进深6m,横墙间距6m,各层层高均为3m,基础顶面距室内地面1m。未经有关部门批准自行增建二层。投入使用后,底层内横墙发现多条穿4皮砖的竖向裂缝,情况危急,需立即进行加固。

解　(1) 加固方法选择

采用两侧加砖扶壁柱的方法加固一、二层横墙,假设每米设1根扶壁柱。在扶壁柱部位的原墙上打入间距240的ϕ4连接筋。采用MU10级砖,M10级混合砂浆,砌到楼板下最后5皮砖时,在砂浆中掺加水泥膨胀剂。

由于底层已有贯通4皮砖的荷载裂缝,估计墙体荷载已达极限荷载的85%,所以在施工前应进行卸载,并用预应力顶撑支托楼板,进一步减小墙体应力,用压力灌浆法修补裂缝。

(2) 计算原砖墙的承载力设计值

该办公楼原墙厚度为240mm,间距为4m,房间进深为6m,层高为3m,楼板为

120mm 厚现浇钢筋混凝土楼板，经重新计算内横墙墙体所受的压力设计值为 310kN/m。

原墙体砖强度等级和石灰砂浆的等级已无案可查，通过取样检测和现场检测，推断砖等级约为 MU10，混合砂浆强度为 M2.5，查《砌体结构设计规范》(GB 50003—2001)表知其强度为 1.3MPa，根据现场检测发现该砌体砌筑质量不佳，灰缝饱满程度仅为 75%，故砌体强度需乘以 0.97 折减系数，又判断该工程施工质量等级为 C 级，根据《砌体结构设计规范》再乘以折减系数 0.89。

砌体最终强度为

$$1.3 \times 0.97 \times 0.89 = 1.12(\text{MPa})$$

① 底层横墙计算高度：

底层横墙高度 $H=3.0+1.0=4.0(\text{m})$，横墙间距 $s=6\text{m}$，$2H>s>H$ 查《砌体结构设计规范》(GB 50003—2001)表 5.1.3，即

$$H_0 = 0.4s + 0.2H = 0.4 \times 6 + 0.2 \times 4 = 3.2(\text{m})$$

② 墙体高厚比为

$$\beta = \frac{H_0}{h} = \frac{3.2}{0.24} = 13.33 < [\beta] = 22$$

查规范附表得 $\phi=0.76$，由此得原砖墙的承载力设计值 N_0 为

$$N_0 = \phi f A = 0.76 \times 1.12 \times 240 \times 1000 = 204.3(\text{kN}) < N$$

该砖墙必须进行加固。

(3) 加固设计

扶壁柱的截面尺寸如图 3.23 所示。根据 MU10 和 M10 查得扶壁柱的抗压强度设计值 $f_N=1.89\text{MPa}$。

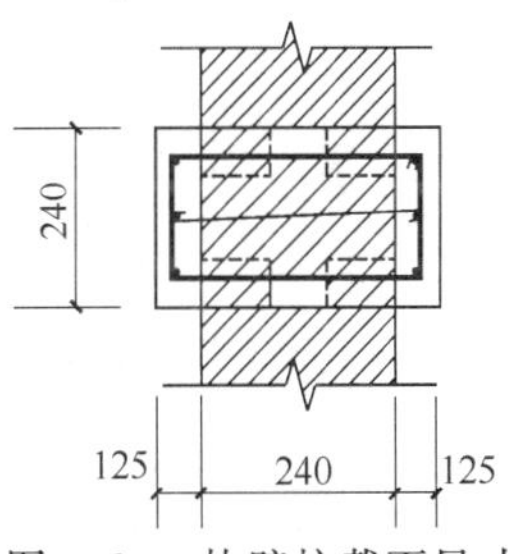

图 3.23 扶壁柱截面尺寸

$$I = \frac{1}{12} \times [(1000-240) \times 240^3 + 240 \times 490^3]$$
$$= 3.23 \times 10^9(\text{mm}^2)$$
$$A = 1000 \times 240 + 240 \times 250 = 300\,000(\text{mm}^2)$$

折算厚度为

$$h_r = 3.5i = 3.5\sqrt{\frac{I}{A}} = 36.4(\text{cm})$$

$$\beta = \frac{H_0}{h_r} = \frac{320}{36.4} = 8.8$$

查得 $\phi=0.87$。

根据式(3.5)，有

$$N = \phi(fA + 0.9 f_N A_N)$$
$$= 0.87 \times (1.12 \times 240 \times 1000 + 0.9 \times 1.89 \times 240 \times 250)$$
$$= 323(\text{kN}) > N = 310\text{kN}$$

说明每米设置 1 根扶壁柱就能达到加固效果。

【例 3.2】 试对例 3.1 的工程改用钢筋网水泥砂面层加固。

解 (1) 加固工艺

钢筋网水泥砂浆面层的造价较砖扶壁柱高,但加固后内墙表面平整。具体加固方法是在卸载和施加预应力顶撑后,将原砖墙粉刷层铲去并洗刷干净,再用压力灌浆法修补裂缝,然后在墙上钻出用于穿“S”形拉结筋的孔,最后绑扎钢筋网、喷射水泥浆。

(2) 加固设计

钢筋采用Ⅰ级钢,水泥砂浆采用 M10。根据构造要求其厚度取 30mm,加固后墙厚 300mm。

$$\beta = \frac{H_0}{h_N} = \frac{3200}{300} = 10.67$$

查得

$$\varphi_{\text{com}} = 0.85$$

水泥砂浆强度为 3.5MPa,则

$$N = \varphi_{\text{com}}(fA + f_c A_c + \eta_s f'_y A'_s)$$
$$= 0.85 \times (1.12 \times 240 \times 1000 + 3.5 \times 60 \times 1000 + 0.9 \times 210 \times A'_s)$$

将 $N=3.1\times10^5$N 代入,解得 $A'_s < 0$。说明 A'_s 按构造选配即可,取 ϕ8@500 的钢筋网。

该房屋位于非地震区,原砖墙的抗剪承载力已满足,采用钢筋网水泥砂浆面层加固后,抗侧力得到很大提高,故砖墙水平承载力不再验算。

思考题与习题

3.1 砌体结构检测的主要内容有哪些?

3.2 原位测试法都有哪些?各有何优缺点?

3.3 如何测定砌体的实际受力情况?

3.4 回弹法测定砌体强度有何优缺点?

3.5 如果在检测中发现砂浆不饱满应如何处理?

3.6 砌体的加固方法都有哪些?

3.7 针对砌体结构的整体性能不足可以采取的加固方法有哪些?

3.8 外包钢法加固中,如何考虑钢构件和原砌体结构的共同工作问题?

3.9 砌体裂缝修补方法都有哪些?

3.10 某砌体结构采用 MU10 砖和 M2.5 混合砂浆,其窗间墙截面 1000mm×370mm,该墙中大梁截面尺寸 $b\times h=200\text{mm}\times400\text{mm}$,梁端支撑长度为 240mm,墙体上部荷载 $N=260$kN,因使用功能改变梁端荷载设计值增加为 100kN,试对窗间墙承载力和梁端局部压力进行验算,并采取相应加固措施。

第四章　钢筋混凝土结构检测与加固

4.1 概　　述

4.1.1　混凝土结构检测的作用和意义

钢筋混凝土结构在我国建设工程中占有统治地位，应用范围很广，数量也很大。对于已经使用的混凝土结构，有种种原因可能导致结构的安全性、适用性或耐久性不能满足相应规范的技术要求。例如，设计错误、施工质量低劣、增层或改造导致结构荷载增加、灾害损伤以及耐久性损伤等。当结构构件的可靠性鉴定等级被评定为 c 级或 d 级时，一般应采取相应的加固措施。

混凝土结构检测的作用就在于能够相对科学地判断原结构的残余能力，其意义在于尽量有效地应用社会资源。

对于新建工程，《混凝土强度检验评定标准》(GB/T 50107—2010)中明确规定，当对混凝土试块强度的代表性有怀疑时，可用从结构中钻取试样的方法或采用非破损检测方法，按有关标准的规定对结构或构件中混凝土的强度进行推定。

4.1.2　混凝土结构检测的内容和分类

混凝土结构检测的内容很广，凡是影响结构可靠性的因素都可以成为检测的内容，从这个角度看，检测内容根据其属性可以分为：

1) 几何量检测，如结构几何尺寸、变形、混凝土保护层厚度、钢筋位置和数量、裂缝宽度等。

2) 物理力学性能检测，如材料强度、结构的承载力、结构自振周期和结构振型等。

3) 化学性能检测，如混凝土碳化、钢筋锈蚀等。

混凝土结构检测的方法可分为以下四大类。

(1) 非破损检测

1) 混凝土材料强度检测。非破损法对混凝土材料强度的检测，是以混凝土立方体试块强度与某些物理量之间的相关性为基础，检测时在不影响混凝土结构或构件任何性能的前提下，对相关物理量进行测试，然后根据混凝土强度与这些物理量的相互关系推算被测混凝土的标准强度换算值，并以此推算出强度标准值的推定值。常用的方法有回弹法、超声脉冲法、射线吸收法等。

2) 混凝土材料内部缺陷检测。这类方法主要由超声脉冲法、脉冲回波法、雷达扫描法、红外热谱法、声发射法等。

除强度和缺陷检测外,还有混凝土的弹性性能、非弹性性能、耐久性、受冻层深度、含水率、钢筋位置与钢筋锈蚀、水泥含量等,常用的方法有共振法、敲击法、磁测法、电测法、微波吸收法、渗透法等。

(2) 半破损检测

半破损法以不影响结构或构件的承载力为前提,在结构或构件上直接进行局部破坏性试验,或者直接钻取芯样进行微破坏性试验,然后根据试验值与混凝土标准强度的相互关系,换算成标准强度的特征强度。属于这类方法的有钻芯法、拔出法、射击法等。这类检测法的特点是以局部破坏性试验来获得混凝土的实际抵抗破坏的能力,因而不适合用于大面积的全面检测。

(3) 破损检测

破损检测就是在力的作用下,按照有关规定,观测所检对象受力全过程的试验。

对于一些建筑用产品或半成品,在使用之前必须要了解其真实的受力性能,例如混凝土空心楼板,混凝土水管等。为了确保建设工程质量,按照一定比例要求对其进行抽样做破损性检测是很有必要的。

(4) 综合法

所谓综合法就是采用两种或两种以上的检测方法,获取多种物理参量,并建立所检对象的相关性能与多项物理量的综合相互关系,以便从不同的角度评价所检对象的相关性能。

对于混凝土强度而言,由于综合法采用多项物理参数,能较全面地反映构成混凝土强度的各种因素,并且还能抵消部分影响强度与物理量相互关系的因素,因而比单一物理量的检测方法具有更高的准确性和可靠性。目前常用的综合法有超声回弹综合法、超声钻芯综合法、声速衰减综合法等。其中超声回弹综合法在我国已得到广泛应用,并制定了相应的技术规程《超声回弹综合法检测混凝土强度技术规程》(CECS 02:2005)。

4.2 混凝土强度

4.2.1 回弹法测定混凝土强度

混凝土的强度是决定混凝土结构和构件受力性能的主要因素,回弹法测定混凝土强度属于非破损检测方法。1948 年,瑞士施米特(E. Schmidt)发明了回弹仪,由于该仪器构造简单、方法简便,在一定的条件下测试值与混凝土强度有较好的相关性,并能较好地反映混凝土的均匀性,半个多世纪以来,该方法在国内外得到了广泛的推广和使用,同时我国制定了《回弹法评定混凝土抗压强度技术规程》(JGJ/T 23—2011)。

(1) 回弹仪的基本原理

回弹法是根据混凝土的表面硬度与抗压强度存在一定的相关性而发展起来的一种混凝土强度测试方法。测试时,用具有规定动能的重锤弹击混凝土表面,初始动能发生重分配,一部分能量被混凝土吸收,剩余的能量则回传给重锤。被混凝土吸收的能量取决于混凝土表面的硬度，混凝土表面硬度低，受弹击后表面塑性变形和残余变形大，被混凝土吸收的能量就多，回传给重锤的能量就少；相反，混凝土表面硬度高，受弹击后塑性变形小，吸收的能量少，回传给重锤的能量多，因而回弹值就高，从而间接地反映了混凝土的抗压强度。图 4.1 为回弹法的原理示意图。

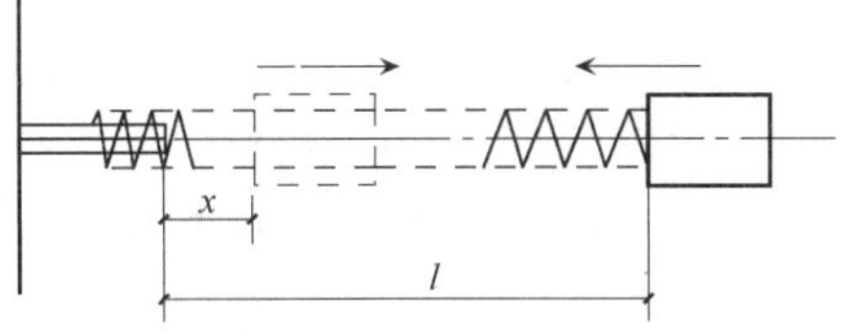

图 4.1　回弹法原理示意图

(2) 回弹仪的基本构造

随着回弹仪用途的日益广泛及现代科学技术的发展，回弹仪的型号不断增加。我国自 20 世纪 50 年代中期，相继投入生产 N 型、L 型、NR 型及 M 型等回弹仪，以 N 型应用最为广泛。这种中型回弹仪是一种指针直读的直射锤击式仪器，其冲击能量为 2.21J，构造如图 4.2 所示。

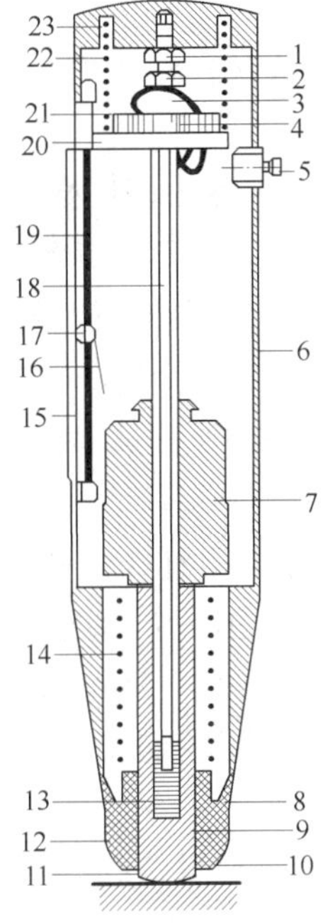

图 4.2　回弹仪构造和主要零件名称

1. 紧固螺母；2. 调零螺钉；3. 挂钩；4. 挂钩销；5. 按钮；6. 机壳；7. 弹击锤；8. 拉簧座；9. 卡环；10. 密封毡圈；11. 弹击杆；12. 盖帽；13. 缓冲压簧；14. 弹击拉簧；15. 刻度尺；16. 指针片；17. 指针块；18. 中心导杆；19. 指针轴；20. 导向法兰；21. 挂钩压簧；22. 压簧；23. 尾盖

(3) 测强曲线

回弹法测定混凝土的抗压强度，是建立在混凝土的抗压强度与回弹值之间具有一定相关性的基础上的，这种相关性可通过一系列大量试验所建立的回弹值与混凝土强度之间的关系曲线（f_{cu}-R 关系曲线）表示，称为测强曲线。

测强曲线根据制定曲线的条件和使用范围可以分为三类：统一曲线、地区曲线和专用曲线（表 4.1）。

(4) 回弹法的适用范围

由于受回弹法所必需的测强曲线的代表性的限制，回弹法只适用于龄期为 14～1000d 范围内自然养护、评定强度在 10～60MPa 的普通混凝土，不适用于内部有缺陷或者遭化学腐蚀、火灾、冰冻的混凝土和其他品种的混凝土。

(5) 回弹法检测混凝土强度的基本步骤

1) 检测准备。检测前，一般需要了解工程名称、设计、施工和建设单位名称；结构构件名称、外形尺寸、数量及混凝土设计强度等级；水泥品种、安定性、强度等级；砂石种类；外加剂或掺和料品种；结构或构件所处环境条件及存在的问题。其中以了解水泥的安定性最为重要，若水泥的安定性不合格，则不能采用回弹法检测。

表 4.1　统一曲线、地区曲线和专用曲线比较

曲线名称	代表性	适用范围	平均相对误差	相对标准差
统一曲线	全国具有代表性	该地区无任何曲线	$\delta \leqslant \pm 15\%$	$e_r \leqslant \pm 18\%$
地区曲线	本地区	无专用曲线	$\delta \leqslant \pm 14\%$	$e_r \leqslant \pm 17\%$
专用曲线	与被测构件相同	与构件相同条件	$\delta \leqslant \pm 12\%$	$e_r \leqslant \pm 14\%$

一般检测混凝土结构或构件有两类方法:一类为全部检测;另一类是抽样检测。

全检主要用于有怀疑的独立结构或构件以及某些有明显质量问题的结构或构件。

抽样检测主要用于在相同的生产工艺条件下,强度等级相同、原材料和配合比基本一致且龄期相近的混凝土结构或构件。被检测的试件应随即抽取不少于同类结构或构件总数的 30%,还要求测区总数不少于 100 个。

测点。回弹 1 次有 1 个读数值,这个读数值就称 1 个测点。

测区。1 个测区相当于该试样在相同条件下的 1 块试块。规定在的 200mm 见方的 1 个小区域内必须有 16 个测点。这个小区域就称 1 个测区。

评点。至少 10 个测区才能组成 1 个评点,1 个评点相当于该试样在相同条件下的 1 组试块。

2) 测区的布置。取一个结构或构件作为 1 个评点时,每个构件的测区数不少于 10 个,并尽可能均匀布置。测区最好布置在试样的两个对称的测试面,如不能满足也可以选择在一个测面上;测区应优先考虑布置在混凝土浇注的侧面;测区必须避开位于混凝土保护层附近的钢筋或预埋铁件;测区表面应清洁、平整、干燥,不应留有残余粉末。

测试的构件必须具有一定的刚度和稳定性,对于体积小、刚度差及测试部位厚度小于 100mm 的构件,应设置临时支撑加以固定。

3) 回弹值的测定。测试时,回弹仪应始终与测试面垂直,并不得打在气孔和外露石子上。每个测区的两个测面用回弹仪各弹击 8 点,如一个测区只有一个测面,则必须测 16 点。同一测点只允许弹击 1 次,测点应在测面范围内均匀分布,每个测点的回弹值读数准确至 1°,相邻测点的净距不小于 20mm,测点距构件边缘或外露钢筋、预埋铁件的距离不得小于 30mm。

4) 混凝土碳化深度的测定。用电锤或其他工具在混凝土检测位置凿孔,测出孔的直径为 12~25mm,深度约为 15mm 的缺口(但不应小于碳化深度,否则应当加深),清除缺口中的粉末和碎屑后(不能用液体冲洗),立即用 1%的酚酞乙醇溶液滴在缺口内壁的边缘处,未碳化的混凝土变为红色,已碳化的混凝土不变色,用钢尺测量不变色的深度若干次,精确到 0.5mm,取其平均值。应选择不少于构件的 30%的测区数,在有代表性的位置上,测量混凝土的碳化深度。

5) 数据处理及回弹值的修正。数据处理及回弹值的修正必须严格执行相应规程,现行规程是《回弹法检测混凝土抗压强度技术规程》(JGJ/T 23—2011)。

第一,求测区平均回弹值。从每一测区的 16 个回弹值中剔除其中 3 个最大值和 3 个最小值,取余下的 10 个回弹值的平均值作为该测区的平均回弹值,保留一位小数。

第二,回弹仪角度修正。将测区平均回弹值,再根据回弹仪轴线与水平方向的角度,查出其修正值进行修正。

第三,浇注面修正。当回弹仪水平方向测试混凝土浇注顶面或底面时,应将测得的数据参照规程进行修正。

第四，强度换算。根据修正后的测区平均回弹值和碳化深度，查阅测强曲线，即可得到该测区的混凝土强度换算值。

第五，计算推定强度。

(6) 举例

某工程渡槽底板一块，混凝土强度等级为C20，自然养护，龄期6个月，未做试块。

1) 测区布置如图4.3，回弹仪垂直向上测试底板面。

2) 记录回弹值及碳化深度值。测区平均回弹值 R_m 及平均碳化深度值 d_m 见表4.2。

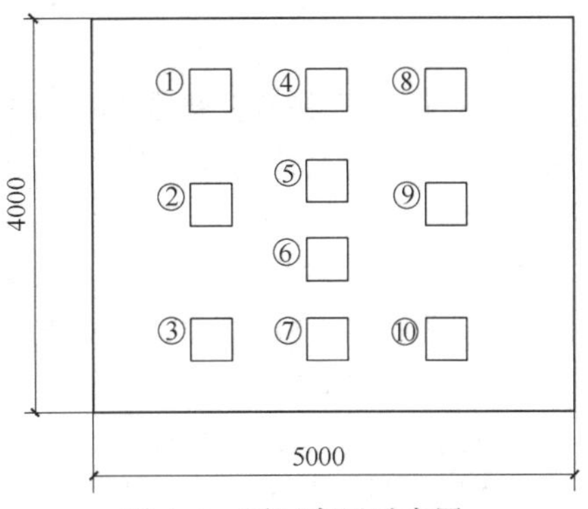

图4.3　测区布置示意图

表4.2　结构或构件试样混凝土强度计算

单位工程名称：渡槽

构件名称及编号：底板3

测区号		1	2	3	4	5	6	7	8	9	10
回弹值(R_m)	测区平均值	46.0	47.5	39.0	44.0	42.0	43.5	50.0	51.0	46.5	47.3
	角度修正值	−3.7	−3.6	−4.1	−3.8	−3.9	−3.8	−3.5	−3.5	−3.7	−3.6
	角度修正后	42.3	43.9	34.9	40.2	38.1	39.7	46.5	47.5	42.8	43.7
	浇注面修正值	−0.8	−0.6	−1.5	−1.0	−1.2	−1.0	−0.4	−0.3	−0.7	−0.6
	浇注面修正后	41.5	43.3	33.4	39.2	36.9	38.7	46.1	47.2	42.1	43.1
碳化深度值 d_m/mm		5.0	5.0	3.0	5.0	4.0	5.0	6.0	6.0	6.0	6.0
测区强度值 $f^c_{cu,i}$/MPa		29.7	32.3	22.6	26.4	25.5	25.8	33.8	35.4	28.1	29.5
强度计算/MPa ($n=10$)		$m f^c_{cu}=\frac{1}{n}\sum_{i=1}^{10} f^c_{cu,i}=28.9$ $S f^c_{cu}=\sqrt{\frac{1}{n-1}[(\sum_{i=1}^{n} f^c_{cu,i})^2-n(m f^c_{cu})^2]}$ $f_{cu,e}=m f^c_{cu}-1.645 S f^c_{cu}=22.3$									
测区强度换算表名称		规程　✓　地区　专用					备注				

测试：　　计算：　　复核：　　计算日期：　　年　月　日

4.2.2　超声法测定混凝土强度

超声法与回弹法类似，也是建立在混凝土的强度与其他物理特征值的相互关系基础上的一种方法。混凝土强度与其弹性模量、密度等密切相关，而根据弹性波动理论，超声波在弹性介质中的传播速度又与弹性模量和密度这些参数之间存在

$$v=\frac{E_d(1-\nu)}{\rho(1-\nu)(1-2\nu)} \tag{4.1}$$

式中，E_d——介质的动弹性模量；

ρ——介质的密度；

ν——介质的泊松比。

由于混凝土是一种非匀质、非弹性的复合材料，其强度与波速之间的定量关系受到混

凝土本身各种技术条件,如水泥品种、骨料品种和粒径大小、水灰比、钢筋配置等因素的影响,具有一定的随机性。由于这种原因,目前尚未建立统一的混凝土强度和波速的定量关系曲线。许多国家在有关规程和方法中都有规定,即必须以一定数量的相同技术条件的混凝土立方体试块,预先建立该种混凝土的 f_{cu}^{c}-v 曲线,然后用来推算其强度,并进行有关影响因素的修正。

超声波检测混凝土强度时一般采用发、收双探头法。在被测构件上每隔 200～300mm 布置一对测点,每对测点必须相互对齐,每个试样测点不得少于 10 对。测区应尽量避开有钢筋的部位,尤其要避开与声通路平行的钢筋部位。测试前先将混凝土表面磨光,并将污物除去。在每个测点处涂一些凡士林或软肥皂(以防探头与混凝土表面之间有空隙),然后将发射器和接受器压紧相互对应的一对测点,从仪表中读出超声波经过试样时所需的时间,换算成速度,求各点速度的平均值,即可由 f_{cu}^{c}-v 曲线查出混凝土强度。

采用超声法来测定混凝土的强度在实际工程的应用中局限性较大,因为除混凝土的强度外还有很多因素影响声速。例如,混凝土中骨料的品种、粗骨料的最大粒径、砂率、水泥用量、外加剂、混凝土的龄期、测试时的温度和含水率等。因此最好是用较多的综合指标来测定混凝土的强度。目前,应用较多的超声-回弹综合法就是这样的一种方法。

4.2.3 超声回弹综合法测定混凝土强度

超声回弹综合法检测混凝土的强度,是 1966 年由罗马尼亚建筑及建筑经济科学院提出的,此后在国内外得到长足的发展和应用,我国已经制定了《超声回弹综合法检测混凝土强度技术规程》(CECS 02：2005)。

与单一的回弹法或超声法相比,综合法具有以下特点:减少龄期和含水率对所测混凝土强度的影响;弥补相互的不足;提高测试精度。

超声回弹综合法是指采用超声仪和回弹仪,在同一测区分别测量声速值及回弹值,然后根据建立起来的测强公式推算该测区混凝土强度的一种方法。这两个参数同时与混凝土强度建立相应关系。规程中采用的相关曲线为

$$f_{cu}^{c}=A(v_a)^B(R_a)^C \tag{4.2}$$

式中,f_{cu}^{c}——混凝土强度换算值(精确至 0.1 MPa),MPa;

v_a——修正后的超声波声速值(精确至 0.01 km/s),km/s;

R_a——修正后的回弹值;

A、B、C——由对比试验测得的系数(规程推荐的系数值与骨料的品种有关,详见表 4.3)。

表 4.3 混凝土粗骨料系数

骨料品种	A	B	C
卵石	0.038	1.23	1.96
碎石	0.008	1.72	1.57

用超声回弹法综合检测混凝土强度时,测区布置方法与回弹法相同。测区内先进行回弹测试,再进行超声测试。在每个测区内相对的测试面上,各布置 3 个超声测试点(图 4.4),发射和接受换能器的轴线应在同一轴线上。测试的声时值应精确至 0.1μs,声

速值应精确至 0.01km/s，超声测距的测量误差应不大于±1%。测区声速值为

$$v=\frac{3l}{t_1+t_2+t_3} \tag{4.3}$$

式中，v——测区声速值，km/s；

l——超声测距，mm；

t_1、t_2、t_3——测区 3 个测点的声时值。

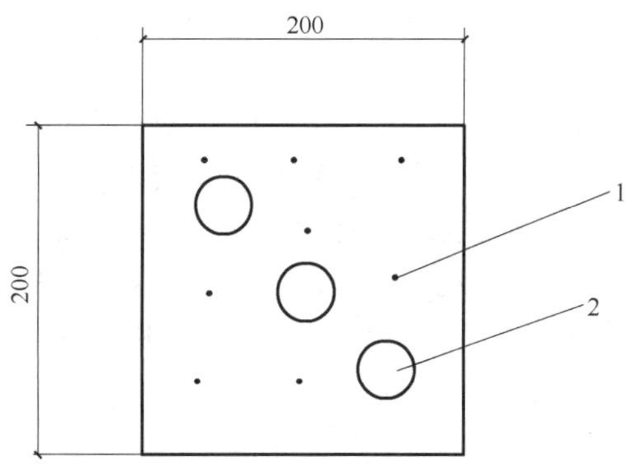

图 4.4　测区测点分布

1. 回弹测点；2. 超声测点

当测试面是混凝土浇注的顶面或底面时，测区声速值按下式进行修正，即

$$v_a=\beta v \tag{4.4}$$

式中，v_a——修正后的测区声速值；

β——超声测试面修正系数(在混凝土浇注顶面或底面测试时，$\beta=1.034$，在混凝土浇注测面测试时，$\beta=1.0$)。

每个测区根据修正后的回弹值 R_a 及修正后的声速值 v_a，利用式(4.2)即可得到测区混凝土强度的换算值 f_{cu}^{c}。用超声回弹综合法检测混凝土强度时，构件或结构混凝土强度推定值($f_{cu,e}$)的确定方法与回弹法相同。

4.2.4　钻芯法测定混凝土强度

钻芯法是利用专用钻机，从混凝土中钻取芯样以检测混凝土强度或观察混凝土内部质量的方法。由于它对混凝土造成局部损伤，因此属于局部破损的检测手段。

这一方法已在混凝土的质量检测中得到普遍的应用，取得了明显的技术经济效益，我国于 1988 年制定了《钻芯法检测混凝土强度技术规程》(CECS 03：88)，新的钻芯法规程已于 2008 年施行。

用钻芯法检测混凝土的强度、裂缝、接缝、分层、孔洞或离析等缺陷，具有直观、精度高等特点，因而广泛应用于工业与民用建筑、水利大坝、公路桥梁、机场跑道等混凝土结构或构筑物的质量检测。

(1) 钻芯机

钻芯机是钻芯法的基本设备，在混凝土结构的钻芯或工程施工钻孔中，由于被钻混凝土的强度等级、孔径大小、钻孔位置以及操作环境等因素的不同，钻芯机有轻便型、轻型、重型和超重型之分。

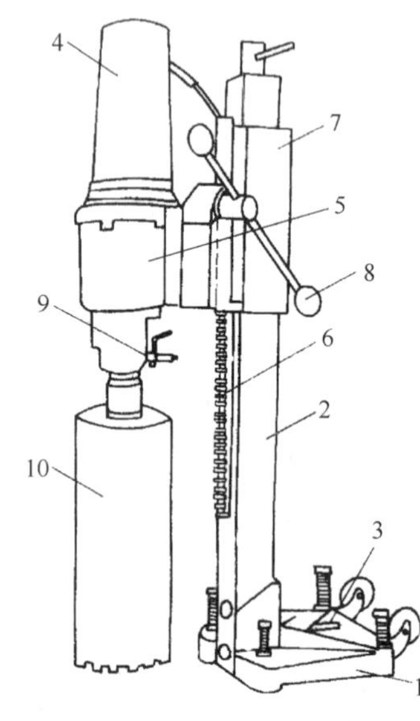

图 4.5　HZQ100 型钻芯机外形

1. 底座；2. 立柱；3. 固定螺孔；4. 电动机；5. 变速器；6. 齿条；7. 滑块；8. 手柄；9. 水口；10. 钻

钻芯机有机架、驱动部分、减速部分、进钻部分及冷却和排渣系统五部分组成。图 4.5 为 HZQ100 型钻芯机的外形示意图。钻取芯样时应采用 100mm 或 150mm 的人造金刚石薄壁钻头。

(2) 钻芯位置的选择和芯样的钻取

由于钻芯法对结构有所损伤，钻芯的位置应选择在结构受力较小，混凝土强度质量具有代表性，没有主筋或预埋件，便于钻芯机安放与操作的部位。为避开钢筋，在钻芯位置先用磁感应仪或雷达仪测出钢筋位置，画出标线。

在选定的钻芯点上，将钻芯机就位、固定，接通水源并调整好冷却水流量。接通电源，用进钻操作手柄调节钻头的进钻速度。钻至预定深度后退出钻头，然后将钢凿插入钻孔缝隙中，用小锤敲击钢凿，芯样即可在根部折断，用夹钳把芯样取出。

用钻芯法对单个构件检测时，每个构件的钻芯数量不应少于 3 个；对于较小构件，钻芯数量可取 2 个。钻取的芯样直径一般不应小于骨料最大粒径的 3 倍，在任何情况下，不得小于骨料最大粒径的 2 倍。

(3) 芯样加工及技术要求

从结构中取出的混凝土芯样往往是长短不齐的，应采用锯切机把芯样切成一定长度，一般试件的高度与直径的比值应在 1～2。芯样试件内不应有钢筋，如不能满足此要求，每个试件内最多只允许含有 2 根直径小于 10mm 的钢筋，且钢筋应与芯样轴线基本垂直并不得露出端面。锯切后的芯样，当不能满足平整度及垂直度要求时，应用磨平机磨平或用水泥砂浆、硫磺胶泥等材料在专用补平装置上补平。

(4) 芯样抗压强度的试验与计算

芯样在做抗压强度试验时的状态应与实际构件的使用状态接近。如果结构工作条件比较干燥，芯样试件在抗压试验前应当在室内自然干燥 3d；如果结构工作条件比较潮湿，芯样试件应在(20±5)℃的清水中浸泡 2d，从水中取出后应立即进行抗压试验。

芯样试件的混凝土强度换算值是指用钻芯法测得的芯样强度，换算成相应于测试龄期的、边长为 150mm 的立方体试块的抗压强度值为

$$f_{cu}^{c}=\alpha\frac{4F}{\pi d^{2}} \tag{4.5}$$

式中，f_{cu}^{c}——芯样试件混凝土强度换算值(精确至 0.1 MPa)，MPa；

F——芯样试件抗压试验测得的最大压力，N；

d——芯样试件的平均直径，mm；

α——不同高径比的芯样试件混凝土强度换算系数(按表 4.4 选用)。

表 4.4　芯样试件混凝土强度换算系数

高径比 h/d	1.0	1.1	1.2	1.3	1.4	1.5	1.6	1.7	1.8	1.9	2.0
系数 α	1.00	1.04	1.07	1.10	1.15	1.17	1.19	1.21	1.22	1.24	—

单个构件或单个构件的局部区域，可取芯样试件混凝土强度换算值中最小值作为其代表值。

(5) 芯样孔的修补

混凝土结构经钻孔取芯后，对结构的承载力会产生一定的影响，应当及时进行修补。通常采用比原设计强度提高一个等级的微膨胀水泥细石混凝土，或者采用以合成树脂为胶结料的细石聚合物混凝土填实，修补前应将孔壁凿毛，并清除孔内污物，修补后应及时养护。一般来说，即使修补后结构的承载力仍有可能低于钻孔前的承载力。因此钻芯法不宜普遍使用，更不宜在一个受力区域内集中钻孔。建议将钻芯法与其他非破损方法结合使用，一方面利用非破损方法来减少钻芯的数量，另一方面又可利用钻芯法来提高非破损方法的测试精度。

4.2.5　拔出法测定混凝土强度

拔出法是一种局部破损的检测方法，其试验是把一个用金属制作的锚固件预埋入未硬化的混凝土浇注构件内(预埋拔出法)，或者在已硬化的混凝土构件上钻孔埋入一个锚固件(后装拔出法)，然后根据测试锚固件被拔出时的拉力，来确定混凝土的拔出强度，并以此推算混凝土立方体的抗压强度。

拔出法在美国、俄罗斯、加拿大、丹麦等国家得到广泛应用。我国于 1994 年由中国工程建设标准协会公布了《后装拔出法检测混凝土强度技术规程》(CECS 69：94)。新的《拔出法检测混凝土强度技术规程》(CECS69：2011)于 2011 年 10 月施行。

(1) 后装拔出法的试验装置

后装拔出法的试验装置是由钻孔机、磨槽机、锚固件及拔出仪等组成。钻孔机可以采用金刚石薄壁空心钻或冲击电锤，并应带有控制垂直度及深度的装置和水冷却装置；磨槽机可采用电钻配以金刚石磨头、定位圆盘机水冷却装置组成。拔出试验的反力装置可采用圆环式或三点式两种(图 4.6 和图 4.7)。

(2) 后装拔出法的测点布置

当按单个构件检测时，应在构件上均匀布置 3 个测点。如果 3 个拔出力中最大值或最小值与中间值之差均不超过中间值的 15%，则可用这 3 个值来推算构件的混凝土强度；否则，应在最小拔出力测点附近再加 2 个测点。

当按批抽样检测时，抽样数量不应少于同批构件总数的 30%，且不能少于 10 件，每个构件不应少于 3 个测点。

测点应布置在构件受力较小的部位，并且尽可能布置在构件混凝土成型的侧面。两

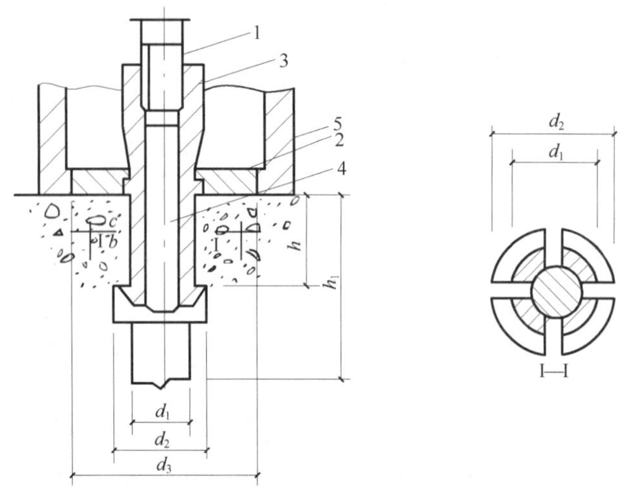

图 4.6　圆环式拔出试验装置示意图

1. 拉杆;2. 对中圆盘;3. 胀簧;4. 胀杆;5. 反力支撑

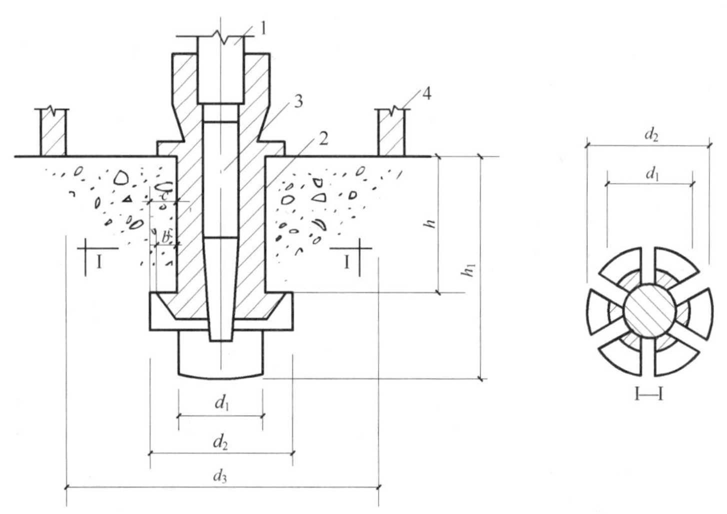

图 4.7　三点环式拔出试验装置示意图

1. 拉杆;2. 胀簧;3. 胀杆;4. 反力支撑

测点的间距应大于 10 倍锚固深度,测点距构件边缘不应小于 4 倍锚固深度,测点应避开表面缺陷部位及钢筋、预埋件,反力支撑面应平整、清洁、干燥,对饰面层、浮浆应清除。

(3) 试验步骤

1) 钻孔。用钻孔机在测试点钻孔,孔的轴线应当与混凝土表面垂直。

2) 磨槽。用磨槽机在孔内磨出一环形沟槽,槽深 3.6～4.5mm,四周槽深应大致相同,并将孔清理干净。

3) 安装拔出仪。在孔中插入胀簧,把胀杆打进胀簧的空腔中,使簧片扩张,簧片头嵌入沟槽。然后将拉杆一端旋入胀簧,另一端与拔出仪连接。

4) 拔出试验。调节反力支承高度,使拔出仪通过反力支撑均匀地压紧在混凝土表面。然后对拔出仪施加拔出力，施加的拔出力应均匀、连续(拔出力增长速度应控制在1kN/s)。当显示器读数不再增加时，说明混凝土已破坏，记录此极限拔出力读数后，回油卸载。

(4) 混凝土强度换算及推定

混凝土强度换算值为

$$f_{cu}^{c}=A\cdot F+B \tag{4.6}$$

式中，f_{cu}^{c}——混凝土强度换算值(精确至 0.1 MPa)，MPa；

F——拔出力(精确至 0.1kN)，kN；

A、B——测强公式回归系数。

对于圆环式拔出仪(YTL 型)，推荐使用的测强曲线是

$$f_{cu}^{c}=1.59F-5.8 \tag{4.7}$$

按单个构件检测时其构件拔出力的计算如下：当构件拔出力中的最大值和最小值与中间值之差不超过中间值的 15%时，取最小值作为该构件拔出力的计算值；当加测时，加测的 2 个拔出力和最小拔出力值相加后取平均值，再与原先的拔出力中间值比较，取两者的小值作为该构件拔出力的计算值。

按批构件检测时，其强度的评定与回弹法评定相同。

4.2.6　混凝土强度检测方法比较

混凝土强度常用的几种检测方法的比较见表 4.5。

表 4.5　混凝土强度的几种检测方法的比较

种　类	测定内容	适用范围	特　点	缺　点
回弹法	测点混凝土表面硬度值	混凝土抗压强度、匀质性	测试简单、快捷	测定部位仅为混凝土表面，同一处只能测试一次
超声-回弹综合法	混凝土表面硬度值和超声传播速度	混凝土抗压强度	测试简单，精度比单一法高	比单一法费事
拔出法	测其拔出力	混凝土抗压强度	测强精度较高	对混凝土有一定的损伤，检测后需进行修补
钻芯法	从混凝土中钻取一定尺寸的芯样	混凝土抗压、劈裂强度及内缺陷等	测强精度较高	设备笨重，成本较高，对混凝土有损伤，需修补

4.3　混凝土裂缝与缺陷

用于检测混凝土内部缺陷的方法有射线法和声脉冲波法两大类。射线法是运用X射线、γ射线透过混凝土，然后照相分析，这种方法穿透能力有限，在使用中需要解决人体防护的问题，在建筑工程中应用较少。声脉冲波法又有超声波法和声发射法两种，其中超声波法技术比较成熟，本节主要介绍超声波检测混凝土内部缺陷的基本方法。

由于超声波传播速度的快慢与混凝土的密实度有直接关系，声速高则混凝土密实，相反则混凝土不密实。用超声波检测混凝土缺陷的基本依据是，利用脉冲波在技术条件相同(指混凝土的原材料、配合比、龄期和测试距离一致)的混凝土中的传播时间(或速度)、接受波的振幅和频率等声学参数的相对变化，来判断混凝土的缺陷。当有空洞或裂缝存在时，便破坏了混凝土的整体性，声波只能绕过空洞或裂缝传播到接受换能器，因此传播的路程增大，测得的声时偏长，其相应的声速降低。

混凝土内部缺陷除用超声波检测外，也可以用混凝土钻取直径为 20～50mm 的芯样后直接观察。由于大部分混凝土工程中的缺陷位置不能确定，不宜采用钻芯检测。所以一般都用超声波通过混凝土时，以超声声速、首波衰减和波形变化来判断混凝土中存在缺陷的性质、范围和位置。

4.3.1 结构混凝土裂缝检测

结构鉴定时对裂缝的检测，主要包括裂缝的宽度、深度、长度、走向、形态、分布特征、是否稳定等内容。

(1) 裂缝原因

钢筋混凝土结构是多种不同材料经拌和、振捣、养护后而形成的。从微观看，混凝土是带裂缝工作的，重要的是如何避免可见裂缝，特别是不出现对结构安全有影响的裂缝。引起裂缝的原因很多，可归结为两大类。

第一类，由变形引起的裂缝，也称为非结构性裂缝，如温度变化、混凝土收缩、地基不均匀沉降等因素引起的变形，当此变形受到约束时，在结构构件内部会产生自应力，当此自应力超过混凝土的抗拉强度时，即会引起混凝土的裂缝，裂缝一旦出现，变形就能释放或部分释放，自应力就会降低甚至消失。

第二类，由外荷载引起的裂缝，也称为结构性裂缝、受力裂缝，其裂缝与荷载有关，预示结构承载力可能不足或存在严重问题。

两类裂缝有明显的区别，危害程度也不尽相同，有时两类裂缝融合在一起。根据调查资料，两类裂缝中，变形引起的裂缝占主导，约占结构总裂缝的 80%，荷载引起的裂缝约占 20%。

我国现行《混凝土结构设计规范》(GB 50010—2010)规定，对使用中允许出现裂缝的钢筋混凝土构件应验算裂缝宽度。计算所得的最大裂缝宽度要求：处在室内正常环境的一般构件不应超过 0.3mm；处于年平均相对湿度小于 60%的地区，其最大裂缝宽度不应超过 0.4mm；对于屋架、托架、重级工作制的吊车梁以及露天或室内高湿度环境来说，其最大裂缝宽度不应超过 0.2mm。

过宽的裂缝会引起混凝土中的钢筋的锈蚀，降低结构的耐久性；裂缝使混凝土结构刚度减小；过宽的裂缝会损伤结构的外观，引起使用者的不安。

(2) 裂缝特征

几种典型的混凝土裂缝产生的原因以及特征和表现，见表 4.6。

表 4.6　混凝土裂缝产生的原因、特征和表现

原因		一般裂缝特征	裂缝表现	临近破坏前裂缝特征
荷载作用	(1) 轴心受拉	裂缝贯穿构件全截面，大体等间距(垂直受力方向)；用螺纹筋时，出现位于钢筋附近的次裂缝	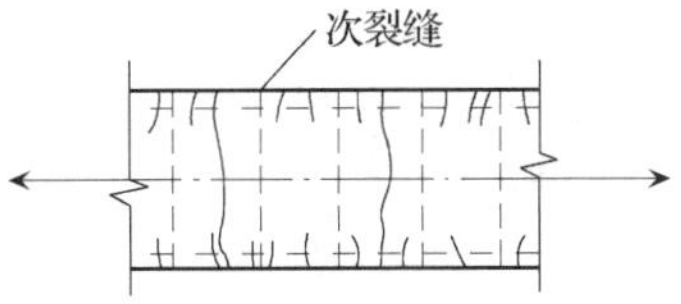 次裂缝	出现沿钢筋的纵向裂缝
	(2) 轴心受压	沿构件出现短而密的平行裂缝(平行于受力方向)	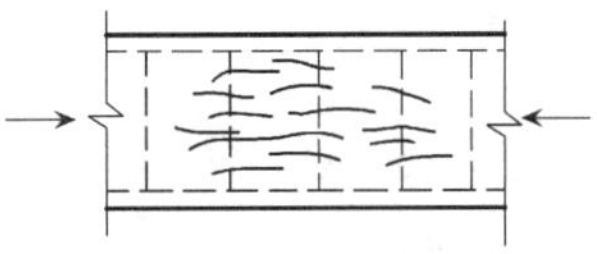	混凝土保护层脱落，箍筋内混凝土压酥，箍筋间纵向受力，钢筋外鼓
	(3) 受弯	弯矩最大截面附近从受拉边缘开始出现横向裂缝，逐渐向中和轴发展；用螺纹筋时，裂缝间可见短向次裂缝	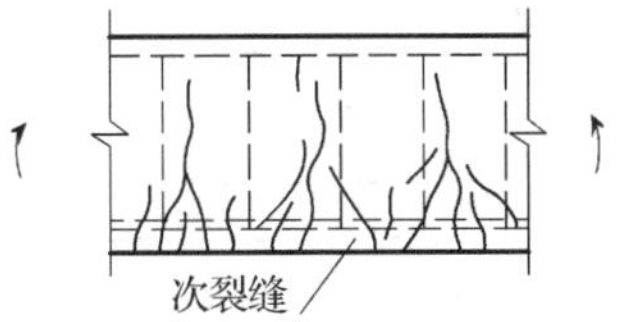 次裂缝	横向裂缝向压区延伸，压区出现短而密的纵向裂缝，压区混凝土和箍筋间纵向受压钢筋外鼓；梁高较大的 T 形或 I 形梁中，次裂缝可发展成与主裂缝相交的枝状裂缝
	(4) 大偏心受压	类似(3)	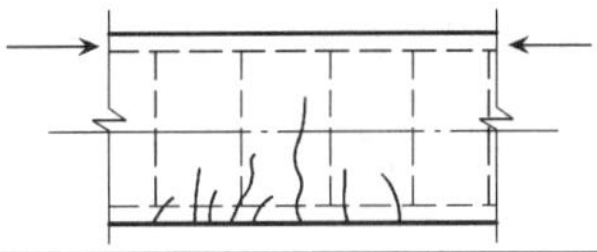	类似(3)
	(5) 小偏心受压	类似(2)，但发生在压力较大的一侧	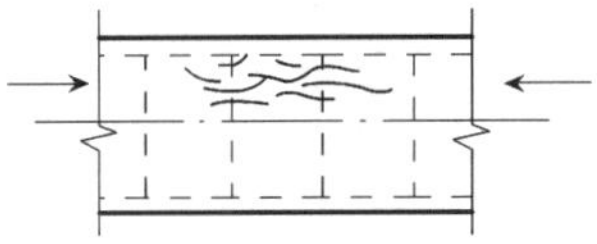	类似(2)，但发生在压力较大的一侧
	(6) 局部受压	在局部受压区出现大体与压力方向平行的多条短裂缝	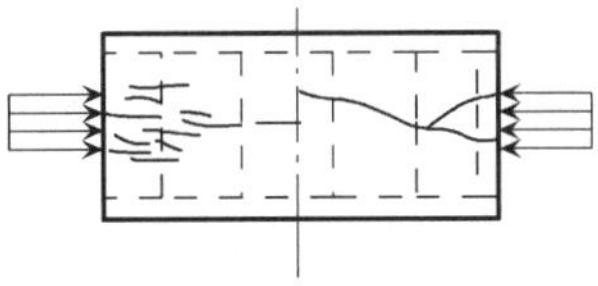	裂缝加密，混凝土压酥；或者发生一条集中开展的主裂缝
	(7) 受剪(当箍筋适当时)	沿梁端下部发生大约 45°方向互相平行的斜裂缝	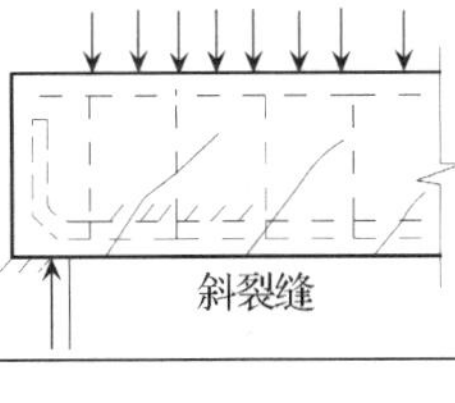 斜裂缝	斜裂缝发展至梁顶部，同时沿梁下主筋发生斜裂缝
		沿悬臂剪力墙支承端受力一侧中下部发生一条约 45°方向的斜裂缝	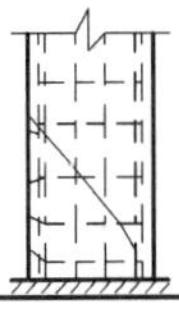	该条斜裂缝发展至墙端另一侧边缘

续表

原因		一般裂缝特征	裂缝表现	临近破坏前裂缝特征
荷载作用	(8) 受剪斜压(当箍筋太密时)	沿梁端腹部发生大于45°方向的短而密的斜裂缝		斜裂缝处混凝土酥裂
	(9) 受冲切	沿柱头板内四侧发生45°方向短而密的斜裂缝	冲切裂缝	斜裂缝有穿透构件全截面的趋势
	(10) 受扭力矩	某一面腹部先出现多条约45°方向斜裂缝,向相邻面以螺旋方向展开		在第四个面上形成45°方向的与斜裂缝发展方向相垂直的短而密的斜裂缝
约束变形作用	(11) 梁的混凝土收缩和温度变形	沿梁长度方向的腹部出现大体等间距的横向裂缝,中间宽,两头尖,呈枣核形,至上下纵向箍筋处消失		
外加变形	(12) 框架结构一侧下沉过多	框架梁两端发生裂缝的方向相反(一端自上而下,另一端自下而上);下沉柱上的梁柱接头处可能发生细微水平裂缝	Δ(沉陷)	

(3) 裂缝宽度

测量裂缝宽度以前常用裂缝对比卡测量,后来用光学读数显微镜测量,现在能够用电子裂缝观测仪测量。裂缝对比卡上面印有粗细不等、标注着宽度值的平行线,将其覆盖在裂缝上,可比较出裂缝的宽度。这种方法已经被淘汰。光学读数显微镜是配有刻度和游标的光学透镜,从镜中看到的是放大的裂缝,通过调节游标读出裂缝宽度。带摄像头的电子裂缝观测仪克服了人直接俯在裂缝上进行观测的诸多不便,颇受技术人员青睐。

一般来说，裂缝宽度往往是不均匀的，工程鉴定时关注的是特定位置的最大裂缝宽度。限制裂缝宽度的主要目的是防止侵蚀性介质渗入而导致钢筋锈蚀。因此，测量裂缝宽度的位置应在受力主筋附近；如测量梁的弯曲裂缝，应在梁受拉侧主筋的高度处。

(4) 裂缝稳定

构件上出现裂缝后，首先应判定裂缝是否趋于稳定，裂缝是否有害；然后根据裂缝特征判定裂缝产生的原因，并考虑修补措施。

裂缝是否趋于稳定可根据下列观测和计算判定：

1) 观测判定。定期对裂缝宽度、长度进行观测、记录。观测的方法可在裂缝的个别区段及裂缝顶端涂覆石膏，用读数放大镜读出裂缝宽度。如果在相当长的时间内石膏没有开裂，则说明裂缝已经稳定。但有些裂缝是随时间和环境变化的，例如温度裂缝冬天增大，夏天缩小，收缩裂缝在初期发展快，1～2 年后基本稳定，这些裂缝的变化属于正常现象。所谓不稳定裂缝，主要是指随时间不断增大的荷载裂缝、沉降裂缝等。

2) 计算判定。对适筋梁，钢筋应力 σ_s 是影响裂缝宽度的主要因素。因此，可通过对钢筋应力的计算来判定裂缝是否稳定。如果钢筋应力小于 $0.8f_y$(其中 f_y 为钢筋强度设计值)，裂缝就处于稳定状态。

(5) 裂缝深度

裂缝深度检测可采用凿开法或超声波检测。采用凿开法检测前，先向缝中注入有色墨水，则易于辨认细小裂缝。超声波检测裂缝深度有三种方法，即平测法、斜测法和钻孔对测法。

1) 超声波单面平测技术。当混凝土出现裂缝时，裂缝空间充满空气，由于固体与气体界面对声波构成反射面，通过的声能很小，声波绕裂缝顶端通过(图 4.8)，以此可测出裂缝深度。

先在混凝土的无缝处测定该混凝土平测时的声波速度。把发、收换能器放置于裂缝附近有代表性的、质量均匀的无裂缝的混凝土表面，以换能器边缘间距 l' 为准，取 l' 为 100mm、150mm、200mm、250mm 和 300mm，改变换能器之间的距离，分别测读超声波穿过的时间 t'。以距离 l' 为横坐标，时间 t' 为纵坐标，将数据点绘制在坐标纸上(图 4.9)。如果被测处的混凝土质量均匀、无缺陷，则各点大致在一条直线上。按图形计算这条直线的斜率，即为超声波在该处混凝土中的传播速度。

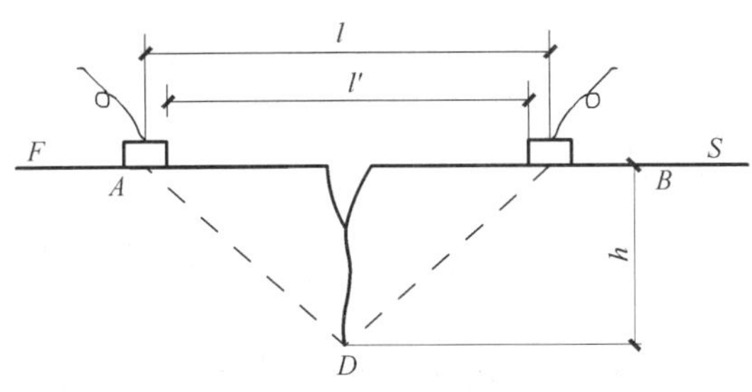

图 4.8　超声波检测混凝土垂直裂缝

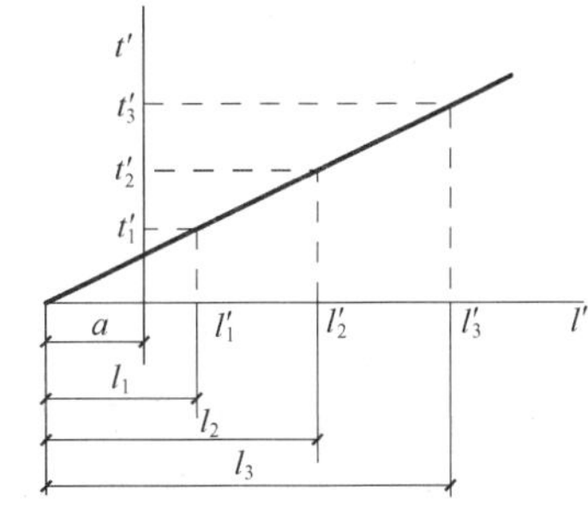

图 4.9　平测时的时间-距离关系

按算出的传播速度和测得的传播时间，可求出超声波传播的实际距离 $l_i = vt'_i + a$(l_i 略大于 l'_i)。

将发、收换能器置于混凝土表面裂缝的两侧(图 4.9),并以裂缝为轴线相对称,即换能器中心的连线垂直于裂缝的走向。取 l'为 100mm、150mm、200mm、250mm 和 300mm 等,改变换能器之间的距离,在不同 l'时测读超声波传播的时间,并算出超声波传播的实际距离 l_i。

垂直裂缝的深度为

$$h_i = \frac{l_i}{2}\sqrt{\left(\frac{t_i}{t'_i}\right)^2 - 1} \tag{4.8}$$

式中,h_i——垂直裂缝的深度,mm;

l_i——无缝平测换能器之间第 i 点的超声波实际传播距离,mm;

t_i——过缝平测时第 i 点的声时值,μs;

t'_i——无缝平测时第 i 点的声时值,μs。

按式(4.8)可计算出一系列 h 值。如果计算的 h 值大于相应的 l_i 值时,舍去该数据,取余下 h 值的平均值作为裂缝深度的判定值。如果余下的 h 值少于 2 个时,需增加测试的次数。

声波在混凝土中通过,会受到钢筋的干扰。当有钢筋穿过裂缝时,发、收换能器在布置时,应使换能器的连线离开钢筋轴线或与钢筋轴线成一定的角度。若钢筋太密无法避开时,则不能采用超声波法量测裂缝深度。

这种方法适用于裂缝深度小于 500mm 的混凝土结构中裂缝的检测。

2) 超声波双面斜测技术。斜测法适用于结构的裂缝部位具有两个相互平行的可测表面的情况,如梁、柱构件。检测时,将发、收换能器分别设置于结构的两个表面,并且两个换能器的轴线不重合(图 4.10),采取多点检测的方法,保持发、收换能器的连线长度,记录各测点接受波形的幅值或频率。若换能器的连线通过裂缝,超声波在裂缝界面上会产生较大的衰减,幅值和频率比不通过裂缝时有明显的降低,据此可判断裂缝的深度及是否贯通。

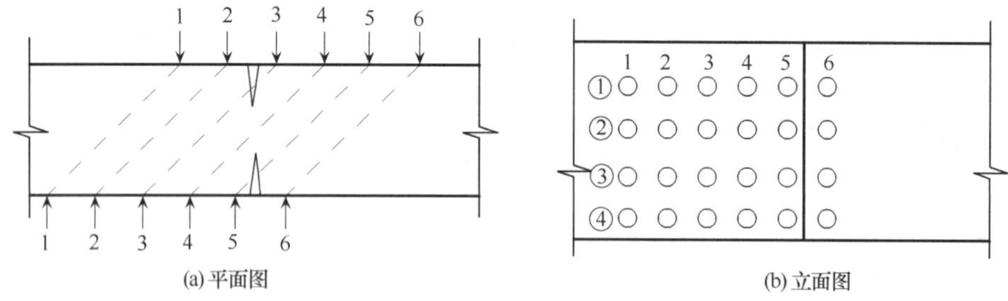

图 4.10　斜测裂缝测点布置

3) 超声波检测深裂缝技术。在大体积结构混凝土中,当裂缝深度在 500mm 以上时,可采用钻孔放入径向振动式换能器进行检测。

先在裂缝两侧对称地钻两个垂直于混凝土表面的检测孔,两个孔口的连线应与裂缝走向垂直。孔径大小应能以自由地放入换能器为宜。钻孔冲洗干净后再注满清水。将发、收径向振动式换能器分别设置于两个钻孔中,两个换能器沿钻孔徐徐下落的过程中要使其与混凝土表面保持相同距离,用超声波波幅的衰减情况判断裂缝深度(图 4.11)。换能器在孔中上下移动进行测量，当发现换能器达到某一深度，其波幅达到最大值，再向下测量，波幅变化不大时，换能器在孔中的深度即为裂缝深度。为便于判断，可绘制孔深与波幅的曲线图(图 4.12)。

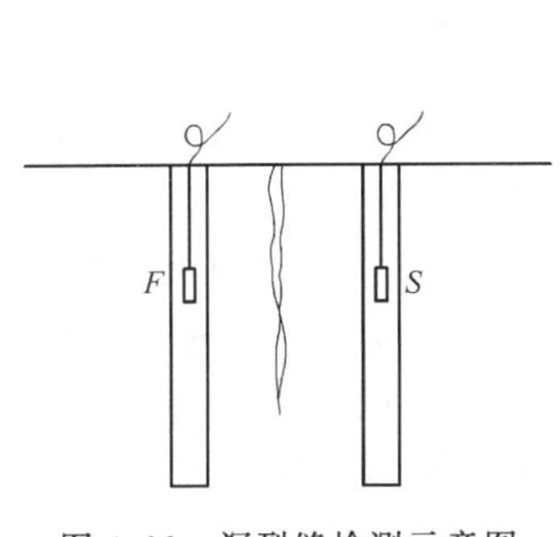

图 4.11 深裂缝检测示意图

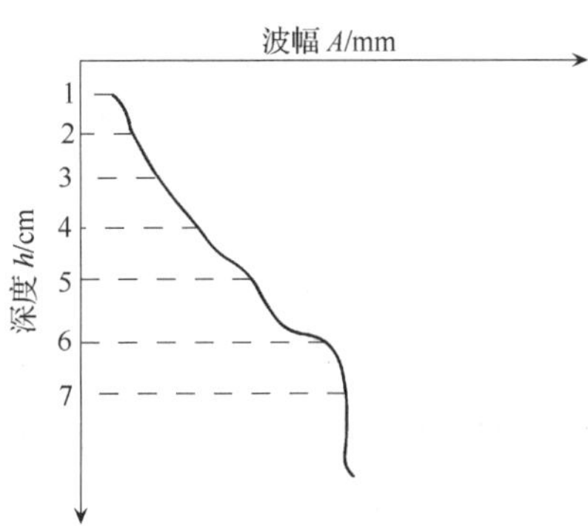

图 4.12 裂缝深度-波幅曲线图

若两个换能器在孔中以下不等高度处进行交叉斜测，根据波幅发生突变的两次测试的交点，可判定倾斜裂缝末端所在位置和深度。

4.3.2 结构混凝土缺陷检测

(1) 超声检测技术

混凝土内部不密实区检测。深埋在混凝土内部的单个毛细小孔，对超声波的声时和波幅的影响很小，无法测出来，而结构混凝土中的不密实区或空洞是可以用超声波检测出来的。

先在被测构件上划出网格，用对测法测出每一点的超声波声速 v_i、波幅 A_i 或接受频率 f_i(图 4.13)。若某测区某些测点的声速 v_i 和波幅 A_i 明显偏低，则可认为这些点区域的混凝土内部存在空洞或不密实。为了判断不密实区或空洞在结构内部的具体位置，可在测区的两个相互平行的测试面上，分别画出交叉测试的两组测点位置。图 4.14 即为斜测法检测缺陷的位置和范围。

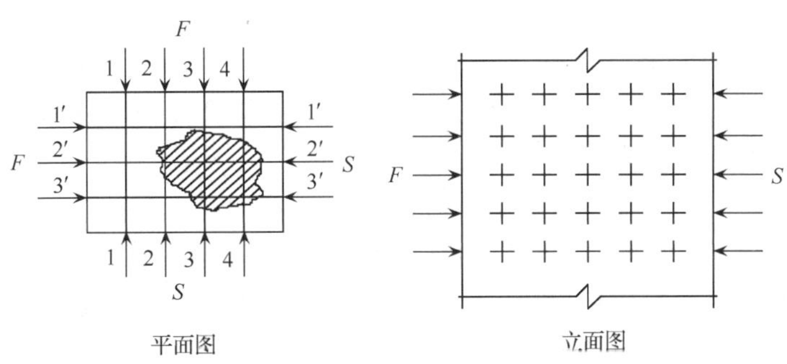

图 4.13 对测法测缺陷测点布置

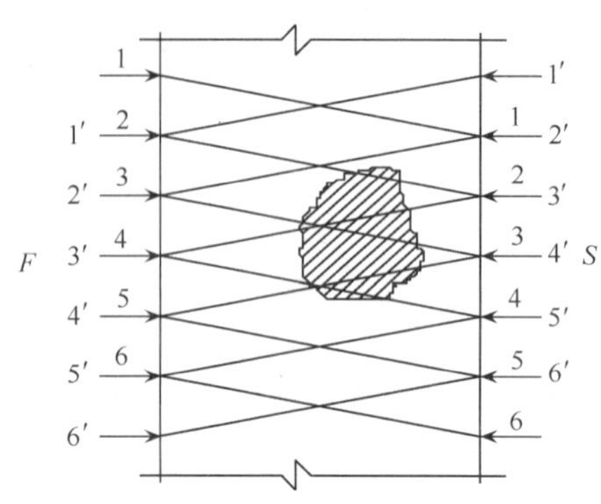

图 4.14 斜测法测缺陷测点布置立面图

由于各点超声波的传播路线平行,测距相同,若混凝土内部不存在缺陷,则混凝土质量符合正态分布,所测得的声学参数也基本符合正态分布。若混凝土内部存在缺陷,则声学参数必然出现明显的差异,运用数理统计原理,当某些声学参数超出一定的置信范围,可以判定它为异常数据,异常数据测点在构件表面围成的区域可看作是内部缺陷在表面上的投影。异常数据按以下方法判别:

将各测点的声时值 t_i 按由小至大的顺序排列,$t_1 \leqslant t_2 \leqslant \cdots \leqslant t_n$,假定中间某个数据 t_i 明显偏大,该数据及排列其后的所有数据均视为可疑数据,将最小可疑数据及排列其前的所有数据进行统计分析,计算平均值 m_t 和标准差 S_t,则异常数据的临界值为

$$t_0 = m_t - \lambda_1 S_t$$

式中,λ_1——异常值判定系数(可由正态分布函数查表 4.7)。

表 4.7 统计数的个数 n 与对应的 λ_1 值

n	14	16	18	20	22	24	26	28	30	32	34	36	38
λ_1	1.47	1.53	1.59	1.65	1.69	1.73	1.77	1.80	1.83	1.86	1.89	1.92	1.94
n	40	42	44	46	48	50	52	54	56	58	60	62	64
λ_1	1.96	1.98	2.00	2.02	2.04	2.05	2.07	2.09	2.10	2.12	2.13	2.14	2.15
n	66	68	70	72	74	76	78	80	82	84	86	88	90
λ_1	2.17	2.18	2.19	2.20	2.21	2.22	2.23	2.24	2.25	2.26	2.27	2.28	2.29
n	92	94	96	98	100	105	110	115	120	125	130	135	140
λ_1	2.30	2.30	2.31	2.31	2.32	2.35	2.36	2.38	2.40	2.41	2.43	2.44	2.45

把假定的最小可疑数据 t_i 与临界值 t_0 进行比较,若 $t_i > t_0$,则 t_i 及排列其后的所有数据均确定为可疑数据;若 $t_i \leqslant t_0$,则对 t_i 作为可疑数据的假定有误,应重新假定排列在 t_i 后的某个数据为可疑数据,按同样的方法重新判断。

当采用波幅作为测量参数时,将各测点的波幅 A_i 按由大至小的顺序排列,$A_1 \geqslant A_2 \geqslant \cdots \geqslant A_n$,假定中间某个数据 A_i 明显偏小,该数据及排列其后的所有数据均视为可疑数据,将最大的可疑数据及排列其前的所有数据进行统计分析,计算平均值 m_A 和标准差 S_A,则异常数据的临界值为

$$A_0 = m_A - \lambda_1 S_A$$

把假定的最大可疑数据 A_i 与临界值 A_0 进行比较,如果 $A_i < A_0$,则 A_i 及排列其后的所有数据均确定为可疑数据,如果 $A_i \geqslant A_0$,应将排列在 A_i 之后的某个数据假定为可疑数据,按同样的方法重新判断。

对于大体积混凝土内部的不密实区和空洞检测,由于测试距离长,用对测法检测,其检测灵敏度低。为此,可以每隔一定距离,钻孔内放入径向振动式换能器,也可以采用钻

孔放入径向振动式换能器检测和对测相结合的方式，检测大体积混凝土内部的不密实区或孔洞。

为确认超声波检测缺陷的准确性，可在认为混凝土内部存在不密实区或空洞的部位，钻孔取芯，直接观察和验证。

工程实例。某厂房框架柱，由于梁与柱交接处，横向、竖向钢筋交叉分布，排列十分密集，混凝土脱模后，发现部分梁柱交接处存在蜂窝，凿开其中一个，发现柱头内部石子架空较为严重，由此怀疑所有柱头的混凝土内部质量，经超声波检测，有的柱头虽然存在蜂窝麻面，但内部不一定存在空洞。可是个别柱子表面很光洁，内部却存在蜂窝架空。现以最为典型的一根柱子为例，说明判定过程。

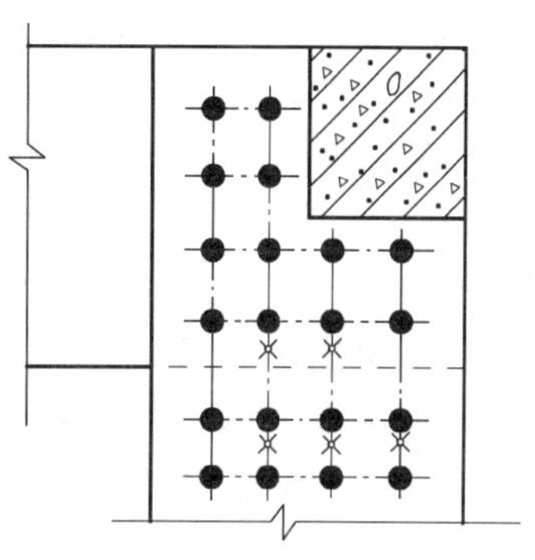

图 4.15　柱测点布置

该柱的测距为 510mm，测点布置如图 4.15 所示，各测点的声时和波幅值分别按大小顺序排列，见表 4.8。

表 4.8　柱测点的数据排列

序号	1	2	3	4	5	6	7	8	9	10
$t/\mu s$	106.4	107.2	107.9	109.2	109.4	109.6	109.6	109.6	110.4	110.4
A/dB	44	44	41	40	40	40	40	39	36	34
序号	11	12	13	14	15	16	17	18	19	20
$t/\mu s$	111.2	111.4	111.6	111.8	112.2	112.4	114.3	114.6	115.1	115.8
A/dB	34	33	31	30	30	26	25	25	23	20

先判别声时（t）的异常值。假设 $t_{15}, t_{16}, \cdots, t_{20}$ 为可疑值，则统计 $t_1 \sim t_{15}$ 的平均值（m_1）和标准差（S_t），并进行判别：$n=15$；$m_t=109.9$；$S_t=1.71$；$\lambda=1.50$（查表 4.7）。

$$t_0=m_t+\lambda_1 S_t=109.9+1.71\times 1.50=112.5$$

$$t_{15}<t_0$$

说明 t_{15} 为正常值，由于 t_{16} 与 t_{15} 接近，所以 $t_{17} \sim t_{20}$ 为可疑值，将 t_{16}、t_{17} 放进去进行统计和判断，结果是

$$n=17; m_t=110.3; S_t=2.00; \lambda=1.56$$

$$t_0=m_t+\lambda_1 S_t=110.3+1.56\times 2.00=113.39$$

$$t_{17}>t_0$$

则 $t_{17} \sim t_{20}$ 为异常值。

再判别波幅（A）的异常值。假设 $A_{17} \sim A_{20}$ 为可疑值，将 $A_1 \sim A_{16}$ 进行统计和判断，结果如下

$$n=16; m_t=36.3; S_t=5.36; \lambda=1.53$$

$$A-36.3-1.53\times 5.36=28.1$$

$$A_{16}<A_0$$

则 $A_{16} \sim A_{20}$ 为异常值。

图 4.15 中的"●"的测点为声时异常值,"×"的测点为波幅异常值。该部位正好是大梁主筋穿过的柱子,横竖钢筋密集部位,将局部凿开检查,内部存在石子架空的蜂窝孔隙。

(2) 混凝土表面损伤检测

混凝土表面损伤的主要原因有火灾、冻害及化学腐蚀,这些伤害都是由表及里地进行,损伤程度外重内轻,损伤层混凝土的强度显著降低,甚至完全丧失。损伤深度是结构鉴定加固的重要依据。

混凝土损伤层简易的检测方法是凿开或钻芯取样,从颜色和强度的区别可判别损伤层的深度,如火伤混凝土呈粉红色。另外,也可以用超声波检测。超声波在损伤混凝土中的波速小于在未损伤混凝土中的波速。检测时,将两个换能器设置于损伤层表面,一个保持位置不动,另一个逐点移位(图 4.16),每次移动距离不宜大于 100mm,读取不同传播路径的声速值,绘制出"时-距"直角坐标图(图 4.17),"时-距"图为折线,其斜率分别为损伤层和未损伤层中的波速。折点的物理意义在于完全损伤层的传播时间与穿透损伤层并沿未损伤混凝土传播的时间相等,由此求得损伤深度为

$$d=\frac{l_0}{2}\sqrt{\frac{v_2-v_1}{v_2+v_1}} \tag{4.9}$$

式中,d——损伤深度;

l_0——"时-距"图折点对应的测距;

v_1——损伤混凝土中的波速;

v_2——未损伤混凝土中的波速。

当超声波检测损伤深度的可靠性不理想时,应结合钻芯取样的方法进行检测。

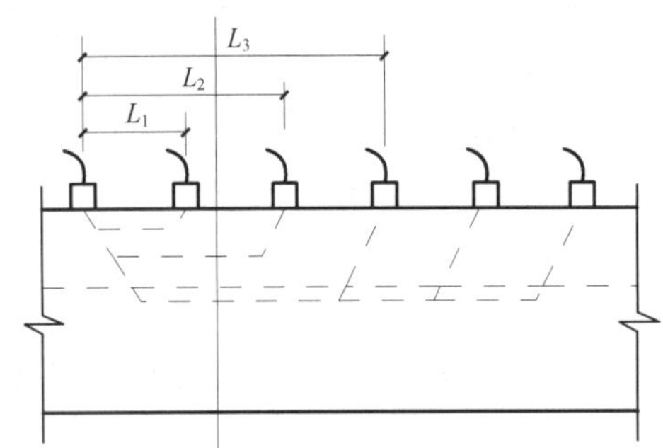

图 4.16 损伤层检测的测点布置

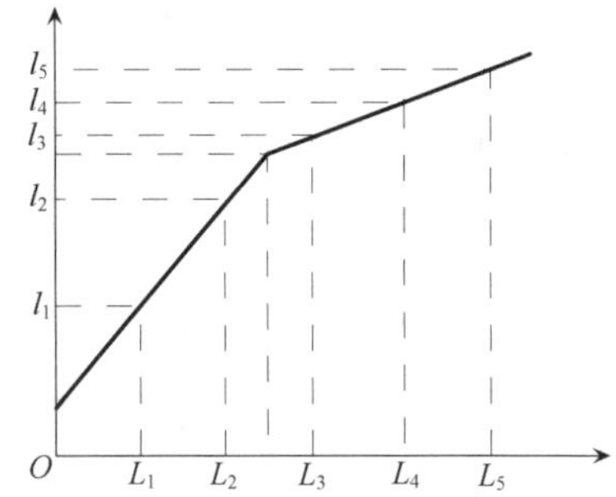

图 4.17 损伤层检测的"时-距"图

(3) 红外线检测技术

红外线是介于可见红光和微波之间的电磁波。红外线无损检测是测量通过物体的热量和热流来鉴定物体质量的一种方法。当物体内部存在裂缝和缺陷时,它将改变物体的热传导,使物体表面温度分布产生差别,利用遥感技术的检测仪测量物体的不同辐射,可以测出缺陷位置。

该技术在建筑外墙剥离的检测、玻璃幕墙和门窗保温绝热性及防渗漏检测、饰面砖粘贴质量和安全的检查、墙面和屋面渗漏检查等方面,得到广泛应用。

(4) 雷达波检测技术

雷达波检测技术就是以微波作为传递信息的媒介，根据微波特性和传播对材料、结构和产品的性质、缺陷进行非破损检测与诊断的新技术。

图 4.18 表示了雷达波探测混凝土内部(钢筋位置、孔洞缺陷等)的原理。雷达天线向混凝土中发射电磁波，由于混凝土、钢筋、孔洞的介电常数不同，使微波在不同介质的界面处发生反射，并由混凝土表面的天线接收，根据发射电磁波至发射波返回的时间差与混凝土中微波传播的速度来确定反射体距表面的距离，达到测出混凝土内部钢筋、缺陷位置的深度的目的。

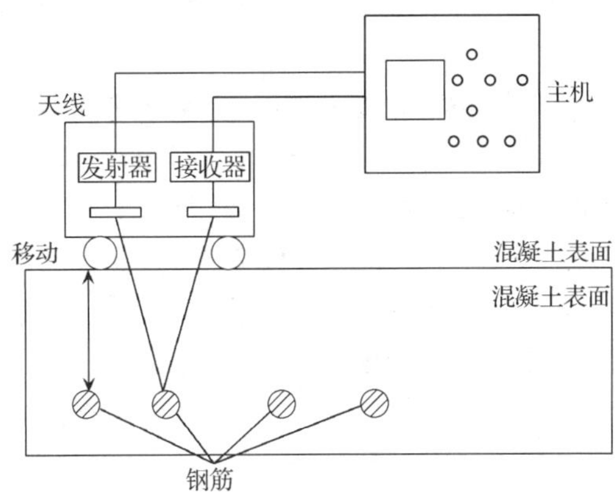

图 4.18　雷达波检测原理示意图

电磁波在混凝土中传播的速度 v 为

$$v=\frac{C}{\sqrt{\varepsilon_r}} \tag{4.10}$$

式中，C——真空中电磁波的速度(3×10^8 m/s)；

ε_r——混凝土的介电常数(通常为 6～10)。

根据电磁波发射至反射波返回的时间差 T，便可计算反射界面距表面的深度 D 为

$$D=\frac{1}{2}CT \tag{4.11}$$

根据上述原理，可用雷达仪探测混凝土中钢筋的位置、保护层的厚度以及空洞、疏松、裂缝等缺陷的位置和深度。

4.3.3　混凝土裂缝的修补技术

当裂缝对结构受力影响较大时，为了满足观瞻、使用和耐久性要求，防止钢筋锈蚀、减少渗漏、提高构件的耐久性等，可采用表面处理法、压力灌浆法等修补。

(1) 表面处理法

1) 表面涂刷。本方法就是在开裂的混凝土表面涂刷水泥浆、油漆、沥青、环氧树脂浆液等涂料，以阻塞细小裂缝，减少渗漏、防止钢筋锈蚀、满足美观等要求。适合于表面发丝裂缝且数量不多的情况。

施工工艺:清洁处理表面→去除油渍污垢→用丙酮或二甲苯擦洗(涂刷环氧树脂时)→干燥→反复涂刷涂料(达 1mm 厚度)。

2) 环氧浆液粘贴玻璃丝布。本方法是用环氧树脂胶料或环氧焦油胶料,粘贴 1～2 层玻璃丝布,通常用在屋面板等对防渗有较高要求的构件上。

3) 表面抹灰法。当混凝土表面局部裂缝较多且蜂窝麻面不多时,可用 1∶2 或 1∶2.5的水泥砂浆抹平。抹砂浆之前,应当用钢丝刷或压力水刷洗基层,使结合面保持湿润,抹完后应养护。

4) 表面缝合法。在裂缝两边钻孔或凿槽,将 U 形钢筋或金属板放入孔或槽中,用环氧树脂砂浆等无收缩性砂浆灌入孔中或槽中进行锚固,以达到缝合裂缝的目的。

(2) 填充密封法

填充密封法适合修补中等宽度的混凝土裂缝,将裂缝表面凿成凹槽,然后用填充材料进行修补。对于稳定性裂缝,通常用普通水泥砂浆、膨胀砂浆或环氧树脂砂浆等刚性材料填充;对于活动性裂缝则用弹性嵌缝材料填充。具体做法如下:

1) 刚性材料填充。施工要点:①沿裂缝方向凿槽,缝口宽度不小于 6mm。②清除槽口油渍、污物、石屑、松动石子等,并冲洗干净。③采用水泥砂浆填充(槽口应湿水)或采用环氧胶泥、热焦油、聚酯胶乙烯乳液砂浆填充(槽口应干燥)。

2) 弹性材料填充。施工要点:①沿裂缝方向凿开一矩形槽,槽口宽度至少为裂缝预计张开量的 4～6 倍以上,以免嵌缝料过分挤压而裂开。槽口应凿毛,槽底平整光滑,并设隔离层,使弹性密封材料不直接与混凝土粘结,避免密封材料撕裂。②冲洗槽口,并使其干燥。③嵌入聚乙烯片、蜡纸、油毡、金属片等隔离层材料。④填充丙烯酸树脂或硅酸脂、聚硫化物、合成橡胶等弹性密封材料。

刚-弹性材料填充法。适用于裂缝处有内水压或外水压的情况,可按图 4.19 的做法。槽口深度等于砂浆填塞料与胶质填塞料厚度之和,胶质填塞料厚度通常为 6～40mm,槽口厚度不小于 40mm,槽口宽度为 50～80mm。封填槽口时必须清洁干燥。

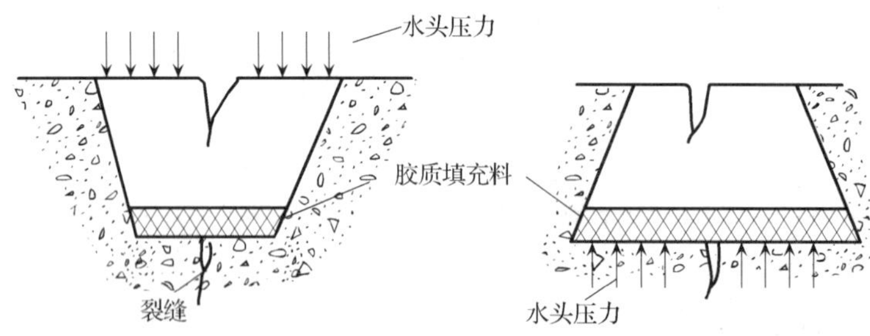

图 4.19 有水压时裂缝的填充

在相应裂缝位置的砂浆层上应做楔形松弛缝,以适应裂缝的张合运动。

(3) 压力灌浆法

压力灌浆法即通过压力将胶结浆液灌入混凝土缝内,对裂缝进行黏合、封闭和补强的方法。灌浆材料有水泥或石灰浆、化学浆、沥青浆。目前常见的有纯水泥浆灌浆法和化学灌浆法。

1) 纯水泥浆灌浆法。所用材料:水泥强度等级不低于425#的硅酸盐水泥,水灰比宜取0.3～0.6,为控制凝固时间,可加入促凝剂、缓凝剂、塑化剂。

所用设备:灌浆机、灌浆泵。工程量小时,可使用手摇泵或自行车打气筒改装的注射器。

施工要点:

① 在混凝土表面安装ϕ16钢管,埋入深度为10～50mm的灌注嘴。

② 拌浆并过筛。

③ 调节加压设备,压力为4～6atm(1atm=101.325kPa)。

④ 灌浆直至吸浆量很小,并保持一定时间(2～10min)的规定压力。

2) 化学灌浆法。此方法适合修补钢筋混凝土柱、梁、桁架等构件的裂缝。

化学灌浆法的常用材料为环氧树脂类灌浆材料和甲基丙烯酸甲酯。环氧树脂灌浆施工较方便,材料来源广,建工中灌浆的常用牌号为E-44(6101号)和E-42(634号)。

环氧树脂类浆液的调剂方法:按质量配比称量,将配置桶放在水容器或砂容器上加温,倒入环氧树脂搅拌至溶化,温度不超过40℃,而后将配置桶从加温处拿下,注入稀释剂、增韧剂、固化剂,边注入边搅拌均匀即可使用。每次配置0.5～2kg为宜,以免环氧树脂类浆液固化后影响施工。

施工要点:

① 裂缝处理。用钢丝刷、毛刷、压缩空气机等除去混凝土表面污物和松散软弱体,并用丙酮或乙醇在裂缝处宽100mm的范围内擦洗。

② 埋设灌浆嘴、排气嘴、排水嘴。每条裂缝上均有注浆嘴(间距300mm)、排气嘴、排水嘴。

③ 封嘴。用环氧胶泥将裂缝封闭,常温下24h后注浆。

④ 试压检查。注浆前先用压缩空气检查裂缝封闭情况和注浆嘴是否漏气,并在封闭带和注浆嘴周围刷上肥皂水,发现有泡沫时即表明有漏气,可用快硬水玻璃封闭。注意试气时,压力应从小逐渐增大。

⑤ 配制浆液并灌浆(压力为0.2～0.3MPa)。当浆液从注浆嘴进入而从排气嘴、排水嘴溢出时,马上将排气嘴、排水嘴封闭,可用细钢丝将乳胶管拧紧(离喷嘴20～30mm处)。稳定2～3min后,割断乳胶管,拆除压浆器。再经1～2h,浆液就不会流动。

⑥ 然后敲掉注浆嘴,用快硬水泥补平。

施工过程应注意的事项如下:

① 如果采用不透明的耐压胶管做输浆管时,应随时检查灌浆时灌浆泵内的浆液量,以免浆液用完而将空气压入缝隙内,形成气泡。

② 环氧树脂在低温条件下硬化极慢,灌浆施工的环境温度应在10℃左右。

③ 夏天气温高,应尽量在早晨或傍晚施灌,以免浆液硬化过快,造成灌浆困难。

④ 当需要施灌的裂缝较多时,应使用刚配的浆液灌较细的裂缝,黏度增大后,再灌较宽的裂缝。

(4) 扩孔灌浆法

当裂缝细小、灌缝困难时,可以采用冲击钻沿着裂缝的长度方向每隔300mm左右打一个孔,孔的方向与裂缝深度方向一致,孔的深度略小于裂缝深度。然后经过清孔—灌浆—挤压—扩散,灌缝效果理想。

4.4 混凝土结构钢筋检测

在钢筋混凝土结构设计中对钢筋保护层厚度有明确的规定,不符合规范要求将影响结构的耐久性。由于施工中的种种原因,钢筋保护层厚度经常有不符合设计要求的情况,质量控制中就要求对结构物的钢筋保护层厚度进行无损检测;另外,由于施工疏忽,钢筋位置往往产生移位,不符合受力设计规定的要求;在对钢筋混凝土钻孔取芯或安装设备钻孔时,需要避开主筋位置等要求,均需要探明钢筋的实际位置;再者,为校核所用的主筋直径,或者旧建筑的质量复查,修建扩建需要确定结构承载力等,在缺乏施工图纸的情况下,查明混凝土内钢筋的位置、尺寸和保护层厚度是十分必要的检测要求。综上所述,钢筋混凝土中钢筋的保护层厚度、钢筋位置和钢筋直径是无损检测技术中的一项重要内容,需要有精度高、功能优的相应先进仪器设备来保证检测工作的开展。

4.4.1 钢筋位置与保护层厚度的检测

钢筋位置和保护层厚度的测定可以采用磁感仪、数字化钢筋位置和保护层厚度测定仪,以及雷达波进行检测。

(1) 磁感仪检测

用磁感仪检测时,将测定仪探头的长向与构件中钢筋方向平行,钢筋直径挡调至最小,测距挡调至最大,横向摆动探头,仪器指针摆动最大时,探头下就是钢筋的位置。钢筋位置确定后(标出所有钢筋位置即可确定钢筋数量),按图纸上的钢筋直径和等级调整仪器的钢筋直径、钢筋等级挡,按需要调整测距挡,将探头远离金属体,旋转调旋钮使指针回零,将探头放置在将测定的钢筋上,从刻度盘上读取保护层厚度。对于钢筋直径可将混凝土保护层凿开后用卡尺测量。

(2) 数字化钢筋位置和保护层厚度测定仪检测

数字化钢筋位置和保护层厚度测定仪是磁感仪的升级产品,其检测结果能够与计算机连接,在屏幕上直观的观测钢筋的位置。

(3) 雷达波

雷达波的检测技术在第 4.3.2 节中已做介绍,不再重复。

4.4.2 钢筋锈蚀程度的检测

结构混凝土中钢筋的锈蚀使钢筋截面缩小,锈蚀部分体积增大,会使混凝土胀裂、剥落、降低钢筋与混凝土的黏结力等,产生结构破坏或耐久性降低等现象。通常对已建建筑进行结构鉴定和可靠性诊断时,必须对钢筋的锈蚀状况进行检测。

钢筋锈蚀可采用三种方法检测:局部凿开法、直观检测法和自然电位法。

(1) 局部凿开法

敲掉混凝土保护层,露出钢筋,直接用卡尺测量锈蚀层厚度和钢筋的剩余直径,或者现场截取锈蚀钢筋的样品，将样品端部锯平或磨平，用游标卡尺测量样品的长度，在氢氧化钠溶液中通电除锈。将除锈后的钢筋试样放在天平上称出残余质量，残余质量与该种钢筋公称质量之比即为钢筋的剩余截面率，则除锈前质量与除锈后质量之差即为钢筋锈蚀量。

(2) 直观检测法

观察混凝土构件表面有无锈痕、是否出现沿钢筋方向的纵向裂缝，顺筋裂缝的长度和宽度可以反映钢筋的锈蚀程度。

(3) 自然电位法

自然电位法是利用电化学原理来定性判断混凝土中钢筋锈蚀程度的一种方法。当混凝土中的钢筋锈蚀时，钢筋表面便有腐蚀电流，钢筋表面与混凝土表面间存在电位差，电位差的大小与钢筋的锈蚀程度有关，运用电位测量装置，可以判断钢筋锈蚀的范围及严重程度。

4.4.3　结构构件中钢筋力学性能的检测

结构构件中钢筋的力学性能检测，一般采用半破损法，即凿开混凝土，截取钢筋试件，然后对试件进行力学性能试验。同一规格的钢筋应抽取两根，每根钢筋再分成两根试件，取一根试件做拉力试验，另一根试件做冷弯试验。在拉力试验的两根试件中，如其中一根试件的屈服强度、抗拉强度和伸长率三个指标中有一个指标达不到钢筋相应的标准值，应再抽取钢筋，制作双倍(4 根)试件重做试验，如仍有一根试件的一个指标达不到标准要求，则不论这个指标在第一次试件中是否达到标准要求，拉力试验项目都为不合格。在冷弯试验中，如有一根试件不符合标准要求，应同样抽取双倍钢筋，重做试验。如仍有一根试件不符合要求，则冷弯试验项目为不合格。

破损法检测钢筋的力学性能，应选择结构构件中受力较小的部位截取钢筋试件，梁构件中不应在梁跨中间部位截取钢筋。截断后的钢筋应用同规格的钢筋补焊修复，单面焊时搭接长度不小于 $10d$，双面焊时搭接长度不小于 $5d$。

4.5　钢筋混凝土结构加固

4.5.1　引言

对于已经建成的钢筋混凝土结构，多种原因可能导致结构的安全性、适用性或耐久性不能满足规定的要求。当结构构件可靠性鉴定评为 C 级或 D 级时，应对结构采取加固补强措施。

(1) 混凝土结构加固后的受力特征

加固结构受力性能与一般未经加固的普通结构的受力性能有较大的差异。主要表现在：加固前原结构已经承受荷载，若将其称之为第一次受力，则加固后属于第二次受力。加固前原结构已经产生应力应变、弯曲变形等，同时原结构混凝土的收缩变形已完成，而加固一般是在不卸载或部分卸载的情况下进行的，加固时新增加的部分只有在荷载增加时，才参与受力。所以，新增加部分的应力、应变滞后于原结构，新旧结构不能同时达到应力峰值,破坏时,新增加部分可能达不到自身的承载能力极限。如果原结构构件的应力和变形较大,则新增加部分的应力将处于较底水平,承载潜力不能充分发挥,起不到应有的加固效果。

加固结构属于新、旧材料二次组合结构,新、旧部分的结构存在整体工作共同受力的问题。能否成为一个整体,关键取决于结合面能否充分地传递剪力。实际上,混凝土结合面的抗剪强度一般总是远远低于一次整浇混凝土的抗剪强度,所以二次组合结构承载力一般低于一次整浇结构。加固结构的这些受力特征,决定了混凝土结构加固设计的计算、构造及施工等不同于新建混凝土结构。

(2) 混凝土结构加固对材料的要求

为适应加固应力、应变滞后现象且能充分发挥后加部分的潜力,加固结构所用钢材一般应选用比例极限较小的钢材(Ⅰ、Ⅱ钢);对于大型结构的预应力法加固,为减少材料用量,可用高强钢材,但必须通过调整预应力手段将钢材工作应力提升到相应的水平。为提高二次组合结构结合面的粘结性能,保证新、旧两部分结构能整体工作,共同受力,对加固结构所用的水泥及混凝土,要求收缩小,最好微膨胀,与原结构黏结性能好,早期强度高;对加固结构所用化学灌浆材料及黏结剂,要求强度高,可灌性好,收缩小,耐老化,无毒或低毒。

(3) 混凝土结构加固方法及选择

混凝土结构加固的方法很多,常用的有预应力加固法、黏钢(或碳纤维)加固法、加大截面加固法、外包钢加固法、改变结构传力途径加固法等。选择哪一种加固方法,应根据被加固结构在承载力、刚度、裂缝或耐久性等方面的不足,并结合各种加固方法的特点、适用范围和施工的可行性进行选择(表 4.9)。

表 4.9 混凝土结构常用加固方法的特点及适用范围

加固方法	主要特征	适用范围
外加预应力加固法	采用外加预应力的钢拉杆或撑杆,使加固与卸载合而为一	提高承载力、刚度和抗裂性,加固后占用空间小,不宜用于温度高于 60℃的环境,也不宜用于收缩变大的混凝土结构中
粘贴钢板或碳纤维加固法	在混凝土构件表面用结构胶粘贴钢板或碳纤维,以提高其承载力	一般用于受弯、受拉构件,环境温度不高于 60℃,相对温度不大于 70%,无化学腐蚀,否则应采取防护措施
加大截面加固法	用同种材料加大构件截面积,提高承载力	梁、板、柱、墙等一般构件
外黏型钢加固法	在混凝土构件四周包以型钢,可显著提高承载力。有干式和湿式两种做法	构件受截面尺寸增大的限制,或需要大幅度提高承载力。当用化学灌浆外包钢时,型钢表面温度不应高于 60°C 的环境;当环境具有腐蚀性介质时,应有可靠的防护措施

续表

加固方法	主要特征	适用范围
增设支点加固法	增设支点减小结构构件的计算跨度或变形，提高承载力。分刚性支点和弹性支点两种	净空不受限的梁、板、桁架等构件
其他加固法	如通过增设支撑体系或剪力墙，增加结构的整体刚度，改变结构的刚度比值，调整原结构的内力，改善结构构件的受力状况	多用于增强单层厂房或多层框架的空间刚度，提高抗震能力

如对于裂缝过大而承载力满足要求的构件，采用增加配筋的加固方法是不可取的，有效的方法是采用预应力加固。对于刚度不足的构件，可选择增加支点或加大截面加固法。对于构件承载力不足，而配筋已达到超筋时，不能采用受拉区增加钢筋的方法。需要注意的是静力加固时，必须考虑结构二次受力的问题，加固应该侧重于提高结构的承载力；抗震加固一般不考虑结构的二次受力，加固重点在于结构的延性和整体性。

确定加固方案时，除了要研究加固范围的局部效果，还应当考虑与之相关的整体效应。避免因局部加固导致整体刚度失衡，或者破坏了原结构强柱弱梁、强剪弱弯的合理性。

4.5.2　钢筋混凝土受弯构件的加固

(1) 预应力加固法

预应力加固法是采用外加预应力钢拉杆或型钢撑杆对结构构件或整体进行加固的方法。其特点是通过对后加的拉杆或型钢撑杆施加预应力，改变原结构的内力分布，削除加固部分的应力滞后现象，使后加部分与原构件能较好地协调工作，提高原结构的承载力，减小挠曲变形，缩小裂缝宽度。预应力加固法具有加固、卸荷及改变原结构内力分布的三重效果，尤其适合于在大跨度结构中采用。等应力体外预应力加固技术是兰州理工大学的专利技术，对受弯构件的加固效果更显著。

预应力拉杆加固，同一般后张预应力结构的预应力束布置一样，可采用直线式和折线式等多种形式(图 4.20)。采用水平直线式拉杆适合于正截面受弯承载力不足的加固[图 4.20(a)]；采用折线式拉杆适合于斜截面受剪和正截面受弯承载力均不足的加固[图 4.20(b)、(c)]。

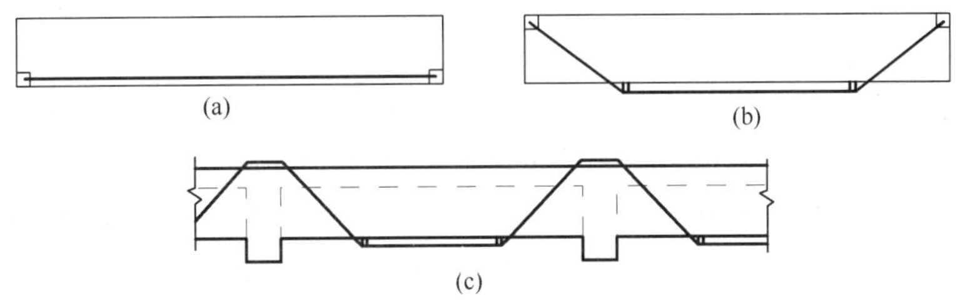

图 4.20　预应力拉杆布置

预应力拉杆的张拉有横向收紧法、竖向张拉法和千斤顶张拉法等。

横向收紧法适用于预应力拉杆或其局部的线形布置低于梁底下表面的情况。当拉杆两端锚固后，将对称布置于梁两侧的预应力拉杆，卡在C形或U形螺丝收紧装置内[图4.21(a)]，用扳手将螺帽由外向内拧入，强迫两侧的预应力拉杆向梁底中部靠拢，拉杆由直变曲，发生弹性伸长变形，从而建立起预应力。对于梁跨度较大、拉杆较长，仅一处收紧产生的弹性伸长应变较小时，可在拉杆间每隔一定间距设置撑杆，然后在两撑杆间横向收紧，从而建立较大的预应力。图4.21(b)为梁底单点收紧和两点收紧张拉示意图。

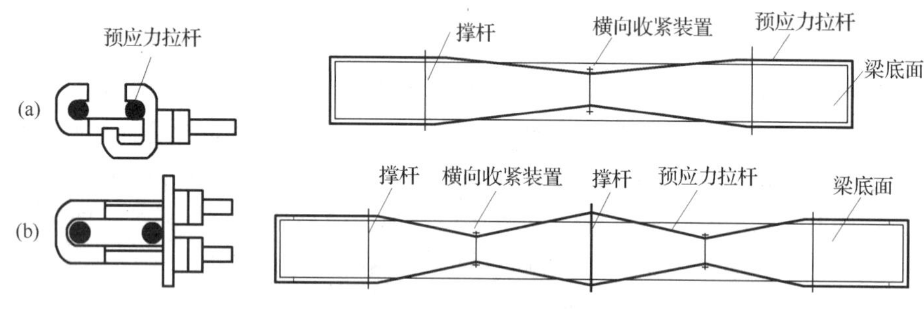

图4.21　预应力拉杆横向张拉

竖向张拉法是沿梁的竖向侧面收紧拉杆，一般在梁底按照收紧装置(图4.22)，通过将预应力拉杆从上向下拉伸变形，建立起预应力。

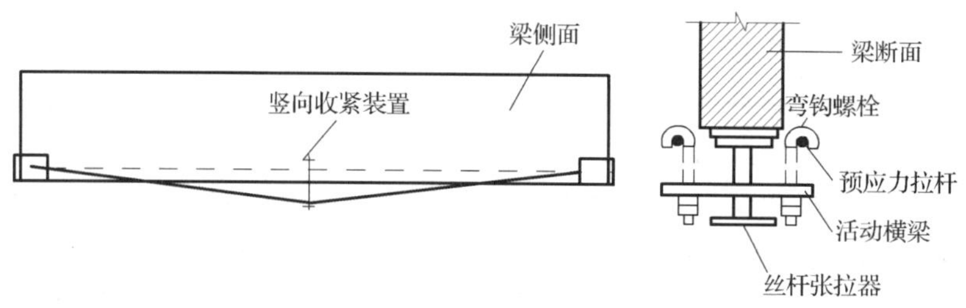

图4.22　预应力拉杆竖向张拉

千斤顶张拉法是在拉杆的端部，使用千斤顶张拉；当预应力拉杆为粗钢筋时，可将拉杆端部加工成螺栓，或者焊接螺丝端杆，通过拧紧螺帽进行张拉。采用千斤顶端部张拉，对锚固区的操作空间及锚具有一定要求，适用于大跨度结构、桥梁结构及预应力值较大的场合。

(2) 粘贴钢板法

粘贴钢板法是用特制的结构胶黏剂，将钢板粘贴在钢筋混凝土结构的表面，能达到加固和增强原结构强度和刚度的目的。粘贴钢板法，与其他加固方法比较，有许多独特的优点和先进性，主要有：坚固耐用、施工快速、简洁轻巧，灵活多样、经济合理。加固用的钢板，一般以Q235钢或Q345钢为宜，钢板厚度一般为2～6mm。

1) 结构胶黏剂的性能要求。承重结构用的胶黏剂，按其基本性能分为A级胶和B级胶；对重要结构、悬挑构件、承受动力作用的结构、构件，应采用A级胶；对一般结构可采用 A 级胶或 B 级胶。

结构胶黏剂必须具有足够的黏结强度，不仅要求有足够的剪切强度，而且要求有较高的不均匀扯离强度，能使黏结接头在长时间内承受振动、疲劳和冲击等各项荷载，同时要求这种胶黏剂必须具有一定的耐热性和耐候性，使黏结接头在较为苛刻的条件下能正常进行工作。

混凝土承重结构加固用的胶黏剂，其钢-钢黏结抗剪性能必须经湿热老化检验合格。湿热老化检验应在 50℃ 和相对湿度为 98% 的环境下按照《混凝土结构加固设计规范》(GB 50367—2006)附录 L 结构用胶黏剂湿热老化性能测定方法进行。老化时间：对重要构件不得少于 90d；对一般构件不得少于 60d。经湿热老化后的试件，应在常温条件下进行钢-钢拉伸抗剪试验，其强度降低对 A 级胶不得大于 10%，对 B 级胶不得大于 15%。

粘贴钢板所用的胶黏剂其安全性能指标应符合表 4.10 的规定。进场时，应对其钢-钢黏结强度和钢-混凝土正拉黏结强度进行复验，其性能应符合表 4.10 的规定。

表 4.10　黏钢用胶黏剂安全性能指标

性能项目		性能要求		试验方法标准
		A 级胶	B 级胶	
胶体性能	抗拉强度/MPa	≥30	≥25	GB/T 2567—2008
	受拉弹性模量/MPa	≥3.5×10³(3.5×10³)		
	伸长率/%	≥1.3	≥1.0	
	抗弯强度/MPa	≥45	≥35	
		且不得呈脆性(碎裂状)破坏		
	抗压强度/MPa	≥65		
黏结性能	钢-钢拉伸抗剪强度标准值/MPa	≥15	≥12	GB/T 7124—2008
	钢-钢不均匀扯离强度/(kN/m)	≥16	≥12	GJB 94—1986
	钢-钢黏结抗拉强度/MPa	≥33	≥25	GB/T 6329—1996
	与混凝土正拉黏结强度/MPa	≥2.5，且为混凝土内聚破坏		GB 50367—2006
不挥发物含量(固体含量)/%		≥99		GB/T 2793—1995

注：表中各项性能指标，除标有强度标准值外，均为平均值；f_{tk} 为原构件混凝土抗拉强度标准值。

2）受弯构件黏钢加固正截面承载力计算。受弯构件黏钢加固一般采取在受拉面和受压面表面粘贴钢板的方法。此时，矩形截面构件的正截面受弯承载力为

$$M \leqslant \alpha_1 f_{c0} bx\left(h - \frac{x}{2}\right) + f'_{y0} A'_{s0}(h - a') + f'_{sp} A'_{sp} h - f_{y0} A_{s0}(h - h_0) \quad (4.12)$$

$$\alpha_1 f_{c0} bx = \psi_{sp} f_{sp} A_{sp} + f_{y0} A_{s0} - f'_{y0} A_{s0} - f'_{sp} A_{sp} \quad (4.13)$$

$$\psi_{sp} = \frac{(0.8\varepsilon_{cu} h/x) - \varepsilon_{cu} - \varepsilon_{sp,0}}{f_{sp}/E_{sp}} \quad (4.14)$$

$$x \geqslant 2a' \quad (4.15)$$

式中，M ——构件加固后弯矩设计值；

x ——等效矩形应力图形的混凝土受压区高度，简称混凝土受压区高度；

b、h ——矩形截面宽度和高度；

f_{sp}、f'_{sp} ——加固钢板的抗拉、抗压强度设计值；

A_{sp}、A'_{sp} ——受拉钢板和受压钢板的截面面积；

a' ——纵向受压钢筋合力点至截面近边的距离；

h_0——构件加固前的截面有效高度；

ψ_{sp} ——考虑二次受力影响时，受拉钢板抗拉强度有可能达不到设计值而引用的折减系数；当 $\psi_{sp} > 1.0$ 时，取 $\psi_{sp} = 1.0$；

ε_{cu} ——混凝土极限压应变，取 $\varepsilon_{cu} = 0.0033$；

$\varepsilon_{sp,0}$ ——考虑二次受力影响时，受拉钢板的滞后应变，应按式(4.16)计算；若不考虑二次受力的影响，取 $\varepsilon_{sp,0} = 0$。

当考虑二次受力影响时，加固钢板的滞后应变 $\varepsilon_{sp,0}$ 为

$$\varepsilon_{sp.0} = \frac{\alpha_{sp} M_{0k}}{E_s A_s h_0} \tag{4.16}$$

式中，M_{0k} ——加固前受弯构件验算截面上作用的弯矩标准值；

α_{sp} ——综合考虑受弯构件裂缝截面内力臂变化、钢筋拉应变不均匀以及钢筋排列影响的计算系数，按表 4.11 采用。

表 4.11　计算系数 α_{sp}

ρ_{te}	$\leqslant 0.007$	0.010	0.020	0.030	0.040	$\geqslant 0.060$
单排钢筋	0.70	0.90	1.15	1.20	1.25	1.30
双排钢筋	0.75	1.00	1.25	1.30	1.35	1.40

注：表中 ρ_{te} 为原有混凝土有效受拉截面的纵向受拉钢筋的配筋率，即 $\rho_{te} = A_s/A_{te}$；A_{te} 为有效受拉混凝土截面面积，按现行国家标准《混凝土结构设计规范》(GB 50010—2010)的规定计算。当原构件钢筋应力 $\sigma_{so} \leqslant 150\text{MPa}$，且 $\rho_{te} \leqslant 0.05$ 时，表中 α_{sp} 值乘以调整系数 0.9。

对受弯构件正弯矩区的正截面加固，受拉钢板的截断位置距其充分利用截面的距离不应小于式(4.17)确定的粘贴延伸长度。

$$l_{sp} = \frac{f_{sp} t_{sp}}{f_{bd}} \geqslant 170 t_{sp} \tag{4.17}$$

式中，l_{sp} ——受拉钢板黏结延伸长度，mm；

t_{sp} ——粘贴的钢板总厚度，mm；

f_{sp} ——加固钢板的抗拉强度设计值；

f_{bd} ——钢板与混凝土之间的粘结强度设计值，MPa，按表 4.12 采用。

表 4.12　钢板与混凝土之间的粘结强度设计值 f_{bd}(单位：MPa)

混凝土强度等级	C15	C20	C25	C30	C35	C40	C45	C50	≥C60
粘结强度设计值 f_{bd}	0.61	0.80	0.94	1.05	1.14	1.21	1.26	1.31	1.35

钢筋混凝土结构构件加固后，其正截面受弯承载力的提高幅度，不应超过 40%，并且应验算其受剪承载力，避免受弯承载力提高后而导致构件受剪破坏先于受弯破坏。

3）斜截面加固承载力计算。当采用扁钢条带对受弯构件的斜截面承载力进行加固时，应粘贴成垂直于构件轴线方向的加锚封闭箍或其他有效的U形箍，如图4.23所示，以承受剪力的作用。

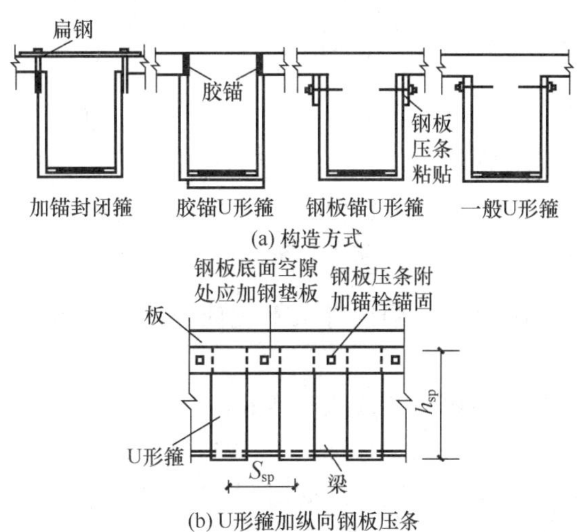

图4.23 扁钢抗剪箍及其粘贴方式

采用加锚封闭箍或其他U形箍对钢筋混凝土梁进行抗剪加固时，其斜截面承载力应符合以下规定

$$V \leqslant V_{b0} + \psi_{vb} f_{sp} A_{sp} h_{sp} / s_{sp} \tag{4.18}$$

式中，V_{b0} ——加固前梁的斜截面承载力，按现行国家标准《混凝土结构设计规范》(GB 50010—2010)计算；

ψ_{vb} ——与钢板的粘贴方式及受力条件有关的抗剪强度折减系数，按表4.13取值；

A_{sp} ——配置在同一截面处箍板的全部截面面积；$A_{sp}=2b_{sp}t_{sp}$，此处：b_{sp}、t_{sp}分别为箍板宽度和箍板厚度；

h_{sp} ——梁侧面粘贴箍板的竖向高度；

s_{sp} ——箍板的间距。

表4.13 抗剪强度折减系数 ψ_{vb} 值

箍板构造		加锚封闭箍	胶锚或钢板锚U形箍	一般U形箍
受力条件	均布荷载或剪跨比 $\lambda \geqslant 3$	1.0	0.92	0.85
	剪跨比 $\lambda \leqslant 1.5$	0.68	0.63	0.58

注：当 λ 为中间值时，按线性内插法确定 ψ_{vb} 值。

4）连续梁支座负弯矩受拉区加固。应根据该区有无障碍物，分别采用不同的粘钢方法。当无障碍物时，受拉钢板可直接粘贴于梁顶面或顶侧面[图4.24(a)]；当有障碍物(如柱)时，受拉钢板可紧靠柱边梁顶面粘贴[图4.24(b)]，或先在柱子周围于梁板上粘贴封闭的框板，使钢板与框板牢固连接，对于预制楼板框架梁，不宜采用粘钢加固。

5）黏钢加固构造要求。由于黏钢加固结合面的粘结强度主要取决于混凝土强度，因

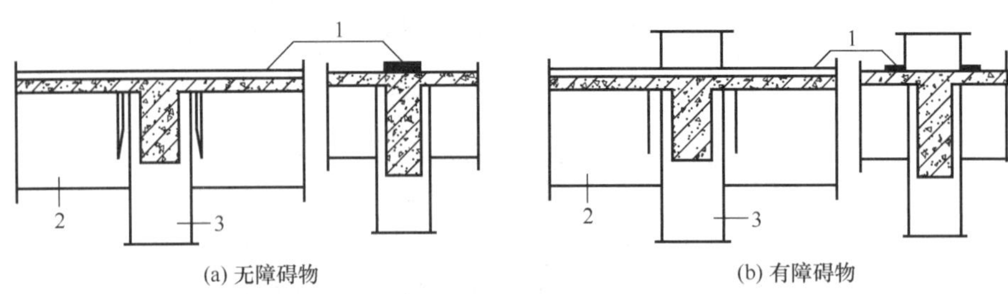

(a) 无障碍物　　　　　　(b) 有障碍物

图 4.24　连续梁支座上表面粘钢加固示意

1. 加固钢板;2. 被加固梁;3. 柱

此,被加固构件的混凝土不能太低,强度等级不应低于 C15,且混凝土表面的正拉黏结强度不得低于 1.5MPa。

采用手工涂胶粘贴的钢板厚度不应大于 5mm。采用压力注胶黏结的钢板厚度不应大于 10mm,且应按外粘型钢加固法的焊接节点构造进行设计。

对钢筋混凝土受弯构件进行正截面加固时,其受拉面沿构件轴向连续粘贴的加固钢板宜延长至支座边缘,且应在钢板的端部(包括截断处)及集中荷载作用点的两侧,设置 U 型钢箍板(对梁)或横向钢压条(对板)进行锚固。

当粘贴的钢板延伸至支座边缘仍不满足《混凝土结构加固设计规范》(GB 50367—2006)第 10.2.4 条延伸长度的要求时,应采取下列锚固措施:

① 对梁,应在延伸长度范围内均匀设置 U 形箍,且应在延伸长度的端部设置一道加强箍。U 形箍的粘贴高度应为梁的截面高度;若梁有翼缘(或有现浇楼板),应伸至底面。U 形箍的宽度,对端箍不应小于加固钢板宽度的 2/3,且不应小于 80mm;对中间箍不应小于加固钢板宽度的 1/2,且不应小于 40mm。U 形箍的厚度不应小于受弯加固钢板厚度的 1/2,且不应小于 4mm。U 形箍的上端应设置纵向钢压条;压条下面的空隙应加胶黏钢垫块填平。

② 对板,应在延伸长度范围内通长设置垂直于受力钢板方向的钢压条。钢压条应在延伸长度范围内均匀布置,且应在延伸长度的端部设置一道。压条的宽度不应小于受弯加固钢板宽度的 3/5,钢压条的厚度不应小于受弯加固钢板厚度的 1/2。

(3) 碳纤维法

外贴碳纤维加固是通过配套黏结材料将碳纤维片材贴于构件表面,使碳纤维片材承受拉应力,并与混凝土变形协调,共同受力,达到提高构件承载能力的目的。

1) 受弯构件正截面加固计算。采用碳纤维片材对梁、板受弯构件进行加固时,除应遵守现行国家标准《混凝土结构设计规范》(GB 50010—2010)正截面承载力计算的基本假定外,还应遵守下列规定:

① 碳纤维片材的应力与应变关系取直线式,其拉应力 σ_f 取等于拉应变 ε_f 与弹性模量 E_f 的乘积。

② 当考虑二次受力影响时,应按构件加固前的初始受力情况,确定纤维复合材的滞后应变。

③ 在达到受弯承载能力极限状态前，加固材料与混凝土之间不致出现黏结剥离破坏。

在矩形截面受弯构件的受拉边混凝土表面上粘贴碳纤维片材进行加固时，其正截面承载力应按式(4.19)～式(4.22)确定，示意图如图 4.25 所示。

$$M \leqslant \alpha_1 f_{c0} bx\left(h-\frac{x}{2}\right)+f'_{y0}A'_{s0}(h-a')-f_{y0}A_{s0}(h-h_0) \tag{4.19}$$

$$\alpha_1 f_{c0} bx = f_{y0}A_{s0}+\psi_f f_f A_{fe}-f'_{y0}A'_{s0} \tag{4.20}$$

$$\psi_f=\frac{0.8\varepsilon_{cu}h/x-\varepsilon_{cu}-\varepsilon_{f0}}{\varepsilon_f} \tag{4.21}$$

$$x \geqslant 2a' \tag{4.22}$$

式中，M ——构件加固后弯矩设计值；

x ——等效矩形应力图形的混凝土受压区高度。简称混凝土受压区高度；

b、h ——矩形截面宽度和高度；

f_{y0}、f'_{y0} ——原截面受拉钢筋和受压钢筋的抗拉、抗压强度设计值；

A_{s0}、A'_{s0} ——原截面受拉钢筋和受压钢筋的截面面积；

a' ——纵向受压钢筋合力点至截面近边的距离；

h_0——构件加固前的截面有效高度；

f_f ——碳纤维片材的抗拉强度设计值，按表 4.15 采用；

A_{fe} ——纤维复合材的有效截面面积；

ψ_f ——考虑纤维复合材实际抗拉应变达不到设计值而引入的强度利用系数，当 $\psi_f>1.0$ 时，取 $\psi_f=1.0$；

ε_{cu} ——混凝土极限压应变，取 $\varepsilon_{cu}=0.0033$；

ε_f ——碳纤维片材的拉应变设计值，按表 4.14 采用；

ε_{f0} ——考虑二次受力影响时，纤维复合材的滞后应变。

表 4.14　碳纤维复合片材设计计算指标

性能项目		单向织物(布)		条形板	
		高强度Ⅰ级	高强度Ⅱ级	高强度Ⅰ级	高强度Ⅱ级
抗拉强度设计值 f_f /MPa	重要构件	1600	1400	1150	1000
	一般构件	2300	2000	1600	1400
弹性模量设计值 E_f /MPa	重要构件	2.3×10^5	2.0×10^5	1.6×10^5	1.4×10^5
	一般构件				
拉应变设计值 ε_f	重要构件	0.007	0.007	0.007	0.007
	一般构件	0.01	0.01	0.01	0.01

当考虑二次受力影响时，碳纤维片材的滞后应变 ε_{f0} 应计算为

$$\varepsilon_{f0}=\frac{\alpha_f M_{0k}}{E_s A_s h_0} \tag{4.23}$$

式中，M_{0k} ——加固前受弯构件验算截面上原作用的弯矩标准值；

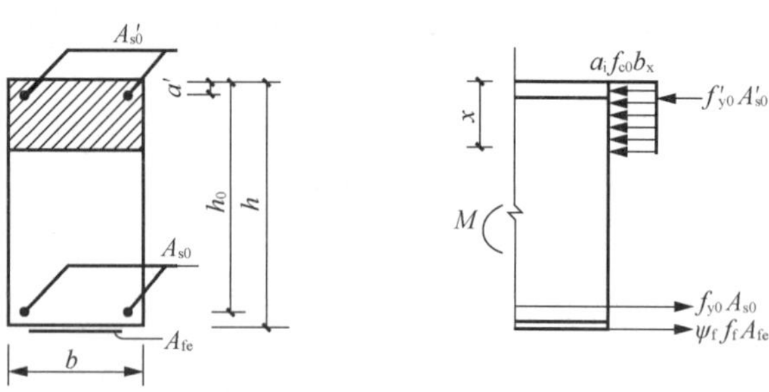

图 4.25　矩形截面构件正截面受弯承载力计算

α_f ——综合考虑受弯构件裂缝截面内力臂变化、钢筋拉应变不均匀以及钢筋排列影响等的计算系数,按表 4.15 采用。

表 4.15　计算系数 α_f 值

ρ_{te}	≤0.007	0.010	0.020	0.030	0.040	≥0.060
单排钢筋	0.70	0.90	1.15	1.20	1.25	1.30
双排钢筋	0.75	1.00	1.25	1.30	1.35	1.40

注:表中 ρ_{te} 为混凝土有效受拉截面的纵向受拉钢筋配筋率,即 $\rho_{te}=A_s/A_{te}$,A_{te} 为有效受拉混凝土截面面积,按现行国家标准《混凝土结构设计规范》(GB 50010—2010)的规定计算;当原构件钢筋应力 $\sigma_{s0}\leqslant 150\text{MPa}$,且 $\rho_{te}\leqslant 0.05$ 时,表中 α_f 值可乘以调整系数 0.9。

对受弯构件正弯矩区的正截面加固,其粘贴纤维复合材的截断位置应从其充分利用的截面算起,取不小于下式确定的粘贴延伸长度,如图 4.26 所示。

$$l_c=\frac{f_f A_f}{f_{f,v} b_f}+200 \tag{4.24}$$

式中,l_c ——纤维复合材粘贴延伸长度(mm);

b_f ——对梁为受拉面粘贴的纤维复合材的总宽度(mm),对板为 1000mm 板宽范围内粘贴的纤维复合材总宽度;

f_f ——纤维复合材抗拉强度设计值;

$f_{f,v}$ ——纤维与混凝土之间的粘结强度设计值(MPa),取 $f_{f,v}=0.40f_t$;f_t 为混凝土抗拉强度设计值,按现行国家标准《混凝土结构设计规范》(GB 50010)采用;当 $f_{f,v}$ 计算值低于 0.40 时,取 $f_{f,v}=0.40\text{MPa}$;当 $f_{f,v}$ 计算值高于 0.70 时取 $f_{f,v}=0.70\text{MPa}$。

2) 受弯构件斜截面加固计算。对斜截面加固的纤维粘贴方式做了统一的规定,并且在构造上宜采用环形箍、加锚封闭箍、胶锚 U 形箍和加织压条的一般 U 形箍,如图 4.27 所示。

当采用条带构成的环形(封闭)箍或 U 形箍对钢筋混凝土梁进行抗剪加固时,其斜截面承载力为

$$V=V_{b0}+\Psi_{vb} f_f A_f h_f/s_f \tag{4.25}$$

式中,V_{b0} ——加固前梁的斜截面承载力;

Ψ_{vb} ——与条带加锚方式及受力条件有关的抗剪强度折减系数,按表 4.16 取值;

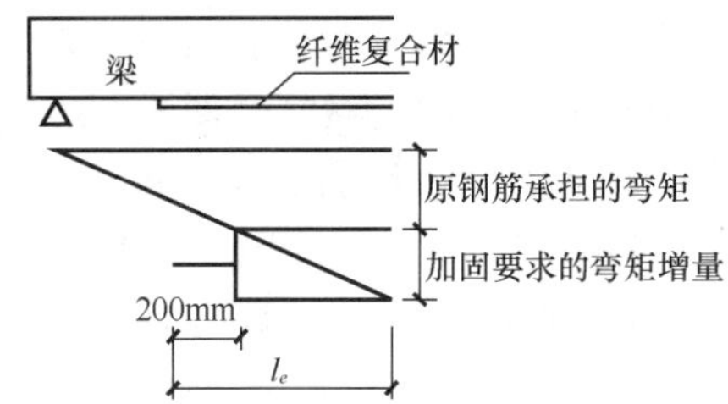

图 4.26　纤维复合材的粘贴延伸长度

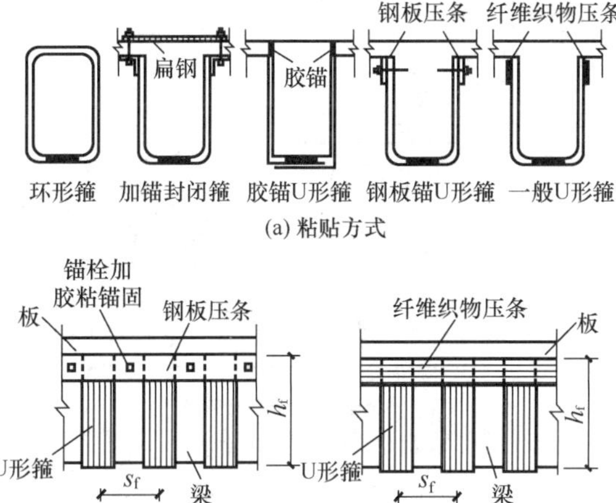

图 4.27　纤维复合材抗剪箍及其粘贴方式

f_f——受剪加固采用的纤维复合材抗拉强度设计值，按表 4.14 规定的抗拉强度设计值乘以调整系数 0.56 确定；当为框架梁或悬挑构件时，调整系数改取为 0.28；

A_f——配置在同一截面处构成环形或 U 形箍的纤维复合材条带的全部截面面积；$A_f=2n_fb_ft_f$，此处 n_f 为条带粘贴的层数，b_f 和 t_f 分别为条带宽度和条带单层厚度；

h_f——梁侧面粘贴的条带竖向高度；对环形箍，$h_f=h$；

s_f——纤维复合材条带的间距。

表 4.16　抗剪强度折减系数 ψ_{vb} 值

条带加锚方式		环形箍及加锚封闭箍	胶锚或钢板锚 U 形箍	加织物压条的一般 U 形箍
受力条件	均布荷载或剪跨比 $\lambda \geqslant 3$	1.00	0.92	0.85
	$\lambda \leqslant 1.5$	0.68	0.63	0.58

注：当 λ 为中间值时，按线性内插法确定 ψ_{vb} 值。

3）构造要求。对钢筋混凝土受弯构件正弯矩区进行正截面加固时，其受拉面沿轴向粘贴的纤维复合材应延伸至支座边缘，且应在纤维复合材的端部（包括截断处）及集中荷载作用点的两侧,设置纤维复合材的 U 形箍(对梁)或横向压条(对板)。

当纤维复合材延伸至支座边缘仍不满足延伸长度的要求时,应采取下列锚固措施:①对梁,应在延伸长度范围内均匀设置 U 形箍锚固[图 4.28(a)],并应在延伸长度的端部设置一道加强箍。U 形箍的粘贴高度应为梁的截面高度;若梁有翼缘(或有现浇楼板),应伸至底面。U 形箍的宽度,对端箍不应小于加固纤维复合材宽度的 2/3,且不应小于 200mm;对中间箍不应小于加固钢板宽度的 1/2,且不应小于 100mm。U 形箍的厚度不应小于受弯加固纤维复合材厚度的 1/2。②对板,应在延伸长度范围内通长设置垂直于受力钢纤维方向的压条[图 4.28(b)]。压条应在延伸长度范围内均匀布置,压条的宽度不应小于受弯加固纤维复合材条带宽度的 3/5,压条的厚度不应小于受弯加固纤维复合材厚度的 1/2。

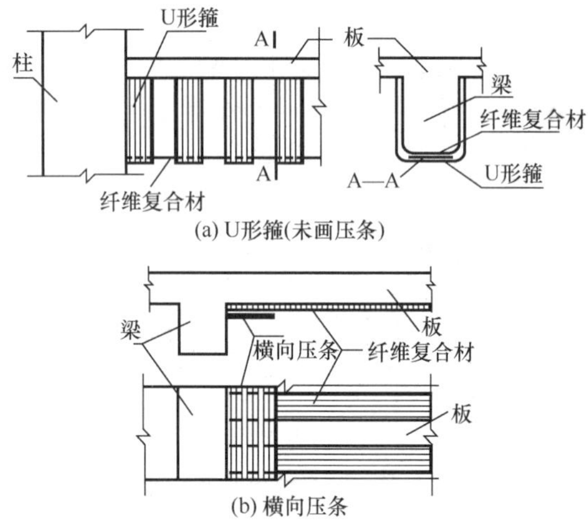

图 4.28　梁板粘贴纤维复合材端部锚固措施

(4) 加大截面法

1) 加固方法。梁、板受弯构件的加大截面加固时,应根据现场结构的实际情况,分别采用受压区或受拉区两种不同的加固形式,如图 4.29 所示。

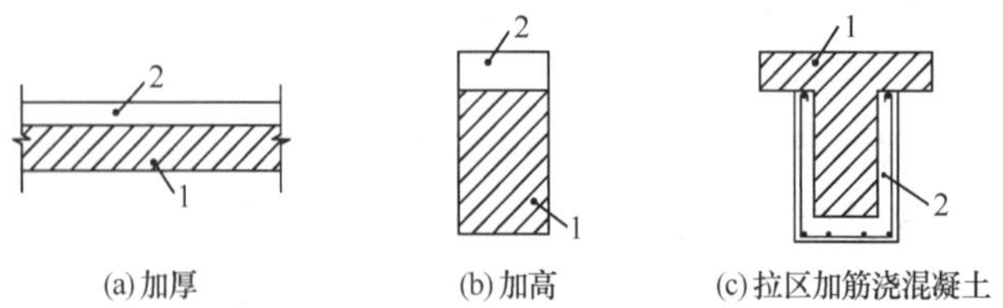

图 4.29　加大截面加固梁(板)

1. 原构件;2. 新浇混凝土

采用受压区加固的受弯构件,其承载力、抗裂、裂缝宽度及变形计算,可以按现行国家标准《混凝土结构设计规范》(GB 50010—2002)中关于叠合构件的规定进行。采用受拉区加固的受弯构件,计算其跨中承载力时,新增加纵向钢筋的抗拉强度设计值应乘以 0.9 的折减系数。为保证和提高结构加固的实际效果,加固时原结构的应力水平指标 β($\beta=$

S_k/R_k)超过表 4.17 的限值,则必须进行卸载加固,使 $\beta \leqslant [\beta]$。

表 4.17 原构件应力水平限值[β]

应力种类	应力水平限值 [β]
轴心受压、斜截面受剪	0.70
小偏心受压、受扭,局部受压	0.80
大偏心受压、受弯、受拉、偏心受拉	0.90

注:若原构件的裂缝及变形未超过现行建筑规范的限值,允许将[β]值提高 10%,但不得大于 0.95。

梁、板用加高(厚)截面加固的方法时,只要采用必要的构造措施和施工工艺,就能确保新旧混凝土整体工作,整体工作承载力大于单体的叠加。为了确保新旧混凝土的可靠连接,使之能协同工作,保证力的可靠传递,达到良好的加固效果,应采取的主要措施如下:

将原结构与新混凝土粘结部位的表面凿毛。板表面不平度大于 4mm,梁表面不平度大于 6mm,并在原构件的浇注面上,每隔一定距离凿槽,以使新浇混凝土形成剪力键。

将原构件浇注面凿毛、冲洗干净,并涂覆丙乳水泥浆(或 108 胶聚合水泥浆),同时浇注混凝土。丙乳水泥浆的强度是普通砂浆强度的 2～3 倍。108 胶聚合水泥浆是在水泥中加入 108 胶并搅拌后配置而成。

当在梁上作后浇层时,除按上述两条措施处理原构件表面外,还应当在后浇层中加配箍筋及负弯矩钢筋(或架立筋),并注意其连接。加固的受力纵筋与原构件的受力纵筋采用短筋焊接,尤其在加固的两端及其附近是必不可少。

图 4.30(a)所示为焊接法将补加的 U 形箍焊接在原有箍筋上,双面焊缝长度不小于 $5d$(d 为 U 形箍直径)。图 4.30(b)所示为 U 形箍焊接在增设的锚钉上的连接措施。采用环行胶泥或环氧砂浆锚钉锚固在原梁的锚钻孔内,锚孔直径应比锚钉直径大 4mm。另外,也可以不用锚钉而用上述方法直接将 U 形箍伸进锚孔内锚固。

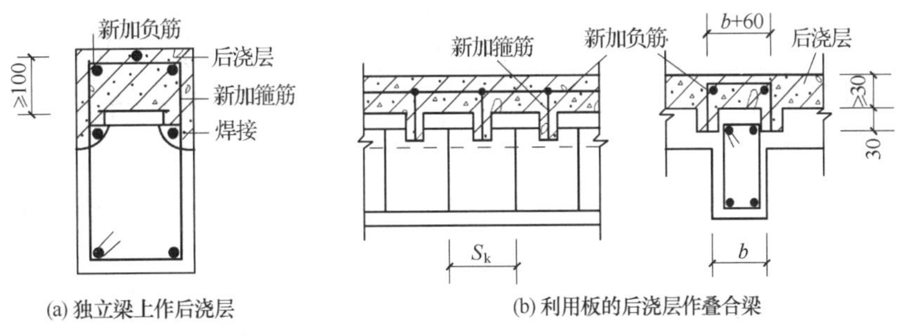

图 4.30 在梁上补浇混凝土的构造

2) 构造要求。新增混凝土的最小厚度,加固板时不应小于 40mm,加固梁时不应小于 60mm;用喷射混凝土施工时,不应小于 50mm。

加固板的受力钢筋直径不应小于 8mm;加固梁的纵向受力钢筋应当使用带肋钢筋,钢筋最小直径不宜小于 12mm,最大直径不宜大于 25mm;封闭式箍筋直径不宜小于

8mm;U 形箍筋直径应当与原有箍筋直径相同。

加固的受力钢筋与原构件的受力钢筋间的净距不应小于 20mm,并应当用短筋焊接连接,箍筋应采用封闭箍筋或 U 形箍筋,并按照现行国家标准《混凝土结构设计规范》(GB 50010—2010)中对箍筋的构造要求进行设置。

① 加固的受力钢筋与原构件采用短筋焊接时,短筋的直径不应小于 20mm,长度不小于 $5d$(其中 d 为新增纵筋和原有纵筋直径的较小者),各短筋的中距不大于 500mm[图 4.31(a)]。

② 用单侧或双侧加固时,应设置 U 形箍筋[图 4.31(b)]。U 形箍筋应当焊在原有箍筋上,单面焊缝长度为 $10d$,双面焊缝为 $5d$(其中 d 为 U 形箍筋直径)。

U 形箍筋可焊在增设的植筋或锚钉上,也可以直接植入锚孔内[图 4.31(c)],植筋或锚钉直径 d 不应小于 10mm,锚钉距构件边缘不小于 $3d$,且不能小于 40mm,锚钉锚固深度不小于 $10d$,并采用环氧树脂浆或环氧树脂砂浆,将锚钉锚固于原有梁的锚孔内,锚孔直径应大于锚钉直径 4mm。

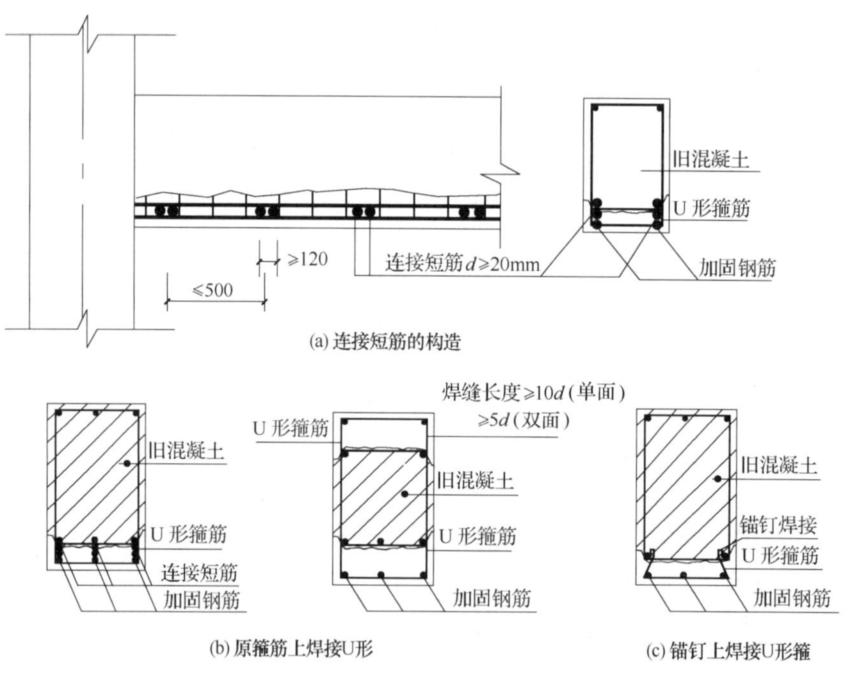

图 4.31　后加钢筋与原构件钢筋的连接

梁的纵向加固受力钢筋的两端应当靠锚固。新加纵向钢筋的锚固可以采用如下几种方法:

① 对类似于简支梁的受弯构件,荷载作用下是单向受弯,跨中弯矩最大,可以把纵向钢筋弯曲成弧形[图 4.32(a)],两端与原纵向钢筋焊接成一体。

② 对于连续梁或框架中间支座,新加钢筋应穿过主梁(柱子),或者在主梁(柱子)上与预埋短钢筋锚固,然后与新加钢筋焊接[图 4.32(b)]。

③ 对于连续梁或框架边支座,新加纵筋可穿过梁(柱或墙)加节点锚固板进行锚固,

或者采用结构胶锚固[图 4.32(c)]。

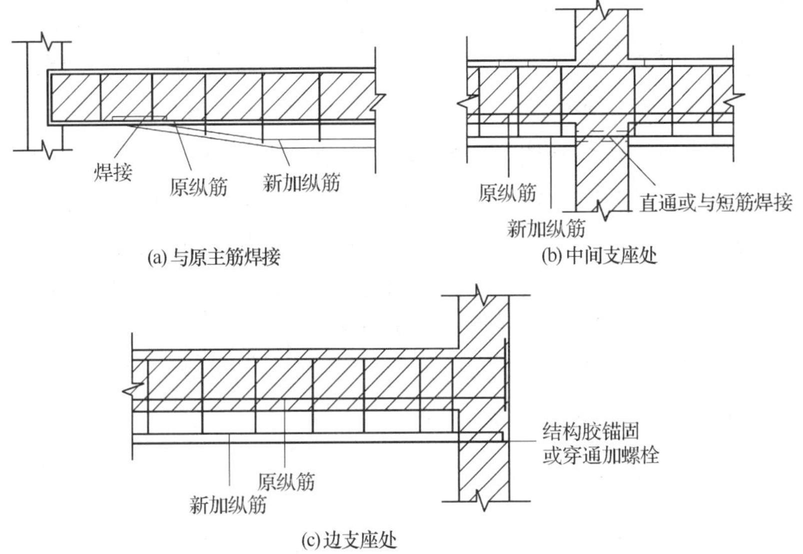

图 4.32　新加纵向钢筋端部的锚固

3）施工要求。加固混凝土结构的施工过程，应遵循下列工序和原则：

① 应将原构件混凝土存在的缺陷清理到密实部位，并将表面凿毛或打成沟槽，沟槽深度不宜小于 6mm，间距不应大于箍筋间距，被包混凝土棱角应打掉，同时应除去浮渣、尘土。

② 原有混凝土表面冲洗干净，浇注前，原混凝土表面应以水泥浆或其他界面剂进行处理。

对原有和新设受力钢筋进行除锈处理；如在受力钢筋上施焊，则施焊前应当采取卸荷或支撑措施，并应逐根分区分段分层进行焊接，以减少焊接热影响区对钢筋的影响。

模板搭设、钢筋安置以及新混凝土的浇注和养护，应符合现行国家标准《混凝土结构工程施工质量验收规范》(GB 50204—2002)的要求。

4）受弯构件正截面承载力计算。采用加大截面法加固结构或构筑物时，其承载力计算受原构件应力应变的影响，不能简单地采用《混凝土结构设计规范》(GB 50010—2010)中的有关公式计算。

对梁板受弯构件用加大截面法加固时，应根据实际情况，分别采用受压区新增混凝土加固和受拉区新增混凝土加固，前者多用于板的加固，后者则多用于梁的加固。

受压区新增混凝土加固。当钢筋混凝土板承载力不足时，常采用该方法加固。根据加固截面新、旧混凝土粘结是否可靠，有可分为整体工作和非整体工作。

① 整体工作。对受压区新增混凝土加固的钢筋混凝土梁板(增大受弯构件受压截面面积)，若加固时不能全部卸载，新加混凝土与旧混凝土粘结可靠，则加固结构属于典型的二次受力结构，其受力过程与二次受力过程的叠合梁(板)相同，可按二次受力叠合梁计算方法进行计算。

② 非整体工作。若混凝土板面受污染，不能保证新、旧混凝土可靠粘结，加固时板底

加支撑(或不加支撑),则新、旧板承受的弯矩按新、旧板的刚度进行分配。设原混凝土厚度为 h_1,新浇混凝土厚度为 h_2,总弯矩为 M,则:

原混凝土板弯矩分配系数为 $k_1=\dfrac{h_1^2}{h_1^2+h_2^2}$,新浇板弯矩分配系数为 $k_1=\dfrac{h_2^2}{h_1^2+h_2^2}$ 。

原混凝土板承受的弯矩为 $M_1=k_1M$,新浇板承受的弯矩为 $M_2=k_2M$ 。

受拉区新增混凝土和钢筋加固。钢筋混凝土受弯构件在受拉区新增混凝土和钢筋加固时,由于受拉钢筋的极限拉应变取值为 $\varepsilon_{cu}=0.01$,一般来说,加固钢筋(热轧钢筋)的弹性比例极限应变值为 $\varepsilon_{se}=0.001\sim0.0025$,在破坏时加固钢筋一般达到其屈服强度,且原钢筋应变仍小于等于 ε_{cu} 。因此对于采用在受拉区新增混凝土和钢筋加固的受弯构件,加固截面受弯承载力可按《混凝土结构设计规范》(GB 50010—2010)中的一般受弯构件的规定计算。由图 4.33,可得其计算公式为

$$\alpha_1 f_{c0}bx=f_{y0}A_{s0}-f'_{y0}A'_{s0}+\alpha_s f_yA_s \tag{4.26}$$

$$M\leqslant f_{y0}A_{s0}\left(h_{01}-\frac{x}{2}\right)-f'_{y0}A'_{s0}\left(\frac{x}{2}-a'\right)+\alpha_s f_yA_s\left(h_0-\frac{x}{2}\right) \tag{4.27}$$

$$2a'\leqslant x\leqslant \xi_b h_0 \tag{4.28}$$

式中,M ——构件加固后弯矩设计值;

α_s ——新增钢筋强度利用系数,取 $\alpha_s=0.9$;

f_y ——新增钢筋的抗拉强度设计值;

A_s ——新增受拉钢筋的截面面积;

h_0、h_{01} ——构件加固后和加固前的截面有效高度;

x ——等效矩形应力图形的混凝土受压区高度,简称混凝土受压区高度;

f_{y0}、f'_{y0} ——原钢筋的抗拉、抗压强度设计值;

A_{s0}、A'_{s0} ——原受拉钢筋的和原受压钢筋的截面面积;

a' ——纵向受压钢筋合力点至混凝土受压区边缘的距离;

α_1——受压区混凝土矩形应力图的应力值与混凝土轴心抗压强度设计值的比值,当混凝土强度等级不超过 C50 时,取 $\alpha_1=1.0$,当混凝土强度等级为 C80 时,取 $\alpha_1=0.94$,其间按线性内插法确定;

f_{c0} ——原构件混凝土轴心抗压强度设计值;

b ——矩形截面宽度;

ξ_b ——构件增大截面加固后的相对界限受压区高度,按式(4.29)计算。

由于加固后的受弯构件正截面承载力可以近似地按照一次受力构件计算,试验研究也验证过新增主筋一般能够屈服,因而受弯构件增大截面加固后的相对受压区高度 ξ_b,应按式(4.29)计算。

$$\xi_b=\frac{\beta_1}{1+\dfrac{\alpha_s f_y}{\varepsilon_{cu}E_s}+\dfrac{\varepsilon_{s1}}{\varepsilon_{cu}}} \tag{4.29}$$

$$\varepsilon_{s1}=\left(1.6\frac{h_0}{h_{01}}-0.6\right)\varepsilon_{s0} \tag{4.30}$$

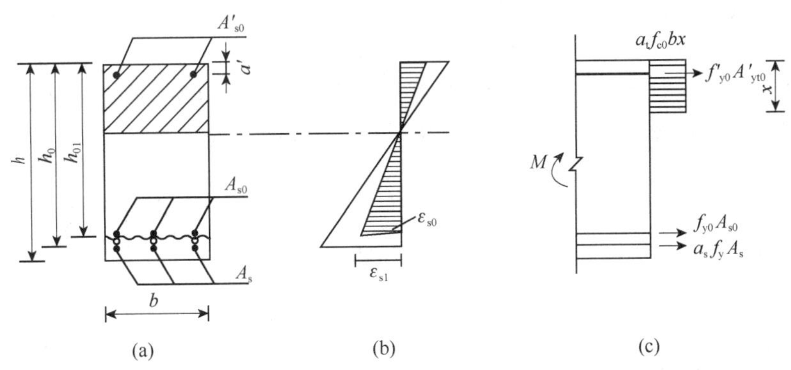

图 4.33　受弯构件加固计算

$$\varepsilon_{s0}=\frac{M_{ok}}{0.87h_{01}A_{s0}E_{s0}} \tag{4.31}$$

式中，β_1——计算系数；当混凝土强度等级不超过 C50 时，β_1 值为 0.8，当混凝土强度等级为 C80 时，β_1 取 0.74，其间按内插法确定；

ε_{cu}——混凝土极限压应变，取 $\varepsilon_{cu}=0.0033$；

ε_{s1}——新增钢筋位置处，按平截面假设确定的初始应变值，当新增主筋与原主筋的连接采用短钢筋焊接时，可近似取 $h_{01}=h_0$，$\varepsilon_{s1}=\varepsilon_{01}$；

M_{0k}——加固前受弯构件验算截面上原作用的弯矩标准值；

ε_{s0}——加固前，在初始弯矩 M_{0k} 作用下原受拉钢筋的应变值。

当按式(4.26)和式(4.27)算得的加固后混凝土受压区高度 x 与加固前原有截面有效高度 h_{01} 之比大于原截面相对界限受压区高度 ξ_{b0} 时，应考虑原纵受拉钢筋应力 σ_{s0} 尚达不到 f_{y0} 的情况。此时，应将上述两公式中的 f_{y0} 改为 σ_{s0}，并重新进行验算。验算时，σ_{s0} 值可按式(4.32)确定为

$$\sigma_{s0}=\left(\frac{0.8h_{01}}{x}-1\right)\varepsilon_{cu}E_s\leqslant f_{y0} \tag{4.32}$$

若计算结果 $\sigma_{s0}<f_{y0}$，则按此验算结果确定加固钢筋用量；若算得的结果 $\sigma_{s0}\geqslant f_{y0}$，则表示原计算结果无需变动。

5) 受弯构件斜截面加固设计。对受剪截面限制条件的规定与现行国家标准《混凝土结构设计规范》(GB 50010—2010)完全一致，而从增大截面构件的荷载试验过程来看，增大截面还有助于减缓斜裂缝宽度的发展，特别是围套法更为有利，因此，受弯构件加固后的斜截面应符合下列条件：

$$\text{当 } h_w/b\leqslant 4 \text{ 时，}\quad V\leqslant 0.25\beta_c f_c bh_0 \tag{4.33a}$$

$$\text{当 } h_w/b\geqslant 6 \text{ 时，}\quad V\leqslant 0.20\beta_c f_c bh_0 \tag{4.33b}$$

当 $4<h_w/b<6$ 时，按线性内插法确定。

式中，V——构件加固后的剪力设计值；

β_c——混凝土强度影响系数，按现行国家标准《混凝土结构设计规范》(GB 50010—2010)的规定值采用；

b——矩形截面的宽度或 T 形、I 形截面的腹板宽度；

h_w ——截面腹板的高度;对矩形截面,取有效高度;对 T 形截面,取有效高度减去翼缘高度;对 I 形截面,取腹板净高。

采用增大截面法加固受弯构件时,其斜截面受剪承载力可按如下公式确定:

① 当受拉区增设配筋混凝土层,并采用 U 形箍与原箍筋逐个焊接时

$$V \leqslant 0.7 f_{t0} b h_{01} + 0.7 \alpha_c f_t b (h_0 - h_{01}) + 1.25 f_{yv0} \frac{A_{sv0}}{s_0} h_0 \tag{4.34}$$

② 当增设钢筋混凝土三面围套,并采用加锚式或胶锚式箍筋时

$$V \leqslant 0.7 f_{t0} b h_{01} + 0.7 \alpha_c f_t A_c + 1.25 \alpha_s f_{yv} \frac{A_{sv}}{s} h_0 + 1.25 f_{yv0} \frac{A_{sv0}}{s_0} h_{01} \tag{4.35}$$

式中,α_c ——新增混凝土强度利用系数,取 $\alpha_c = 0.7$;

f_t、f_{t0} ——新、旧混凝土轴心抗拉强度设计值;

A_c ——三面围套新增混凝土截面面积;

α_s ——新增箍筋强度利用系数,取 $\alpha_s = 0.9$;

f_{yv}、f_{yv0} ——新箍筋和原箍筋的抗拉强度设计值;

A_{sv}、A_{sv0} ——同一截面内新箍筋各肢截面面积之和及原箍筋各肢截面面积之和;

s、s_0 ——新增箍筋或原箍筋沿构件长度方向的间距。

斜截面受剪承载力的计算与原规范比较,主要有三点不同:一是将新、旧混凝土上的斜截面受剪承载力分开计算,并给出了具体公式;二是新、旧混凝土的抗拉强度设计值分别按《混凝土结构加固设计规范》(GB 50367—2006)和《混凝土结构设计规范》(GB 50010—2010)的规定取用;三是按试验和分析结果重新确定了混凝土和钢筋的强度利用系数,经计算按照上面公式计算的斜截面承载力,其安全储备有所提高。

(5) 其他加固方法

1) 增设支点法。改变结构传力途径加固法是指通过增设支点(柱或托架)的办法,使结构受力体系(即计算简图)得以改变的加固方法,因而也称为增设支点法。

在梁、板跨中增设支点后,减少了计算跨度,从而较大幅度地提高承载力,并减小梁、板的挠曲。其优点是施工简单、受力可靠;缺点是使用空间受到一定的影响。该法主要用于梁、板、桁架等结构的加固。按增设支点的不同,可分为刚性支点和弹性支点两种情况。

方法之一:刚性支点。刚性支点是指新增设的支撑件十分刚强,可以使被加固结构构件的新支点在外荷载作用下没有(或小至可忽略)竖向变化。有时尽管新支点有较大的竖向位移,但由于在后加荷载作用下,原结构支座也同样有变化,新旧支座间的相对位移很小,这种新支点也属于刚性支点。图 4.34 为工程中常见的一些支撑体系,这些杆件受轴向力,在后加荷载作用下,新支点的变化与原支座的差值不大,一般可作为刚性支点考虑。

方法之二:弹性支点。弹性支点是指所增设的支杆或托架的相对刚度不大,在外荷载作用下,新支点的变化相对原结构支座变化较大。当采用受弯构件作为支撑件时,或者支撑的刚度较小,轴向变形较大时,支撑点的位移不能忽略,应按弹性支点计算。在工程中,用弹性支点加固结构的实例也较多,图 4.35 为工程中常作为弹性支点计算的加固件。

2) 增设钢箍法。当梁的斜截面受剪承载力不足,且箍筋的配置量又不多时,宜采用在梁的两侧面增配抗剪箍筋的方法来提高梁的斜截面受剪承载力[图 4.36(a)]。

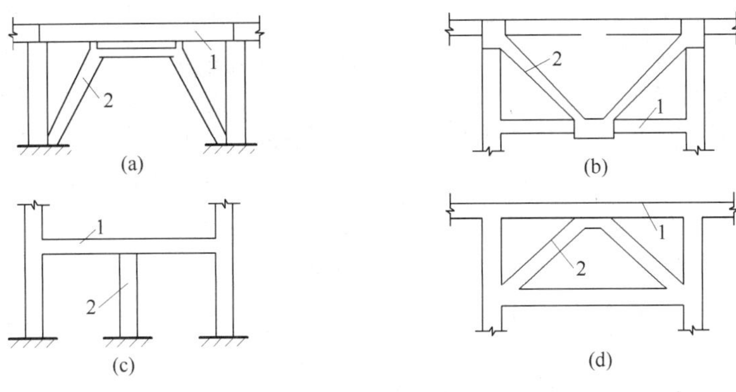

图 4.34　刚性支点加固

1. 原结构;2. 加固杆件或托架

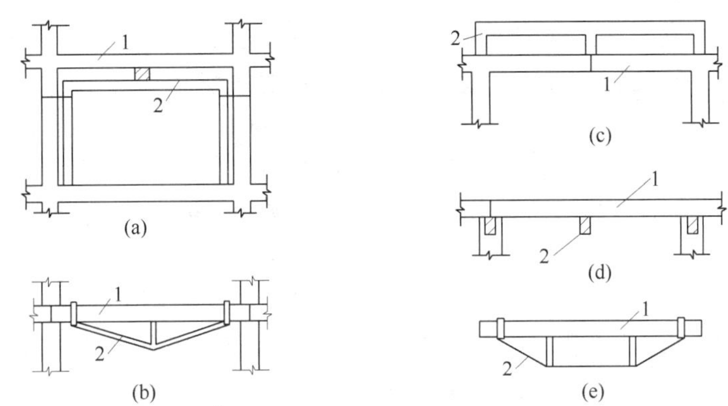

图 4.35　弹性支点加固

1. 原结构;2. 加固杆件或托架

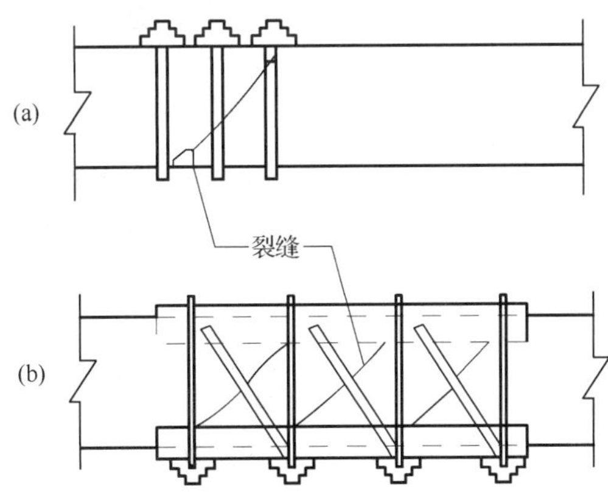

图 4.36　增设钢套箍法加固斜截面

当斜裂缝较宽时,可采用增加钢套箍的方法将构件箍紧[图 4.36(b)]。加固时,应设法使钢套箍与混凝土表面紧密接触,以保证其能够共同工作。钢套箍可采用先刷漆后用水泥砂浆抹面的方法进行防腐处理。

3）减小或限制荷载措施。减小或限制荷载虽然不能说是一种加固方法，但在某些情况下，可以收到保证结构安全使用的效果。

当结构承载力不足，挠度或其他变形过大，威胁安全，影响使用时，在条件允许的情况下，可以通过改变设计减轻结构自重。例如，将实心的填充砖墙改用轻质的隔墙；将保温层的炉渣改为轻质的保温材料；楼面上沉重设备在生产条件允许的情况下挪位等。此外，还可以改变使用荷载或限制使用荷载。如限制仓库的堆放荷载，将较大活荷载改为较小活荷载等，以满足结构承载力、刚度和抗裂的要求。

(6) 桁架预应力综合法

桁架预应力综合法也称为组合预应力桁架技术，是体外预应力技术的发展。其中等应力技术已经被兰州理工大学在 2003 年申请为专利技术，专利申请号：03134360.0。

(7) 加筋填孔法

钢筋混凝土多孔板常因混凝土强度不足或钢丝与混凝土间握裹力不足或搬运和安装不慎而发生裂缝。加筋填孔方法只适应于对多孔板的加固。

当对多孔板进行加固时，一般是将板两侧的两个圆孔从顶部凿穿后，在孔底各放置纵向主筋一根(主筋直径根据板面荷载经计算后确定，一般为 $\phi12\sim\phi16$)，并在板面布设 $\phi4$ 间距为 200mm 的双向钢筋网。其中横向钢筋一端弯折带钩，交叉伸入两侧的圆孔内，与纵向主筋绑扎牢固，最后用 C20 以上细石混凝土将两侧的圆孔浇灌密实，并将板面加厚 30～40mm，使加固后的多孔板，有效高度 h_0 不小于 120mm(图 4.37)。加固后的多孔板相当于带肋的槽形板，其承载能力可按图 4.37(c)的横截面(实线部分)进行验算。对于较宽的、圆孔较多的多孔板，除两侧的圆孔外，还应当按适当间距对中间圆孔做如上处理，以增加板的主肋数。

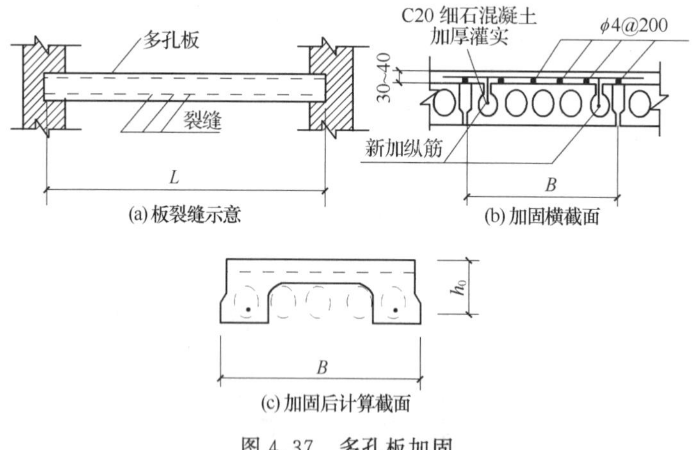

图 4.37　多孔板加固

多孔板加固施工时的注意事项如下：

1) 先在板底将板支撑好，然后凿孔、布筋和浇捣混凝土。浇捣混凝土前圆孔内及板面要冲洗干净，并浇水润湿，先刷水泥浆一遍，圆孔内和板面混凝土最好一次浇成，并要振捣密实。

2）新设的纵向主筋要垫起 5～10mm 高，伸入板的支座内不小于 100mm，板面加厚层也应伸入板的支座内不小于 30mm。

3）混凝土浇灌后，必须加强养护，在达到规定强度后，方可拆除支撑，板底裂缝可用环氧树脂进行封闭。

另外，由于剔槽埋筋加固法需在已出现裂缝的多孔板上进行剔槽开孔、浇注混凝土等工序，对板可能造成进一步损伤。因此，也经常采用板底粘贴钢板或碳纤维的方法进行加固。

4.5.3　钢筋混凝土柱的加固

（1）加大截面加固法

由于加大截面加固法加大了原柱的混凝土截面及配筋量，因此这种方法不仅可提高柱子的承载力，还可以降低柱子的长细比，提高柱子的刚度。加大截面加固钢筋混凝土柱，一般可根据原构件截面和荷载作用下的内力情况，在原柱一侧、双侧或四周采用增大混凝土截面、增加配筋进行加固（图 4.38）。

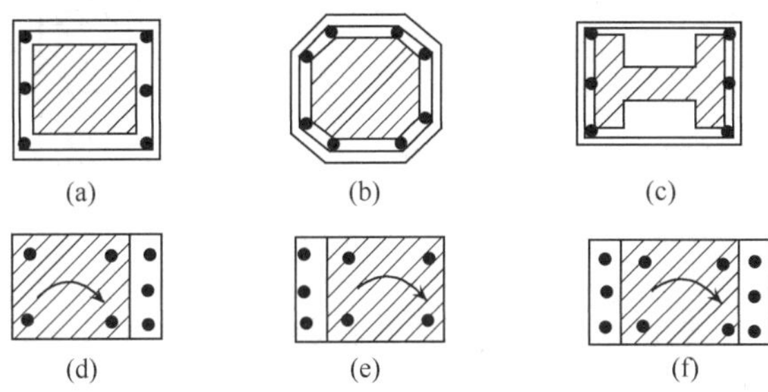

图 4.38　加大截面法加固柱

外包的混凝土，常采用支模浇捣或喷射混凝土。喷射混凝土工艺简单，施工方便，不需或只需少量模板，特别适用于复杂柱的表面。喷射混凝土的粘结强度高（$>1.0\text{N/mm}^2$），可以满足一般结构修复加固的质量要求。当后浇层较厚时，可以进行多次喷射（一次喷射厚度可达 50mm）。

1）加固轴心受压柱的承载力计算。采用加大截面法加固轴心受压柱，其正截面承载力可计算为

$$N \leqslant 0.9\varphi[f_{c0}A_{c0} + f'_{y0}A'_{s0} + \alpha_{cs}(f_cA_c + f'_yA'_s)] \tag{4.36}$$

式中，N ——加固后混凝土柱的轴向压力设计值；

φ ——构件的稳定系数。根据加固后的截面尺寸，按现行设计规范《混凝土结构设计规范》(GB 500100—2010)规定取用，见表 4.18；

A_{c0}、A_c ——构件加固前混凝土截面面积和加固后新增部分混凝土截面面积；

f'_y、f'_{y0} ——新增纵向钢筋和原纵向钢筋的抗压强度设计值；

A'_s ——新增纵向受压钢筋截面面积；

α_{cs} ——综合考虑新增混凝土和钢筋强度利用程度的修正系数，取 α_{cs} 为 0.8。

表 4.18 钢筋混凝土轴心受压构件的稳定系数

l_0/b	≤8	10	12	14	16	18	20	22	24	26	28	30
l_0/d	≤7	8.5	10.5	12	14	15.5	17	19	21	22.5	24	26
l_0/i	≤28	35	42	48	55	62	69	76	83	90	97	104
φ	1.0	0.98	0.95	0.92	0.87	0.81	0.75	0.70	0.65	0.60	0.56	0.52

注:表中 l_0 为构件计算长度;b 为矩形截面短边尺寸;d 为圆形截面直径;i 为截面最小回转半径。

2)加固偏心受压构件承载力计算。采用增大截面加固钢筋混凝土偏心受压构件时,其矩形截面正截面承载力按下列公式计算(图 4.39):

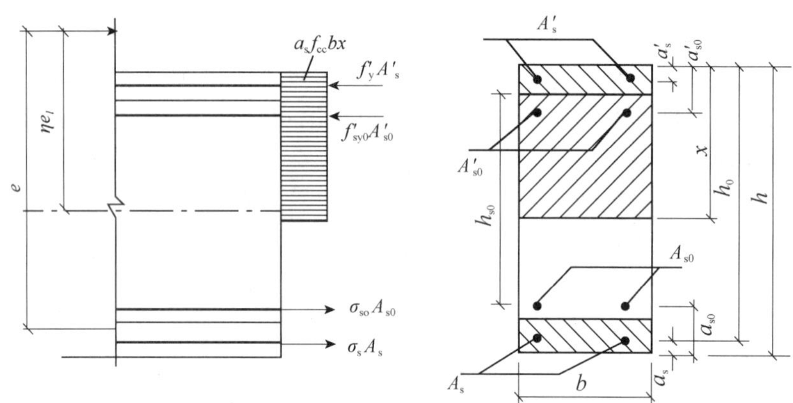

图 4.39 矩形截面偏心受压构件加固的计算

注:当为小偏心受压构件时,图中 σ_{s0} 可能变向

$$N \leqslant \alpha_1 f_{cc} bx + 0.9 f'_y A'_s + f'_{y0} A'_{s0} - 0.9\sigma_s A_s - \sigma_{s0} A_{s0} \tag{4.37}$$

$$Ne \leqslant \alpha_1 f_{cc} bx \left(h_0 - \frac{x}{2}\right) + 0.9 f'_y A'_s (h_0 - a'_s) + f'_{y0} A'_{s0} (h_0 - a'_{s0}) - \sigma_{s0} A_{s0} (a_{s0} - a_s) \tag{4.38}$$

$$\sigma_{s0} = \left(\frac{0.8 h_{01}}{x} - 1\right) E_{s0} \varepsilon_{cu} \leqslant f_{y0} \tag{4.39}$$

$$\sigma_s = \left(\frac{0.8 h_0}{x} - 1\right) E_s \varepsilon_{cu} \leqslant f_y \tag{4.40}$$

式中,f_c、f_{c0} ——分别为新旧混凝土轴心抗压强度设计值;

f_{cc} ——新旧混凝土组合截面的混凝土轴心抗压强度设计值,可按 $f_{cc} = \frac{1}{2}(f_{c0} + 0.9 f_c)$ 确定;

σ_{s0} ——原构件受拉边或受压较小边的新增纵向钢筋应力,当求得 $\sigma_{s0} > f_{y0}$ 时,取 $\sigma_{s0} = f_{y0}$;

A_{s0} ——原构件受拉边或受压较小边纵向钢筋截面面积;

A'_{s0} ——原构件受压较大边纵向钢筋截面面积;

e ——偏心距，为轴向压力设计值 N 的作用点至新增受拉钢筋合力点的距离；

a_{s0} ——原构件受拉边或受压较小边纵向钢筋合力点到加固后截面近边的距离；

a'_{s0} ——原构件受压较大边纵向钢筋合力点到加固后截面近边的距离；

a_s ——受拉边或受压较小边新增纵向钢筋合力点至加固后截面近边的距离；

a'_s ——受压加大边新增纵向钢筋合力点至加固后截面近边的距离；

h_0 ——受拉边或受压较小边新增纵向钢筋合力点至加固后截面受压较大边缘的距离；

h_{01} ——原构件截面有效高度。

3) 偏心距 e，按现行设计规范《混凝土结构设计规范》(GB 500100—2010)规定进行计算，但其增大系数 η 应乘以下列修正系数 ψ_η，即

① 对围套或其他对称形式的加固：

当 $e_0/h \geqslant 0.3$ 时，$\psi_\eta = 1.1$；

当 $e_0/h < 0.3$ 时，$\psi_\eta = 1.2$。

② 对非对称形式的加固：

当 $e_0/h \geqslant 0.3$ 时，$\psi_\eta = 1.2$；

当 $e_0/h < 0.3$ 时，$\psi_\eta = 1.3$。

4) 加大截面加固法的构造要求。当钢筋混凝土围套厚度不应小于 60mm，采用喷射混凝土施工时，不应小于 50mm，新加纵向钢筋的直径一般宜在 14～16mm。

当采用四周围套加固钢筋混凝土构件时，应设置封闭箍筋，封闭箍筋的直径不应小于 8mm。当采用焊接箍筋时，焊缝长度应大于 10d(单面焊)或 5d(双面焊)。

当采用双面或单面加固时，新加部分应设置 U 型箍筋，并与原构件可靠连接，连接方法与加大截面加固梁的方法相同。

当采用增大纵向钢筋面积加固时，新加纵向钢筋应与原柱纵向钢筋以短筋焊接连接，焊接要求与加大纵筋面积加固梁的方法相同。

当新加纵向钢筋与楼面相交时，在相交处一般不宜在楼板处截断锚固，应穿过楼板锚固。与基础相处，应钻孔入基础，锚固长度应满足钢筋固要求。当局部加固时，新加纵向钢筋的锚固一般可采用与原纵向钢筋加短筋焊接的方法。

(2) 外包钢加固法

外包钢加固法是在混凝土柱的四角或两面包以型钢的一种加固方法。采用外包钢加固，构件的截面尺寸增加不多，但混凝土柱的承载力可大幅度提高。对于方形或矩形柱，大多在柱的四周包以角钢，并在横向用缀板连成整体；对于圆形柱、烟囱等圆形构件，多采用扁钢加套箍的方法，如图 4.40 所示。

习惯上把型钢与原柱之间留有一定间隔，并在其间填塞乳胶水泥砂浆或环氧砂浆或浇灌细石混凝土，将两者黏结成一体的加固方法称为湿式外包钢加固法，如图 4.40(a)所示。型钢直接外包于原柱(与原柱间没有黏结)或填塞水泥砂浆但不能保证结合面剪力有效传递的加固方法，称为干式外包钢加固法，如图 4.40(b)、(c)所示。

1) 湿式外包钢加固柱的计算。只要施工质量能保证，湿式外包钢与原构件在新增荷

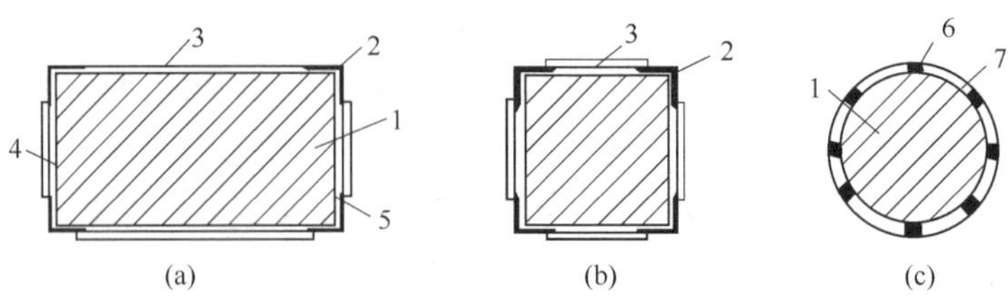

图 4.40　外包钢加固混凝土柱示意图

1. 原柱；2. 角钢；3. 缀板；

4. 填充混凝土或砂浆；5. 胶黏剂；6. 扁钢；7. 套箍

载作用下可以共同工作。正截面受压承载力可近似地看作两次成型的一次受力构件，按照钢筋混凝土受压构件的设计方法进行计算，但应考虑实际二次受力的影响，对外包型钢的强度应予以折减，折减系数可取 0.9。

2) 干式外包钢加固柱的计算。干式外包钢加固柱子的总承载力等于钢构架承载力与原混凝土柱子承载力之和。干式外包钢构架与原柱子独立工作，各自分担的荷载按其刚度比分配。若加固后柱子承担的总轴向力为 N，总弯矩为 M，则原柱分担的轴向力 N_0 和弯矩 M_0 分别为

$$N_0=\frac{\alpha_c E_c A_c}{\alpha_c E_c A_c+E_a A_a}N \tag{4.41}$$

$$M_0=\frac{\alpha_c E_c I_c}{\alpha_c E_c I_c+E_a I_a}M \tag{4.42}$$

$$E_a I_a=\frac{1}{2}E_a A_a a^2 \tag{4.43}$$

式中，E_c、I_c、A_c——原柱混凝土的弹性模量、截面惯性矩、截面面积；

E_a——加固型钢的弹性模量；

A_a——对称加固柱一侧外包型钢的截面面积；

a——对称加固柱两侧型钢截面形心间的距离；

α_c——原混凝土柱子刚度降低系数，$\alpha_c=0.8\sim1$。

计算出原柱分担的轴向力 N_0 和弯矩 M_0 后，外包钢构架分担的轴向力 N_a 和弯矩 M_a 为

$$\begin{cases}N_a=N-N_0\\M_a=M-M_0\end{cases} \tag{4.44}$$

在计算出钢构架承担的荷载后，可按钢结构设计规范进行钢构架的设计计算。内容包括肢杆的承载力计算、稳定性验算及缀板设计等。由于钢构架不会发生整体失稳，因此只需验算单肢杆的稳定性即可。

3) 外包钢加固柱的构造要求。外包角钢的边长不宜小于 25mm；缀板截面不宜小于 25mm×3mm，间距不宜大于 20r(其中 r 为单根角钢截面的最小回转半径)，同时不宜大于 500mm。

外包角钢须通长、连续，在穿过各层楼板时不得断开，角钢下端应伸到基础顶面，用环氧砂浆加以粘锚(图 4.41)；角钢上端应有足够的锚固长度，如有可能应当在上端设置与角钢焊接的柱帽。

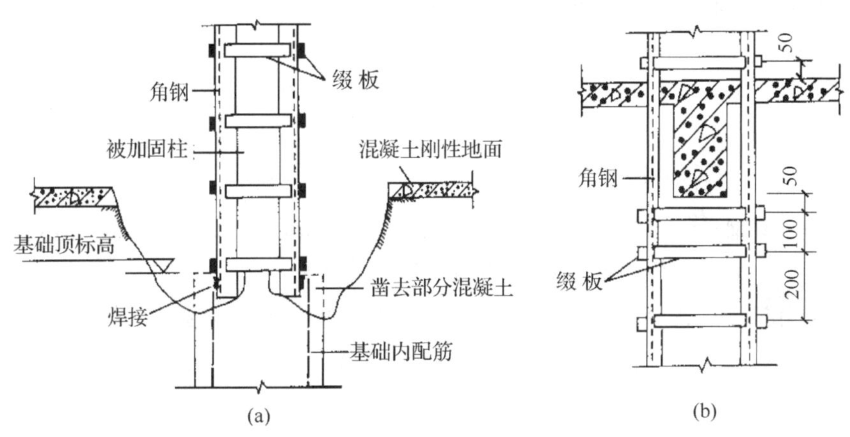

图 4.41　外包钢穿过楼板及柱底的锚固构造

外包钢加固采用环氧树脂化学灌浆的方法时，缀板应紧贴在混凝土表面，并与角钢平焊连接。焊好后，应当使用环氧胶泥将型钢周围封闭，并留出排气孔，然后按有关方法进行灌浆粘结。

外包钢加固时，若采用了乳胶水泥砂浆(乳胶含量应不少于 5%)粘贴外包钢，缀板可焊于角钢外面。

外包钢加固时，型钢表面应当抹上厚 25mm 的 1∶3 水泥砂浆保护层，也可以采用其他饰面防腐材料加以保护。

(3) 预应力综合法

预应力加固法也属于体外预应力技术。对柱子施加预应力加固有两种情况，一是解决混凝土柱子的受压能力不足问题，其原理是把外包的型钢作为柱子的撑杆，让撑杆给原有柱子一个伸长的趋势，即把原有柱子的压力在安装的过程中由撑杆提前承担一部分。另一是解决混凝土柱子的大偏压受拉钢筋量不足问题，其原理与受弯构件预应力加固一样，目的是让加固的受拉钢筋提前受拉。

柱子的预应力加固，按照加固的柱子侧面数量可分为双侧加固和单侧加固。前者适用于轴心受压或小偏心受压的柱子，后者则适用于大偏心受压的柱子或弯矩不变号的其他构件。若按照加固件的受力性质可分为撑杆加固和拉杆加固两种。同样地，前者适用于轴心受压或小偏心受压的柱子，后者则适用于大偏心受压的柱子或弯矩不变号的其他构件。

柱子大多是偏心受压构件，在同一根柱子上采用拉 撑综合技术，加固效果更佳。

1) 预应力撑杆加固柱。预应力撑杆加固柱的受力与非预应力加固的柱子有所不同。加固时，对撑杆所加预应力的大小就等于原柱子转嫁给撑杆的荷载大小。加固完成后，原柱子已经卸荷了。原柱子应力、应变超前和撑杆应力、应变滞后的现象大为缓解,当预应力选择准确时,理论上可以完全消失。因此,从适用简化考虑,对于普通型钢预应力加固柱,截面受力可以近似地按二次制作、一次受力的结构进行计算(取 $\alpha_s=1$)。预应力撑杆横向弯折量 Δ 值[图 4.42(a)]为

$$\Delta=H\cdot\sqrt{\left(\frac{\sigma'_{con}}{E_s}+1\right)^2-1} \tag{4.45}$$

式中,H——撑杆高度;

E_s——型钢弹性模量;

σ'_{con}——型钢撑杆预压应力控制值(除满足施工阶段的稳定要求外,还应该满足预应力筋上限值与下限值的相关设计要求)。

2) 预应力拉杆加固柱。加固原理如图 4.42(b)所示,横向张拉量 Δ 值参考式(4.28)进行计算。

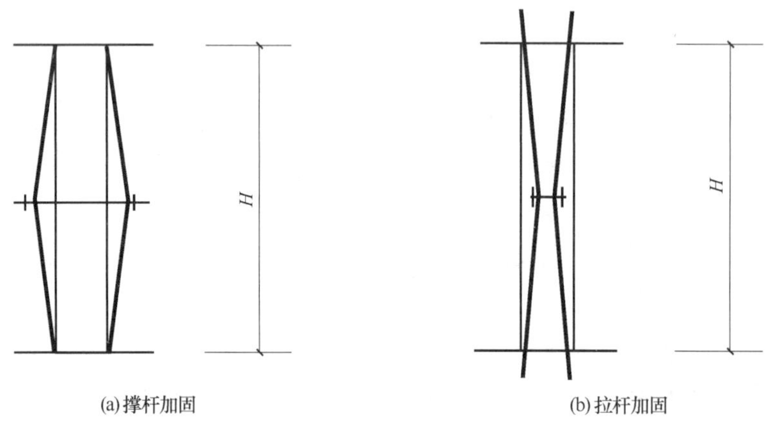

图 4.42　预应力加固柱子原理示意图

4.5.4　钢筋混凝土梁柱节点的加固

梁柱节点由于主筋相对密集,箍筋不容易放置,在工程检测中,节点少放或不放箍筋的情况时有发生。对这类节点可采用外包角钢或钢板的方法进行加固(图 4.43～图 4.45),外包用的箍筋必须是封闭的,直径不宜小于 8mm。

4.5.5　钢筋混凝土剪力墙的加固

对于单面或双面采用钢筋网混凝土夹板墙加固的剪力墙,可以通过设置于墙上与钢筋网焊接的锚栓或锚筋进行连接(图 4.46)。新加横向钢筋和竖向钢筋,原则上应穿过楼板,中间不得断开,但为了减少钻孔凿洞的工作量,避免对原结构造成不必要的损伤,可以采用下列连接锚固方法。

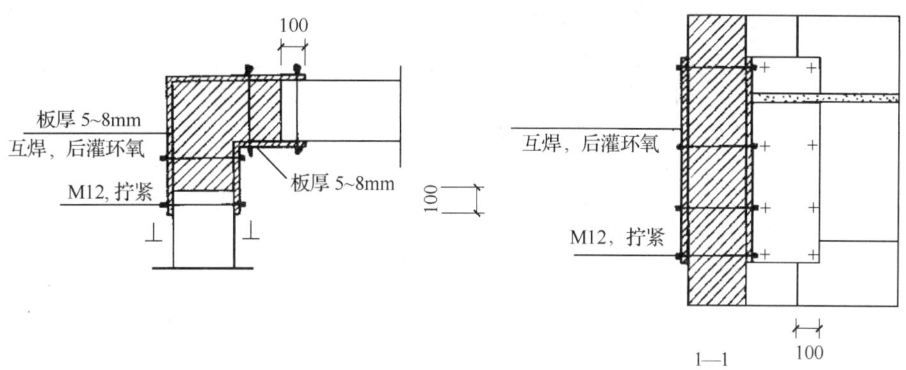

图 4.43 L形柱节点加固

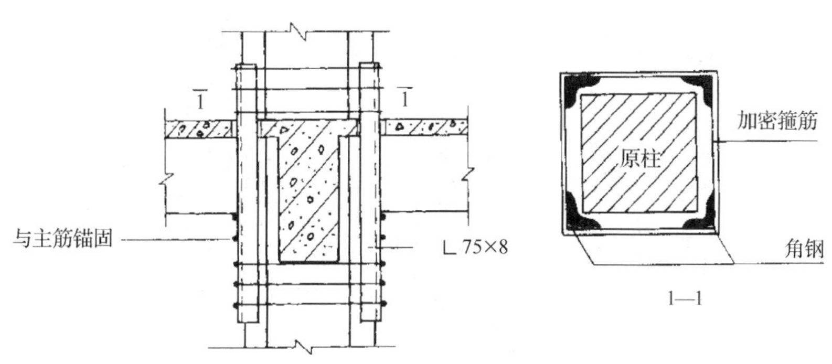

图 4.44 矩形柱节点加固

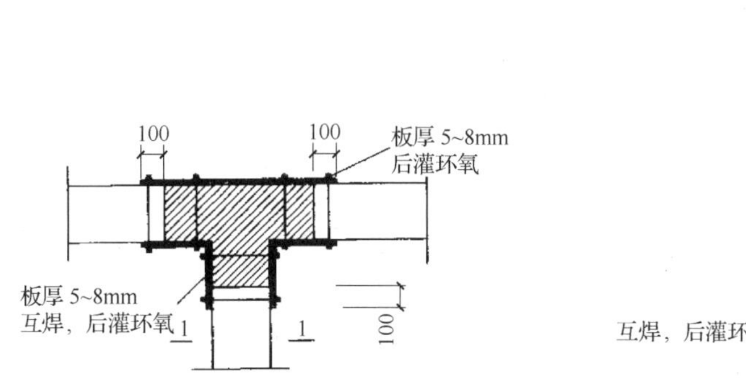

图 4.45 T形柱节点加固

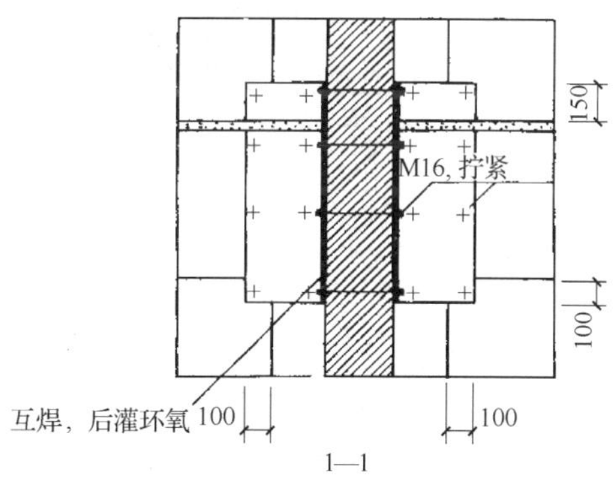

图 4.46 混凝土夹板墙加固剪力墙

在穿过楼板处采用集中配筋穿孔连接(图 4.47)。集中配置钢筋的截面积不得小于钢筋网同方向的钢筋截面面积，集中钢筋的间距可取钢筋网同方向钢筋间距的 3～4 倍，且不大于 1200mm，集中钢筋与钢筋网的搭接长度应小于 40d(其中 d 为钢筋网的直径)，且不得小于 400mm。

在穿过楼板处，采用锚栓锚固角钢，然后将钢筋网中的钢筋与角钢焊接连接(图 4.48)。

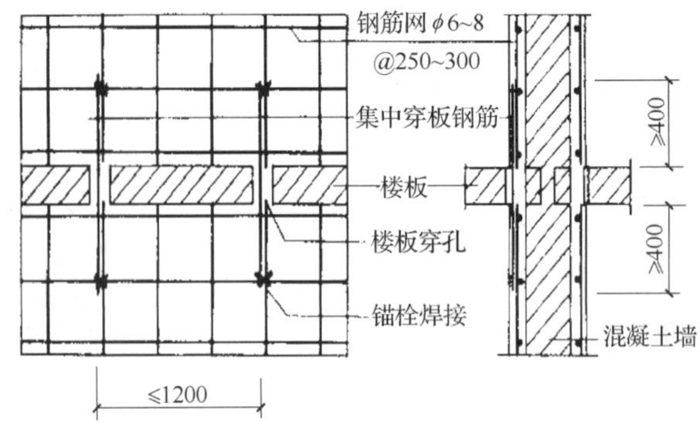

图 4.47　夹板墙加固钢筋网穿过楼板采用穿孔集中配筋连接

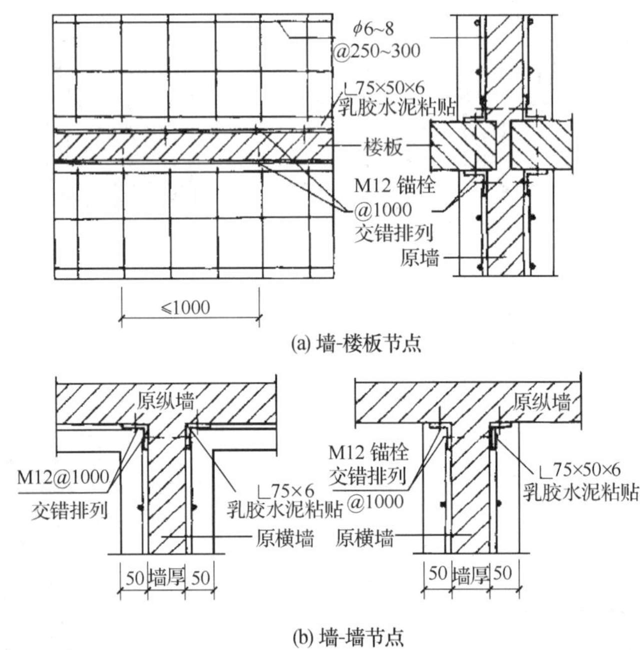

图 4.48　夹板墙加固钢筋网穿过楼板、墙采用锚固角钢焊接连接

4.5.6　植筋加固技术

(1) 施工工序

熟悉施工技术资料→按照施工图要求定位放线→钻孔→清孔→钢筋准备→孔内注胶→植入钢筋→养护→测试。

(2) 施工要求

1) 施工温度。施工时其温度不要低于－10°C,当施工温度低于－10°C时,需要采取升温措施。

2) 设备安全检查。施工前必须检查施工设备运转是否正常,电线有无破损、漏电等现象。

3）施工过程安全。当高空作业时，应有可靠的工作平台，而且必须有安全措施。

(3) 施工方法

1）定位。按照设计要求标示植筋钻孔的位置、型号；如果原有混凝土存在受力钢筋，植筋钻孔的位置需要调整在箍筋或分布筋的内侧。施工所用工具：卷尺、墨水。

2）钻孔。钻孔宜采用冲击电锤和风镐成孔，也可以用水钻成孔。遇到不可以或不能截断的钢筋时应该避开；钻孔直径为钢筋直径 $d+(4\sim8\text{mm})$、锚固长度为 $15d$ 时，均能够保证所植钢筋达到屈服。不同规格的植筋技术指标见表 4.19。

表 4.19 植筋技术指标

植筋直径/mm	钻孔直径/mm	锚固长度/mm	24h 后拉拔力/kN	植筋直径/mm	钻孔直径/mm	锚固长度/mm	24h 后拉拔力/kN
10	14	150	25.3	18	22	270	80.3
12	16	180	36.0	20	25	300	97.4
14	18	210	48.6	22	28	330	118.5
16	20	240	64.2	25	32	380	152.3

3）清孔。钻孔完毕后，需要用相应工具进行清孔，把孔壁吹刷干净（应反复进行两次），然后检查孔深、孔径，合格后将孔临时封闭。清孔工具：风机、毛刷、卷尺。

4）钢筋准备。赶紧将锚固长度范围内的铁锈清除干净。除锈工具：角磨机、钢丝轮片。

5）植筋。施工人员带好手套，将浸泡好的植筋胶借助于小钢筋放入孔内；植筋胶的用量以插入钢筋后有少量的胶溢出为宜；钢筋可以旋入，也可以用锤击打入。所用工具：手套、手锤。

6）固化与养护。植筋胶在常温、低温下均应该能够良好固化，当固化温度在 20°C 时，24h 应该负载使用，当固化温度在 0°C 时，48h 应该负载使用。一般地，植筋后 4h 不得扰动钢筋。

7）检查。植筋胶的力学性能应该良好，在正常操作的前提下，植筋能够达到钢筋的设计强度而锚固端无损。无机植筋胶不流淌，水平孔、垂直孔均可快捷植筋。检查时一般用千斤顶、锚具、反力系统进行拉拔试验，分级加载到钢筋设计强度后锚固无损为合格。检测方法直观方便。

4.5.7 工程实例

【例 4.1】 某厂的现浇框架厂房，在第二层施工时，因吊运大构件带动了框架模板，导致该层框架柱倾斜，应如何加固？

解 经复核，必须对部分柱采用加大截面法加固，其中边柱加固计算如下。

(1) 设计资料

该柱截面尺寸为 400mm×600mm，混凝土强度等级为 C20，层高 $H=5.0\text{m}$，原设计外力 $N_0=600\text{kN}$，$M_0=360\text{kN}\cdot\text{m}$，配筋对对称配筋 $4\phi20(A_s=1256\text{mm}^2)$。因倾斜而产

生的附加设计弯矩 $\Delta M=50\text{kN}\cdot\text{m}$。

(2) 加固方法

因附加弯矩是单向的,故采用单面加固法(图 4.49),即先将原柱受拉边混凝土面层凿毛(凹凸不平度≥6mm),并将原柱箍筋凿露出 80mm,将增补的 U 形 $\phi8$ 箍筋焊接在原柱箍筋上,将纵筋穿入 U 形箍焊接,然后在纵筋两端部区段用短钢筋焊接。最后喷射 C25 细石混凝土,喷射厚度为 50mm。喷射时,对倾斜的柱做适当的纠偏。

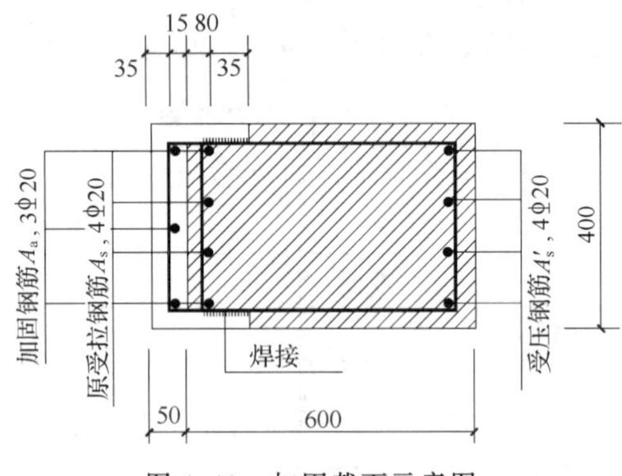

图 4.49　加固截面示意图

(3) 计算 h_{01}、η 及 e

如图 4.49 所示,可算出加固截面的有效高度为

$$h_{01}\approx 600-10=590(\text{mm})$$

$$\frac{l_0}{h}=\frac{1.0\times 5}{0.65}=7.69<8,\text{取 }\eta=1$$

$$e_0=\frac{M+\Delta M}{N}=\frac{410\times 10^3}{600}=638.3(\text{mm})>0.3h_{01}=177(\text{mm})$$

(为大偏心受压柱)

$$e_a=\max\left(20,\frac{650}{30}\right)=21.7(\text{mm})$$

则

$$e_i=e_0+e_a=683.3+21.7=705(\text{mm})$$

因此

$$e=\eta e_i+h_{01}-\frac{h}{2}=970(\text{mm})$$

(4) 计算所需加固钢筋的面积

$$\begin{cases}Ne\leqslant\alpha_1 f_c bx\left(h_{01}-\dfrac{x}{2}\right)+f'_y A'_s(h_{01}-a'_s)\\ N\leqslant\alpha_1 f_c bx-0.9f_{ay}A_a\end{cases}$$

由上式可得

$$\alpha_s=\frac{Ne-f'_y A'_s(h_{01}-a'_s)}{\alpha_1 f_c bh_{01}^2}=\frac{600\times 10^3\times 970-300\times 1256\times(590-35)}{9.6\times 400\times 590^2}$$

$=0.279$

$$\xi=1-\sqrt{1-2\alpha_s}=0.335, x=\xi h_{01}=0.335\times 590=197.7(\text{mm})$$

$$A_a=\frac{\alpha_1 f_c bx-N}{0.9f_{ay}}=\frac{9.6\times 400\times 197.7-600\times 10^3}{0.9\times 300}=884(\text{mm}^2)$$

选配 $3\phi 20A_s=941\text{mm}$。

【例 4.2】 将例 4.1 改用湿式外包钢法加固。

解 (1) 加固工艺

1) 用手持式电动砂轮将原柱面打磨平整,四角磨出小圆角,并用压缩空气吹净。

2) 刷一薄层环氧树脂浆,然后将已除锈并用二甲苯擦净的型钢骨架贴于柱表面,用卡具卡紧。

3) 将缀板紧贴在原柱平面并焊牢。

4) 用环氧树脂胶泥将型钢周围封闭,留出排气孔,并在有利于灌浆之处粘贴灌浆嘴,间距 2～3m。

5) 待灌浆嘴牢固后,测试是否漏气,若不漏气,用 0.2～0.4MPa 的压力将环氧树脂浆压入灌浆嘴。

6) 在加固柱面喷射配比为 1∶2 的水泥砂浆(图4.50)。

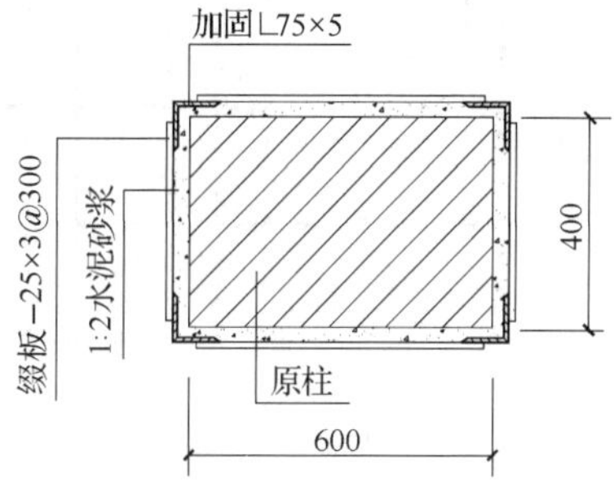

图 4.50　加固截面示意图

(2) 材料选用

根据构造,角钢选用 4∟75×5。

$$A_a=A'_a=741.2\times 2=1482(\text{mm}^2)$$

$$a_a=a'_a=20.3\text{mm}, f_{ay}=f'_{ay}=215\text{N/mm}^2$$

缀板截面选用 25×3,间距取 $20r=20\times 15=300(\text{mm})$。承载力计算同例 4.2,即

$$M=410\text{kN}\cdot\text{m}, N=600\text{kN}, b\times h=400\text{mm}\times 600\text{mm}, A_s=A'_s=1256\text{mm}^2, \eta=1$$

$$e_0=e_i=683.3\text{mm}>0.3h_{01}$$

则

$$e=\eta e_i+\frac{h}{2}-a_{a0}=683.3+300-30=948.3(\text{mm})$$

由

$$\begin{cases}Ne\leqslant \alpha_1 f_c bx\left(h_{01}-\dfrac{x}{2}\right)+f'_yA'_s(h_{01}-a'_s)+0.9f'_{ay}A'_a(h_{01}-a'_a)\\ N\leqslant \alpha_1 f_c bx\end{cases}$$

可得

$$x=\frac{N}{\alpha_1 f_c b}=\frac{600\times 10^3}{9.6\times 400}=153.6(\text{mm})$$

$$\alpha_1 f_c bx\left(h_{01}-\frac{x}{2}\right)+f'_yA'_s(h_{01}-a'_s)+0.9f'_{ay}A'_{ay}(h_{01}-a_s-a'_a)$$

$$=9.6\times400\times156.3\left(565-\frac{156.3}{2}\right)+300\times1256\times(565-35)$$
$$+0.9\times215\times1482\times(600-30-20.3)$$
$$=692\ (\text{kN}\cdot\text{m})>Ne=600\times10^3\times948.3=567(\text{kN}\cdot\text{m})(满足要求)$$

【例 4.3】 用组合预应力桁架技术加固承受竖向振动的楼板。

解 (1) 工程概况

加固对象为二层的钢筋混凝土框架结构工业厂房，位于兰州市城关区段家滩中部。厂房长 74.35m，宽 51.3m，柱网 1200mm×600mm，柱截面 600mm×600mm，楼板厚 150mm，横梁截面为 300mm×1200mm，纵梁截面为 300mm×1200mm；预制混凝土桩基，二楼楼板下设有 2m 高的通风管道。厂房的结构平面布置如图 4.51 所示。

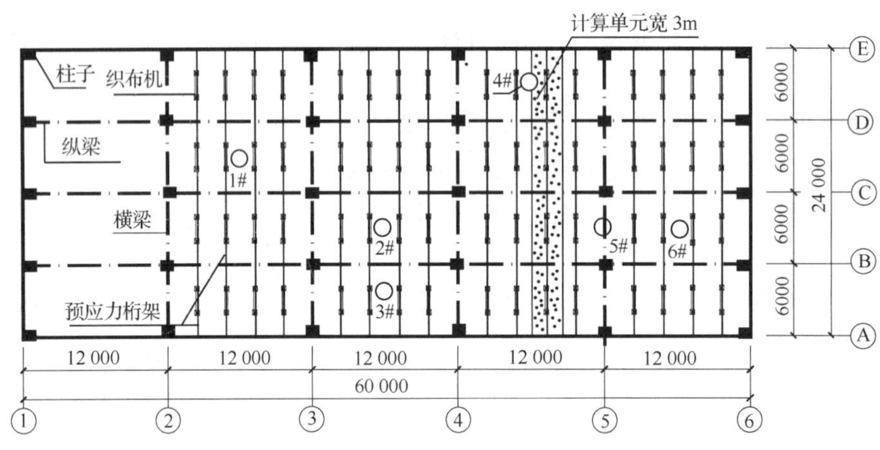

图 4.51　厂房结构平面布置图

2000 年 9 月初，由于生产线的调整，将原有厂房二楼的小型织布机更换成新的大型纺织机，每台机械自重约 20kN，曲轴最大转速达 220Y/min，每跨安装 4 台，共计 64 台。纺织机安装后试车时发现楼板振动严重，同时发现了楼板上的原有裂缝，最大宽度达 0.7mm，主梁上也有宽度达 0.3mm 的弯曲裂缝。受诸多因素的影响，厂房不能正常使用。

(2) 现场测试

发现问题后，对该厂房进行了现场振动测试，布置了 1#、2# 和 3# 三个测点，测点布置如图 4.51 所示。厂房自振周期采用脉动观测法，测试系统对楼板进行了全过程实时跟踪测量，分别测量了测点处加速度和速度的三个正交分量与时间的变化过程。测试结果见表 4.20～表 4.22。

表 4.20　厂房自振周期测试结果

测点编号	测点位置	自振频率/Hz			自振周期/s		
		垂向	横向	纵向	垂向	横向	纵向
1#	车间东部	2.78	2.69	2.49	0.36	0.37	0.40
2#	车间中部	3.08	2.78	3.03	0.33	0.36	0.33

表 4.21　厂房振动峰值加速度测试结果

测点编号	测点位置	峰值加速度/(cm/s^2)			主频率/Hz		
		垂向	横向	纵向	垂向	横向	纵向
1#	车间东部	138	53	78	20.5	21.5	23.4
2#	车间中部	122	66	31	23.4/25.1	27.3	23.4
3#	车间北部	157	81	31	26.9	26.4/25.0	26.4

表 4.22　厂房振动峰值速度测试结果

测点编号	测点位置	峰值速度/(cm/s)			主频率/Hz		
		垂向	横向	纵向	垂向	横向	纵向
1#	车间东部	0.88	0.24	0.16	8.8/20.5/38.1	23.4	25.4/37.1
2#	车间中部	0.70	0.23	0.18	8.8/23.4/35.1	8.8/20.5	26.5/35.1
3#	车间北部	0.96	0.24	0.12	8.8/26.4/35.1	20.5	24.4

测试结果表明，厂房自振周期为 0.33～0.36s，垂直峰值速度达到 0.96 cm/s，超过了环境振动公害的有关控制标准经验值。例如，瑞士 SN460312 标准规定，当频率范围在 10～30 Hz 的范围时，速度限值为 0.8 cm/s。振动引起的加速度在 3 个方向的峰值分别为 157 cm/s^2、81 cm/s^2、78 cm/s^2，其作用在一定程度上相当于厂房长期遭受 VI～VII 度地震袭击。

(3) 加固方案设计

1) 设计简介。增大楼板线刚度的方法通常有两种方案：①增大板厚。在原有楼板上浇注混凝土叠合层。②减小板的计算跨度。在板底增设钢筋混凝土梁，将板跨由大化小。这两种方法存在的不足之处在于前者显著增加结构自重，对抗震不利；后者施工难度大，质量难以保证。

采用钢与原钢筋混凝土楼板形成的预应力斗栱腹杆空间组合桁架技术加固楼板，结构自重增加量小，地面作业多，施工难度小，使原楼板成为预应力斗栱腹杆组合空间桁架中的压杆，下弦杆预应力筋承受拉力。该组合桁架能够抵消楼板的部分正弯矩，减小楼板挠度，缩小裂缝宽度，提高楼板的抗弯能力。

该组合桁架以原有钢筋混凝土楼板为压杆，以金属材料为拉杆，充分发挥了各类材料的强度优势；采用斗栱腹杆技术，有效地减小了腹杆的集中力对楼板的局部压力作用；方案中大量采用空心材料和小截面材料，显著地减小了加固对原结构的附加自重。通过腹杆升长技术顶升楼板，给组合结构施加预应力。桁架从上而下，传力明确，受力合理。

根据柱网以及主梁布置的特点，在板底的通风管道所占技术层的空间内，每块板的横向设置 4 榀预应力斗栱腹杆空间组合桁架，共 16 榀；每榀桁架在每块板底设计两个腹杆，每个腹杆有两个互相垂直的结构以及 4 只相当于斗结构的螺栓与垫板。结构加固方案共设 128 个腹杆，有 512 只斗。桁架下弦杆为 $\phi22$ 的钢丝绳，腹杆用 $\phi80$、$\phi48$ 的钢管以及

ϕ14 的钢筋连杆组成，每个腹杆设有长 200mm 的 4ϕ20 升长螺杆。预应力斗栱腹杆空间组合桁架平面布置如图 4.51 所示，空间布置如图 4.52 所示，斗栱腹杆的构造如图 4.53 所示。

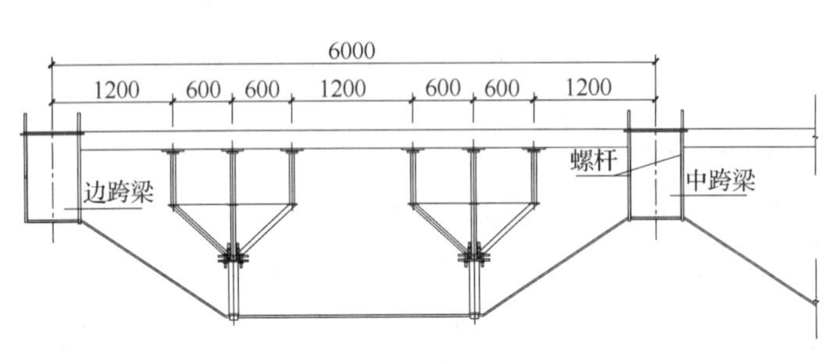

图 4.52　空间布置图

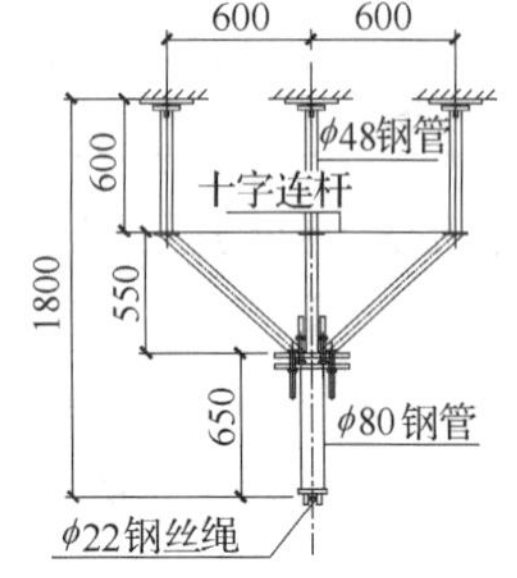

图 4.53　斗栱腹杆构造图

斗栱腹杆构造的设计所考虑的主要因素有：①组合结构的高度。为了更好地发挥钢丝绳的抗拉能力，设计时应该努力减小钢丝绳水平段与斜段之间的夹角，即最大限度地使用设备管道层的空间。②施工作业高度。人的最佳操作高度是一个常量，根据施工现场的条件，施加预应力的空间高度需要 ϕ80 钢管的长度为 650mm。③腹杆的支撑范围。相当于栱的高度为 550mm 时，腹杆的支撑面积最佳。所剩高为 600mm 的空间由 ϕ48 的钢管支撑。这样的腹杆结构正好相当于木结构中的斗栱结构。

2）方案特点。预应力斗栱腹杆空间组合桁架方案具有明显的优势：①楼板充当桁架上弦而成为压杆，善原来混凝土楼板的受力状态。②增大楼板刚度近 30 倍。③新增构件自重小于 100kN，即每平方米只增加 70N。④大量杆件在地面加工，施工方便。⑤造价是传统加固方法的一半。⑥预应力能够使原有混凝土楼板的裂缝缩小。⑦已经就位的 64 台机械无需再安装。⑧充分利用通风道技术层。

3）预应力值控制。预应力值采用应变计进行测量与控制。施工时，把应变计贴在腹杆上，用应变仪测量腹杆的应变量，根据虎克定理计算腹杆的压力值，再由力的节点平衡原理计算钢丝绳的拉力值。腹杆压力控制值为 40kN，则钢丝绳的拉力控制值为 125kN，是钢丝绳抗拉强度的 53.5%。

（4）加固效果

工程的加固工作完成后，对加固结构的自振频率、振动速度、振动加速度等参量进行了测试。测点布置如图 4.51 所示。自振频率测试结果见表 4.23；加速度峰值测试结果见表 4.24；速度峰值测试结果见表 4.25。

表 4.23　加固后厂房自振周期测试结果

测点编号	测点位置	自振频率/Hz			自振周期/s		
		垂向	横向	纵向	垂向	横向	纵向
1#	车间东部	3.53	2.88	2.48	0.28	0.35	0.40
2#	车间中部	4.22	2.94	2.66	0.24	0.34	0.38

表 4.24　加固后厂房峰值加速度测试

测点编号	测点位置	峰值加速度/(cm/s^2)			主频率/Hz		
		垂向	横向	纵向	垂向	横向	纵向
2#	车间东部	99	62	72	35.1/49.3	25.4/34.2	28.2/36.7
3#	车间中部	73	71	33	38.7/55.5	22.5/36.5	33.2
4#	车间北部	65	86	33	37.4/55.5	37.4	27.5/38.6

表 4.25　加固后厂房竖向峰值速度测试

测点编号	频率范围/Hz	容许质点速度峰值/(mm/s)	实测质点速度峰值/(mm/s)	实测质点速度峰值平均值/(cm/s)	测点编号	频率范围/Hz	容许质点速度峰值/(mm/s)	实测质点速度峰值/(mm/s)	实测质点速度峰值平均值/(cm/s)
1#	10～30	8.00	5.04～5.19	0.509	4#	10～60	8.00～12.00	7.04～7.50	0.725
2#	10～30	8.00	6.21～6.77	0.647	5#	10～60	8.00～12.00	5.67～5.85	0.574
3#	10～30	8.00	2.89～3.41	0.303	6#	10～60	8.00～12.00	3.56～4.06	0.379

与加固前的测量值进行比较。加固前结构自振频率平均值为 2.93Hz，垂向加速度峰值 157cm/s^2，垂向速度峰值 0.96cm/s；加固后结构自振频率平均值为 3.88Hz，垂向加速度峰值 99.0cm/s^2，垂向速度峰值 0.596cm/s。结构自振频率增加 33%，垂向加速度峰值减小 37%，垂向速度峰值减小 38%，加固效果明显。垂向速度峰值 0.596cm/s 小于 0.8cm/s，厂房已经满足使用要求。

(5) 结语

工程实践表明，对于承受周期性竖向强激振作用的大跨楼板，采用预应力斗栱腹杆空间组合桁架技术进行加固，效果显著，值得推广。

思考题与习题

4.1　如何运用回弹法测定已有结构的混凝土强度？

4.2　如何用超声法测定已有结构的混凝土强度？

4.3　如何用超声-回弹法测定已有结构的混凝土强度？

4.4　如何用拔出法测定已有结构的混凝土强度？

4.5　如何用钻芯法测定已有结构的混凝土强度？

4.6　如何进行结构裂缝的检测？

4.7　钢筋混凝土梁、板常用的加固方法有几种？

4.8　增大截面加固法的施工工艺和构造要求是什么？

4.9　粘贴钢板法加固的施工工艺和构造要求是什么？

4.10　粘贴碳纤维法加固的施工工艺和构造要求是什么？

4.11　预应力加固法的施工工艺和构造要求是什么？

4.12　钢筋混凝土T形截面简支梁,计算跨度为7.2m,截面尺寸及配筋如图4.54所示,采用C20混凝土HRB335级钢筋,原设计承担均匀分布荷载标准值为35kN/m,均匀分布可变活荷载标准值为30kN/m。现根据使用要求可变荷载标准值增大至45kN/m,试采用粘钢加固法加固。

4.13　已知柱截面尺寸$b\times h=300\text{mm}\times 400\text{mm}$,柱计算高度$h_0=3\text{m}$,混凝土强度等级C20,对称配筋,每侧$2\phi22+2\phi20$。根据使用要求承担的轴力设计值$N=1480\text{kN}$,单向设计弯矩$M=410\text{kN}\cdot\text{m}$,采用适当的加固方法对该柱进行加固。

4.14　某两侧框架结构增加一层后计算简图如图4.55所示,梁的鉴定计算结果见表4.26,检测已知:梁截面尺寸300mm×470mm,翼缘厚度$h'_f=120\text{mm}$,跨中纵筋$3\phi14$,支座纵筋$3\phi16$,箍筋$\phi6$@250mm,$a'_s=a_s=30\text{mm}$,混凝土强度等级C15,钢筋强度设计值$f_y=210\text{N/mm}^2$。试根据计算结果进行加固设计和计算。

表4.26　梁承载力验算结果

层号	跨中最大正弯矩/(kN·m)			支座最大正弯矩/(kN·m)			最大剪力/kN		
	设计值	允许值	结论	设计值	允许值	结论	设计值	允许值	结论
第一层	59.8	40.9	不安全	66.0	51.9	不安全	97.8	100.7	安全
第二层	45.2	40.9	不安全	58.9	51.9	不安全	78.4	100.7	安全

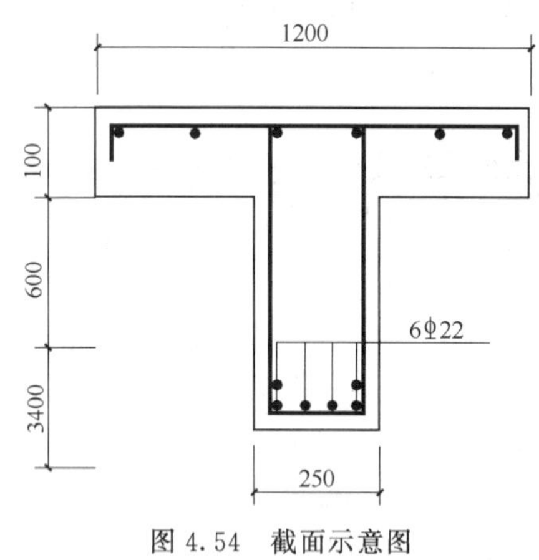

图4.54　截面示意图

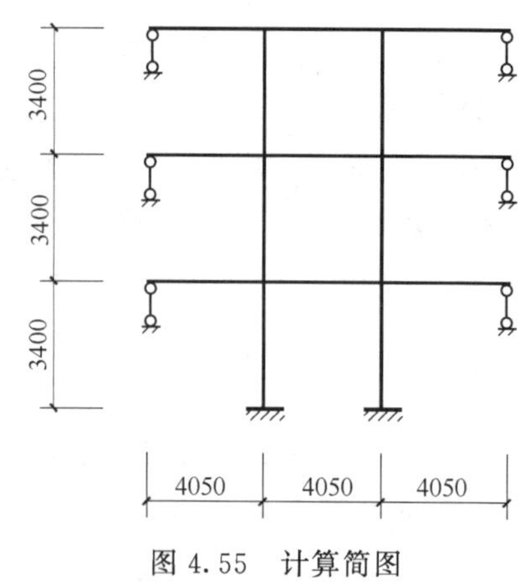

图4.55　计算简图

第五章　木结构检测与加固

目前,我国木材资源缺乏,不提倡大量使用木材进行建造房屋,木结构房屋或土坯墙的木屋盖房屋只在农村大量出现,这类房屋大都是中型或小型的简易房屋。这些房屋每隔10年左右,就要进行一次翻修(即先拆后建),一般不需要加固。本章内容的着眼点在于我国古建筑中的木结构以及有保护价值的近代木结构建筑。我国的木结构建造技术是一种文化,急切需要保护。除此之外,现有木结构房屋经抗震鉴定不能满足要求时,则必须进行抗震加固。

木结构检测主要包括木结构的外观检测和木材物理力学性质的检测两个内容。木结构的外观检测包括木材的腐朽程度、木结构连接、木结构变形等。木材的物理力学性质有很多,主要指标包括含水率、密度、强度、干缩、湿涨等。为了合理使用木材,使其为人类更好的发挥作用,研究和掌握木材的物理力学性质是非常必要的。

5.1　结构外观检测

木材的显著特点就是存在天然的缺陷(木节、裂缝、翘曲等),这些缺陷在使用过程中还会不断地发展;设计、施工中也会产生各种缺陷。

木材是有机材料,很容易遭受菌害、虫害和化学性侵蚀等灾害,随着时间的流逝,木材的菌害会越来越重。所以,木结构的外观检测比其他结构的外观检测更重要。

5.1.1　木材腐朽的检测

进行木材腐朽检测时,应该注意以下几个方面:

1) 应该考虑不同木腐菌生长的特性和危害的部位,如柱子埋在土里的部分、空气中的部分、地面交界部分的木腐菌就不同,木材腐朽速度也不同。

2) 腐朽的初期阶段通常产生木材变色、发软、容易吸水等现象,会散发一种使人生厌的气味,在腐朽后期木材会出现翘曲、纵横交错的细裂纹等特征。

3) 当木材腐朽的表面特征不很明显时,可以用小刀插入或用小锤敲击来检查。若小刀很容易插入木材表层,且撬起时木纤维容易折断,则已经腐朽。用小锤敲击木材表面,腐朽木材声音模糊不清,健康木材则响声清脆。

4) 处于已腐和未腐两种状态之间时,该部位可能已受木腐菌感染进入初腐阶段。

5.1.2　木结构连接的检测

现场检测保险螺栓与木齿能否共同工作时,需进行荷载试验,原建筑工程部建筑科学研究院和原四川省建筑科学研究所进行的大量试验结果证明,在木齿未被破坏以前,保险螺栓几乎不受力。在双齿连接中,保险螺栓一般设置两个。木材剪切破坏后节点变形较大，两个螺栓受力较为均匀。

5.1.3 木结构变形的检测

结构变形可采用水准观测等方法直接在现场检测，当检测结构的变形超过以下限度时，应视为有危害性的变形，此时应按其实际荷载和构件尺寸进行核算，并应进行加固。

1）受压构件的侧弯变形超过其长度的1/150。

2）屋盖中的檩条、大梁、顺水或其他形式的梁，其挠度超过规范要求的计算值。

3）木屋架及钢木屋架的挠度超过其设计时采用的起拱值。

5.2 木材性能检测

5.2.1 木材含水率

木材的含水率是指木材中所含水分的质量占干燥木材质量的百分数。新伐木材的含水率在35%以上；风干木材的含水率为15%～25%；室内干燥木材的含水率常为8%～15%。木材中所含水分不同，对木材性质的影响也不一样。为了避免木材湿涨干缩变形造成的严重影响，在木材加工之前预先将其进行处理，使木材干燥至与使用时所处环境的湿度相适应的平衡含水率。

木材含水率测定按标准《木材含水率测定方法》(GB 1935—91)进行试验。

(1) 主要试验仪器

天平(准确至0.001g)、烘箱(保持在103℃±2℃)、玻璃干燥器和称量瓶。

(2) 试样制作要求

测定含水率的试样规格为20mm×20mm×20mm。附在试样上的木屑、碎片等必须清除干净。

(3) 结果计算

试样的含水率(精确至0.1%)为

$$w=\frac{m_1-m_0}{m_0}\times 100\% \tag{5.1}$$

式中，w——试样含水率，%；

m_0——试样全干后的质量，g；

m_1——试样烘干前的质量，g。

5.2.2 木材密度

木材的密度是指木材在绝对干燥状态下，单位体积的质量。木材的密度因树种的不同差异较大，但以一般的针叶树和阔叶树来计算，为1.499～1.564g/cm^3，平均值为1.54g/cm^3。

木材密度的测定方法，是采用20mm×20mm×20mm的试样，将其放入烘箱温度保持60℃约4h，进行烘干，然后称量。密度按式(5.2)计算，以g/cm^{3}计，准确到0.001g/cm^3，即

$$\rho = \frac{m_0}{V} \tag{5.2}$$

式中，ρ——试样的密度，g/cm^3；

V——试样的体积，cm^3。

5.2.3　木材抗弯强度

木材抗弯强度测定按标准《木材抗弯强度及弹性模量试验方法》(GB 1936—91)进行试验。

(1) 主要试验仪器

1) 试验机。示值误差不得超过±1.0%，试验机的支座及压头端部的曲率半径为30mm，两支座间距的距离 L 为 240mm。

2) 测试量具(测量尺寸应能精确至 0.1mm)等。

(2) 试样制作

试样规格为 20mm×20mm×300mm，长度顺纹方向。试样含水率的调整应按规定进行。

(3) 结果计算

1) 试样含水率为 w(%)时的抗弯强度(精确至 0.1MPa)为

$$\sigma_{bw} = \frac{F_{max} L}{bh^2} \tag{5.3}$$

2) 换算成标准含水率(12%)时的抗弯强度(精确至 0.1MPa)为

$$\sigma_{b12} = \sigma_{bw}[1 + \alpha(w - 12)] \tag{5.4}$$

式中，σ_{b12}——试样含水率为 12%时的抗弯强度，MPa；

w——试样含水率，%；

α——含水率修正系数(按受力性质而定)。

5.2.4　木材顺纹抗压强度

木材顺纹抗压强度测定按标准《木材顺纹抗压强度试验方法》(GB 1935—91)进行试验。

(1) 主要试验仪器

试验机(应具有球面滑动支座)、测试量具等。

(2) 试样制作

试样规格为 30mm×20mm×20mm，长度沿顺纹方向。

(3) 结果计算

1) 试样含水率为 w(%)时的抗压强度(精确至 0.1MPa)为

$$\sigma_{cw} = \frac{F_{max}}{ba} \tag{5.5}$$

2) 换算成标准含水率(12%)时的抗压强度(精确至 0.1MPa)为

$$\sigma_{c12} = \sigma_{cw}[1 + \alpha(w - 12)] \tag{5.6}$$

式中,α——含水率修正系数(按受力性质而定)。

当木材含水率在9%～15%范围内,式(5.6)计算才有效(以下同)。

5.2.5 木材顺纹抗拉强度

木材顺纹抗拉强度测定按标准《木材顺纹抗拉强度试验方法》(GB 1938—91)进行试验。

(1) 主要试验仪器

试验机。试验机的十字头行程不小于400mm,夹钳的钳口尺寸为10～20mm,并具有球面活动接头,以保证试样沿纵轴受拉,防止纵向扭曲。

(2) 试样制作要求

试样纹理必须通直,年轮的切线方向应垂直于试样有效部分(指中间60mm的一段)的宽面。试样有效部分与两端夹持部分之间的过渡弧表面应平滑,并与试样中线相对称。软质木材试样,必须在夹持部分的窄面,附以90mm×14mm×8mm的硬木夹垫,用胶黏剂固定在试样上。硬质木材试样,可以不用木夹垫。试样制作要求和检查方法及试样含水率的调整应按规定进行。

(3) 结果计算

1) 试样含水率为w(%)时的顺纹抗拉强度(精确至0.1MPa)为

$$\sigma_{tw}=\frac{F_{max}}{bt} \tag{5.7}$$

2) 换算成标准含水率(12%)时的顺纹抗拉强度(精确至0.1MPa)为

$$\sigma_{t12}=\sigma_{tw}[1+\alpha(w-12)] \tag{5.8}$$

5.2.6 木材顺纹抗剪强度

木材顺纹抗剪强度测定按标准《木材顺纹抗剪强度试验方法》(GB 1937—91)进行试验。

(1) 主要试验仪器

试验机(应具有球面活动压头)、木材顺纹抗剪试验夹具、测试量具等。

(2) 试样制作要求

试样受剪面应为径面和弦面,长度为顺纹方向。试样缺角的部分角度应为106°40′,应采用角规检查,允许误差为±20′。试样制作要求和检查方法及试样含水率的调整应按规定进行。

(3) 结果计算

1) 试样含水率为w(%)时的弦面或径面的顺纹抗剪强度(精确至0.1MPa)为

$$\sigma_{sw}=\frac{0.9578F_{max}}{bl} \tag{5.9}$$

2) 应换算成标准含水率(12%)时的顺纹抗剪强度(精确至0.1MPa),即

$$\sigma_{s12}=\sigma_{sw}[1+\alpha(w-12)] \tag{5.10}$$

5.3　木结构加固

5.3.1　加固原因

(1) 木材缺陷的危害

木材中的木节、斜纹、裂缝、翘曲等都属于木材的缺陷，这些缺陷随其尺寸大小和所在部位的不同，对木材强度会产生不同程度的削弱，有些缺陷会危及木结构的承载力，因此应进行加固。

(2) 虫害菌害的危害

虫害是各种虫类主要是白蚁对木结构的危害。菌害是由木腐菌导致木材腐朽而产生的危害。木材腐朽后，木材的力学性质发生改变，造成木结构损坏。

(3) 化学侵蚀的危害

在现代工业生产中，有些厂房车间(例如，酸性洗车间、纺织厂的漂染车间及有侵蚀性气体的化工车间等)在生产过程中，会散发含有侵蚀性介质的气体，这种气体使厂房中的木结构受到腐蚀，使木结构强度降低以致不能正常使用。

(4) 自然灾害的危害

在特大的风力作用下，木结构房屋会发生揭顶、木柱被吹折、木结构房屋原有的损害会加剧。

木结构房屋由于各地的木材质量不一，且用材大小、构造方式、施工质量等差别较大，所以在地震作用下，木结构房屋损害不一，常见的损害有：①节点松动、拔榫或劈裂，个别还发生杆件脱落。②木骨架歪斜，柱脚产生移动，围护墙倒塌。③结构支撑失效，造成结构失稳。④原有的损害因地震作用而加重。

(5) 结构功能的改变

房屋使用功能发生改变以及房屋的使用荷载增加或荷载不合理集中等，这类房屋在改变使用功能前，应先进行结构加固。

(6) 设计与施工过失

在设计中，容易引起的失误是结构受力不合理、构造疏忽等。在木结构施工中，容易引起的质量事故主要是节点松弛、尺寸失误造成构件强度不足、屋架节点不牢、杆件劈裂、槽齿做法不符合构造要求等。

5.3.2　加固基本原则

引起木结构加固的原因较多，由于地区和建造年代的不同，木结构的构造做法各异，所以加固方法在各地区和不同的工程中各不相同，不能盲目套用。木结构加固应在满足使用要求的前提下，因地制宜，采用最经济简便的办法消除危害，以达到安全使用的目的。木结构的加固程序如下：

(1) 可靠性的鉴定

木结构加固前，应对原有结构和构件进行可靠性鉴定，对木结构及其材料使用状况进行调查,其主要内容包括:①木结构房屋所选用的木材的物理力学特性和材质特性。②木构件上的缺陷对其强度的影响程度和特征。③检查腐朽、虫害的部位和特征,并分析对结构的危害程度。④木结构所处环境的温度、湿度情况。⑤对木结构所处环境中有侵蚀介质的化学成分的了解和鉴定。⑥承重构件的受力和变形状态,主要接点连接的工作状态。

(2) 消除结构隐患

加固施工前,必须全面分析引起木结构加固的各种原因,并首先解决影响木结构安全的要害问题,同时对其他各种原因所造成的损坏,提出相应的处理方法。加固时,还应充分考虑这些原因可能再次造成的危害,彻底消除隐患。

(3) 选择加固材料

木结构加固所选用的木材、钢材应符合国家现行有关标准的要求。承重构件加固用的连接木材,应采用无缺陷的直纹木材,严格控制含水率。

利用旧木材加固承重木结构或旧构件的复用(复用构件是指木柱、木檩条、木搁栅等木构件的重新使用),必须经检验符合有关标准及设计要求。

(4) 确定加固方法

根据结构受力状况、加固要求、材料供应情况、施工场地及可能的施工条件等,选择适当的加固方法。按照加固前后受力体系的变化情况,木结构加固可分为巩固现状和改善现状两类。这里所说的"现状",主要指结构受力体系的现状。

1) 巩固现状。结构整体情况基本完好,但局部范围或个别部位有危害现象,若任其发展,就会危及结构的安全使用,只要及时采取措施消除局部危害或控制这些危害的继续发展,就能保证安全,维持原结构的可靠性。这一类的加固主要着眼于木结构本身,例如:

① 屋架或支撑的个别杆件失效或个别接头处的夹板损坏,需更换符合标准的新构件或夹板。

② 杆件和节点的个别部位损坏或木材个别缺陷偏大时,进行局部加固后即可保障安全使用。

③ 个别支座处木材表面初期腐朽,里层材质完好,且木材已干燥,在通风良好时,只需将腐朽部分彻底刮除,且对表层和内层进行药物防腐处理就可维持正常使用。

④ 原有木拉杆失效时,可用钢拉杆代替。

⑤ 屋架歪斜或个别压杆有较大变形,用角钢和螺栓等纠正变形,并适当加设支撑。

2) 改善现状。由于超载、使用条件改变、设计或施工差错、杆件缺陷等原因,致使结构或杆件的承载能力或空间刚度不足,针对主要原因加以改善或对原结构加以改造,以达到继续正常使用的目的。这类加固既可以针对木结构的本身,也可以改造其荷载的支撑条件或改善其所处环境,就能保证结构安全使用。例如:

① 屋架或柱的支座处普遍受潮而又被封闭,容易导致木材腐朽,此时需要刮除已腐朽部分,并作药物防腐处理,改造支座处的构造,保证其通风良好并防止受潮。

② 支座的木材腐朽严重,已不能继续使用,则应采取措施切除腐朽的木材,用新的木构件代替。如果支座处难以防潮,则切除已腐朽部分后用型钢的焊件或预制钢筋混凝土的节点构件代替。

③ 温度、湿度较高且通风不良的房屋，屋盖木结构经常受潮，导致木结构挠度增大或腐朽。此时，除对木结构本身进行加固外，主要应改善木结构所处的环境，保证木结构经常处于干燥的正常环境中。

④ 结构因改变用途或超载使杆件负荷过大时，应选用更轻质的材料来更换重材料，条件允许时也可以适当增加支柱，减小结构原有跨度，以降低原构件的应力，此时应注意因增设支座引起的原有结构构件的应力变化情况。

⑤ 改造、加强或增设原不足的空间支撑系统。

⑥ 加固改造原有墙、柱等支撑结构，保证木结构正常工作。

5.3.3　设计与施工要点

(1) 设计要点

1) 加固设计应综合考虑其经济效果，尽量不损伤原结构，保留有利用价值的结构构件。

2) 结构的计算简图应根据实际受力状况确定。

3) 木材长期使用后，强度有所降低，应根据实际情况将材料强度进行折减。

4) 正确掌握原结构的变形、截面变更、增缺构件、节点位移等情况，并作为计算的依据。

5) 利用原结构的有利条件，改善原有的不合理结构。

6) 尽可能以钢代木，采用钢材作拉杆、夹板等。

7) 预应力技术优先。

(2) 施工要点

1) 加固施工前应先制定结构施工方案，按先支撑后加固的顺序进行施工。

2) 根据设计的足尺样板，逐件编号，严格按样板制作加固构件。

3) 采用木夹板加固构件时，加固用的材料及螺栓直径、数量、位置等应当符合设计要求，构件拼接钻孔时应定位临时固定，一次钻通孔眼，确保各构件孔位对应一致。受剪螺栓孔的直径不应大于螺栓直径 1mm。系紧螺栓的直径不应大于螺栓直径 2mm。

4) 加固用圆钢拉杆(直径为 d)的接头应用双绑条焊接，绑条直径 $\geqslant 0.75d$，绑条在接头一侧的长度 $\geqslant 5d$。

5.3.4　构件加固技术

木结构房屋抗震加固时，可不进行抗震验算。

木结构房屋的抗震加固应提高构架的抗震能力，可根据实际情况，采取减轻屋盖重力、加固木构架、加强构件连接、增设柱间支撑、增设砌砖抗震墙等措施。增设的柱间支撑或抗震墙在平面内应均匀布置。

木结构房屋抗震加固的重点是木结构的承重体系。

古建筑忌讳卸架大修！

(1) 柱

木柱加固前需要重新扶正，嵌入墙内的木柱一般需拆开砌体后才能加固。加固前，柱上的梁、架应设置临时支撑。木柱根部的损坏可采用接柱或增设柱墩的方法解决。

1) 用砖砌或混凝土接墩柱,锯截的木柱截面应平整。柱与柱墩相接处,应做好防腐防潮处理。柱墩混凝土达到设计强度的 50%以上后,方可拆除临时支撑,柱和柱墩的连接面应平整、结合严密,锚固钢件的规格、尺寸、位置、预埋深度等应符合设计要求。钢件与木柱连接的孔眼应顺孔钻通,螺栓拧紧固定。

2) 接木柱加固时,可采用平缝对接和搭接榫连接。采用平缝对接时,锯截的承压面应垂直柱轴线,结合平整、严实,夹板与柱应结合紧密,固定牢靠。采用搭接榫连接时(图 5.1),螺栓系紧固定后,上下承压面应吻合严密,竖向的结合面应在柱轴线位置上。

(2) 梁

木梁在支撑点(入墙端)容易产生腐朽、蛀蚀等损坏,梁端采用夹接或托接的方法加固比较可靠。梁的上下侧损坏深度大于梁高的 1/3 时,应经计算后夹接。损坏深度大于3/5以上,必须接换梁头。梁头如中间被蛀空,可经计算后采用夹接办法加固。加固施工前,应将梁进行临时支撑或卸除上面的荷载;当多个楼层的梁加固时,各支撑点应上下对齐。将木梁临时支撑后,锯去梁的损坏部分,采用夹接、托接方法加固。

1) 夹接加固。用两块木夹板加固(图 5.2)时,木夹板的截面和材质不应次于原有木梁截面和材质的标准,并应选用纹理平直、没有木节和髓心的气干材制作,任何情况下都不得用湿材制作。施工时,应截平梁的损坏部位,修换木料的端头与梁截面的接缝应严实、顺直,螺栓拧紧固定后夹板与梁接触平整、严密。加固圆截面梁时,夹板与梁新加工的平面应紧密结合。

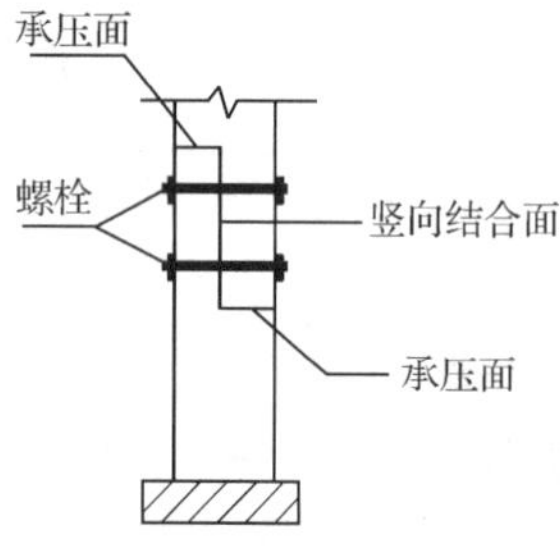

图 5.1　搭接榫连接

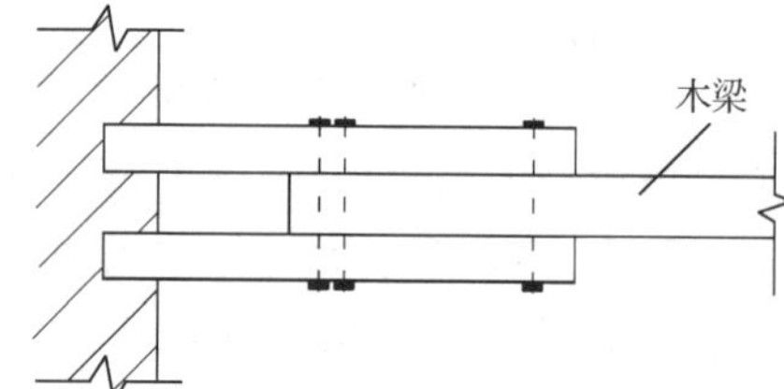

图 5.2　木梁夹接加固平面图

木夹板的长度、螺栓的规格和数量,应根据计算及现行规范来确定。木夹板螺栓所受的力为

$$R_1=\frac{M_1}{S};\qquad R_2=\frac{M_2}{S} \tag{5.11}$$

式中,S——夹板螺栓所受力 R_1 和 R_2 之间的距离;

M_1——梁在 R_2 处的弯矩(木夹板中的弯矩);

M_2——梁在 R_1 处的弯矩(梁中相应的弯矩)。

2) 托接加固。梁用槽钢或其他材料托在下面加固(图 5.3)。槽钢与木梁连接的受拉螺栓及其垫板均应进行验算,螺栓所受拉力为

$$R_1=\frac{M_1}{S};\qquad R_2=\frac{M_2}{S} \tag{5.12}$$

式中，S——反力 R_1 和 R_2 之间的距离；

M_1——槽钢承受的弯矩(相应于在截面①处的弯矩)；

M_2——木梁中截面②处的弯矩；

R_1——受拉螺栓所受的力；

R_2——安装螺栓处的槽钢与木梁端部横纹表面的挤压力。

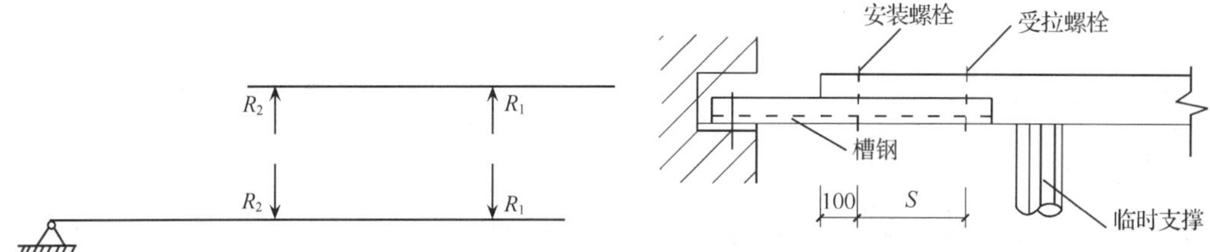

图 5.3　木梁端部托架的加固

用槽钢托接，受力较为可靠，构造处理方便，可以用于夹板加固构造处理困难或施工困难的地方。

3）普通下撑式钢拉杆加固。下撑式钢拉杆加固形式较多，图 5.4 是一种较简单的做法，该方法一般用在加固截面小、承载能力不足、出现颤动或挠度过大的梁。在加固前，要特别检查木梁端头的材质是否腐朽、虫蛀，只有在材质完好的条件下才能保证钢拉杆固定牢靠。

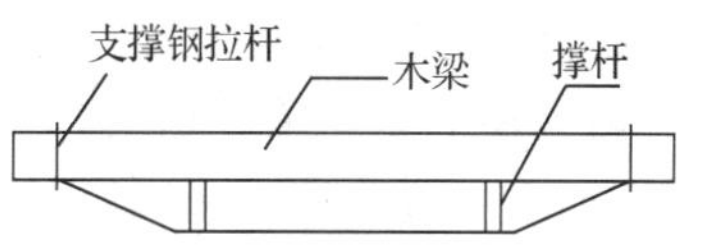

图 5.4　下撑式钢拉杆加固梁

根据设计要求和加固构件的实际尺寸，做出钢件、拉杆和撑杆的样板，经复核无误后方可下料正式制作。加固组装时，应将各部件临时支撑固定，试装拉杆符合要求后牢固撑杆，张紧拉杆。钢拉杆应张紧拉直，牢固可靠，撑杆和钢件与梁的接触面应吻合严密。对新加的拉杆下撑系统，应在梁轴线的同一垂直平面内。

4）预应力下撑式钢拉杆加固。伸长撑杆或缩短拉杆均能给结构施加预应力。预应力加固效果显著。预应力加固内力分析与预应力混凝土构件类似。

5）用扁钢箍加固。木梁有纵向劈裂损坏时，可以采用扁钢箍加固(图 5.5)。扁钢箍制作时要求外形规整，保证尺寸准确，与梁结合贴附。加工时要足尺放样，安装时应逐个拧紧螺栓，各扁钢箍不得松动。特别要注意连接螺栓卡口在紧固前应有间隙，这样才能使螺栓紧固严密，并与梁的表面贴附，梁的裂缝处应填实。

6）斜撑式双夹板加固梁柱节点。对梁柱节点的斜撑式双夹板加固，实际上就是对梁支撑端抗剪能力的加固，应根据设计要求和实测尺寸放样下料，安装时夹板应对称平行放置，其角度和螺栓位置要正确，夹板两端和梁、柱结合面应平整严实。

7）托木加固梁柱节点。用托木加固梁柱节点(图 5.6)，节点铆榫应复位，打紧木楔固定牢靠，加固时应一次钻通托木与柱的孔眼，螺栓固定后托木应与梁柱接触严密。

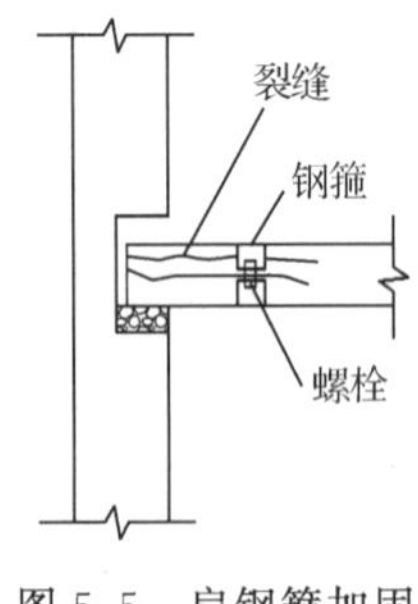

图 5.5　扁钢箍加固

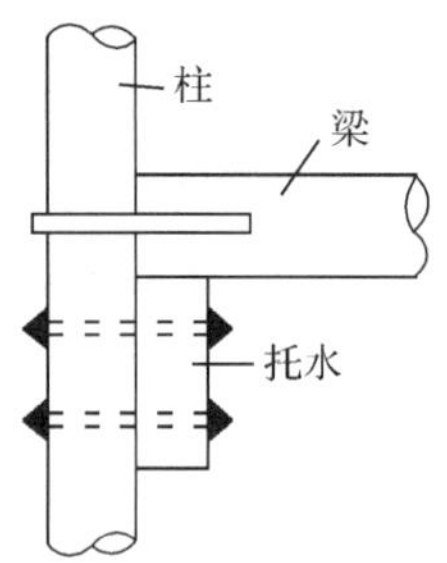

图 5.6　梁柱节点处用托木加固

(3) 屋架

木屋架需要加固多数是由于木材通风不良而受潮、虫蛀等多种原因造成局部损坏或变形。由于木屋架或立贴式木构件都是重要的承重构件,因此在加固前应根据加固要求,确定不同的施工方案和技术安全措施,确保安全施工。

1) 木夹板加固屋架。屋架上弦因斜纹出现断裂或有危害性木节时,可以采用木夹板进行加固(图 5.7)。这类加固就是在有问题杆件部位的两个侧面或上下面绑两块新木板(或胶合板),使之共同受力。新木料两端的支承处理要可靠。

当屋架下弦严重腐朽,损坏长度较大时,可将腐朽部分全部锯掉,换上新的上下弦头子,再加木夹板或钢夹板加固(图 5.8)。

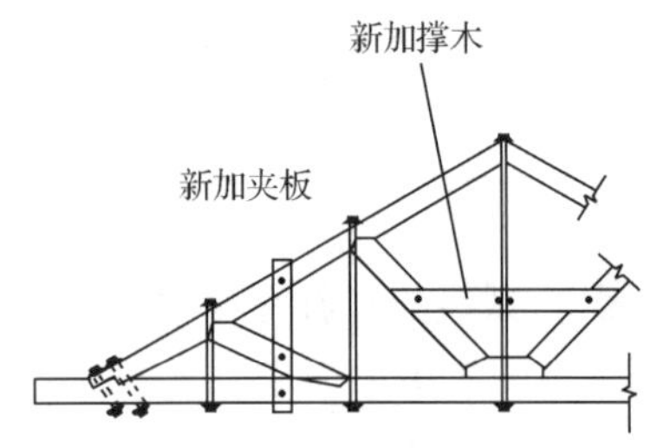

图 5.7　上弦与斜腹杆夹板加固

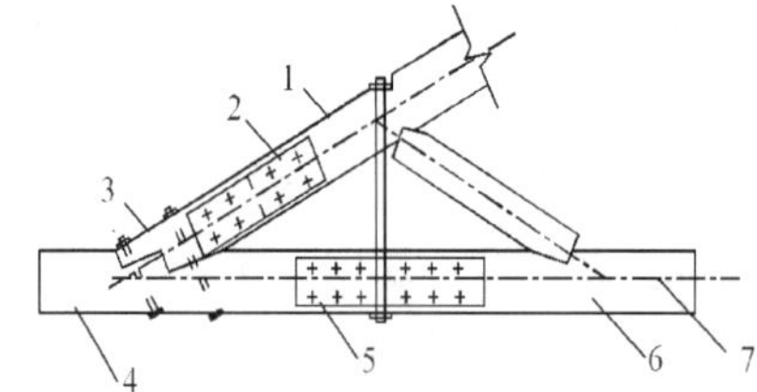

图 5.8　端节点头了腐烂加固

1. 原上弦;2. 新加木夹板;3. 新接上弦;4. 新接下弦;5. 新加钢夹板;6. 原下弦;7. 调整后锚截面轴线

2) 局部预应力加固屋架。局部预应力加固施工时,应按固定木夹板、添配料、固定钢件、后串拉杆(预应力筋)的顺序进行。要求钢件与木件的承压面结合紧密,位置准确,串杆顺直,安装对称平行,固定牢靠。

下弦受拉接头受剪面出现裂缝(不论裂缝粗细),或者原木下弦只采用单排螺栓,下弦的其他部位完好,可局部采用新的受拉装置代替原来的螺栓连接,或者局部预应力加固。当采用局部预应力技术加固时(图 5.9),应选择有利的夹板方向和位置,并应当核算夹板螺栓对下弦的削弱影响。

屋架局部严重腐朽、原有节点的木材已不能利用时,可按下面方法加固:

① 如能根除造成腐朽的原因,可将腐材切除,更换新材,或者采用局部预应力技术加固。

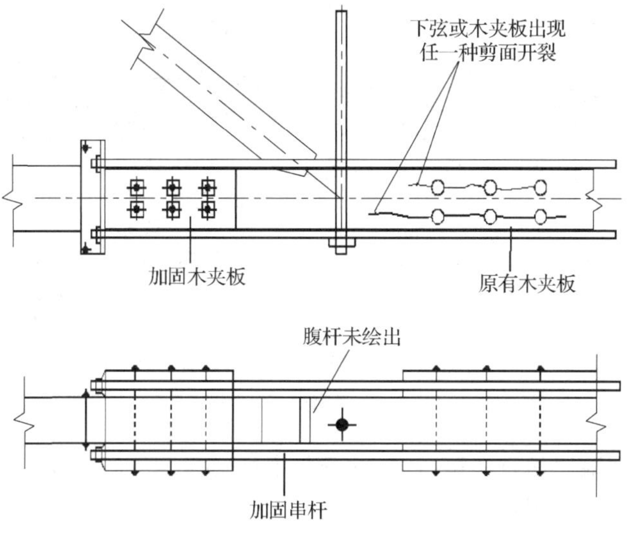

图 5.9　下弦受拉接点加固

② 如无法根除造成腐朽的原因,则切除腐朽处,再用型钢焊成代替件或钢筋混凝土节点代替原有的木质节点构造。如有女儿墙时,则加固用的钢筋混凝土端头可以与排水天沟结合考虑(图 5.10)。

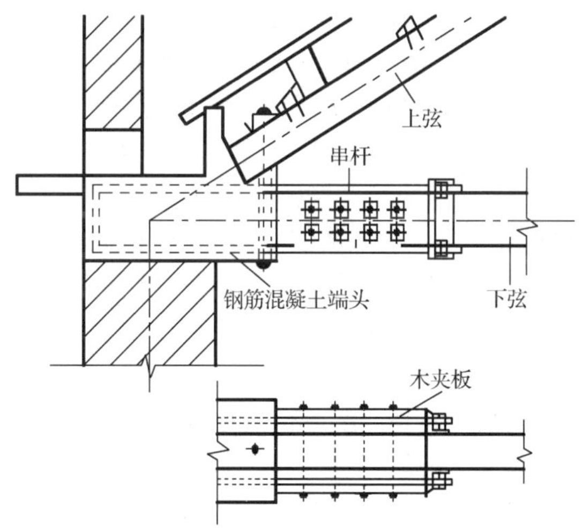

图 5.10　支座节点腐朽用钢筋混凝土加固

3) 钢拉杆加固木竖杆。木屋架受拉木竖杆受损或开裂时,可用圆钢拉杆代替木竖杆,钢拉杆应尽量设置在原木拉杆附近(图 5.11)。

钢拉杆一般有两根或四根,这种形式的拉杆必须穿过钢垫板(或针对性钢件)的孔眼,与原木竖杆对称布置。要求钢件加工规整,与屋架连接紧密,钢拉杆顺直,固定牢靠。

4) 立贴式木构架牮(jiàn,斜着撑)正。立贴式木构架是檩梁柱连接的整体受力结构。采用牮正方法时,其施工顺序为先放松后复位。

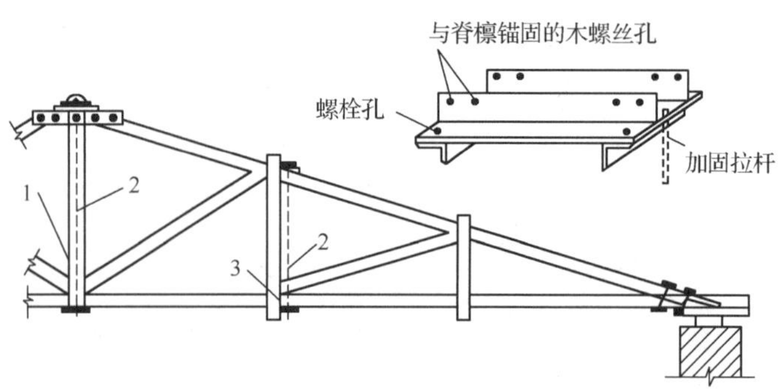

图 5.11　钢拉杆加固木竖杆

1. 原有木杆;2. 钢拉杆;3. 受损木拉杆

施工前,应先卸除屋面及楼层荷载,拆开与木构架相连的部分砌体。在木构架上合理布置牵引点,牵引绳的锚固点、柱根的撑点应固定,牵引绳、回拉绳及张拉设备必须有足够的强度。原有房屋构架有缺陷时,应先进行加固处理。施工前应当设观测装置,安排专人进行观测。

施工时,牵引绳张紧和回拉绳放松必须同步进行,并应有间歇,检查牮正量和结构状态正常时方可继续牵拉。牮正过程中应随时观测构架的垂直度和节点变化,并做好记录。牵拉过正一般不超过 20mm,验收时应达到垂直稳定。

施工后,应当对构架的连接节点进行修复固定,砌筑墙体,修好屋面后才能拆除牮正工具,并做到各立贴构架的柱轴线垂直,且在同一垂直平面内。

两层构架牮正时,应根据房屋的实际情况增设牵引点、回拉绳及张拉设备。构架双向倾斜时,应先牮正一个方向,待其达到设计要求后,再牮正另一个方向。

(4) 檩条

1) 附檩条。应根据设计要求和房屋的实际尺寸,选定檩条规格。附檩条搁置在砖墙上时,剔凿砖墙时的孔洞应规则,贴近原有损坏的檩条,附檩两端入墙部分做好防腐处理,用木楔打紧。附檩条应与上部层面基层靠紧并堵砌好墙的孔洞,檩条搁置的长度应符合设计要求。

附檩条搁置在屋架上需要刻槽时,槽深不应大于檩条高度的 1/3,采用托木架檩时,其托木应与屋架上弦固定牢靠,并满足搁置长度的要求。

在抗震设防或台风、大风地区附檩应按有关规定,将檩条与屋架或墙体锚固牢靠。

2) 桁架托撑。即在檩条下用圆木或方木加固,使其与被加固的檩条成为一单柱(或双柱)的组合桁架(图 5.12)。桁架托撑多与预应力技术结合应用。

3) 拉杆补强。在受荷檩条两端头附近各横向钻孔 1 个,备用钢环 2 个、开丝拉筋 1 根以及螺母 2 只、横向用螺栓与螺母 2 副、角钢 2 块,按照图 5.13 所示的构造,将螺母拧紧即可。如果檩条下挠过大时,在紧螺母前,把檩条稍加抬高。拉杆补强加固方法的特点是施工操作简便。

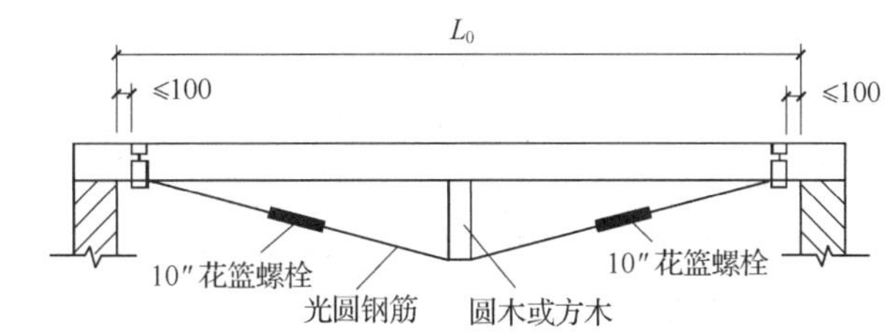

图 5.12　檩条加固撑托式加固

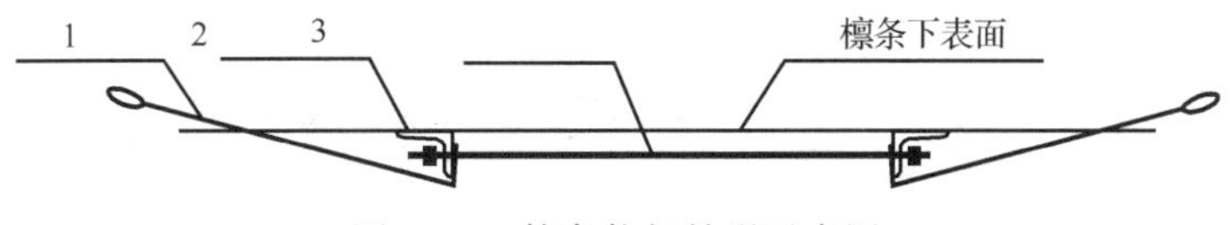

图 5.13　檩条拉杆补强示意图

1. 特制钢环；2. 角钢；3. 拉筋及螺母

（5）楼梯

木楼梯的损坏大部分为楼梯斜梁靠近地面部分因受潮腐烂、虫害蛀蚀而引起楼梯下沉，此外还有三角木松动等损坏。常用的加固方法有明帮三角木及装帮楼梯两种类型。明帮楼梯加固可以考虑拆换与打夹板两种形式，装帮楼梯只考虑换帮一种形式。

加固和拆换楼梯斜梁前，如有必要应加临时支撑。拆换楼梯斜梁时，三角木应事先制作准备好，与梁粘钉牢固，蹬板粘钉平整，楼梯斜梁的上、下两端固定牢靠，其靠墙和着地部位应做好防腐处理。拆换装帮楼梯斜梁时，斜梁的踏步刻槽位置要准确，踏步斜梁吻合严实，楼梯斜梁的两端固定牢靠，楼梯斜梁之间应拉接牢固。

楼梯端部打夹板加固时，应按构件实际尺寸制作足尺样板，严格按样板制作加固构件。

（6）顶棚

木顶棚的加固对象主要是木吊杆，木吊杆是把顶棚吊在木檩上（在寒冷地区则采用木格栅）承受顶棚及保温层的受拉杆件。木顶棚加固前，应设置临时支撑，使顶棚复位。

木吊杆端头劈裂的应进行更换，数量不足的应加密，各吊杆端头用不少于两个的钉子钉牢。顶棚的主格栅（龙骨）损坏时，应该采用木夹板加固。

5.3.5　抗震加固技术

震害表明，木结构是一种抗震能力较好的结构型式。当结构性能经鉴定后已不能满足抗震要求时，应进行抗震加固。木结构抗震加固的重点是木结构的承重体系。抗震加固主要采取减轻屋盖重力、加固木构架、加强和增设支撑、加强构件连接、加强围护墙与木构件的连接、增砌抗震墙等措施。

木构架抗震加固中新增构件的截面尺寸，可按静载作用设计，新老构件之间要加强连接。

（1）承重构件

1）为防止屋面斜梁或人字屋架在地震时产生水平变位，可采用钢拉杆加固（图 5.14）。

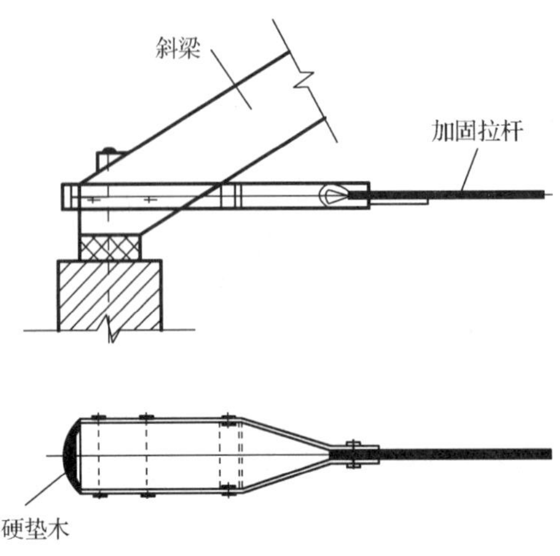

图 5.14　斜梁采用钢拉杆加固

2）开裂、腐朽、腐蚀或蛀蚀的屋架、梁、柱等木构件，可采用非抗震要求的加固方法。

3）木梁端部严重腐朽时，可将腐朽的部分切除，改用槽钢接长，代替原来的入墙部分。

4）屋架端部严重腐朽时，可将腐材切除后更换新材。如无法根除腐朽的木材，可切除腐材后，用型钢焊件或钢筋混凝土节点代替原木节点。

(2) 支撑系统

1）木屋架之间，特别是建筑物端部的木屋架之间，增设垂直的剪刀支撑，并用螺栓锚固。在剪刀支撑交汇处，应加设垫木，使剪刀支撑连接牢靠。

2）为增加屋盖的空间抗震能力，可增设上弦横向支撑进行抗震加固。

3）屋架木柱连接处增设斜撑。斜撑应当用螺栓连接，如图 5.15 所示。用木夹板作斜支撑，并用螺栓固定，或者用三角木作垫木也可以起到斜撑作用，如图 5.16 所示。

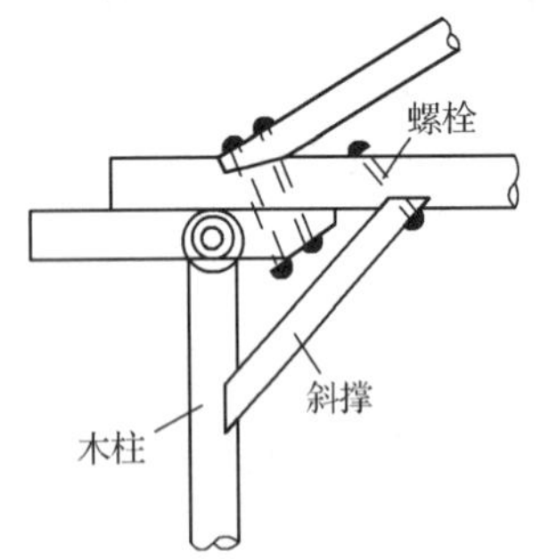

图 5.15　斜撑用螺栓连接

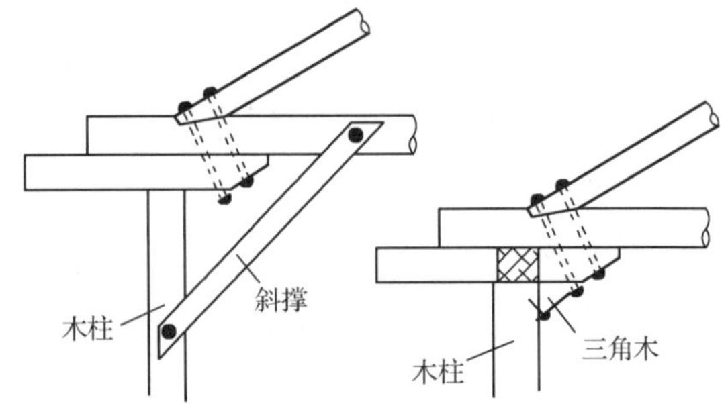

图 5.16　用木夹板或三角木作斜撑

(3) 节点连接

1）在梁、柱接头处增设托木，并用螺栓锚固。可采用非抗震要求的加固方法。

2）屋架与柱之间采用铁件和螺栓连接，如图 5.17 所示。

3）当木屋架采用开榫方法与柱连结时，因屋架断面削弱过大，容易拉裂和断开，可采用如图 5.18 所示的措施加固。

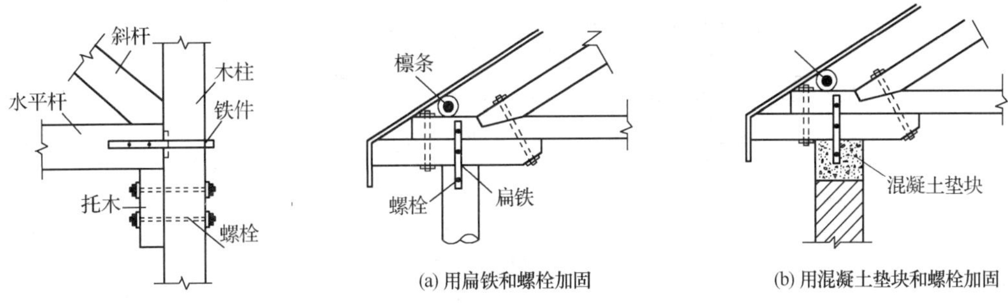

(a) 用扁铁和螺栓加固　　(b) 用混凝土垫块和螺栓加固

图 5.17　屋架与柱节点用螺栓加固

图 5.18　柱与木屋架挑檐加固

4）木屋架端部与砖柱节点加固，如图 5.19 所示。

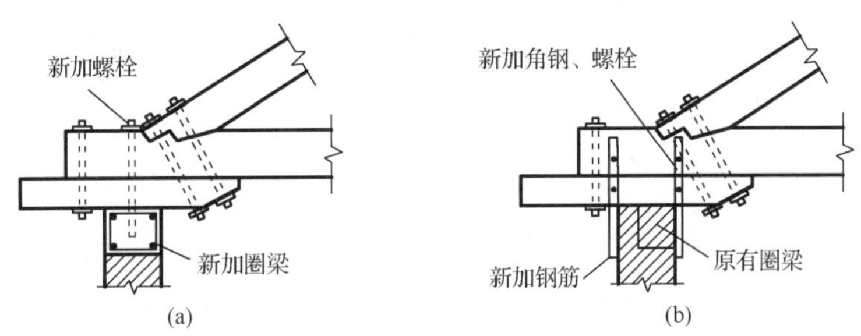

(a)　　(b)

图 5.19　木屋架支座加固

5）檩条与屋架上的搭接要牢靠，可把檩条做成燕尾槽并用钉子同屋架连接，也可用扁铁或短木条将檩条与屋架连接。

（4）支撑长度

支撑长度不足 250mm 又无锚固措施时，可以采用下列方法加固：

1）采用附木柱或顶砌砖柱方法。

2）采用沿墙内侧加托木和加夹木板接长支座的方法，如图 5.20 和图 5.21 所示。

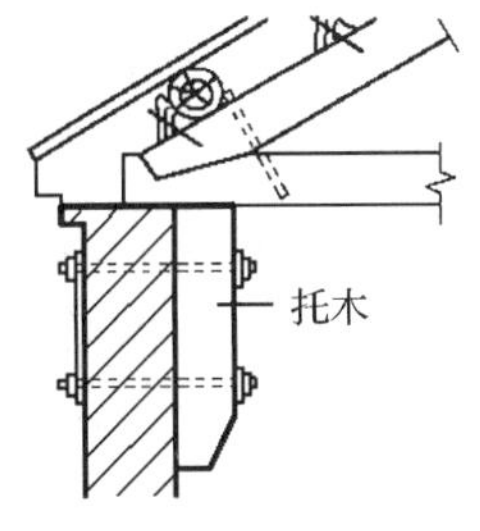

图 5.20　屋架用托木加固

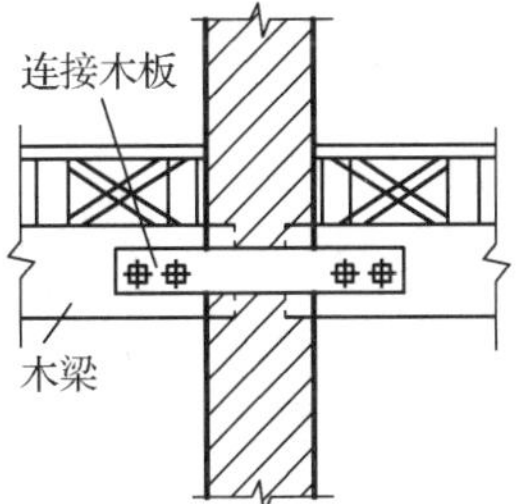

图 5.21　木梁接长支座

3）在屋架支座处增设锚固加固，其方法如图 5.22 所示。

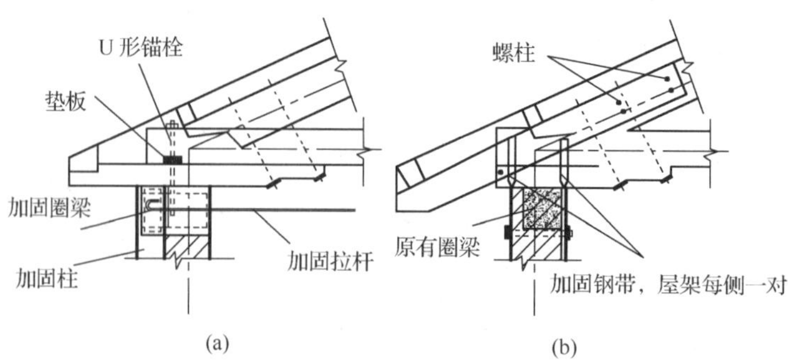

图 5.22　增设支座锚固做法

(5) 墙体连接

1) 墙与木梁、木龙骨加固。墙与木梁拉结加固,如图 5.23(a)所示;墙与木龙骨用墙缆拉结加固,如图 5.23(b)所示。

2) 后砌砖隔墙与木柱及柁、梁的加固。厚度为 120mm、高度大于 2.5m 和厚度为 240mm、高度大于 3.0m 的后砌砖隔墙,应当沿墙高每隔 1.0m 与木骨架有一道 2ϕ6、长度为 700mm 的钢筋拉结。

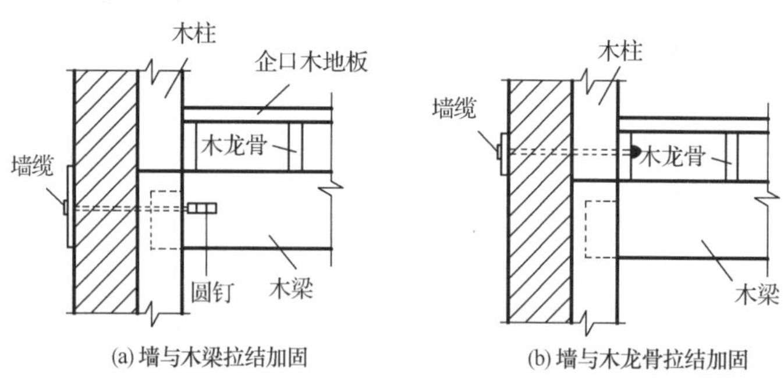

图 5.23　墙与木梁、木龙骨加固

5.4　木结构加固研究

5.4.1　预应力木梁

(1) 试验概况

1) 试件规格。圆截面试件直径 $D=20$mm(代号 YL)和矩形截面试件 $b\times h=20$mm$\times$20mm(代号 JL),长 $l=300$mm,两组试件中各设一根普通木梁,其余的制成控制应力不同的预应力木梁。实测 $E_w=1.0\times10^4$MPa,$\sigma_{wm\,max}=99.4$MPa,$\sigma_{wc\,max}=55.0$MPa。圆截面木梁 $E_wI_w=7.85\times10^7$ N·mm^2,矩形截面木梁 $E_wI_w=\dfrac{4}{3}\times10^8$ N·mm^2。用通过两次冷拉时效后的 10 #铁丝作为预应力木梁的受力筋。实测 $E_s=1.15\times10^5$MPa,$\sigma_b=370$MPa,$\sigma_s=388$MPa,$\delta_{10}=12\%$。

2) 试件制作。在制作预应力试件的端头时，沿纵轴竖面打一直径为 5mm、倾角为 30°的斜眼，然后穿筋并用螺帽固定。均匀地旋转螺帽，张拉受力筋。按预应力从小到大为序，试件代号分别为 YL-1,2,3 和 JL-1,2,3，普通木梁代号分别为 YL-0、JL-0。

3) 试验装置(图 5.24)。

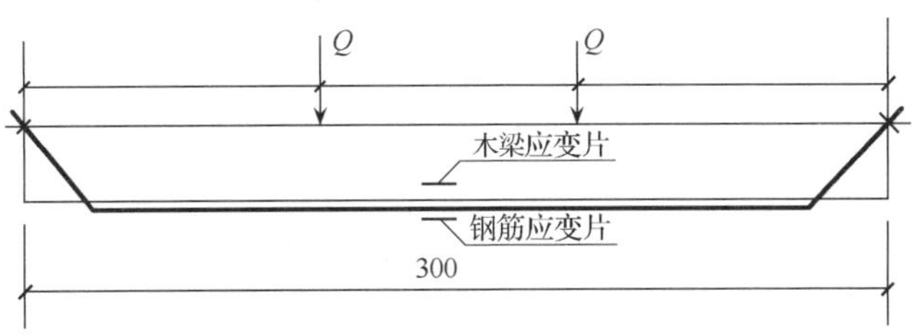

图 5.24　试验装置示意图

(2) 试验结果

1) 预应力试验阶段。随着控制应力值 σ_{ps} 的不同产生了两个规律性变化：① 当 σ_{ps} 增大时，木梁跨中截面应力值 σ_w 随之增大，木梁反弓高度即负挠度值 ω_0 也增加；② 木梁跨中截面上、下边缘应力 σ_{w1}、σ_{w2} 始终围绕着 $\sigma_{w1}=\eta\sigma_{w2}$ 的规律变化，其中对于圆截面 $\eta>0.6$，对于矩形截面 $\eta>0.5$。

2) 加荷试验阶段。随着控制应力 σ_{ps} 的大小不同，试件的受力特性也有所不同。在挠度值 ω 相等的条件下，承载力 Q 随 σ_{ps} 的增大而增大；在承载力 Q 相等的条件下，挠度值 ω 随 σ_{ps} 的增大而减小。外力 Q 与挠度 ω 的变化规律如图 5.25 所示。

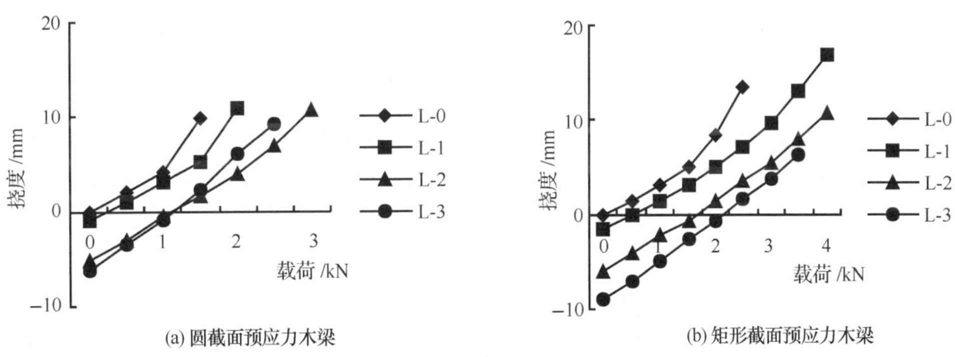

图 5.25　试件 Q-ω 变化规律测试曲线

(3) 结果分析

1) 预应力阶段。预应力木梁在预应力阶段，受力筋给木梁施加偏心压力 N_{ps}，木梁为偏压杆件时如图 5.26(a)所示，负挠度 ω_0 为

$$\omega_0=e[\sec(kl/2-1)] \tag{5.13}$$

式中，e——试件偏心距，$e=12\text{mm}$；

l——试件长度，$l=300\text{mm}$；

k——系数，$k=\sqrt{N_{ps}/E_wI_w}$，其中 E_wI_w 为木梁抗弯刚度。

2) 加荷阶段的结构挠度。在加荷阶段，试件为压弯组合杆件，力学模型如

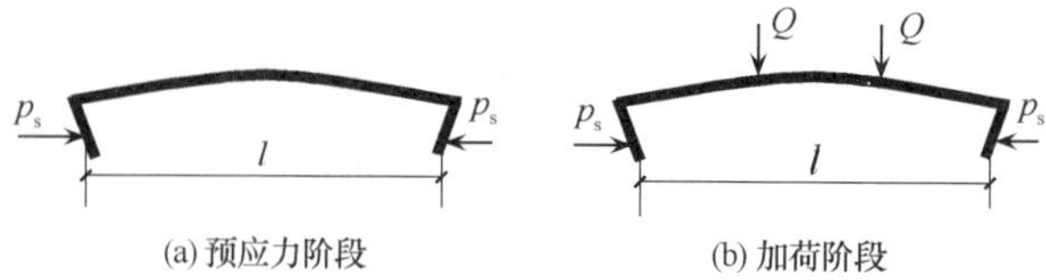

图 5.26　结构计算简图

图 5.26(b)所示,其结构挠度由外荷载 Q 作用下的变形 ω_Q 和受力筋拉力 N'_s 的偏压作用产生的变形 ω'_0 两部分组成,即

$$\omega = \omega_Q + \omega'_0 \tag{5.14}$$

式中

$$\omega_Q = \omega_{Q0} \times \frac{1}{1 - N'_s / N_{s,cr}}$$

式中,ω_{Q0}——$N'_s=0$ 时,木梁在 Q 作用下的挠度;

$\dfrac{1}{1-N'_s/N_{s,cr}}$——$N'_s$ 的偏压作用对 ω_Q 的放大因子数;

$N_{s,cr}$——压杆的临界荷载。

3) 加荷阶段的抗弯能力。预应力木梁抗弯能力 M 的大小,由受力筋与木梁截面受压区部分压力形成的力偶矩 M_s 和木梁作为受弯构件单独抵抗外力的能力 M_w 两个部分组成,即

$$M = M_s + M_w \tag{5.15}$$

式中

$$M_s = N'_s (e + \omega'_0)$$

$$M_w = hb^2 (\sigma_m + \sigma_c)/6$$

4) 加荷阶段的破坏过程。普通木梁截面应力达到极限时,木梁下表面纤维断裂退出工作,截面中和轴上移,受压面面积缩小,截面力的平衡被破坏,促使木纤维继续断裂,这种循环的结果必然是结构抗弯能力急剧下降,呈脆性破坏[图 5.27(a)],如 YL-0 和JL-0。

圆截面预应力木梁和矩形截面预应力木梁的挠度变化规律基本一致,其抗弯能力变化规律也基本一致,所不同的是圆截面预应力木梁破坏明显始于受压区,破坏特征与预应力大小的关系不明显,呈非脆性;裂缝为垂直裂缝,属弯曲破坏[图 5.27(b)]。

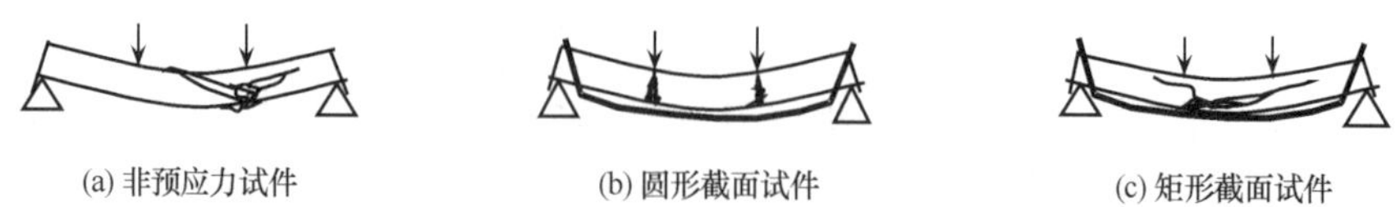

图 5.27　试件破坏特征比较示意图

(4) 结论

1) 预应力试件的受力性能较非预应力试件的受力性能更优越。

2) 不配筋的结构和高预应力结构其破坏过程均呈脆性。

5.4.2　双腹杆组合预应力木结构

(1) 试验概况

1) 材料。取两段无疵均质的松木板，制成 4 根高(h)×宽(b)×长(L)为 30mm×30mm×600mm 和 40mm×40mm×600mm 的小木梁，分成 A、B 两组，实测 $E_{\exp,w}$ = 7.8GPa。A、B 两组小试件的 EI 值分别为 2.265kN·mm^2 和 16.64kN·mm^2。将 ϕ4mm 的冷拔丝加工成 ϕ3.4mm 的钢丝作为预应力构件的受力钢筋(或称为预应力钢筋)，实测 $E_{\exp,s}=2.2\times10^5$MPa。

2) 结构形式。为了试验对比，把 A、B 两组小试件依次制成普通木梁、预应力木梁、单腹杆预应力组合结构和双腹杆预应力组合结构(单、双腹杆高度均为 40mm)，试件代号分别为 L0、L1、L2 和 L3(图 5.28)。

图 5.28　试件结构形式示意图

3) 试件制作(同前)。试验装置(图 5.29，以 L3 为例)。

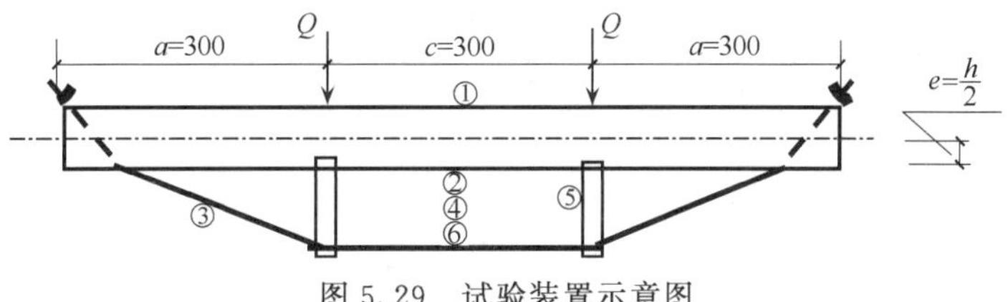

图 5.29　试验装置示意图

①、②依次表示测量木梁跨中截面上、下边缘应变的应变片布置的位置；
③、④依次表示测量受力筋直、斜段截面应变的应变片布置的位置；
⑤表示测量腹杆截面应变的应变片布置的位置；
⑥表示百分表，百分表置于整体结构的正下方

(2) 试验结果

1) 预应力阶段。各试件截面上边缘产生拉应变 ε_1(应力 σ_1)，下边缘产生压应变 ε_2(应力 σ_2)，试件产生反弓现象(即负挠度 ω_0)。受力筋产生拉力 N_s，腹杆产生压力。

2) 加荷阶段。

① 当外力 Q 增加，受力筋的应变也增加，木梁截面上边缘拉应变 ε_1(应力 σ_1)由正变负，下边缘压应变 ε_2(应力 σ_2)由负变正。当外力继续增加时，两者的绝对值均增大。

② 随着外力 Q 的增加，预应力试件的负挠度随之减小。

③ 与普通木梁相比，预应力试件 Q-ω 的线性规律显著增强，如图 5.30 所示；结构相对挠度显著减小；承载能力显著提高；延性显著增大。

当在同一挠度时，随着结构形式的不同，试件所能承受的外力、受力筋拉力、腹杆压力都依次增大；A 组与 B 组相比，就外力的变化梯度来看，前者大于后者。表明预应力技术应用于小截面构件时，其结构特性的优势更显著。

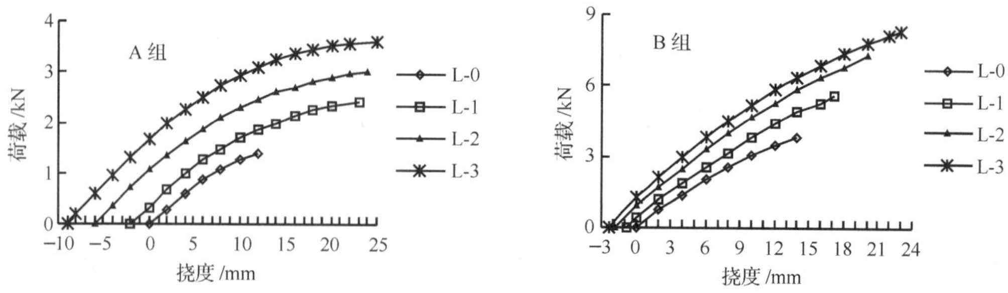

图 5.30　试件 Q-ω 实测曲线变化图

A 组与 B 组相比,试件承载能力是前者小于后者,结构延性、木梁截面最大拉应变是前者大于后者。随着结构形式的不同,试件承载能力、结构延性依次增大。

(3) 结果分析

1) 腹杆内力。预应力钢筋-木结构的腹杆承受压力,为一轴心受压杆件,受力分析见图 5.31 所示。

根据图 5.31 所示,应用力的平衡条件 $\sum x=0$ 和 $\sum y=0$,预应力钢筋-木结构单、双腹杆压力 N_b和受力筋水平段拉力 N_x,与受力筋拉力 N_s的关系为

$$\begin{cases} N_b = 2 \times N_s \times \sin\theta_1 & (\text{单腹杆}) \\ N_b = N_s \times \sin\theta_2 & (\text{双腹杆}) \end{cases} \tag{5.16}$$

$$N_x = N_s \times \cos\theta_2 \quad (\text{双腹杆}) \tag{5.17}$$

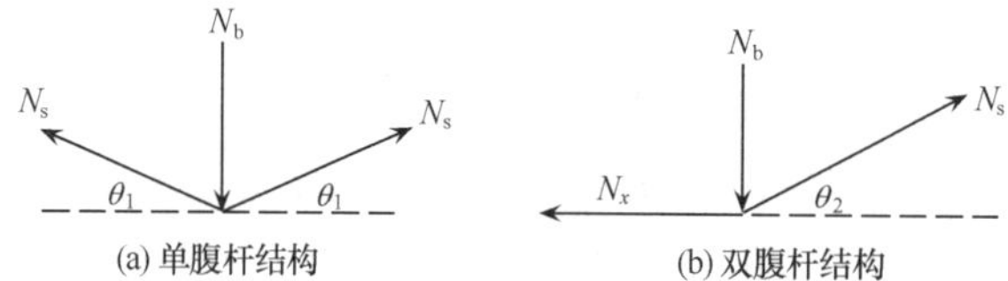

图 5.31　钢木组合预应力结构腹杆受力分析图

2) 挠度变化。预应力阶段,L1 为偏心受压构件;L2、L3 为压-弯组合受力构件,其受力简图如图 5.32 所示。

由图 5.32 可知,在预应力阶段,木梁承受着受力筋拉力 N_s水平分力 N_x 的偏压作用和腹杆垂直力 N_b的共同作用,这是预应力钢筋-木结构产生反弓(即负挠度 ω_0)的根本原因。由于两者作用方向相同,本书准备取下式对结构负挠度做近似计算为

$$\omega_0 = \omega_b + \omega_s \tag{5.18}$$

式中,ω_b——木梁作为简支梁受腹杆竖向力作用时产生的挠度;

ω_s——木梁在受力筋拉力 N_s水平分力 N_x 的偏压作用下产生的挠度。

荷载阶段,试件均为压-弯组合受力构件,其受力分析以及计算简图如图 5.33 所示。根据图 5.33 所示,应用叠加原理,试件挠度为

$$\omega = \omega_Q + \omega_b + \omega_s \tag{5.19}$$

式中,ω——试件在外力 P 作用下产生的正挠度;

ω_Q——木梁作为简支梁在外力 Q 作用下产生的正挠度；

ω_b——腹杆垂直力 N_b 产生的负挠度；

ω_s——受力筋 N_s 水平分力 N_x 的偏压作用产生的负挠度。

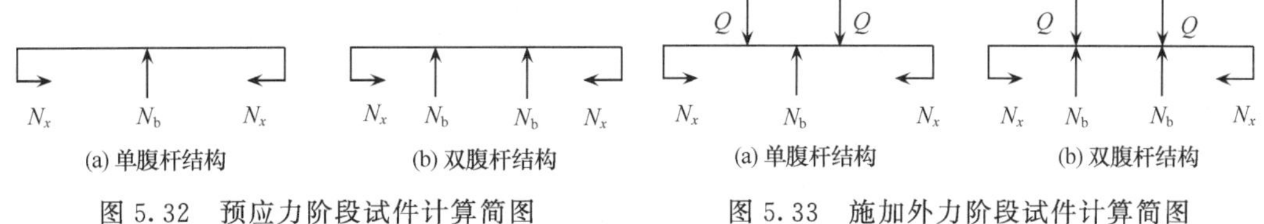

图 5.32　预应力阶段试件计算简图　　图 5.33　施加外力阶段试件计算简图

3）抗弯能力。根据图 5.32，应用叠加原理，试件抵抗弯矩的能力由式(5.20)表示为

$$M_Q = M_b + M_s + M_w \tag{5.20}$$

式中，M_Q——试件作为简支梁在外力 Q 作用下产生的弯矩；

M_b——试件作为简支梁在腹杆竖向力作用下产生的弯矩；

M_s——木梁受预应力筋水平分力的偏压作用而产生的附加弯矩；

M_w——木梁作为受弯构件其本身所能抵抗的弯矩。

上述四个物理量的计算公式叙述见表 5.1。

表 5.1　式(5.20)四个物理量的计算方法一览

项目	M_Q	M_b	M_s	M_w
单腹杆构件	$Q\times L/4$	$N_b\times L/4$	$N_x\times e$	$bh^2(\sigma_{wm}-\sigma_{wc})/6$
双腹杆构件	$Q\times a$	$N_b\times a$	$N_x\times e$	$bh^2(\sigma_{wm}-\sigma_{wc})/6$

在相对挠度为 1/200 时，试件抗弯能力理论值与实测值对比见表 5.2。

表 5.2　试件抗弯能力理论值与实测值对比(单位：kN · mm)

试件代号	Q/kN	M_b	M_s	M_w	M_{Qc}	M_{Qp}	误差/%
AL0	0.22	0.00	0.00	5.27	5.27	4.40	20.0
AL1	0.42	0.00	3.81	3.91	7.72	8.40	9.0
AL2	0.74	8.16	2.16	1.05	11.37	14.80	30.5
AL3	1.06	14.90	1.27	1.97	18.14	21.20	17.0
BL0	0.53	0.00	0.00	8.89	8.89	10.60	19.0
BL1	0.80	0.00	6.72	8.17	14.89	16.00	8.0
BL2	1.10	8.23	4.80	7.02	20.05	22.00	10.0
BL3	1.40	16.10	4.10	5.19	25.39	28.00	10.3

（4）结论

普通木梁、预应力木梁、单腹杆结构与双腹杆结构在等挠度条件下比较后发现，其结构承载能力依次提高；在等荷载条件下比较，其结构挠度依次减小，即在等条件下双腹杆预应力钢筋-木结构受力性能最优，并且小截面试件比大截面试件更有优势。试验结果反映了结构的受力特性。

5.4.3 雀替构造技术

(1) 试验概况

试件的规格及其分组见表5.3。雀替构造与试验装置如图5.34和图5.35所示。

表5.3 试件规格一览

试件代号	试件规格 $L\times b\times h$ /(mm×mm×mm)	雀替相对长度	试件代号	试件规格 $L\times b\times h$ /(mm×mm×mm)	雀替相对长度	试件代号	试件规格 $L\times b\times h$ /(mm×mm×mm)	雀替相对长度
QL1-1	400×18×18	0	QL2-1	380×20×22	0	QL3-1	380×20×20	0
QL1-2	400×18×18	$L/5$	QL2-2	380×20×22	$L/5$	QL3-2	380×20×20	$L/5$
QL1-3	400×18×18	$L/4$	QL2-3	380×20×22	$L/4$	QL3-3	380×20×20	$L/4$
QL1-4	400×18×18	$L/3$	QL2-4	380×20×22	$L/3$	QL3-4	380×20×20	$L/3$
QL1-5	400×18×18	$L/2$	QL2-5	380×20×22	$L/2$	QL3-5	380×20×20	$L/2$

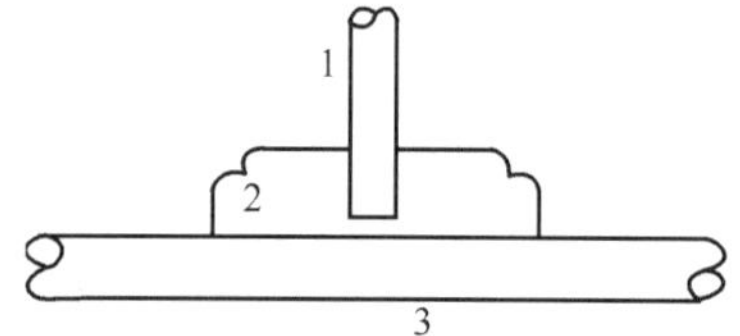

图5.34 雀替构造示意图

1. 瓜柱;2. 雀替;3. 顺水梁

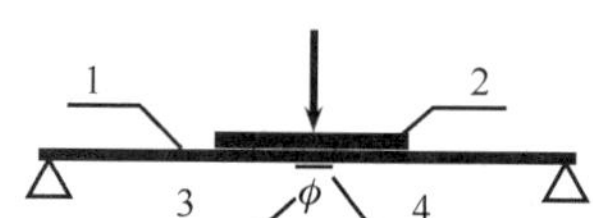

图5.35 试验装置示意图

1. 顺水梁;2. 雀替;3. 百分表;4. 应变片

(2) 试验结果

试验对试件的承载力 P、跨中截面最大应变 ε(应力 σ)和跨中挠度 ω 等变量进行了观测,力-应力的测试曲线和力-挠度的测试曲线如图5.36和图5.37所示。试验结果表明:

1) 前者跨中截面最大应力始终大于后者跨中截面最大应力;对于后者,其跨中截面最大应力随着雀替长度的增加而减小。

2) 前者承载能力始终小于后者的承载能力,且后者的承载能力随着雀替长度的增加而增加。

3) 前者跨中挠度大于后者的跨中挠度,而后者的跨中挠度随着雀替长度的增加反而减小。

(3) 结果分析

1) 两类试件传统设计的计算方法。试件L1-1、L2-1和L3-1等都是普通顺水梁,其计算简图如图5.38(a)所示。其他试件均为雀替顺水梁,本文暂时考虑雀替对顺水梁只能起到传递荷载的作用,其计算简图如图5.38(b)所示。两类试件 $\omega_{理}$ 和 $\sigma_{理}$ 的计算表达式分别为

普通顺水梁

$$\omega_{理} = PL^3/48EI \text{ 和 } \sigma_{理} = PL/4W \tag{5.21}$$

雀替顺水梁

$$\omega_{理} = qcL^3(8-4\gamma^2+\gamma^3)/384EI \text{ 和 } \sigma_{理} = qcL(2-\gamma)/8W \tag{5.22}$$

其中

$$\gamma = c/L$$

式中，W、I—— 顺水梁的截面抵抗矩和截面惯性矩；

L——顺水梁的跨度；

C——雀替的长度。

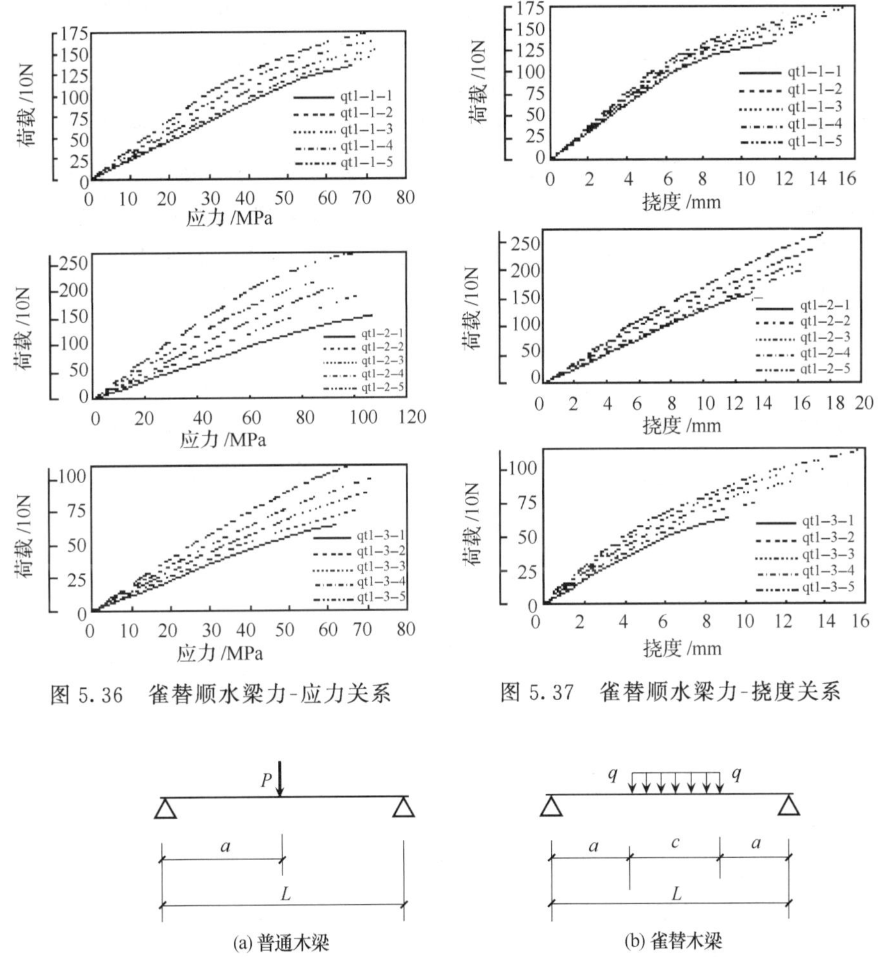

图 5.36　雀替顺水梁力-应力关系　　图 5.37　雀替顺水梁力-挠度关系

图 5.38　试件计算简图

在等应力条件下（如 $\sigma = 10\text{MPa}$），普通顺水梁与雀替顺水梁比较，后者的试验荷载大，并随雀替长度的增加而增加。

在同挠度条件下（如 $\omega = 1.2\text{mm}$），普通顺水梁与雀替顺水梁比较，同样地，后者的试验荷载较大且随雀替长度的增加而增加。

2) 雀替对结构性能影响的定性分析。受力初期,雀替与顺水梁的变形小,两接触面能够保持面接触[图 5.39(a)]。顺水梁上表面产生压应变,雀替下表面产生拉应变,两表面之间产生相对运动趋势,从而产生摩擦力。雀替相对于顺水梁而言其长度短,两者的抗弯刚度前者大于后者,同条件下的弯曲变形前者小于后者。

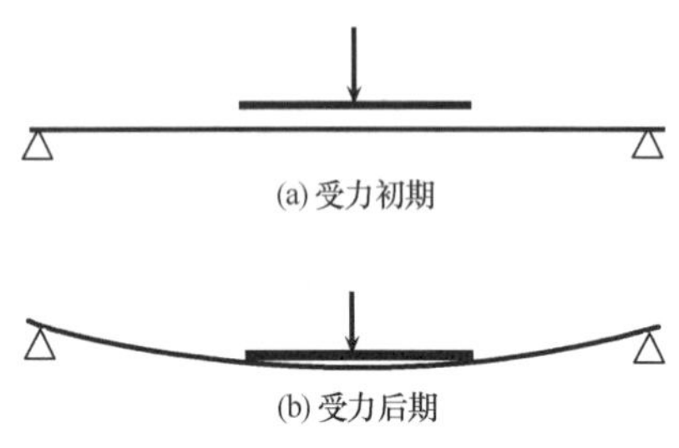

图 5.39 雀替梁变形示意图

由于变形性质的差异和变形能力的差异,雀替对顺水梁的变形产生一定的约束,随着荷载的继续增加,顺水梁弯曲变形量增加,两者的面接触逐渐向两个点接触过度[图 5.39(b)],这种约束作用在不断增强。

雀替对顺水梁的弯曲变形产生约束的同时,顺水梁也会对雀替下表面产生相应的挤压作用,使雀替截面的中和轴下移,顺水梁截面的中和轴上移,对加强雀替与顺水梁受力的整体性起积极作用,即雀替与顺水梁在梁中跨段产生拱的效应,这种拱效应笔者暂时称其为雀替拱,如图 5.40(a)的虚线所示。雀替拱的形成,改变了顺水梁荷载的分布形式,顺水梁因承受图 5.40(b)所示的水平力和垂直力的反作用力而增大了顺水梁跨中的刚度。与图 5.38(b)所示结构相比,试件截面应力的分布方式发生了改变,致使截面最大应力减小。

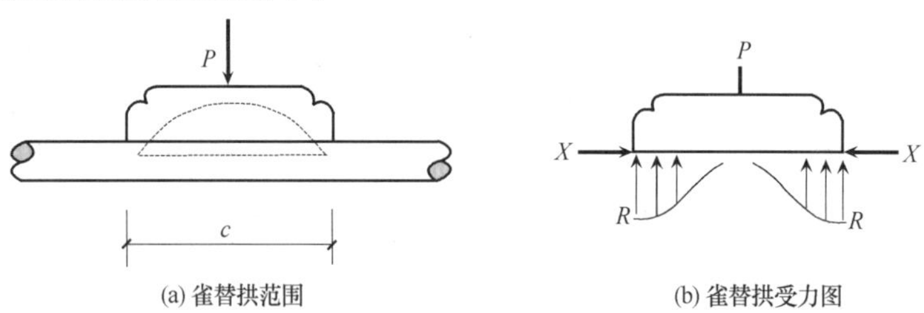

图 5.40 雀替拱形成分析示意图

由于上述 3 个方面的原因,才使雀替顺水梁的受力性能得到了改善,才有截面应力下降、挠度减小、结构延性增大、承载能力提高等试验现象。所以,雀替顺水梁具有一定的结构优势。

(4) 雀替构造

雀替构造正确,雀替的作用就能得到应有的发挥;否则,雀替拱就无法形成,其结构优势就得不到正常发挥。

图 5.41 中,异面直线 1 与 5、2 与 4 均互相垂直;Δ_1 为雀替端头嵌固深度;Δ_2 为雀替纵向嵌固深度(若试件为矩形截面时,则 $\Delta_1=\Delta_2$);Δ_3 为瓜柱工作间距。现将雀替构造的正确做法与错误做法进行比较,见表 5.4。

特别指出,图 5.41 中 3 与 4、2 必须具有良好的接触,以便为摩擦力、机械咬合力等复杂组合力的形成创造必要条件。

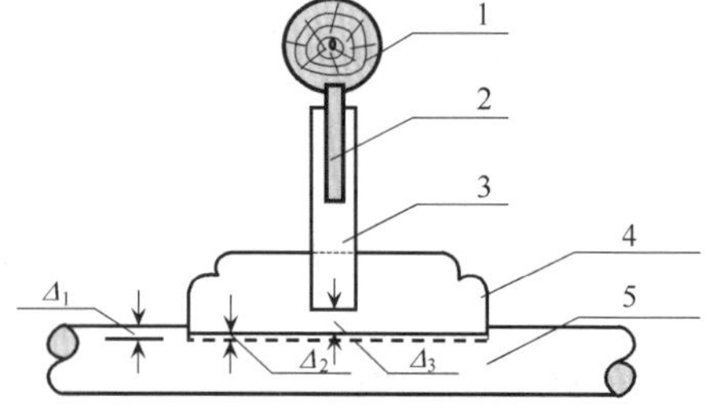

图 5.41 雀替构造详图

1. 檩条;2. 上雀替;3. 瓜柱;4. 下雀替;5. 顺水梁

为了保证雀替拱的形成，雀替长度也是一个重要的设计参数。一般地，雀替的长度以不小于顺水梁跨度的 1/5 为宜；其高度以不小于顺水梁高度为宜；其宽度以不小于瓜柱截面尺寸的 1/4 为宜。

表 5.4　雀替的正确构造和错误构造比较

正确	错误
1 与 3、3 与 5 有空隙，不相接触	1 与 3、3 与 5 无空隙，直接接触
2 与 3、3 与 4 无空隙，直接接触	2 与 3、3 与 4 有空隙，拱不存在

(5) 结论

雀替顺水梁比普通顺水梁有更好的受力性能。

5.4.4　BFRP 加固受损木梁抗弯性能试验研究

(1) 试验设计

1) 材料性能。木梁材料顺纹抗拉强度为 71MPa，顺纹抗压强度为 28MPa，抗弯强度为 52MPa，顺纹抗拉弹性模量为 8.0 GPa。BFRP 材料性能拉伸强度 σ_{Btv} 为 2100MPa，弹性模量 E_B 为 91GPa，极限应变 ε_{Btv} 为 2.3。

2) 试件设计。14 根圆截面木梁的几何尺寸见表 5.5。

表 5.5　试件详细尺寸

编号	长度/mm	截面半径/mm		编号	长度/mm	截面半径/mm	
		a 端	b 端			a 端	b 端
A-0-1	2000	74	63	B-3-2	2002	84	63
A-0-2	2005	71	55	C-1-1	2000	96	78
B-1-1	1999	66	56	C-1-2	1992	74	61
B-1-2	2002	62	48	C-2-1	2006	74	57
B-2-1	2005	76	64	C-2-2	2003	66	52
B-2-2	2001	78	68	C-3-1	2003	80	66
B-3-1	2008	66	50	C-3-2	2006	69	55

3) 加固及测试方案。试验设计按木结构试验方法标准(GB/T 50329—2002)进行。粘贴纵向纤维布时，先将木梁受拉面削平 50mm 后，之后在长度为 1800mm 的两支座间通向粘贴 50mm 宽度的纤维布。加固方案见表 5.6。

表 5.6　加固方案

方案	一层环箍		二层环箍		方案	一层环箍		二层环箍	
无纵向加固	A-0-1		A-0-2		二层纵向	B-2-1	B-2-2	C-2-1	C-2-2
一层纵向	B-1-1	B-1-2	C-1-1	C-1-2	三层纵向	B-3-1	B-3-2	C-3-1	C-3-2

注：1. 加固的方式。A 组、B 组和 C 组的区别在于，A 组无纵向纤维，B 组环向加固有明显的针对性(受损范围环向加密@200，其余为@350)，而 C 组环向采用等间距(@300)的加固方式。

2. 代号的意义。以 C-3-2 为例，即 3 层纵向纤维、2 层等间距环向纤维。

试验采用QF型200T液压千斤顶试验机,加固前,每级荷载为500N,持荷5min,直至破坏。加固后,每级荷载为加固前最大荷载的20%,持荷5min,直至破坏。试验观测内容为荷载值、梁跨中位移、支座沉降、木梁的破坏情况。加载装置、试验测点布置以及加固方式如图5.42所示。

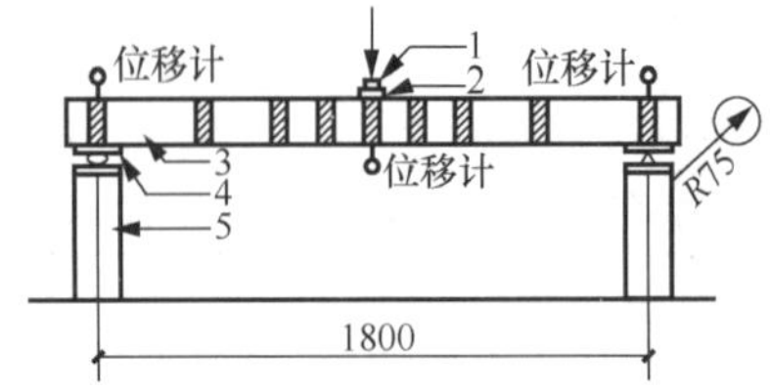

图5.42　试验装置示意图

1. 荷载传感器;2. 支座;3. 试件;4. 垫块;5. 支墩

(2) 试验现象

1) 拟损试验。在拟损试验中,荷载加至极限荷载的35%~55%,试件发出轻微吱嘎声;荷载加至极限荷载的55%~70%,木梁弯曲明显,跨中底部一些节疤或瑕疵处开裂;当荷载继续加大,木材的断裂声随之变大且频率加快;达到极限荷载时,响声剧烈。破坏形态如图5.43所示。

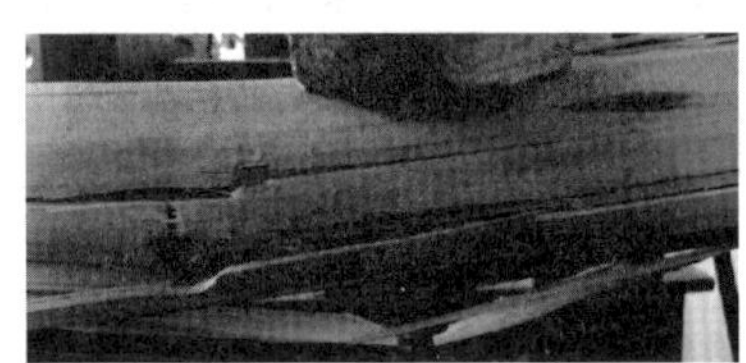

图5.43　B-3-2破坏形态

2) BFRP加固试验。试件加固分两个步骤,先在原有裂缝中灌胶并矫正外形;再用纤维布纵、环向黏贴加固。从第一级荷载开始产生开裂声音的现象和极限荷载时破坏面均源于原有受损裂缝的现象是加固试验中的共性,其试验个性分别描述如下:

A-0组的试件1和试件2随着荷载增加,响声加剧,直至荷载处正下方的受拉受损区域突然开裂而破坏。

B-1组的试件1从第四级荷载时木梁弯曲,原有裂缝处微裂;第七级荷载时,木梁弯曲加剧,直至跨中纵向纤维布开裂导致试件破坏。试件2加载到第二级时在荷载旁15cm处的纵向纤维布断裂,导致受拉受损区域开裂而破坏。

B-2组的试件1从第二级加载开始明显弯曲,纤维布拉长,原有裂缝开裂,导致木梁破坏。试件2在第七级加载时,木梁弯曲明显;第十级加载时,加载处两侧原来竖向平行的环箍产生“八”字形变化,原有裂缝开裂明显;到达破坏荷载时,木梁受拉受损区域纵向纤维布破坏。

B-3组试件1和试件2较为相似,均在第五级荷载时,木梁发生弯曲,原有裂缝处微裂;在第七级荷载时,木梁弯曲明显;到达破坏荷载时,加载处木梁受拉区域的裂缝开裂明显,荷载正下方受拉受损区域纵向纤维布部分断裂。

C－1组试件1在第二级荷载时，原有裂缝处开裂，木梁发生弯曲；直到挠度值超过80mm时纵向纤维布断裂。试件2第二级加载时，在加载处木梁受拉区域断裂，纵向纤维布断裂。

C－2组试件1和试件2的试验现象相似，均在第二级加载时，木梁弯曲明显；极限荷载时，原有裂缝开裂，跨中纵向纤维布断裂。

C－3组试件1和试件2的试验现象也较相似，均在第四级荷载时，木梁弯曲，原有裂缝处微裂；在第七级荷载时，木梁加载处两侧原来竖向平行的环箍产生"八"字形变化。两个试件到达极限荷载时，受拉区纵向纤维布均为部分断裂。BFRP加固后破坏形态如图5.44所示。

图5.44　C－1－1破坏形态

(3) 试验结果

1) 同一试件加固前后对比。试验极限荷载结果比较见表5.7。试验过程中的荷载-挠度曲线如图5.45所示。

表5.7　极限荷载试验结果

编号	极限荷载/kN		贴纤率/%	提高幅度/%	加固效果	编号	极限荷载/kN		贴纤率/%	提高幅度/%	加固效果
	加固前	加固后					加固前	加固后			
A－0－1	6.5	2.0	—	－69	失败	B－3－2*	6.0	6.5	0.9	8	成功
A－0－2	4.5	1.0	—	－78	失败	C－1－1	10.5	3.0	0.2	－71	不成功
B－1－1	4.5	3.5	0.2	－22	不成功	C－1－2	5.0	1.5	0.2	－70	不成功
B－1－2	2.0	1.5	0.2	－25	不成功	C－2－1	5.0	2.5	0.5	－50	不成功
B－2－1*	6.0	6.0	0.5	0	成功	C－2－2	3.0	2.0	0.5	－33	不成功
B－2－2*	7.5	9.0	0.5	20	成功	C－3－1*	6.0	7.5	0.9	25	成功
B－3－1*	4.0	5.5	0.9	37	成功	C－3－2*	4.0	5.0	0.9	25	成功

注：*表示加固技术对症的试件。

由表5.7可知：

A－0组中的A－0－1和A－0－2受损后仅用纤维环向加固而无纵向纤维加固。试验证明这种处理方法没有加固效果，如图5.45的A－0－1和A－0－2所示。

B－1组加固不成功的原因在于BFRP贴纤率较小，如图5.45的B－1－1所示。

B－2组中由于受损特征认知清楚，贴纤率适合，且贴合质量较好，故B－2组加固成功，如图5.45的B－2－2。

B－3组在B－2组的基础上，提高了贴纤率，因此B—3组加固效果更理想，如图5.45的B－3－1。

与 B－1 组相似，C－1 组加固不成功的原因在于 BFRP 贴纤率较小，如图 5.45 的 C－1－1 所示。

C－2 组贴纤率适合，加固不成功的原因在于加固方案没有针对性，即对试件受损特征认知不清楚，致使加固措施没有起到加固的作用，如图 5.45 的 C－2－2。

与 C－1 组和 C－2 组从端头等间距布置环向纤维有所不同，C－3 组是从受损核心区开始环向加固，然后沿两端均匀等间距布置，与 B－3 组一样，具有显著的加固效果。试验再次证明木梁的受损核心区是加固的关键部位，如图 5.45 的 C－3－2 所示。

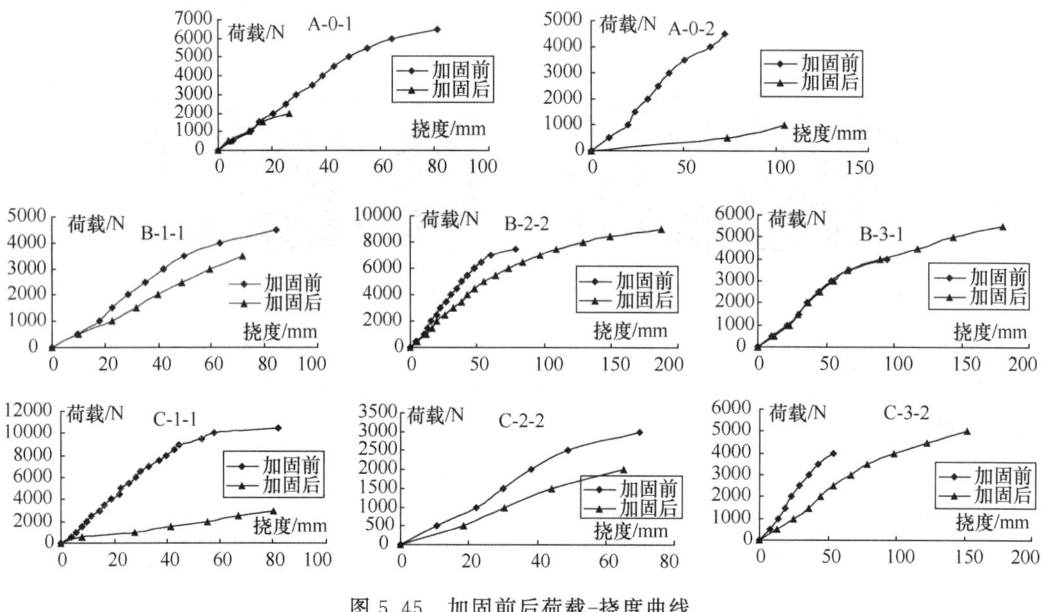

图 5.45　加固前后荷载-挠度曲线

根据图 5.45 加固前、后荷载-挠度曲线特征，得出粘贴两层(一层的视为加固失败)纤维布时，延性完全能得到恢复；粘贴三层纤维布时，延性增大 100%以上。

2) 不同试件之间加固后对比。纵向纤维布层数分为 1 层、2 层和 3 层，其贴纤率见表 5.7。环向纤维布层数分为 1 层和 2 层。其加固效果如图 5.46 所示。

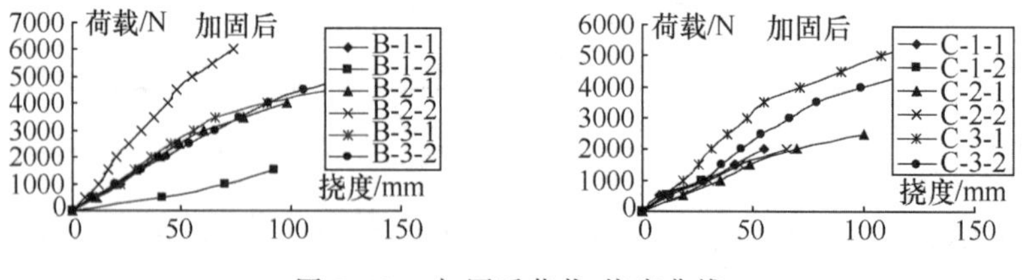

图 5.46　加固后荷载-挠度曲线

就不同试件而言，在保证黏贴质量、加固方法得当的前提下，粘贴玄武岩纤维布可以恢复受损构件的极限承载能力；一层纤维布的加固效果明显弱于两层的，两层弱于三层的(图 5.46)。纤维布纵向与环向的配合使用也很重要。

(4) 理论分析

1) 基本假定。木梁截面应变符合平截面假定；试验荷载达到抗弯承载力极限状态前，纤维布与木梁之间粘结可靠，无相对滑移；加固后忽略木材抗拉区强度的贡献、也忽略加固后截面尺寸变化对试件刚度的影响；BFRP、木材的本构关系模型如图 5.47 所示。

2）破坏类型。根据试验结果，BFRP 加固木梁的破坏类型可分为 BFRP 受拉破坏和木材受压破坏两类。当纵向 BFRP 的贴纤率较小，木梁受压区极限应变滞后于受拉区 BFRP 的极限应变，木梁因受拉区 BFRP 拉裂而发生破坏。例如试件 B－1 、B－2 组和 C－1、C－2 组。这种破坏就是 BFRP 受拉破坏型。当纵向 BFRP 的贴纤率较大，木梁受压区极限应变先于受拉区 BFRP 的极限应变，木梁因受压区的破坏而破坏。例如试件 B－3 组和 C－3 组。这种破坏就是木材受压破坏型。

3）弹塑性极限阶段受力计算。对于图 5.48 所示圆的截面。

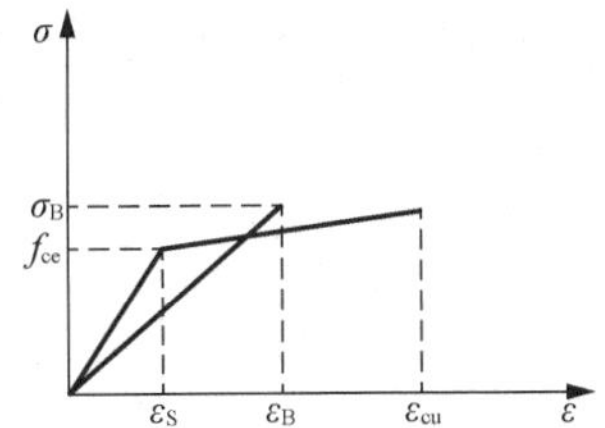

图 5.47　木材和 BFRP 本构模型

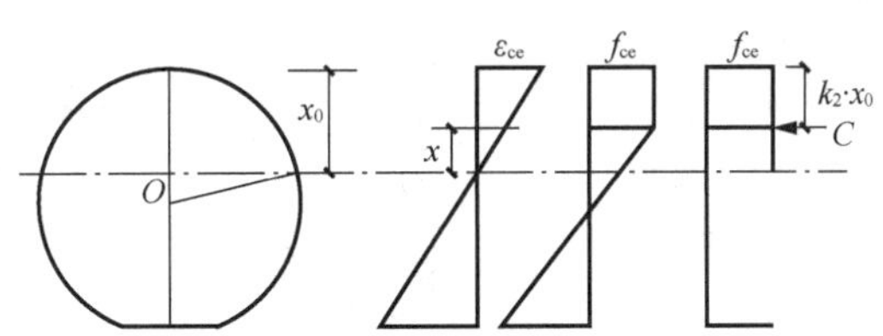

图 5.48　弹、塑性阶段等效应力图

$$[x+(r-x_0)]^2+y^2=r^2 \tag{5.23}$$

$$A_{ce}=r^2\cdot\arccos\frac{r-x_0}{r}-r\cdot(r-x_0)\cdot\sin\left(\arccos\frac{r-x_0}{r}\right) \tag{5.24}$$

$$b(x)=2\cdot\sqrt{r^2-[x+(r-x_0)]^2} \tag{5.25}$$

$$c=\int_0^{x0} b(x)\cdot\sigma_c(x)\mathrm{d}x \tag{5.26}$$

取 k_1 使得

$$c=k_1\cdot f_{ce}\cdot A_{ce} \tag{5.27}$$

由式(5.26)、式(5.27)相等，则

$$k_1=\frac{\int_0^{x0} b(x)\cdot\sigma_c(x)\mathrm{d}x}{f_{ce}\cdot A_{ce}} \tag{5.28}$$

将式(5.24)～式(5.26)带入式(5.28)，整理后能够得出 k_1 与受压区高度有关，即 $k_1=f_1(x_0)$；取 k_2 使得合力 c 的作用点位置距受压区边缘为 $k_2\cdot x_0$。木材受压区应力与等效应力分别对中和轴取矩(图 5.48)得

$$M_1=\int_0^{x0} b(x)\cdot\sigma_c(x)\cdot x\mathrm{d}x \tag{5.29}$$

$$M_2=k_1\cdot f_{ce}\cdot A_c\cdot(x_0-k_2\cdot x_0) \tag{5.30}$$

令 $M_1=M_2$ 得

$$k_2=1-\frac{\int_0^{x0} b(x)\cdot\sigma_c(x)\cdot x\mathrm{d}x}{k_1\cdot f_{ce}\cdot A_{ce}\cdot x_0} \tag{5.31}$$

将式(5.24)～式(5.26)带入式(5.28)、式(5.31)经过整理并令 $m=\frac{\varepsilon_{ce}}{\varepsilon_{cu}}$ 以及 $a=\sqrt{m\cdot\left[1+\frac{(1-m)\cdot x_0}{2r-x_0}\right]}$ 得

$$k_1=\frac{1}{3}+\frac{a}{3(1+a)}+\frac{\frac{2}{3}-\frac{a}{3(1+a)}}{\frac{1}{1-m}+\frac{m}{(1-m)\cdot a}} \tag{5.32}$$

$$k_2=\frac{\frac{\left[\frac{1}{3}+\frac{a}{3(1+a)}\right](1+2m)}{3}+\frac{\left[\frac{2}{3}-\frac{a}{3(1+a)}\right]\cdot\left(1+\frac{a}{a+1}\right)^2\cdot mx_0}{9}}{\frac{1}{3}+\frac{a}{3(1+a)}+\frac{\frac{2}{3}-\frac{a}{3(1+a)}}{\frac{1}{1-m}+\frac{m}{a(1-m)}}} \tag{5.33}$$

故极限弯矩 M_u则为

$$M_u=c\cdot(2r-k_2\cdot x_0) \tag{5.34}$$

式(5.34)中，$c=F_f$，$F_f=A_s\cdot f_B$，$A_s=n\cdot t\cdot b$ 。

在弹性极限阶段,对应 $\varepsilon\leqslant\varepsilon_{ce}$,则

$$\sigma_c(x)=E\cdot\frac{x}{x_0}\cdot\varepsilon_{ce}=\frac{x}{x_0}\cdot f_{ce} \tag{5.35}$$

对于式(5.32)和式(5.33),根据材性指标和 m 的定义,取 $m=0.7$,则 $k_1\approx0.424$、$k_2\approx0.411$。由此通过式(5.34)就可算出弹性极限弯矩,计算结果见表 5.8。

在塑性极限阶段,对应 $\varepsilon<\varepsilon_{cu}$,则

$$\sigma_c(x)=\begin{cases}\frac{x}{x'}\cdot f_{ce} & x<x'\\ f_{ce} & x'<x<x_0\end{cases} \tag{5.36}$$

同理得 $k_1\approx0.583$、$k_2\approx0.320$。通过式(5.34)就可算出塑性极限弯矩,计算结果见表 5.8。

上述式中,x_0——中和轴高度;

r——圆截面半径;

A_{ce}——中和轴以上截面面积;

$b(x)$——圆截面宽度;

c——压区木材总和力;

ε_{ce}——木材抗压屈服应变;

ε_{cu}——木材抗压极限应变;

F_f——拉区总合力;

A_s——BFRP 面积;

f_B——BFRP 应力;

n——BFRP 层数；

t——BFRP 厚度；

b——BFRP 宽度。

表 5.8　弹性极限弯矩 M 与塑性极限弯矩 M_u

编号	M /(kN·m)	M_u /(kN·m)	$M_{e试验}$ /(kN·m)	编号	M /(kN·m)	M_u /(kN·m)	$M_{e试验}$ /(kN·m)
B-1-1	3.06	1.32	1.58	C-1-1	7.42	3.19	1.35
B-1-2	2.14	0.88	0.68	C-1-2	4.00	1.72	0.68
B-2-1*	4.35	1.87	2.70	C-2-1	3.67	1.58	1.13
B-2-2*	5.12	2.20	4.05	C-2-2	2.78	1.20	0.90
B-3-1*	3.06	1.32	2.48	C-3-1*	4.35	1.87	3.38
B-3-2*	4.73	2.03	2.93	C-3-2*	3.35	1.44	2.25

注：M_u为承载弯矩理论值；$M_{e试验}$为承载弯矩试验值；* 表示加固技术对症的试件。

受损梁做抗弯加固后，随纤维布层数由小到大出现类似钢筋混凝土中的少筋破坏（如贴纤率仅为 0.2%时）、适筋破坏（如贴纤率为 0.5%时）以及超筋破坏（如贴纤率到达 0.9%时）三种情况。上述理论分析分别适用于少筋破坏与适筋破坏的界限状态，以及适筋破坏与超筋破坏的界限状态。

（5）结论

1）粘贴纤维布加固技术适合于已损木结构，针对受损特征的不同，在粘贴技术（粘贴方式和粘贴质量）可靠和贴纤率适中的条件下，木梁延性和承载能力均能得到恢复，如粘贴两层纤维布时；或能够得到显著改善，如粘贴三层纤维布时。

2）加固效果随着贴纤率的增大而增大；只环箍无纵向贴纤的加固方式基本没有加固效果。

3）木梁受损核心区是加固的关键部位。

思考题与习题

5.1　木材物理力学性能指标有哪些？

5.2　简述木材腐朽的原因以及防止木材腐朽的措施。

5.3　简述木结构加固的基本原则。

5.4　木结构加固设计及施工要点有哪些？

5.5　木梁的常用加固方法有哪些？试说明加固要点。

5.6　试简述木结构房屋的抗震加固基本原则及方法。

5.7　试列举并讨论目前有哪些新型木结构加固技术以及各自的优点。

第六章　钢结构检测与加固

由于钢结构具有强度大、截面小、质量轻、延性好、受力可靠等许多优点，被广泛应用于单层工业厂房的承重骨架和吊车梁、大跨度建筑物的屋盖结构、大跨度桥梁、多层和高层结构、塔结构、板壳结构、可移动结构和轻型结构等领域。钢结构在长期的使用过程中承受超载、重复荷载的作用，有的要承受高温、低温、潮湿、腐蚀性介质或管理不善等外界因素的作用，使结构的可靠度下降。所以，对钢结构进行性能检测具有重要意义。

6.1　钢结构检测

6.1.1　钢材强度检测

钢结构材料的强度检测主要有三种方法：①取样拉伸法，在试验机下按照标准方法直接测试材料的屈服强度、抗拉强度以及伸长率等的技术指标。②表面硬度法，根据钢材硬度与强度的关系，通过测试钢材硬度，推算钢材的强度。③化学分析法，通过化学分析测量钢材中有关元素的含量，根据化学成分与钢材强度的关系计算强度。

(1) 取样拉伸法

钢材的拉伸试验过程包括取样和拉伸两个试验步骤，其中拉伸试验步骤与钢筋的拉伸试验相同，所不同的是试件取样及加工不同。按钢材试样的长宽比不同，钢材的试样有比例试样和非比例试样两种。按照钢材规格类型不同，有厚度在 0.1～3mm 薄板和薄板带使用的试样类型；有厚度等于或大于 3mm 的板材和扁材以及直径或厚度等于或大于 4mm 的线材、棒材、型材使用的试样类型；有直径或厚度小于 4mm 的线材、棒材、型材使用的试样类型共三类。《金属材料室温拉伸试验方法》(GB/T 228—2010)中对试样的形状、试样的尺寸、试样的制备三个方面有具体要求。

(2) 表面硬度法

大量试验表明，钢材的极限强度与其布氏硬度之间存在正比例关系，见表 6.1。

表 6.1　钢材强度与其布氏硬度关系表

钢材品种	低碳钢	高碳钢	调质合金钢
相关公式	$\sigma_b=3.6HB$	$\sigma_b=3.4HB$	$\sigma_b=3.25HB$

注：σ_b 为钢材的极限强度，N/mm^2；HB 为其布氏硬度。布氏硬度用布氏硬度仪直接在钢材表面测得。

当 σ_b 确定后，根据同种钢材的屈服强度比，能够计算钢材的屈服强度或条件屈服强度。

(3) 化学分析法

化学分析法是根据钢材中各化学成分粗略估算碳素钢强度的方法。可按下式计算为

$$\sigma_b = 285 + 7C + 0.06Mn + 7.5P + 2Si \tag{6.1}$$

式中，C，Mn，P，Si——钢材中碳、锰、磷和硅元素的含量，以 0.01%为计量单位。

6.1.2　钢材缺陷无损检测

(1) 新材缺陷

钢材缺陷的性质与其加工工艺有关，如铸造过程中可能产生气孔、疏松和裂纹等。锻造过程中可能产生夹层、折叠、裂纹等。钢材无损检测的方法有超声波法、射线法及磁力法。其中超声波法是目前应用最广泛的探伤方法之一。

超声波的波长很短、穿透力强，传播过程中遇到不同介质的分界面会产生反射、折射、绕射和波形转换，超声波像光波一样具有良好的方向性，可以定向发射，犹如一束手电筒灯光可以在黑暗中寻找到目标一样，能在被检材料中发现缺陷。超声波探伤能探测到的最小缺陷尺寸约为波长的一半。超声波探伤又可以分为脉冲反射法和穿透法两类。

钢材缺陷可以采用平探头纵波探伤的方法，探头轴线与其端面垂直，超声波与探头端面或钢材表面成垂直方向传播(图 6.1)，超声波通过钢材的上表面、缺陷及底面时，均有部分超声波被反射回来，这些超声波各自往返的路程不同，回到探头时间也不同，在示波器上将分别显示出反射脉冲，依次称为始脉冲、伤脉冲和底脉冲。当钢材中无缺陷时，则无伤脉冲显示。始脉冲、伤脉冲和底脉冲波之间的间距比等于钢材上表面、缺陷和底面的间距比，由此可确定缺陷的位置。

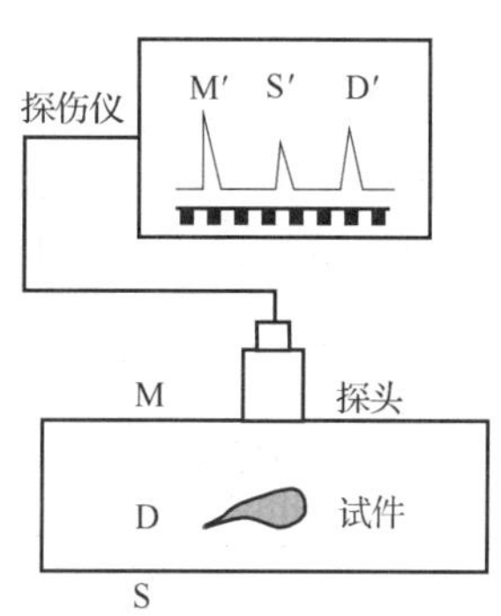

图 6.1　脉冲反射法探伤示意图

(2) 旧材锈蚀

钢结构在潮湿、存水和酸碱盐腐蚀性环境中容易生锈，锈蚀导致钢材截面变薄，承载力下降，因此，钢材的锈蚀程度可由其截面厚度的变化来反应。检测钢材厚度的仪器有超声波测厚仪和游标卡尺，精度均达 0.01mm。

超声波测厚仪采用脉冲反射波法。超声波从一种均匀介质向另一种均匀介质传播时，在界面会发生反射，测厚仪可以测出探头自发出超声波至收到界面反射回波的时间。超声波在各种钢材中的传播速度已知，或者通过实测确定，由波速和传播时间测算出钢材的厚度。数字超声波测厚仪，厚度值会直接显示出来。

6.1.3　结构连接检测

(1) 焊缝无损检测

焊缝探伤主要采用斜探头横波探伤，斜探头使声束倾斜入射。如图 6.2 所示，用三角形标准试块的比较法来确定内部缺陷的位置。斜探头的倾斜角有多种，使用斜探头发现焊缝中的缺陷与用直探头探伤一样，都是根据在始脉冲与底脉冲之间是否存在伤脉冲来判断的。当发现焊缝中存在缺陷之后，如何确定焊缝中缺陷的具体位置，则常采用钢质三角形试块比较法来判断。超声脉冲波经换能器发射进入被测材料，当通过不同界面(构件材料表面、内部缺陷和构件底面)时，会产生部分反射。在超声波探伤仪的示波屏上，分别显示出各界面的反射波及其相对的位置,如图 6.2 所示。根据伤反射波与始脉冲和底脉冲的相对距离可确定缺陷在构件内的相对位置。如果焊缝内部无缺陷时,则显示屏只有始脉冲和底脉冲,不会出现缺陷反射波。

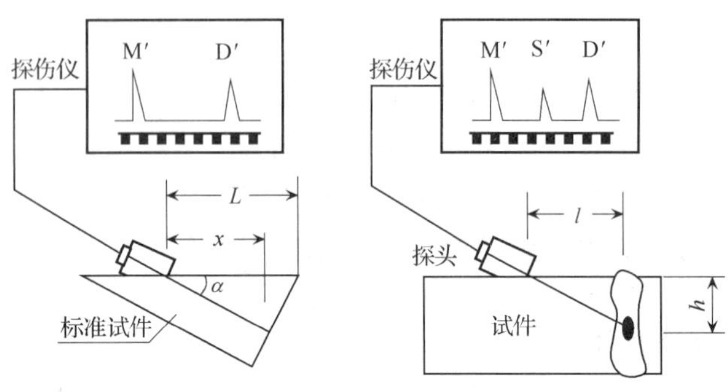

图 6.2 斜向探头测缺陷位置

1) 标定换能器。利用三角形标准试块,在试块的 α 角度与斜向换能器超声波和折射角度相同的前提下,根据公式 $l=L\sin^2\alpha$ 建立 l 和 L 的一一对应关系。

2) 记录 L 值。在构件焊缝内探测到缺陷时,记录换能器在构件上的位置 L。

3) 判断缺陷位置。根据 l 和 L 的对应关系,确定换能器在三角形标准试块上的位置 L,并可按公式 $h=L\sin\alpha\cdot\cos\alpha$ 来确定缺陷的深度 h。

超声法检测比其他方法(如磁粉探伤、脉冲反射法、射线探伤等)更有利于现场检测。钢材密度比混凝土大得多,为了能够检测钢材或焊缝较小的缺陷,要求选用比混凝土检测频率高的超声频率,常用的为 0.5～2MHz。

焊缝的内部质量判定参见《压力容器无损检测》(JB 4730—94)以及《钢焊缝手工超声波探伤方法和探伤结果分级》(GB 11345—89)。

焊缝的外观质量检测参照《钢结构工程施工质量验收规范》(GB 50205—2001)执行。常用的外观质量名词有气孔、夹渣、烧穿、焊瘤、咬边、未焊透、未融合等。

气孔是指焊条熔合物表面存在的人眼可辨的小孔。

夹渣是指焊条熔合物表面存在有熔合物锚固着的焊渣。

烧穿是指焊条熔化时把焊件底面熔化,熔合物从底面两焊件缝隙中流出而形成焊瘤的现象。

焊瘤是指在焊缝表面存在多余的(受力不起作用)像瘤一样的焊条熔合物。

咬边是指焊条熔化时把焊件过分熔化,使焊件截面受到损伤的现象。

未焊透是指焊条熔化时焊件熔化的深度不够,焊件厚度的一部分没有焊接的现象。

未融合是指焊条熔化时没有把焊件熔化,焊件与焊条熔合物没有连接或连接不充分的现象。

(2) 普通螺栓

普通螺栓作为永久性连接时,应该进行最小拉力载荷试验。试验方法与高强螺栓的相应技术相同。普通螺栓的破坏类型有:螺母滑丝、螺杆滑丝、螺头与杆部的交接处脆断、螺杆塑性破坏。这 4 种破坏形式中,只有符合力学性能要求的螺杆塑性破坏属于正常破坏。

（3）高强螺栓

1）螺栓实物最小载荷检验。测定螺栓实物的抗拉强度是否满足现行国家标准《紧固件机械性能螺栓、螺钉和螺柱》(GB 3098.1—2000)的要求。

需要专用卡具将螺栓实物置于拉力试验机上进行拉力试验，为避免试件承受横向载荷，试验机的夹具应当能自动调正中心，试验时夹心张拉的移动速度不应超过25mm/min。

螺栓实物的抗拉强度应根据螺纹应力截面积(A_s)来计算确定，其取值应按现行国家标准《紧固件机械性能螺栓、螺钉和螺柱》(GB 3098.1—2000)的规定取值。

进行试验时，承受拉力载荷的末旋合的螺纹长度应当是螺距的6倍以上；当试验拉力达到现行国家标准《紧固件机械性能螺栓、螺钉和螺柱》(GB 3098.1—2000)中规定的最小拉力载荷($A_s \times \sigma_b$)时，不得断裂。当超过最小拉力载荷直至拉断时，断裂应发生在杆部或螺纹部分，而不应当发生在螺头与杆部的交接处。

2）扭剪型高强度螺栓连接副预拉力复验。复验用的螺栓应在施工现场待安装的螺栓批中随机抽取，每批应抽取8套连接副进行复验。连接副预拉力可以采用经计量检定、校准合格的轴力计进行测试。电测轴力计、油压轴力计、电阻应变仪、扭矩扳手等计量器具，应在试验前进行标定，其误差不得超过2%。

采用轴力计方法复验连接副预拉力时，应将螺栓直接插入轴力计。紧固螺栓分初拧、终拧两次进行，初拧应采用手动扭矩扳手或专用定扭电动扳手；初拧值应为预拉力标准值的50%左右。终拧应采用专用电动扳手，至尾部梅花头拧掉，读出预拉力值。

每套连接副只能做一次试验，不得重复使用。在紧固中垫圈发生转动时，应更换连接副，重新试验。复验螺栓连接副的预拉力平均值和标准偏差应符合表6.2规定。

表6.2　扭剪型高强度螺栓紧固预拉力和标准偏差

螺栓直径/mm	16	20	22	24
紧固预拉力的平均值$\overline{P}$/kN	90～120	154～186	191～231	222～270
标准偏差 σ_P/kN	10.1	16.7	19.5	22.7

3）高强度螺栓连接副施工扭矩检验。高强度螺栓连接副扭矩检验是包含初拧扭矩、复拧扭矩、终拧扭矩的现场无损检验。检验所用的扭矩精度误差不能大于3%。高强度螺栓连接副扭矩检验分扭矩法检验和转角法检验两种，原则上检验法与施工法应相同。扭矩检验应在施拧1h后，48h以内完成。

方法一：扭矩法检验。在螺尾端头和螺母相对位置画线，将螺母退回60°左右，用扭矩扳手测定返回至原位时的扭矩值。该扭矩值与施工扭矩值的偏差在10%以内为合格。高强度螺栓连接副终拧扭矩值为

$$T_c = KP_c d \tag{6.2}$$

式中，T_c——终拧扭矩值，N·m；

P_c——施工预拉力值标准值(表6.3)，kN；

d——螺栓公称直径，mm；

K——扭矩系数[按式(6.4)的规定试验确定]。

高强度大六角头螺栓连接副初拧扭矩值 T_0 可按 $0.5T_c$ 取值。扭剪型高强度螺栓连接副初拧扭矩值 T_0 可按式(6.3)计算：

$$T_0 = 0.065 P_c d \tag{6.3}$$

式中，T_0——初拧扭矩值，N·m；

P_c——施工预拉力标准值(表 6.3)，kN；

d——螺栓公称直径，mm。

方法二：转角法检验。①检查初拧后在螺母与相对位置所画的终拧起始线和终止线所夹的角度是否达到规定值。②在螺尾端头和螺母相对位置画线，然后全部卸松螺母，再按照规定的初拧扭矩和终拧角度重新拧紧螺栓，观察与原画线是否重合。终拧转角偏差在 10°以内为合格。

终拧转角与螺栓的直径、长度等因素有关，应由试验确定。

扭剪型高强度螺栓施工扭矩检验。观察尾部梅花头拧掉情况。尾部梅花被拧掉者视同其终拧扭矩达到合格质量标准；尾部梅花未被拧掉者应按上述扭矩法或转角法检验。

表 6.3　高强度螺栓连接副施工预拉力标准值(单位：kN)

螺栓的性能等级	螺栓公称直径/mm					
	M16	M20	M22	M24	M27	M30
8.8s	75	120	150	170	225	275
10.9s	110	170	210	250	320	390

4）高强度大六角头螺栓连接副扭矩系数复验。复验用的螺栓应当在施工现场待安装的螺栓批中随机抽取，每批应抽取 8 套连接副进行复验。

连接副扭矩系数复验时用的计量器具应在试验前进行标定，误差不得超过 2%。每套连接副只能做一次试验，不得重复使用。在紧固中垫圈发生转动时，应更换连接副，重新试验。

连接副扭矩系数的复验应将螺栓穿入轴力计，在测出螺栓预拉力 P 的同时，应测定施加于螺母上的施拧扭矩值 T，并计算扭矩系数 K 为

$$K = \frac{T}{Pd} \tag{6.4}$$

式中，T——施拧扭矩，N·m；

d——高强度螺栓的公称直径，mm；

P——螺栓预拉力，kN。

进行连接副扭矩系数试验时，螺栓预拉力值应符合表 6.4 的规定。

表 6.4　螺栓预拉力值范围(单位：kN)

螺栓规格/mm		M16	M20	M22	M24	M27	M30
预拉力值 P	10.9s	93～113	142～177	175～215	206～250	265～324	325～390
	8.8s	62～78	100～120	125～150	140～170	185～225	230～275

每组 8 套连接副扭矩系数的平均值应为 0.110～0.150，标准偏差小于或等于 0.010。

扭剪型高强度螺栓连接副在采用扭矩法进行施工时，其扭矩系数与高强度大六角头螺栓连接到扭矩系数取值范围相同。

5）高强度螺栓连接摩擦面的抗滑系数检验。制造厂和安装单位应分别以钢结构制造批为单位，进行抗滑移系数试验。制造批可按分部（子分部）工程划分规定的工程量每2000t为一批，不足2000t的可视为一批。选用两种及两种以上表面处理工艺时，每种处理工艺应单独检验。每批3组试件。抗滑移系数试验应采用双摩擦面的两栓拼接的拉力试件（图6.3）。

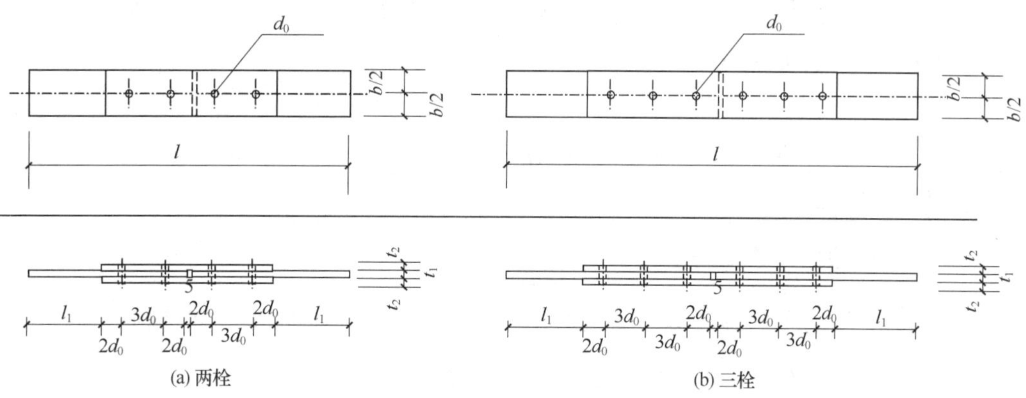

图6.3　抗滑移系数拼接试件的形式和尺寸

抗滑移系数试验用的试件应由制造厂加工，试件与所代表的钢结构构件应为同一材质、同批制作、采用同一摩擦面处理工艺和具有相同的表面状态，并应当使用同批同一性能等级的高强度螺栓连接副，在同一环境条件下存放。

试件钢板的厚度 t_1、t_2，应根据钢结构工程中有代表性的板材厚度来确定，同时应考虑在摩擦面滑移之前，试件钢板的净截面始终处于弹性状态；宽度 b 可参照表6.5的规定取值。l_1 应根据试验机夹具的要求确定。

表6.5　试件板的宽度

螺栓直径 d/mm	16	20	22	24	27	30
板宽 b/mm	100	100	105	110	120	120

试件板面应平整，无油污，孔和板的边缘无飞边、毛刺。试验用的试验机误差应在1%以内。试验用的贴有电阻片的高强度螺栓、压力传感器和电阻应变仪，应当在试验前用试验机进行标定，其误差应在2%以内。

试件的组装顺序为：先将冲钉打入试件孔定位，然后逐个换成装有压力传感器或贴有电阻片的高强度螺栓，或者换成同批经预拉力复验的扭剪型高强度螺栓。

紧固高强度螺栓应分为初拧、终拧。初拧应达到螺栓预拉力标准值的50%左右。终拧后，螺栓预拉力应符合：①对装有压力传感器或贴有电阻片的高强度螺栓，采用电阻应变仪实测控制试件，每个螺栓的预拉力值应在0.98～1.05P（其中 P 为高强度螺栓设计预拉力值）之间。②不进行实测时，扭剪型高强度螺栓的预拉力（紧固轴力），可以按同批复验预拉力的平均值取用。

试件应在其侧面画出观察滑移的直线。将组装好的试件设置于拉力试验机上，试件的轴线应与试验机夹具中心严格对中。加荷时，应先加 10% 的抗滑移计荷载值，停 1min 后，再平稳加荷，加荷速度为 3～5kN/s。直到拉至滑动破坏，测得滑移荷载 N_V。

在试验中当发生以下情况之一时，所对应的荷载可定为试件的滑移荷载：①试验机发生回针现象。②试件侧面画线发生错动。③X-Y 记录仪上变形曲线发生突变。④试件突然发生“嘣”的响声。

抗滑移系数，应根据试验所测得的滑移荷载 N_v 和螺栓预拉力 P 的实测值，按下式计算，结果应取小数点二位有效数字：

$$\mu = \frac{N_v}{n_f \sum_{i=1}^{m} P_i} \tag{6.5}$$

式中，N_v——由试验测得的滑移荷载，kN；

n_f——摩擦面面数，取 $n_f = 2$；

$\sum_{i=1}^{m} P_i$——试件滑移一侧高强度螺栓预拉力实测值(或同批螺栓连接副的预拉力平均值)之和(取三位有效数字)，kN；

m——试件一侧螺栓数量，取 $m = 2$。

(4) 连接节点

1) 焊接球节点。焊接球节点承载能力应该符合式(6.6)和式(6.7)所规定的检验系数的要求。试件形状如图 6.4 所示。

$$\gamma_u^0 \geqslant \gamma_0 \cdot [\gamma_u] \tag{6.6}$$

$$\gamma_u^0 = F_u / N_d \tag{6.7}$$

式中，γ_u^0——承载能力检验系数的实测值；

γ_0——结构重要性系数(见相关结构设计规范)；

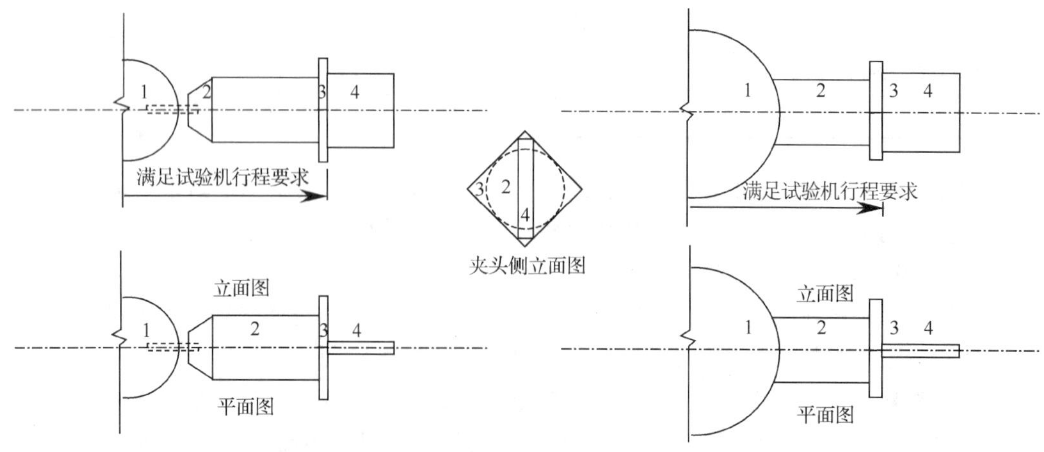

图 6.4 球节点试件示意图

1. 焊接球或螺栓球；2. 所需要试验的钢管；3. 封板；4. 夹头

$[\gamma_u]$——承载能力检验系数的允许值(表 6.6);

F_u——试验破坏荷载值(按照表 6.6 中的“试件达到承载能力的检验标志”时的值计取);

N_d——承载能力设计值。

表 6.6 承载能力检验系数的允许值$[\gamma_u]$

序号	试件设计受力情况	试件达到承载能力的检验标志		$[\gamma_u]$
1	封板、锥头与钢管对接焊缝抗拉	与钢管等强、试件钢管母材达到破坏	A3	1.8
			16Mn	1.7
2	焊接球轴向拉、压	继续加载时荷载值不上升,或者在力-位移曲线上取峰值		1.6
3	高强螺栓轴向受拉	试件破坏	$d\leqslant$M30	2.3
			$d\geqslant$M33	2.4
4	螺栓球螺孔与高强螺栓配合轴向受拉	螺栓达到承载能力,螺孔不坏即为合格		

2) 螺栓球节点。其与焊接球节点相同。

6.2 钢结构加固

6.2.1 引言

(1) 加固的主要原因

钢结构存在着严重缺陷和损伤或改变使用条件,经检测和验算后,发现结构的强度、刚度或稳定性不能满足使用要求时,应当对结构进行加固或修复。引起加固的原因一般有下列几种:

1) 由于设计有误。如桁架节点板设计时未考虑施工拼装误差,造成侧焊缝长度不足;或者由于设计漏算荷载;制作中桁架杆件不交汇于一点所产生的附加弯矩引起杆件强度不足,或者焊缝厚度不够等。

2) 使用的钢材质量不符合要求。

3) 工艺操作的改变引起结构的布置和受力状况发生变化,使原有结构不能适应。

4) 荷载的增加,如屋面增设保温层、厂房内吊车起重量加大或无吊车的厂房增设吊车。

5) 使用过程中的磨损,严重锈蚀或灾害(如战争破坏、自然灾害等)造成的结构损伤。

6) 由于地基基础的下沉,引起结构变形和损伤。

(2) 加固的一般规定

1) 加固的基本程序:钢结构检测→分析加固依据和资料→加固方案选择→加固设计→加固施工→加固工程验收。

2) 加固设计应与实际施工方法密切结合,并应当采取有效措施保证新增截面、部件等能够与原结构形成整体共同工作。

3) 对于高温、腐蚀、冷脆、振动、地基不均匀沉降等原因造成的结构损伤,在加固之前,必须首先进行环境的处理。

4) 对于可能出现倾斜、失稳或倒塌等不安全因素的结构,在加固之前,应当采取相应的临时安全措施,以防止意外事故的发生。

5) 在加固施工过程中,若发现原结构或相关工程隐蔽部位有损伤或严重缺陷时,应当立即停止施工,会同加固设计者采取有效措施后方能继续施工。

6) 加固后结构的安全等级应根据结构破坏后果的严重程度、结构的重要性(等级)和加固后建筑物功能是否改变,以及结构使用年限综合确定。

(3) 加固的计算原则

1) 加固前应对其作用荷载进行实地调查,荷载的取值应当符合现行国家规范《建筑结构荷载规范》(GB 50009—2012)的规定。对于不符合《建筑结构荷载规范》(GB 50009—2012)规定或未做规定的永久荷载,可根据实际进行抽样实测确定。抽样数不得少于 5 个,取其平均值并乘以 1.2 的系数。

2) 加固结构可以根据实际原则、不利原则、协同原则和富裕原则,进行结构承载力和正常使用极限状态的验算。

实际原则。结构计算简图应根据结构上的实际荷载、实际支承、实际边界条件、实际受力状况和实际传力途径等确定,并应适当考虑结构在实际工作中的有利因素,如结构的空间作用、新结构与原结构的共同工作等。

不利原则。就是必须考虑最不利内力组合以及结构的损伤、缺陷、裂缝和锈蚀的最不利截面。

协同原则。就是尽量使加固部分与原构件能够协同工作。一般地,加固部分的应变会滞后,新加材料的应变值总小于原构件的应变值,对其总的承载能力应按照协同工作程度适当进行折减。

富裕原则。就是对于焊接结构,加固时原有构件或连接的强度设计值应有一定的富裕量,一般小于(0.6~0.8)f,同时不得考虑加固构件的塑性变形发展。当现有结构的强度设计值大于 0.8f 时,则不得在负荷状态下施工。

3) 结构加固设计计算,可以根据上述加固计算的基本原则,参照现行钢结构设计规范的有关条件进行计算。

卸荷状态下的补强加固。在原位置上使构件完全卸荷,或者将构件拆下进行补强加固时,构件承载能力按补强或加固后的截面进行计算,其计算方法与新结构相同。

负荷状态下的补强加固。应先根据加固时的实际荷载设计值,从强度和稳定两个方面验算原构件的承载力,只有当承载力富余 20%或以上时,才允许在负荷状态下进行加固。加固计算分别按下列两种情况进行。

情况一:补强加固后,对承受静荷载(或间接承受动荷载),且整体和局部稳定有可靠保证的构件,可按原有构件与加固零部件之间产生塑性内力重分布的原则进行计算。其广义表达式可写成

$$S/a \leqslant k\,\phi f \tag{6.8}$$

式中,S——考虑荷载分项系数后的荷载效应;

a——加固后构件截面的几何特性;

ϕ——加固后按整个截面计算的构件稳定系数(当强度计算时$\phi=1$)；

f——钢材的强度设计值；

k——加固折减系数。

情况二：补强加固后，对直接承受动荷载，或者不符合式(6.8)中要求的构件，应按弹性阶段进行计算。其广义表达式为

$$S_1/a_1 + \Delta s/a \leqslant \phi f \tag{6.9}$$

式中，S_1——加固时，作用在原有结构上实际荷载所产生的荷载效应设计值；

a_1——加固时，原有构件的截面几何特性；

Δs——加固后增加的荷载效应，考虑荷载分项系数；

a——加固后构件整个截面的几何特性；

ϕ——加固后按整个截面计算的构件稳定系数(当强度计算时 $\phi=1$)。

(4) 加固的技术分类

1) 改变结构计算图形。该方法是指采用荷载分布状态、传力路径、支座或节点性质，增设附加杆件和支撑，施加预应力，考虑到空间协同工作等措施，对结构进行加固的方法。

采用改变结构计算简图的加固方法时，除了对加固结构进行承载能力计算和正常使用极限状态的计算外，还应该对相关结构进行必要的补充验算，并采取合理的构造措施，以保证其安全。加固设计应当与施工紧密配合，应在加固设计中表明调整内力或变形的允许幅度和偏差，以及其检测的位置和检验方法。

2) 加大原结构构件截面。采用加大构件截面的方法加固时，会对结构的基本单元甚至整个结构的受力工作性能产生较大的影响，因而应根据构件缺陷、损伤状况、加固要求等因素，考虑施工的可能性，经过设计比较选择最有利的截面形式。按照负荷加固或部分卸荷加固或全部卸荷状况下加固的要求，分阶段考虑结构的截面几何特性、损伤状况、支承条件和荷载的不利组合，确定计算简图，设计加固截面，以确保安全可靠。

考虑到钢材具有硬化、韧性降低、疲劳和断裂的可能，钢结构应根据其所受荷载的性质(静力、动力或多次反复)、环境状况(温度、湿度)和结构的连接方法(焊接或螺栓连接、铆钉连接)，即结构的设计工作条件，选择截面以控制其最大名义的应变范围(弹性、部分塑性或塑性发展)，以保证结构的耐久、安全和节约，并依此划分了结构的工作类别(Ⅰ、Ⅱ、Ⅳ和Ⅴ)。对每类构件加固后其强度、刚度、稳定性以及疲劳的计算，具体参见现行设计规范。

3) 连接的加固。钢结构采用的连接方法有焊缝连接、铆钉连接、普通螺栓连接和高强度螺栓连接等，钢结构加固一般采用焊接连接和高强度螺栓连接，有依据时也可以采用焊缝和高强度螺栓的混合连接。

① 对铆接结构一般采用摩擦型高强度螺栓代替铆钉进行加固。当施工确有困难时，也可以用适宜的B级普通螺栓来代替铆钉。在任何情况下都不允许用C级普通螺栓作为加固时的抗剪紧固件。

② 焊接结构的加固以采用焊缝连接为主，尽可能避免仰焊。当施焊困难，且零件的接触面较紧贴时，可采用摩擦型高强度螺栓作为紧固件。

③ 对轻钢结构杆件，因其截面过小，在负荷状态下不得采用电焊加固。

④ 在受拉构件中,加固焊缝的方向应与构件中拉应力的方向一致。

4) 阻止裂纹扩展。在裂缝两个端头钻小圆孔,减少应力集中现象的发生。

6.2.2 加固设计

(1) 设计依据

1) 原有结构的竣工日期和施工记录。当缺乏这些资料时,应当具有结构现状的测绘资料;测绘时应当注意并详细记录杆件和节点的偏心情况。

2) 原有结构的计算书。

3) 原有结构的损坏、缺陷和锈蚀等情况的记录及其原因分析。

4) 原有结构的建造历史和使用情况。

5) 原有结构钢材的力学性能和化学成分。若缺乏原始资料,应当在原有结构上取样检验。

6) 实际荷载情况,应进行称量和实测。

(2) 设计原则

1) 钢结构的加固工作是相当复杂的,要有合理的加固方案。一个好的加固方案不仅要技术先进、经济合理、加固效果良好、方便施工,还要尽可能不影响生产。尤其是当前,加固工作多出现在改扩建工程中,是否会影响生产往往成为方案中的一个主要因素。

2) 加固设计应遵守现行的《钢结构设计规范》(GB 50017—2003),但对具体工程应当分别情况灵活处理,如果仅是构造上没有满足规范的要求,而使用中并未发生问题,且强度是足够的情况下,一般均可不必加固。

3) 为了尽量减少加固的工作量,以充分发挥原有结构的潜力。尽量不损伤原结构,并保留具有利用价值的结构构件,以避免不必要的拆除或更换。

6.2.3 加固施工

(1) 一般注意事项

1) 安全第一。加固施工时,应事先检查各连接点是否牢固。必要时可先加固连接点或增设临时支撑,必须保证结构的稳定。

2) 保证质量。加固施工时,必须清除原有结构表面的灰尘,刮除油漆、锈迹,以利于施工。加固完毕后,应重新涂刷油漆。

3) 先修复后加固。加固施工时,对结构上的缺陷、损伤(如位移、变形、挠曲等)一般应当首先予以修复,然后再进行加固。应当先装配好全部加固零件,如用焊接连接,则应当按照先两端后中间的顺序以点焊固定。

(2) 施工方式

1) 卸荷施工。结构损坏较严重或构件及接头的应力很高,或者补强施工不得不临时削弱承受很大内力的杆件及连接时,需要暂时减轻其负荷。对某些主要承受移动荷载的结构(如吊车梁等),可限制其移动荷载,这就相当于大部分卸荷了。

2) 更换施工。当结构损坏严重,或者原结构的构件、杆件的承载能力过小,无法用补强来达到加固的目的时,需要拆下和更新。此时结构的加固工作应在地面进行,或者采取措施使结构、构件完全卸荷,同时应注意当被换的构件、杆件拆下后整个结构的安全。

3) 负荷施工。这是加固工作量最小、最方便也较经济的方法。对结构构件在负荷状态下的加固,要求原有结构构件的承载力富余20%或以上;在负荷状态下加大角焊的焊缝厚度时,原有焊缝在扣除焊接热影响区长度后的承载能力,应不小于外荷载产主的内力。并且构件应没有严重的损坏(破损、变形、挠曲等)。

(3) 负荷下的焊接

1) 应慎重选择焊接参数(如电流、电压、焊条直径、焊接速度等),尽可能减小焊接时输入的热能,以避免结构构件丧失过多的承载能力。

2) 确定合理的焊接顺序,以使焊接应力尽可能减小,并能促使构件卸荷。如果在实腹梁中应先加固下翼缘,然后再加固上翼缘;在桁架结构中先加固下弦后再加固上弦等。

3) 先加固最薄弱的部位和应力较高的杆件。

4) 凡能立即起到补强作用并对原构件强度影响较小的部位先施焊,如加固桁架的腹杆时,应先焊杆件两端节点,然后再焊中段;如加大角焊缝的厚度时,先从焊缝受力较低的部位开始;对节点板上腹杆焊缝加固时,应首先加固焊端焊缝。

5) 采用焊接加固的环境温度应在0℃以上,最好在大于或等于10℃的环境下施焊,效果最佳。

6.3 钢结构加固技术举例

6.3.1 卸荷施工技术

卸荷加固施工的优势在于能够使新旧构件共同工作,缺点在于加固工作量增大。

1) 梁式结构。例如,工业厂房的屋架可用在下弦增设临时支撑柱[图6.5(a)],或者组成撑杆式结构[图6.5(b)]的方法来卸荷。当厂房内桥式吊车有足够强度时,也可以支承在桥式吊车上[图6.5(c)]。由于屋架从两个支点变为多个支点,所以需要进行验算,特别应注意应力符号改变的杆件。当个别杆件(如中间斜杆)由于临时支点反力的作用,其承载能力不能满足要求时,应在卸荷之前予以加固。验算时可将临时支座的反力作为外力作用在屋架上,然后对屋架进行内力分析。临时支座反力可以近似地按支座的负荷面积求得,并在施工时通过千斤顶的读数加以控制,使其符合计算中采用的数值。临时支承节点处的局部受力情况也应进行核算,该处的构造处理应注意不要妨碍加固施工。施工时还应当根据下弦支撑的布置情况,采取临时措施,防止支承点在平面外失稳。

2) 托架的卸荷可以采用屋架的卸荷方法,也可以利用吊车梁作为支点使托架卸荷。当吊车梁制动系统中辅助桁架的强度较大时,可以在它上面设置临时支座来支撑托架。利用杠杆原理,以吊车梁作为支点,外加配重 Q 使托架卸荷的方法也是一种可取的方法。通过控制吊重 Q,可以较精确地计算出托架卸荷的数量。利用吊车梁和辅助桁架卸荷时,应验算其强度。尤其应注意当利用杠杆原理卸荷时,作为支点的吊车梁所受的荷载除吊重 Q 外,还应叠加托架被卸掉的荷载。

3) 柱子一般采用设置临时支柱卸去屋架和吊车梁的荷载,如图6.6(a)所示。临时支

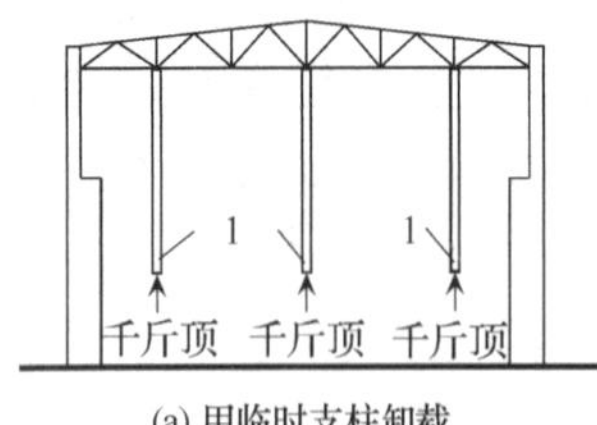

(a) 用临时支柱卸载

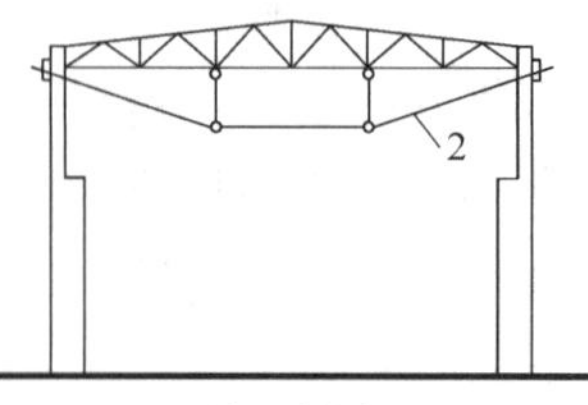

(b) 用撑杆式构架卸载

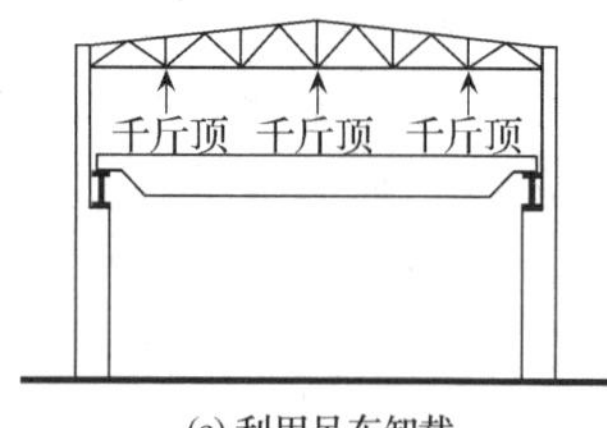

(c) 利用吊车卸载

图 6.5 屋架卸载示意图

1. 临时支柱;2. 拉杆

柱也可以立于厂房外面,这样可以不影响厂房内的生产,当仅需加固上段柱时,也可以利用吊车桥架支托屋架使上段柱卸荷。当下段柱需要加固或截断拆换时,一般采用“托梁换柱”的方法,如图 6.6(b)所示,“托梁换柱”的方法也可以用于整根柱子的更换。当需要加固柱子基础时,可采用“托柱换基”的方法。

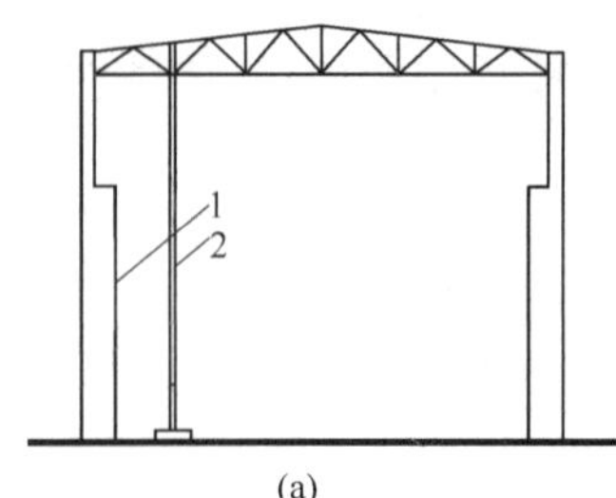

(a)

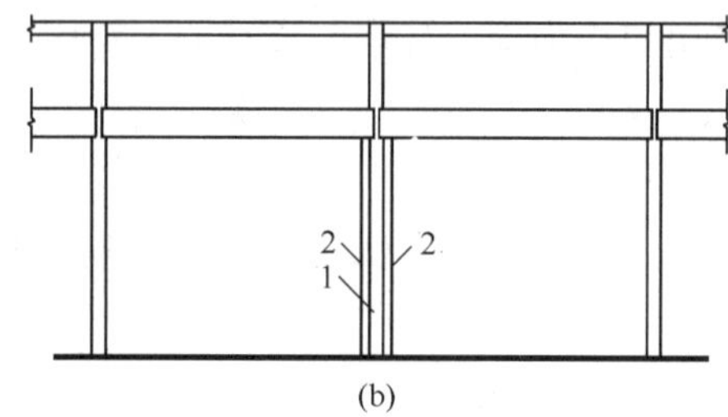

(b)

图 6.6 柱子卸荷示意图

1. 被加固柱;2. 临时支柱

4) 工作平台因其高度不高,一般都采用临时支柱进行卸荷。

6.3.2 改变结构计算简图

(1) 增加结构或构件的刚度

1) 增加屋盖支撑以加强结构的空间刚度,或者考虑围护结构的蒙皮作用,使结构可以按空间结构进行计算,挖掘结构潜力。

2) 加设支撑以增加刚度,或者调整结构的自振频率等,以提高结构承载力和改善结构的动力特性,如图 6.7 所示。

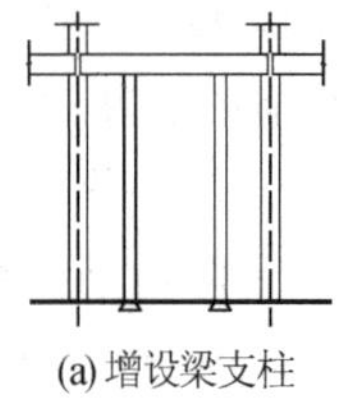
(a) 增设梁支柱

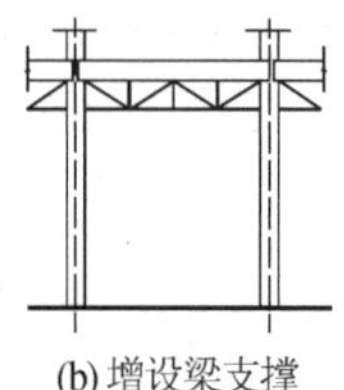
(b) 增设梁支撑

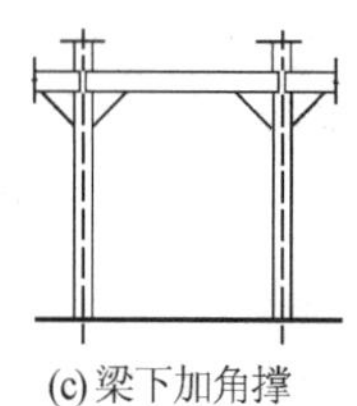
(c) 梁下加角撑

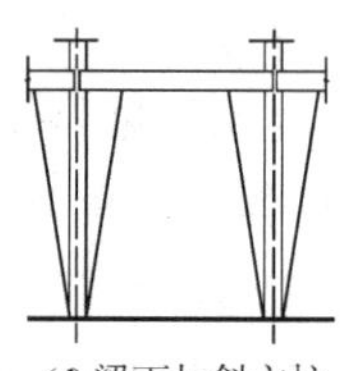
(d) 梁下加斜立柱

图 6.7 增设支撑构件

3）增设支撑或辅助构件以减小构件的长细比，从而增强构件刚度和提高其稳定性。

4）在平面框架中集中加强某一列柱的刚度，来承受大部分水平剪力，以减轻其他列柱的负荷，如图 6.8 所示。

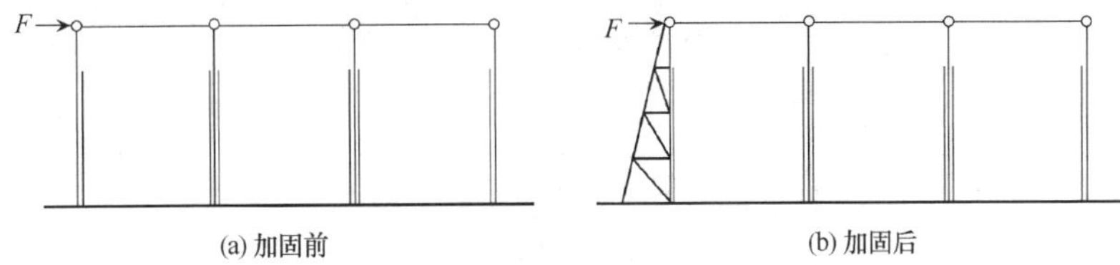

图 6.8　集中加强一列柱的刚度

5）在塔架结构中设置拉杆或拉索以加强结构的刚度，减小震动。

(2) 改变构件的弯矩简图

1）变更荷载的分布情况。例如，将一个集中荷载分为几个集中荷载。

2）变更构件端部支座的固定情况。例如，将铰支座变为刚性支座，如图 6.9 所示。

3）增设中间支座，或者将两简支构件的端部连接起来使之成为连续结构，如图 6.10 所示。

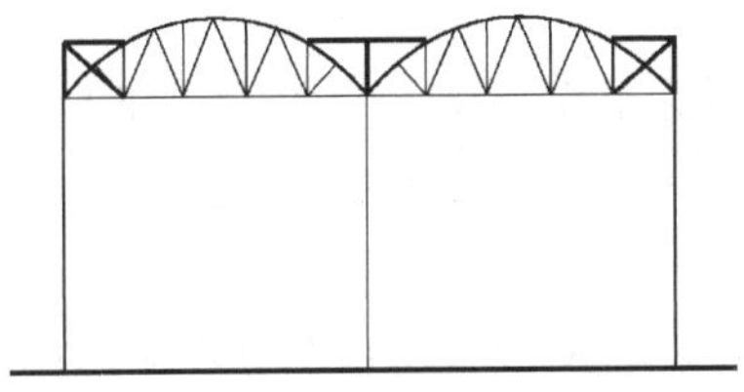

图 6.9　支座由铰接变为刚接

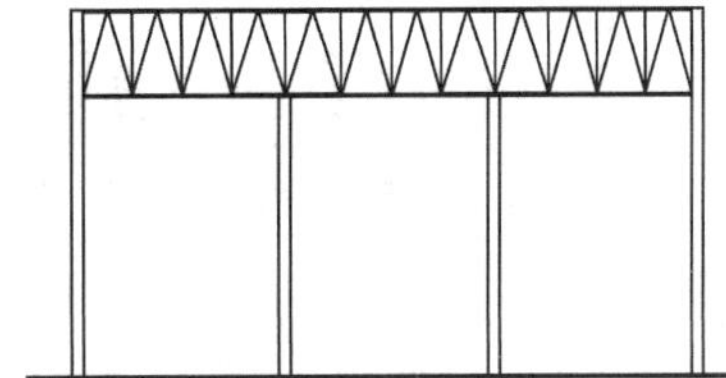

图 6.10　增设中间支座

4）调整连续结构的支座位置，改变连续结构的跨度。

5）施加预应力，预应力加固技术的应用范围很广，加固效果显著，如图 6.11 所示。

6）将构件改变成撑杆式结构，如图 6.12 所示。

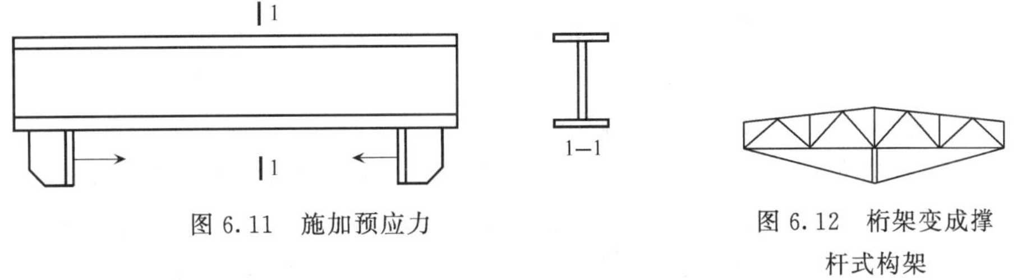

图 6.11　施加预应力

图 6.12　桁架变成撑杆式构架

(3) 改变桁架杆件的内力

1）增设撑杆，将桁架变为撑杆式构架，如图 6.12 所示。

2）加设预应力拉杆，如图 6.13 所示。

3）将静定桁架变为超静定桁架。

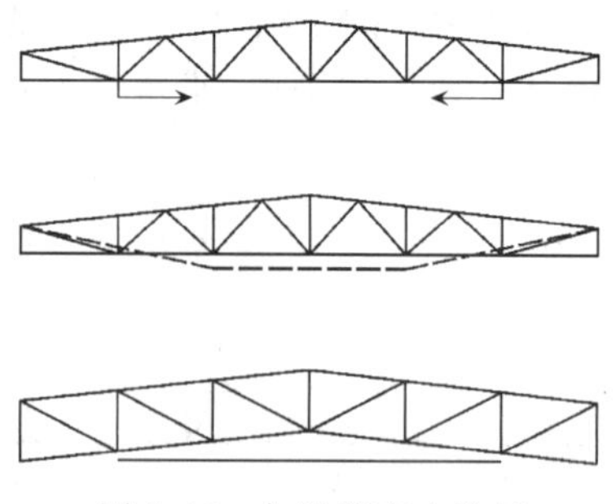

图 6.13　加设预应力拉杆

(4) 新旧构件形成混合结构

1) 在混凝土受弯构件下面增加下弦杆与腹杆,使原混凝土构件与加固构件形成组合结构或组合预应力结构。

2) 增加传递剪力的构件,使钢梁与钢梁上面的钢筋混凝土板共同工作形成组合梁结构。

3) 加强节点和增加支撑,可以使钢屋架与天窗架共同工作。

6.3.3　加大截面

构件截面的补强是钢结构加固中常用的方法。因为这个方法只是单一的加大原构件的截面,设计思路清晰,施工较为简便,在一定条件下可负荷补强,对结构使用功能影响较小。

1) 采用的补强方法应能适应原有构件的几何形状或已发生的变形情况,以利于施工。

2) 应尽量减少补强施工的工作量。不论原有结构是铆接结构或是焊接结构,只要其钢材具有良好的可焊性,根据具体情况尽可能采用焊接方法补强,应尽量减少焊接工作量和注意合理的焊接顺序,以降低焊接应力,并尽可能避免仰焊。

3) 应当尽可能使被补强构件的重心轴位置不变,以减少偏心所产生的弯矩。当偏心较大时,应按压弯或拉弯构件复核补强后的截面。

4) 补强方法应考虑补强后的构件便于油漆和维护,避免形成易于积聚灰尘的坑槽而引起锈蚀。

5) 焊接补强时应采取措施尽量减小焊接变形。

6) 当受压构件或受弯构件的受压翼缘破损和变形严重时,为了避免矫正变形或拆除受损部分,可在杆件周围包以钢筋混凝土,形成劲性钢筋混凝土的组合结构。为了保证两者的共同工作,应在外包钢筋混凝土的部位上焊接能传递剪力的零件。

思考题与习题

6.1　钢结构中钢材强度检测的方法有哪些?

6.2　钢结构连接检测的内容有哪些?

6.3　抗滑移系数的含义是什么？如何确定滑移荷载？

6.4　承载能力检验系数的测试中，试件达到承载能力的检验标志是什么？

6.5　某厂房 30m 跨钢屋架，检查时发现屋架局部锈蚀，锈蚀严重的几榀屋架同一位置受压腹杆普遍锈蚀 1mm，该腹杆长 3m，由 3 号钢 2∟100×80×7（长肢相并）组成 T 形截面，节点板厚 8mm，腹杆与节点板采用角焊连接，焊条为 E4303，肢背焊缝长 160mm、肢尖焊缝长 100mm，实际焊缝厚 h_f<7mm（取 h_f=6mm）；检查结果认为该腹杆需要验算。问是否需要加固，如何加固？

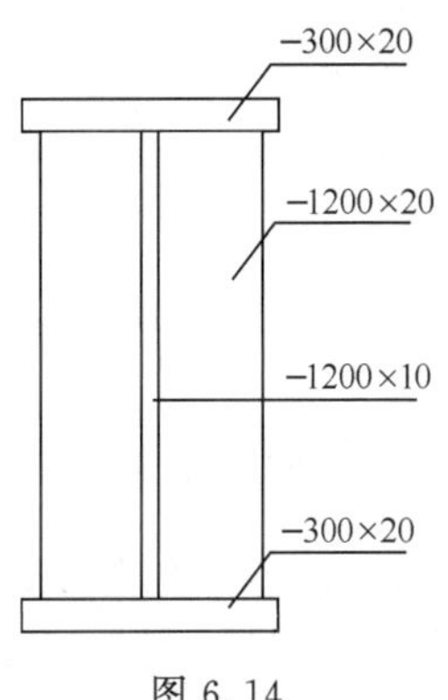

图 6.14

6.6　某工字截面组合钢梁计算跨度 10m，梁横向加肋，肋间距 2.0m，支座处有支撑加劲肋，梁截面尺寸如图 6.14 所示，钢梁用 3 号钢制作，梁受均布荷载作用，原钢梁上承受最大计算弯矩为 910 kN·m，现上部荷载增加，净增计算弯矩790 kN·m。问梁需要加固吗？如何加固？

第七章　结构物纠倾与平移

7.1　检测技术

7.1.1　外观检测

倾斜结构的外观检测，主要指墙体裂缝的检测。裂缝的多少直接影响结构物的整体刚度。裂缝的大小与多少对选择纠倾方法至关重要。所以，在结构纠倾前，对结构物原有裂缝必须做详细的检测与记录，必要时可用拍照、录像等方法进行记录。

裂缝的特征是判断结构是否处在危险状态的重要依据之一，所以在结构检测时，必须给予高度重视。外观检测的技术在本教材的前面已经做了介绍，这里不再赘述。

7.1.2　变形检测

变形量的检测是倾斜结构物检测的核心指标。检测内容主要有：①结构物的水平倾斜率；②地基与基础的整体变形量和局部变形量。

检测倾斜率常用的仪器是经纬仪或全站仪配合钢尺一起使用。

倾斜率检测的方法是将钢尺放在地面上，用经纬仪或全站仪将结构物的顶点投影到地面的钢尺上，在钢尺上就可以求得结构物顶点的水平位移量 ΔL。

地基变形量检测方法是用水准仪或全站仪进行相对高程的测量，求得各点的相对高差 Δh。执行标准见《建筑变形测量规程》(JGJ/T 8—2007)。

根据倾斜率的定义可知：

$$\eta=\frac{\Delta L}{H}\quad 或 \quad \eta=\frac{\Delta h}{L} \tag{7.1}$$

式中，η——结构物的倾斜率；

ΔL——结构物顶点的水平位移；

H——结构物顶点到地面的高度；

Δh——地基或基础的局部沉降量；

L——地基或基础局部沉降的范围。

当 η 超过一定的值时，认为该结构物已经处于危险状态。例如《危房签定标准》中规定，当 $\eta \geqslant 7‰$时，该房已经成为危房。

7.1.3　地基性能检测

结构物在纠倾之前，必须对结构物的地基状况进行检测与分析。检测内容主要有地基土体构造分布状况，地下水位状况，土体含水率等物理性能指标。

7.2　结构倾斜的原因

7.2.1　几个典型的结构物倾斜实例

(1) 意大利比萨斜塔

1) 工程概况。比萨斜塔是意大利比萨大教堂的钟楼，为八层圆柱形建筑，高 54.5m，直径 16m。2～7 层为空廊，第 8 层为钟厅。塔体共有 213 个由圆柱构成的拱形券门，塔内有螺旋状楼梯 294 级。斜塔通体由大理石建成，重达 1.42 万 t。比萨斜塔是意大利优秀的古代文化遗产，被誉为中世纪七大建筑奇迹之一。

该塔始建于 1173 年，于 1350 年完工。在 1185 年工程一度停工，其原因即为塔身已经出现倾斜，此时塔已建成四层，重量约 0.95 万 t。倾斜原因在于造基不慎，在第三层完工时出现地基沉陷不均匀而使塔向南倾斜，于是将下陷一侧的层高加大，以资补救，但沉陷更严重，故被迫停工达一个世纪之久。1275 年继续施工，历时 9 年筑至钟楼底层，这时塔重达 1.38 万 t。由于塔基不均匀下沉达 90cm，塔身明显偏斜。在 1285 年工程又停工，直到 1350 年钟楼开始施工，当年竣工。

1350 年竣工时，塔顶中心线已偏离垂直中心线 2.1m，以后塔身虽然不断向南倾斜，却依然屹立了 600 多年。但是随着时间的推移，比萨斜塔倾斜也在不断加剧。

从 1911 年开始测量以来，塔身每年平均向南倾斜约 1mm。1990 年其顶部中心点偏离垂直中心线已达 5m，塔基最大沉降量 3m，南北沉降差异达 1.8m，塔体倾角 5°30′(1991 年)，倾斜速率为每年 4″～6″。

2) 倾斜原因。比萨斜塔的建筑基础为淤泥质黏性土，是导致塔身倾斜的主要原因。

(2) 中国虎丘塔

1) 工程概况。中国苏州的虎丘塔建成于公元 961 年，为 7 层砖结构，高 47.5m，塔底直径 13.66 m，塔身呈八角形，由外壁、回廊与塔心三部分组成。约于 1980 年发现该塔向东北方向倾斜，倾斜角为 2°47′，倾斜量约 0.73m，倾斜率 15.5‰，被称为“中国的比萨斜塔”。

2) 倾斜原因。塔基下覆盖土层的厚度相差悬殊，加上基础底面积较小，基底地基承受的土压力太大是虎丘塔倾斜的根本原因。①虎丘塔建于虎丘山顶，其基岩面倾斜，西南高、东北低，塔的基础下为 1～2m 厚的块石人工地基，东北厚、西南薄，人工地基下的持力层为粉质黏土，呈可塑至流塑状态，底部为风化岩石和坚硬岩石，在塔基直径 13.66m 的范围内，岩石顶面的覆盖层厚度在西南为 2.8m，在东北为 5.8m，相差竟有 3m 之多。② 该塔并未扩大基础，只是在地面下、人工地基上有 8 皮砖(约 0.5m 深)作为基础，塔身坐落其上；估算塔身荷重 63 000kN，地基单位面积压力有 435kN/m^2，超过了地基承载力。

20 世纪 60 年代对虎丘塔管理不善，导致大量雨水下渗，软化了粉质黏土层，降低了它的承载力，塔基发生严重的不均匀沉降。加上塔基上压力本来就过大，必然会造成塔基的过大不均匀沉降，导致塔身倾斜。这是虎丘塔倾斜的诱导原因。

(3) 加拿大特郎斯康粮库

1) 工程概况。加拿大特郎斯康粮库建于1941年,该仓库由65个圆柱形筒仓组成,高31m,宽23m,其下为片筏基础。建成后初次储存粮食,结果粮库出现不均匀下沉,西侧陷入地表下8.8m,东侧则抬高1.5m,粮库倾斜27°。该粮库的整体性好,倾斜时筒仓完好。事后采用了顶升纠倾法对其进行了纠倾,在原有基础下面设计了70个支撑于基岩上的混凝土墩,用388只500kN的千斤顶以及支撑系统,完成了粮仓的纠倾工作。

2) 倾斜原因。地基勘探工作不到位,不了解基础下软弱黏土层的具体构造。软弱黏土层太厚,达16m深。初次储存粮食,使基底平均压力(320kN/m^2)超过了地基的极限承载能力。

(4) 湖北省花木协会大楼

1) 工程概况。湖北省花木协会大楼和化工公司宿舍楼位于武昌紫阳河畔,相邻而建,均为八层建筑物。两楼都采用整板基础,花协楼的整板尺寸为35m×16m,化工公司则为31m×22m,建造前对基础下2m厚的杂填土做了分层掺拌碎石碾压处理。两楼同时始建于1987年4月,至1987年8月底施工第五层时,已经发现花协楼向西倾斜达9‰,平均沉降速率为2.66mm/天。同年10月施工至第七层时,倾斜率升至10‰。当12月花协楼封顶时,倾斜率已达到20‰。同时,化工宿舍楼也发生向东的倾斜,两楼上部的附属设备以及互相靠紧倾斜率大大超过危房标准,决定实行纠倾。

2) 倾斜原因。地基主要受力层存在相当厚度的未经处理的高压缩性淤泥层;两建筑物荷载的互相影响,造成互相倾斜。

(5) 台州发电厂住宅楼

1) 工程概况。台州发电厂两幢家属楼住宅均为砌体承重结构,总建筑面积2500m^2,采用500mm厚石屑垫层上的钢筋混凝土筏板基础,筏板厚度A幢为300mm,B幢为350mm。施工期间进行了5次沉降观测,第5次观测得到A、B两住宅的沉降差分别为174mm和165mm,房屋发生倾斜,室内坡感明显。到纠倾前,南北向平均沉降差(平均倾斜值)A幢为235mm(30.1‰)、B幢为158mm(20.3‰),B幢东西平均沉降差为211mm,向西平均倾斜率约为8‰。两幢房屋的倾斜率都大大超过地基规范规定的允许值。

2) 倾斜原因。下卧层是较深厚的高压淤泥层,房屋重心略向北偏离,而主要原因是北边池塘抽水引起北侧淤泥层固结沉降所致。根据沉降观测,第4次(1984年5月12日,房屋已基本封顶)测得差异沉降值A幢为14mm,B幢仅为9mm,随后由于久旱无雨,附近厂家把水塘抽干,两个月后第5次观测A、B两幢的差异沉降即剧增到174mm和165mm。

(6) 山西化肥厂水泥分厂100m高烟囱

1) 工程概况。山西化肥水泥分厂100mm高钢筋混凝土烟囱的地面直径为7.44m,顶部直径为3.44m,重2600t,采用钢筋混凝土独立基础,底板直径14m,埋深4m。地基土为II级自重湿陷性黄土,因此将烟囱与窑尾厂房、引风机房的地基一起用6250kN·m能量的强夯处理,处理面积为1298m^2,烟囱地基位于强夯处理区的北侧。

烟囱建于1986年,在1993年5月发现向北倾斜,随后于同年6月10日和7月23日,两次测得烟囱顶部向北偏移分别为1.42m和1.53m,即采取应急措施减缓北倾速度。至9月5日认定烟囱倾斜量超过规范允许值的3倍,已属危险建筑物,且该地区又属7度地震设防区,必须进行纠倾处理。

2）倾斜原因。地基土浸水后造成承载力下降和不均匀沉降是倾斜的主要原因。

原地下水位埋深在40m以下,由于强夯形成了一层不透水土层,强夯区内产生上层滞水,埋深在1.3～1.95m,强夯区外的地下水较低。一方面,强夯区内地基软化承载力下降,强夯地基承载力为260kPa,浸水软化后降低至165kPa,已经小于设计要求的地基承载力250kPa;另一方面,地表水沿强夯区边缘渗入未处理的土层中引起湿陷。烟囱地基北侧正位于强夯区边缘,烟囱基础埋深又比引风机房和窑尾工房深2m,造成地表水渗流向烟囱地基北侧集中,北侧地基土含水量已达28%。

通过实例可以发现,结构物的倾斜,有些是自身的不足造成的,有些是自身以外的其他原因造成的,即结构物的倾斜有内因和外因之分。

7.2.2　倾斜的内因

结构物倾斜的内因是指结构物自本固有的不足,大致有荷载偏心、不同基础的地基应力不均匀、地基承载能力不均匀、勘察与设计有误等四种情况。

1）荷载偏心。造成结构物荷载偏心的主要原因大致有两种情况:①结构设计时,几何形心与结构物重心不重合,使附加弯矩过大;②施工组织时,施工荷载分布不均匀。

2）基础的地基应力不均匀。结构物设计时,变化基础的宽度是调解地基应力大小的重要手段,设计人员有时只考虑施工方便或少绘图,把结构物的基础尺寸尽量设计成一样的,由于各个基础的荷载大小不等,使得不同位置上的地基应力存在差异,造成地基不均匀变形。

3）地基承载能力不均匀。在地质比较复杂的地区,同一结构物的地基土薄厚不均匀或地基土的承载能力存在明显差异,例如,某结构物基础的一部分在开挖区,而另一部分在填方区。地基土的软硬不均匀,会使结构物基础产生不均匀沉降。

4）勘察与设计有误,过高估计地基土的承载能力。对于软土地基、可塑性黏土、高压缩性淤泥质土等土质条件,荷载对其沉降的影响较大。或者漏算荷载,基础尺寸不足等。青岛某烟囱,设计时桩数过少,并有许多断桩,导致50m高烟囱倾斜1120 mm。

7.2.3　倾斜的外因

结构物倾斜的外因是指结构物自身以外后来附加的影响因素。主要有:

1）地面水对地基土的作用。地面水对土体的软化作用比较明显。特别是在湿陷性某土地区,地面水对地基土的影响更显著;水对湿膨胀土的作用也比较敏感。

2）相邻的新结构物对旧结构物的影响,特别是浅埋基础结构物在前,而深埋基础的结构物在后时,其影响更为显著。

3）地震灾害的影响。地震时:①会发生地基土液化,地基承载能力急剧下降,地面开裂、山体滑坡等不良现象;②在振动作用下,地基土变形加快,结构物下沉加剧。

4）人为破坏地质构造。矿山的大量开采、地下空间开发、深基坑工程开挖以及抽水,也常使临近地面结构物不均匀下沉,造成地面结构物开裂、倾斜等现象的发生。又如甘肃靖远矿务局某住宅小区建筑物出现不同程度的倾斜。

5)施工质量低劣的影响。

6)气候变化的影响。地基土的冻胀是最典型的一类。平地上没有结构物时,地面没有阴阳面之分,地基土的冻胀是比较均匀的,当地面上有结构物存在时,地面上就有阴面与阳面之分,阳面冻土浅,而阴面冻土厚。当一浅一厚依次正好在基础底面的一上一下时,基础的竖向变形量就不能均匀。相对地,冻土较厚一侧的基础会被抬高。

7)大量长期堆载,使地基下沉,造成结构物倾斜下沉等。如南京茶西小区四幢桩基住宅楼,由于基坑开挖时大面积堆载以及桩基设计不当,致使住宅楼屋顶的偏移量高达300mm。

8)综合因素影响。中国虎丘塔的倾斜是很典型的例子。

7.3 纠倾与加固技术

倾斜结构物的纠倾方法按照纠倾途径不同可以分为两大类:①迫降法,即经过人为措施强迫倾斜结构物的较高侧下沉;②顶升法,即经过人为措施使结构物的较低侧升高。

从理论上讲应该有迫降法和顶升法二者相结合的升降综合法,事实上,在同一座结构物上,一边进行迫降,一边进行顶升的方法在实际中也有应用。

结构物纠倾途径如图7.1～图7.3所示。

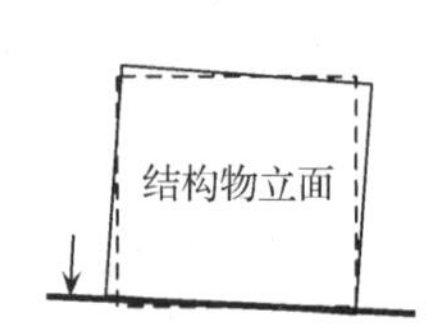

图7.1 迫降纠倾示意图

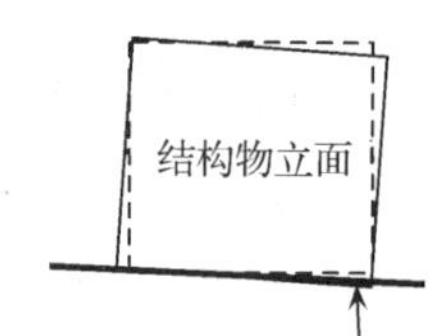

图7.2 顶升纠倾示意图

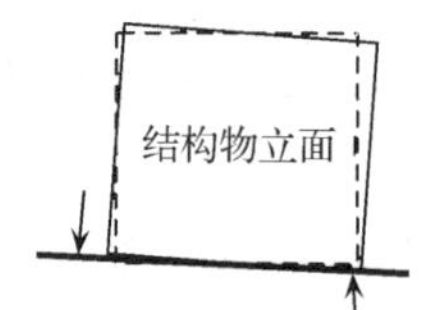

图7.3 综合纠倾示意图

7.3.1 固倾

固倾就是把正在倾斜的结构物稳定下来。固倾是纠倾的第一步,而且是纠倾的前提。固倾的技术有减小地基土压应力与增加地基土承载能力两种。前者的应用技术主要指在上部结构上把正在倾斜的结构物拉住,或者把正在倾斜的结构物顶住,迫使结构物趋于稳定;后者的应用技术主要指在较低一侧的地基上采取使地基密实、使地基含水量降低等措施,迫使结构物趋于稳定。

7.3.2 迫降法

(1)迫降法纠倾原理

使用迫降法有一个前提,即倾斜结构物的竖向有足够的下沉空间。例如,内外高差的要求,地下管网的要求等。

从力学原理的观点出发,迫降纠倾的方法有解除应力法、附加应力法、软化地基法以及基础卸荷法四种。把这其中的两种或两种以上方法综合使用的技术叫综合迫降法。综合迫降法在实际中应用比较普遍。

1）解除应力法，即在倾斜结构物的较高一侧的地基上开槽或挖竖向井，地基土体在这一侧形成自由端，以解除地基土体的环向应力，使地基土产生竖向变形。应力解除法的技术如图 7.4 所示，竖向剖面如图 7.4(c)所示。

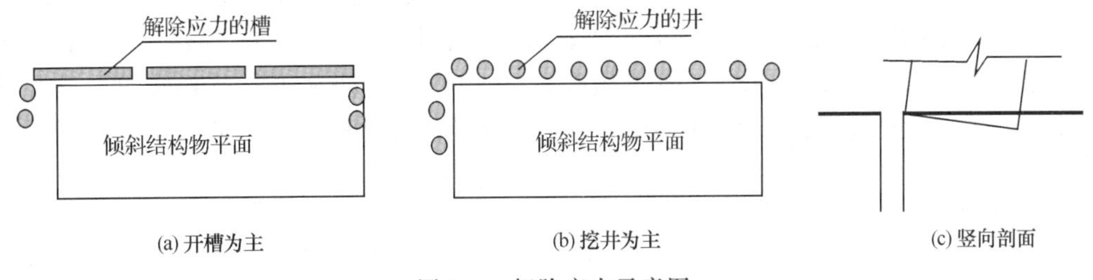

图 7.4　解除应力示意图

解除应力法纠倾时，回倾平稳，速度较慢；措施简单，容易操作。适用于在软弱地基上使用。同时也是水平孔方式附加应力法的第一步工作。

2）附加应力法，即在倾斜结构物较高一侧的地基土上，采用附加重量或削弱承压面积等措施使地基土的应力增大的方法。削弱承压面积法又有两种技术，一为地下水平成孔法，一为地面竖向成孔法。附加应力法的技术如图 7.5 所示。

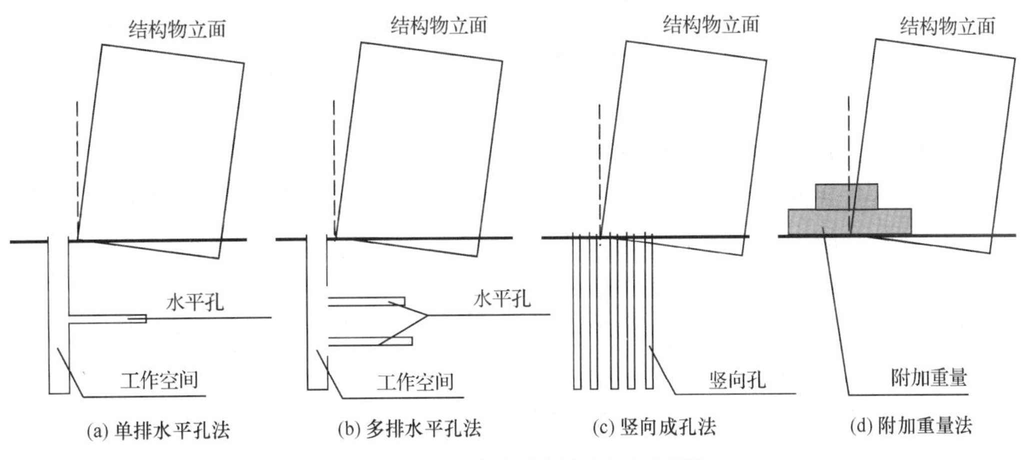

图 7.5　附加应力法纠倾原理示意图

附加应力法纠倾时，回倾也比较平稳，速度相对较慢；措施简单，容易操作，也适用于在软弱地基上使用。同时成孔方式又是软化地基法的第一步工作。

竖向成孔法对桩基工程纠倾最为合适，配合软化地基法其纠倾效果更理想。

配重附加应力法与解除应力法以及成孔附加应力法综合使用，其纠倾效果更佳。比萨斜塔的纠倾就是成功的一例。

3）软化地基法，即在倾斜结构高一侧的地基土上浸水，使土体的强度下降，刚度也随之下降的方法(专利技术，专利号：ZL02139571.3)。图 7.4 中，在(a)、(b)以及(c)的水平孔或竖向孔中，按照一定的技术要求注入一定量的水，其地基自然软化，承载能力肯定下降。

软化地基法纠倾，回倾速度相对较快；技术难度大，不容易操作。适用于在黄土地基上，特别是在湿陷性黄土地基上使用。在槽或井等工作空间内注水的迫降纠倾方法，有较多的报告。但这种技术的副作用明显，不宜提倡，特别是在湿陷性黄土地区更不宜采用。

4）基础卸荷法，即把荷载转嫁给软弱层。卸荷法又有截断法和水冲法两种技术。截断法即把结构物较高一侧结构的竖向构件按照一定的技术截断，迫使结构物下降的一种纠倾方法。截断法的前提就是竖向构件的地基相对稳定，有足够的承载能力，故这种方法适用于在岩石地基层使用，其纠倾效果较理想，但操作技术难度大。截断法纠倾原理如图 7.6所示。水冲法适用于软弱地基层。水冲法纠倾原理如图 7.7 所示。

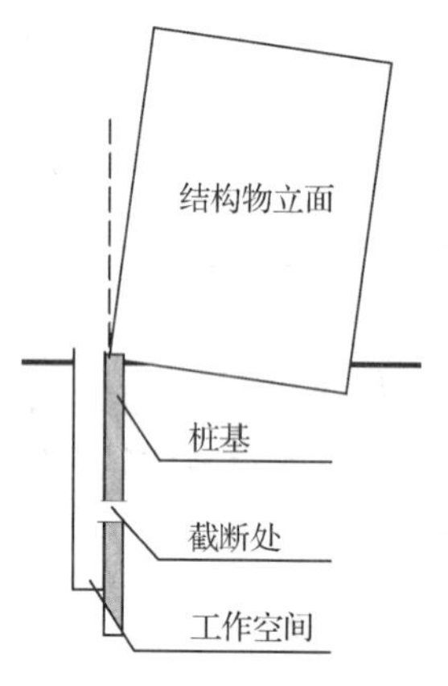

图 7.6　截断法卸荷原理示意图

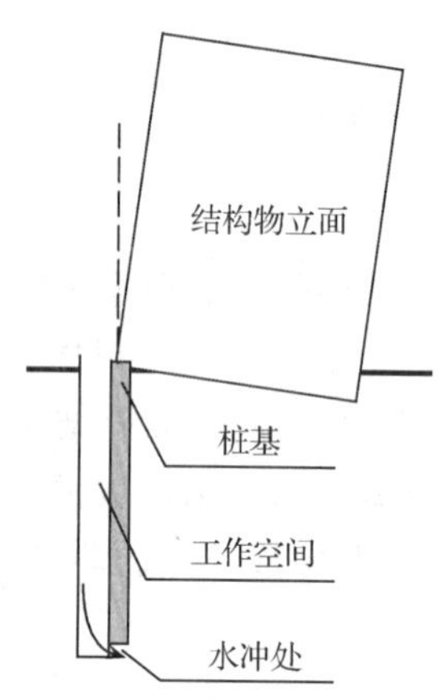

图 7.7　水冲卸荷原理示意图

(2) 迫降法纠倾的设计内容

1）确定各点的迫降量。

2）安排迫降顺序、迫降位置及迫降范围，制定实施计划。

3）编制迫降操作规程与安全措施。

4）设置迫降的检测系统。沉降观测点的纵向布置每边应该不少于 4 点，横向每边应该不少于 2 点。

5）迫降的速率应该根据结构物的类型以及结构物的刚度综合确定。一般情况下，沉降速率应当控制在 5～10mm/a 的范围内。纠倾开始以及纠倾结束时应该选择下限，并且在迫降接近设计控制值时，应该留有一定的惯性余量，大约为 1‰，以防止过倾现象。

(3) 迫降法纠倾加固

结构物纠倾之后，应该立即进行加固处理。加固程序的流向是纠倾程序的逆流方向，加固原则是不论地基、基础，还是结构构件，加固后的强度或承载能力必须不小于结构物原设计要求。

解除应力法纠倾后的加固，主要是对槽或井的夯填，夯填材料可用原来的挖土，也可以用灰土、三合土或碎石土。附加应力法与软化地基法纠倾后的加固，主要是对水平孔或竖向孔的夯填，夯填的材料以四合土(石灰∶黄土∶砂石∶水泥＝4∶3∶2∶1)为宜。截断法纠倾后的加固，主要是对截断构件的连接与加固，钢筋可以用植筋与焊接相结合的方法处理，并加密箍筋，接茬处用粘结剂处理后，再用强度高一级的细石微膨胀高流动性混凝土浇注。

7.3.3　顶升法

倾斜结构物的纠倾顶升法有两种：①膨胀材料顶升；②截断顶升。

膨胀材料顶升，即把膨胀材料（例如生石灰），强行放入倾斜结构物较低一侧基础下方的地基土内，膨胀材料膨胀时，就顶升地基土以及上部相应位置的结构物。顶升纠倾工作原理如图 7.8 所示。

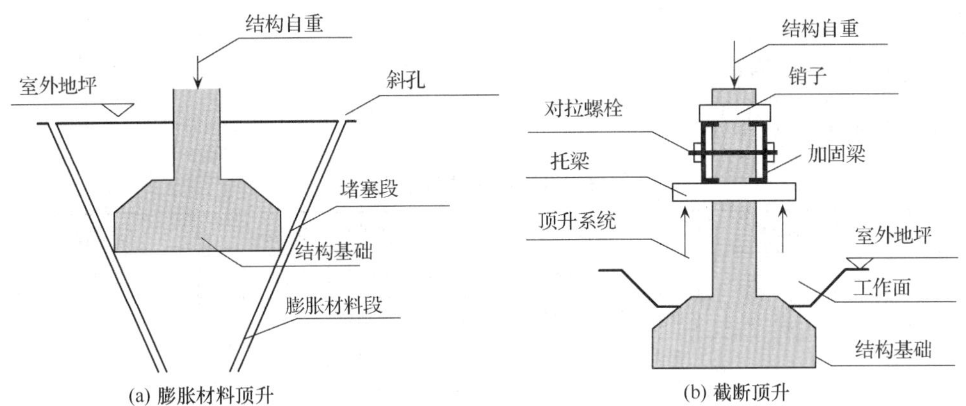

图 7.8　顶升纠倾工作原理示意图

截断顶升就是把结构从某一水平位置截断，然后将顶升设备[图 7.8(b)]安置在截断部位。例如基础顶或底面，顶升的设备升高，使对应位置的上部结构同步升高。

从理论上讲，应该把同时应用这两种手段进行顶升的方法叫综合顶升法，但在实际纠倾应用中并不多见。

7.3.4　纠倾注意事项

1）纠倾加固适用于整体倾斜值超过《建筑地基基础设计规范》(GB 50007—2011)规定的允许值，且影响正常、安全使用的多层既有建筑物。

2）纠倾加固应通过方案比较，优先选择迫降纠倾，当迫降纠倾不适用时可采用顶升纠倾。

3）当既有建筑物上部结构有裂损时，纠倾前应对裂损情况进行调查和评价。当裂损对纠倾施工安全有影响时，应先对上部结构进行加固。

4）倾斜工程的个性在纠倾技术上表现的比较突出，对于不同结构形式或不同基础形式的结构物或不同场地土上的结构物，其纠倾方法均不相同，即使是使用同一种纠倾方法，其纠倾技术的具体应用也会有所差异。

5）工程纠倾设计工作的最大特点是施工方案设计的动态性，明天的施工内容须待将今天的测试结果进行分析之后才能决定，不像新建工程，其施工图的静态性（即设计内容的不变性）表现的比较突出，一张施工图就可以指导工程施工的全过程。

6）纠倾加固工程对技术的要求较高，在施工中要实行动态管理，信息化施工，依据监测结果随时调整部署工作，做到恰当合理，才能保证结构物平稳线性变化。

7）工程测量和结构检测的重要性在工程纠倾的过程中显得尤为突出，工程测量是纠倾技术人员的眼睛，通过它技术人员可以“看到”结构物整体的回倾状态；结构检测是纠倾技术人员的神经，通过它技术人员才能“感到”建筑结构局部的受力状态。

8）把握倾斜对象的工程特点及其地基的地质构造特点是结构纠倾成败的关键之一。

9）纠倾施工是一项细致的工作，不能操之过急，事先要有施工组织设计，施工中又要随时观测，才能人为地控制各项指标，取得良好的效果。

10）纠倾或移位到达预定位置时，应立即对工作槽、孔或施工的工作面进行回填修复。

7.3.5　纠倾技术汇总

纠倾技术汇总见表 7.1。

表 7.1　纠倾技术汇总

<table>
<tr><th>纠倾途径</th><th>纠倾原理</th><th>纠倾方法</th><th>技术特点及工具</th><th>适用范围</th></tr>
<tr><td rowspan="13">追降</td><td rowspan="2">解除应力法</td><td>室外地基旁开槽纠倾</td><td>人工或微型挖土机</td><td rowspan="2">是掏土附加应力法纠倾的前序</td></tr>
<tr><td>室外竖向井纠倾</td><td>人工或钻机</td></tr>
<tr><td rowspan="4">附加应力法</td><td>室内竖向孔掏土纠倾</td><td>钻机或洛阳铲</td><td rowspan="2">是软化地基纠倾的前序，高压水冲技术不适用于湿陷性黄土地区</td></tr>
<tr><td>基底水平孔掏土纠倾</td><td>孔有单排与多排之分，掏土分人工与高压水冲两种</td></tr>
<tr><td>配重加压纠倾</td><td>增层或堆积重物</td><td></td></tr>
<tr><td>地基降水纠倾</td><td>制造流沙及增加自重</td><td></td></tr>
<tr><td rowspan="4">软化地基法</td><td>室外地基旁开槽注水纠倾</td><td rowspan="4">降低地基承载能力</td><td></td></tr>
<tr><td>室外竖向井注水纠倾</td><td></td></tr>
<tr><td>基底水平孔注水纠倾</td><td>湿陷性黄土地区更佳</td></tr>
<tr><td>迫振液化地基纠倾</td><td>适用于软弱地基层</td></tr>
<tr><td rowspan="2">基础卸荷法</td><td>截断桩基纠倾</td><td>人工、钻机、切割机</td><td>适用于岩石地基层</td></tr>
<tr><td>水冲状尖纠倾</td><td>人工、高压水泵</td><td>适用于软弱地基层</td></tr>
<tr><td>综合追降法</td><td colspan="3">将上述各追降纠倾技术综合使用，纠倾效果更佳</td></tr>
<tr><td rowspan="5">顶升</td><td rowspan="2">膨胀材料顶升法</td><td>固体膨胀材料顶升纠倾</td><td></td><td></td></tr>
<tr><td>液体膨胀材料顶升纠倾</td><td></td><td>湿陷性黄土地区小心使用</td></tr>
<tr><td rowspan="2">截断顶升法</td><td>基础底面顶升纠倾</td><td>结构不受干扰</td><td></td></tr>
<tr><td>基础顶面顶升纠倾</td><td>结构在某一水平面分开</td><td></td></tr>
<tr><td>综合顶升法</td><td colspan="3">膨胀法以加固地基为主，截断顶升单纯为纠倾服务，二者结合成本较高</td></tr>
<tr><td>升降综合</td><td colspan="4">对于纵向较长的结构物，地基变形比较复杂，多处局部变形显著，结构物受扭时，采用升降结合效果为佳</td></tr>
</table>

7.4　工程实例

7.4.1　迫降纠倾

(1) 工程概况

中国石化兰州设计院老区1#住宅楼，位于兰州西固福利区福利路北段，建于1982年，甲、乙、丙3个单元的平面布置组成了“品”字形(图7.9)，背靠学校，地势低洼，三面被住宅楼所包围，Ⅲ级湿陷性黄土厚28.00m。

甲单元为纠倾对象(即倾斜单元)，建筑面积约1460 m²，有3道纵墙和9道横墙，布置构造柱，设置圈梁；结构物檐口标高为17.20 m，条形基础底部标高为−3.28 m。该结构物为6层砖混结构，±0.00以下的分布如图7.10所示。

2000年10月3日发现该结构物产生倾斜变形，经测量，甲单元东头的倾斜量为

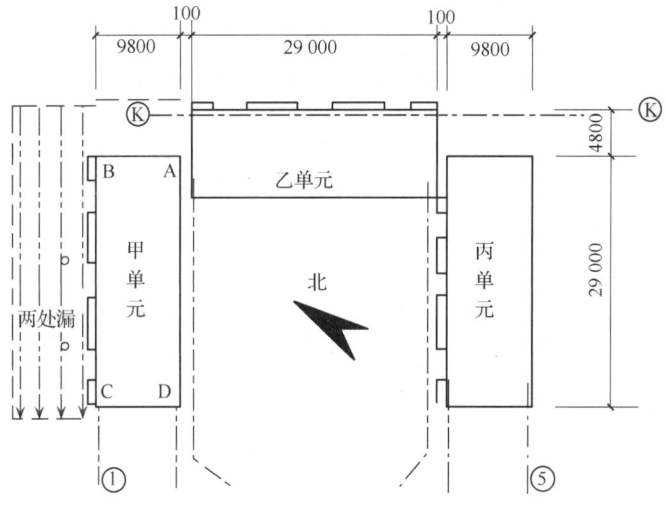

图7.9　老区一号楼平面位置示意图

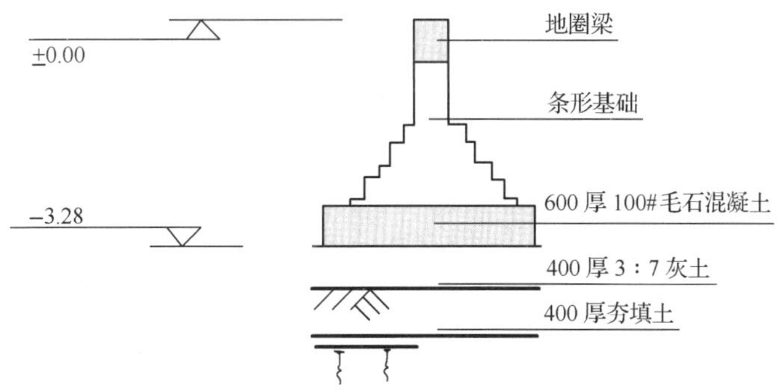

图7.10　结构物基础剖面示意图

310mm,西头的倾斜量为402mm(包括100mm上部结构变形缝),结构物倾斜率达17.5‰(图7.11),甲单元房屋四角(A～B)处沉降量展开图如图7.12所示。根据现行技术规范标准,该结构物已经成为危楼。

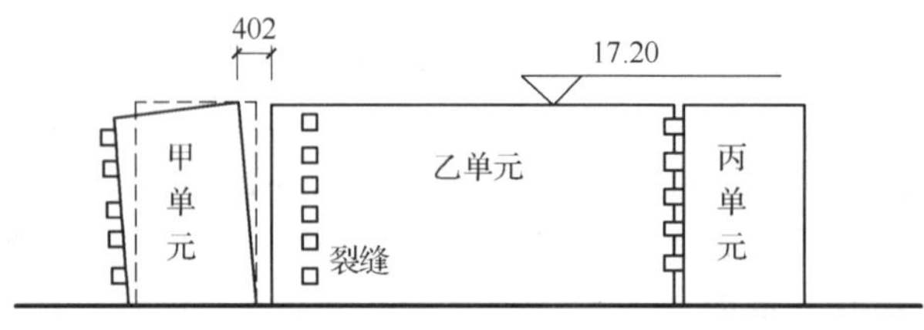

图7.11　甲单元倾斜量立面示意图

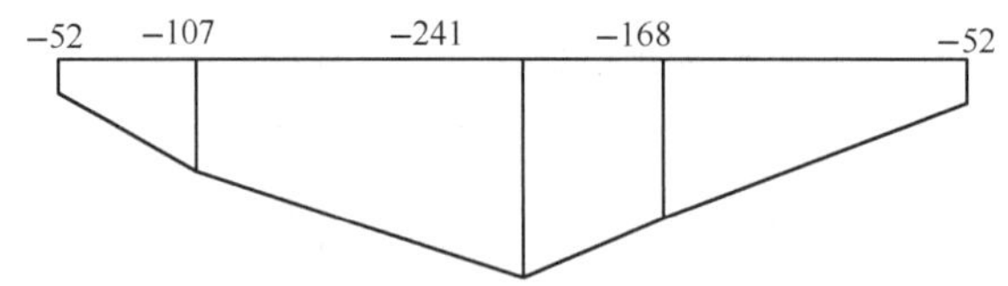

图7.12　甲单元4角倾斜沉降量展开示意图(单位:mm)

当时原结构物继续以2mm/年的速度倾斜。在纠倾前,甲方与某施工公司联合实施了急救性固倾,固倾方案如图7.9所示。①轴线外的虚线区表示固倾施工区域,4条带箭头的双点画线表示4排梅花型布置的石灰挤密桩的施工方向。

(2) 倾斜原因

1) 该结构物的四周地势略高,排水不畅,多年雨水蓄积,原地基勘察报告中－8m处地基含水量为8%～13%,而现在地基含水量已达13%～22%(表7.2),使地基承载能力整体有所下降。

表7.2　土工试验结果报告

土样编号	取样深度/m	天然含水量 w/%		天然容重 γ/(kN/m^3)	相对密度 G	天然孔隙比 e	压缩系数 a_{1-2}/(1/MPa)	相对湿陷系数 δ_s	自重湿陷系数 δ_{zs}
		现在	原来[1]						
2#-Zk-1	－2.88	18.7	8	18.1	2.68	0.66	0.18	0.000	0.000
2#-Zk-2	－3.88	21.6	—	18.2	2.68	0.75	0.22	0.000	0.000
2#-Zk-3	－4.88	18.6	10	15.8	2.68	0.97	0.38	0.023	0.015
5#-Zk-1	－2.88	18.1	9	18.4	2.68	0.69	0.16	0.002	0.000
5#-Zk-2	－3.88	21.6	—	18.1	2.68	0.76	0.16	0.000	0.000
5#-Zk-3	－4.88	18.6	13	15.7	2.68	0.94	0.27	0.018	0.009

1) 原来地质勘察报告中的含水量测试值的地下高度为－2m和－4m,室内外高差为0.88m;2#与5#位置见图7.14。

2) 地基变形使地沟开裂,导致下水管断裂,大量下水直接渗入地下,使结构物地基承载能力局部急剧下降。管道漏水是结构物发生不均匀沉降的直接原因。

3) 甲乙单元变形缝处两墙的基础共用同一混凝土垫层(图 7.15),甲单元下沉后,乙单元该段墙体下的混凝土垫层卸载,使甲单元变形缝下方地基的应力减小,这是结构物发生不均匀沉降的又一原因。

4) 甲单元北面为悬挑阳台,使建筑结构的几何形心与质量重心不重合,产生偏心,地基土应力分布不均匀,使地基土产生不均匀变形。

5) 甲单元的倾斜状况是 A 点最高,C 点最低,地表土含水量 C 区远高于 B 区,纠倾加固时应由 C 向 B 进行,不应由 B 向 C 进行。实际施工的顺序是由 B 向 C,夯锤的振动加速了甲单元的倾斜。

(3) 方案制定

1) 技术路线。根据现场调查情况和有关技术资料以及对结构物倾斜原因的分析,确定了下列技术路线:

先用迫降法,后用膨胀顶升法,始终坚持以迫降法为主膨胀顶升法为辅的纠倾原则,把膨胀顶升法作为补充技术更适合于本项目的实际情况。

由于该结构物地基沉降原因的复杂性和地基变形的复杂性,在迫降法中仅采用单一的迫降技术很难完全达到目的,所以决定采用综合纠倾技术的施工方案。纠倾工作将以开挖沉降井下沉和注水下沉为主,以振动下沉和配重下沉为辅助技术。

在采用上述纠倾技术时,应根据地圈梁应变检测的动态信息,分别实施相应的纠倾措施,坚持分期分段、综合协调的纠倾施工原则,力争甲单元不裂,乙单元墙体已有裂缝不再扩展。

2) 乙单元的支护。甲单元的不均匀沉降已经导致乙单元北部端头(⑥轴线附近)的地基产生下沉变形,⑥轴线比⑧轴线低 45mm;乙单元北端两个开间 1 至 3 层的外墙窗台下已出现 1～2mm 宽度不等的斜裂缝(图 7.12)。因此,在甲单元纠倾前,如果对乙单元北部端头不采取相应加固措施,甲单元的纠倾必定会导致乙单元外墙裂缝扩大,使乙单元结构的安全性大大降低,直接影响乙单元住户的正常生活;所以在甲单元纠倾前必须先对乙单元进行加固处理。

加固方案有 4 种:①打挤密桩;②托梁支撑墙体;③置换混凝土垫层;④采用混凝土灌注桩。

若采用打挤密桩的方法进行加固,比较经济,但室内加固的难度大;若采用②或③方案,能够彻底摆脱纠倾的甲单元对乙单元的影响,但造价高,工期长。

经过综合分析,决定采用④方案。为了给结构物不留隐患,运用了概念设计的思想,在乙单元毛石混凝土垫层的底部,设置了 4 根人工成孔 C20 素混凝土灌注桩,桩的平面布置见图 7.13 所示。

3) 沉降井的布置。沉降井的设计参量有 4 个,一是井的间距,二是井的深度,三是井的形状,四是井的直径。

井间距 l_i 的设计。用迫降法纠倾倾斜结构,就是将倾斜结构高侧的地基土取出来,井间距 l_i 是根据这一原则来设计的:①根据土方量计算的方法能够求得纠倾施工土方总量 Q($Q=h_iA/n$,其中 h_i 表示控制点的倾斜沉降量,n 表示控制点的个数,A 表示结构物的水平投影面积);②在满足施工要求的基础上,结合场地的特点确定沉降井的形状与大小;在满足土体稳定性和井壁最小厚度两个要求的基础上,确定沉降井的数量 m;③确定单个井内能够取出的纠倾土方量 $q(q=Q/m)$;④求得沿布井方向上满足 q 的间距即为所求的井间距 $l_{i\to i+1}$(地面倾斜率 k 与相邻井间距的关系为 $k=\Delta h_{i\to i+1}/l_{i\to i+1}$,其中 $\Delta h_{i\to i+1}$ 表示两个沉降井之间的沉降差);纠倾取土量与井间距的关系为

$$q=\frac{\sum_{i}^{i+1}(h_i^{(1)}+h_i^{(5)})}{4}\times b\times l_{i\to i+1}$$

式中,b——结构物的宽度;

$h_i^{(1)}$、$h_i^{(5)}$——与第 i 个沉降井有关的第①轴线和第⑤轴线上的沉降量。

反复②、③、④3 个步骤,使 m、q、$l_{i\to i+1}$ 3 个参量协调。在本纠倾实践中的设计结果如下:

$Q=29$(方),$m=12$(个)(在纠倾操作过程中,额外加了 2 个沉降井,其中 1 个沉降井的平面形状为矩形),$q=2.4$(方),$l_{i\to i+1}$ 从 2.4m 到 1.6m 依次减小共 11 挡。

确定井的深度 H。井的深度 H 与地基土的基本性质有关,与所要扰动土的深度 h 也有关。当土的基本性质一定时,H 与 h 的比值 k 为已知值。所以,确定井的深度 H 的步骤是:①根据施工要求确定 h;②根据土的基本性质确定 k 值;③h 与 k 的比值即为所求的 H。

确定井的形状。井的形状有矩形、圆形、椭圆形、菱形等。矩形应力解除量的计算模型简便,但井壁的稳定性差,容易出现塌方现象;圆形容易施工,但工作面小;菱形应力解除的效果预计比较理想,但施工难度稍大;所以,决定采用椭圆形沉降井。

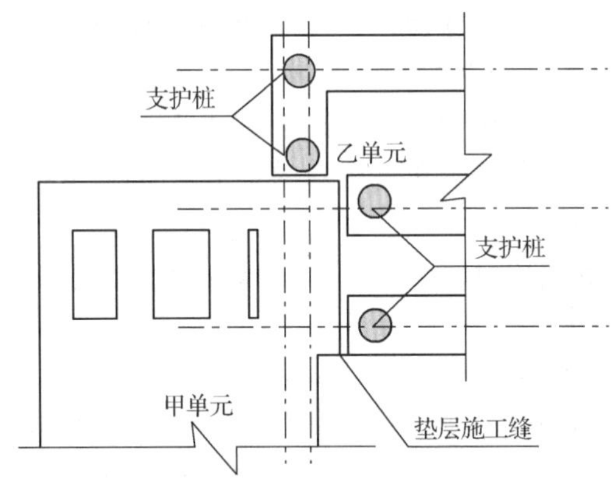

图 7.13　乙单元支护桩位平面布置示意图

确定井的大小。影响沉降井大小的因素:① 井壁的最小厚度,若井壁太厚,解除应力法的效果降低,若井壁太薄,井壁的稳定性又没有保障;② 施工工具的特性;③ 沉降井的大小直接关系到施工的工程量的大小。

甲单元纠倾沉降井平面布置如图 7.14 所示。

4) 甲、乙单元的分离。以甲单元为施工对象应用沉降法纠倾,即要求甲单元较高一侧的地基下沉,正好甲单元的较高一侧就在甲、乙单元变形缝的平面位置上,由于甲、乙两单元变形缝处两墙的基础共用同一毛石混凝土垫层,甲单元下沉,则乙单元也下沉。

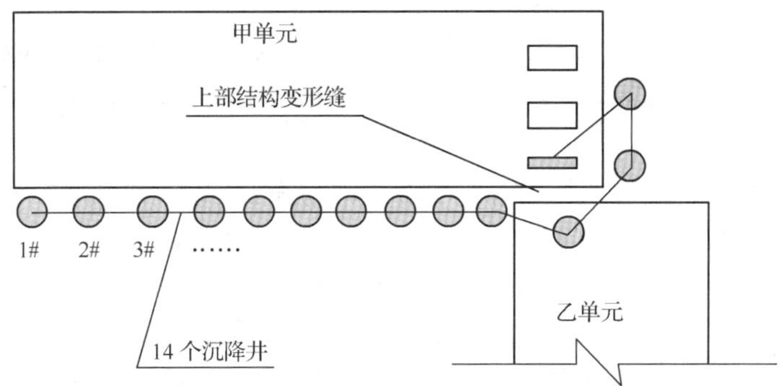

图 7.14　甲单元纠倾沉降井平面布置示意图

分离甲、乙单元垫层的施工方案有：第一，采用钢筋混凝土灌注梁柱支撑墙体；第二，强制分离毛石混凝土垫层，采用混凝土灌注桩直接支撑墙体；第三，采用千斤顶分离甲乙单元。

方案一、二尽管对甲乙单元的分离十分有利，但因为其工程造价高，工期长，被甲方彻底否定；第三方案在时间上可以与甲单元的纠倾同步进行，最为经济，但可操作性较差，一方面要求其基础要与甲单元的回倾同步下沉，另一方面又要求乙单元的上部结构保持稳定。千斤顶的平面布置如图 7.15 所示。

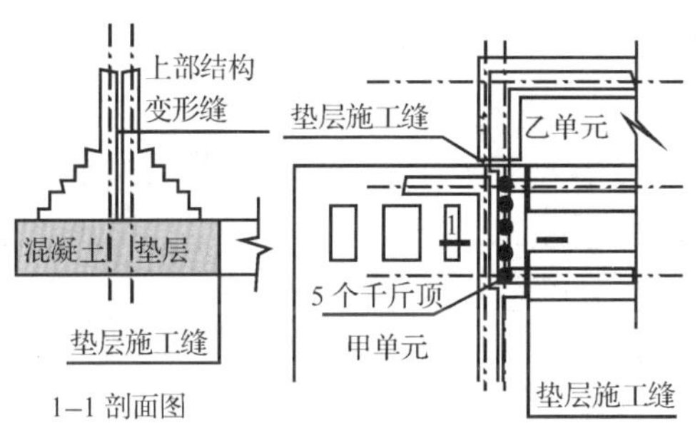

图 7.15　甲、乙单元基础平面布置示意

试想，甲单元回倾量与时间的回倾曲线不是光滑曲线，千斤顶的操作也不是能够连续进行的，这两者的组合使得使用千斤顶给乙单元北段端头的上部结构施加一静力是不可能的，这就意味着乙单元北段端头的上部结构承受疲劳荷载。砌体结构抗疲劳的能力是比较差的，所以在疲劳荷载作用下，要保持乙单元北段端头上部结构的已有裂缝不扩展，又不允许出现新的裂缝，其操作难度是不言而喻的。

5）注水量的控制。注水沉降是湿陷性黄土区常用的纠倾方法之一，注水的方案有：第一，沉降井自由浸水；第二，高压注水；第三，无压浸水。

方案一的注水量大，施工工期长，结构回倾的可控性差。根据有关资料预计，若采用沉降井自由浸水法，当结构回倾到设计要求时，需要耗用 500t 以上的水，这就给后期地基加固工作造成很大难度，对周围土体的稳定性也造成一定威胁；第二方案的施工设施复杂，施工费用高。

经过分析,决定试用第三方案。

6）结构局部受力控制。结构回倾量的观测方法较多,有水准仪测量法、经纬仪测量法、铅垂法、位移传感器法等,在本工程中,上述 4 种方法均被采用,结构的回倾状态完全可以随时监测。

为了保证甲单元在结构纠倾的过程中不出现新裂缝,在①轴线和⑤轴线的地圈梁外侧面上各布置 8 个代号依次为 1－1＃～8＃和 5－1＃～8＃的应变测点,对结构应变实施监测。在乙单元Ⓚ轴线地圈梁上布置了 4 个应变测点。监测的部分结果如图 7.16 和图 7.17所示。图 7.16 表明,原结构物倾斜时较低侧地圈梁存在压应变,较高侧地圈梁存在拉应变。在纠倾过程中,较低侧地圈梁由压变拉,较高侧地圈梁由拉变压,变化平稳,逐步还原。图 7.17 表明,乙单元靠近⑥轴线的Ⓚ轴线地圈梁一直产生压应变,但变化较小,即甲单元的纠倾对乙单元没有产生明显影响。

(4) 方案实施

原方案共分四个阶段完成。

第一阶段,采用探坑、探井、探孔的方法,探明地基土状况。

第二阶段,完成乙单元的支护。

第三阶段,纠倾施工。根据结构物的特征,对整个纠倾工作决定采用 3 步走技术:

1）探明回倾影响因素 为了探明影响结构物回倾的因素,课题组先后使用了解除应力法、附加应力法、软化土体刚度法等技术。并用了 14d 时间,掌握了结构物的回倾规律,为下一步工作打下了基础。

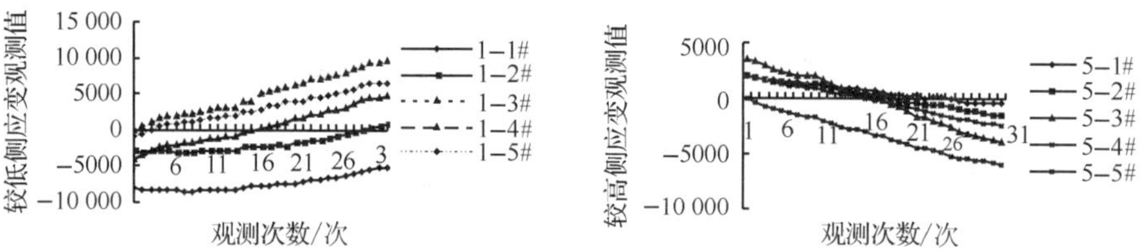

图 7.16　甲单元结构应变监测曲线

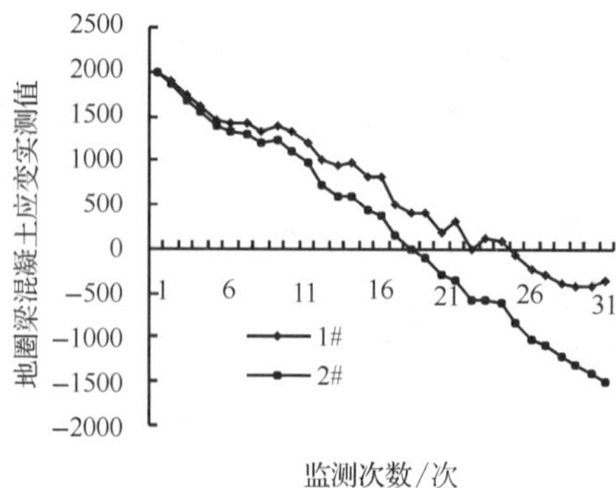

图 7.17　乙单元结构应变监测曲线

2）加速回倾量 为了加快施工进度,在第一段工作的基础上,加大了回倾措施力度,从而创造了连续 15d 每天回倾 10mm 的记录，为工程纠倾积累了经验；

3）个别调整 因结构物东西两端的倾斜量有差异，在回倾时，很难做到一次性到位，当东端到达使用要求时，西端仍差 70mm，经过 30d 的精心调整，使结构物达到倾斜率小于 7‰的使用要求。结构物部分下沉曲线和回倾曲线如图 7.18 所示。

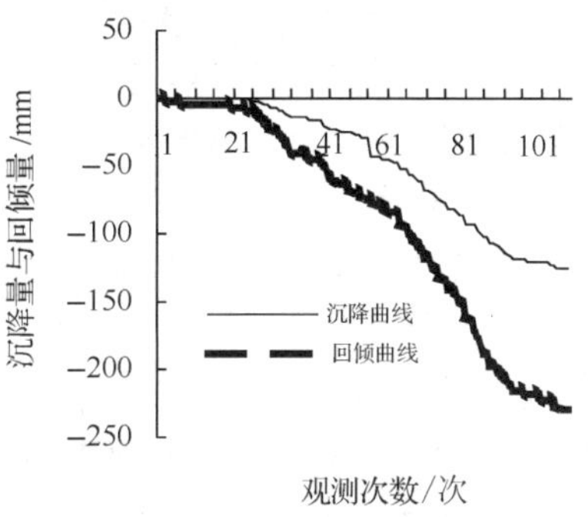

图 7.18　结构物下沉曲线和回倾

第四阶段，地基加固。在地基加固阶段，所确定的加固方法是：

1）消耗地基土多余水分，降低地基土含水率，提高地基承载能力。

2）密实地基土，提高地基土承载能力。所采用的第一种施工措施是人工打挤密桩，桩有斜桩、直桩和水平桩之分。第二种措施是采用机械力夯实法。

（5）小结

结构物在纠倾过程中，没有新增裂缝。证明该纠倾技术可行、有效。

剩余倾斜率 4.3‰，小于 7‰的使用要求，纠倾效果显著。

7.4.2　顶升纠倾

（1）工程概况

甘肃临潭县政府办公前楼于 1981 年动工，1982 年建成使用，建筑面积约 1500m^2，为三层砖混结构，局部四层，混合承重，层高 3m。纵横墙均为 240mm 厚，现浇楼板，无构造柱，无圈梁。纵横墙交接处设置 2ϕ6 竖向间距为 500 mm 的拉结钢筋，锚固长度为 500 mm。毛石条形基础，基础宽为 1200 mm，高为 2500 mm，埋深标高为－3.0m，基础下三合土垫层 500 mm 厚，三合土下为天然黄土层。现无任何技术档案资料，即没有施工图设计资料、没有施工记录与验收资料、没有地质勘察资料。平面布置如图 7.19 所示。

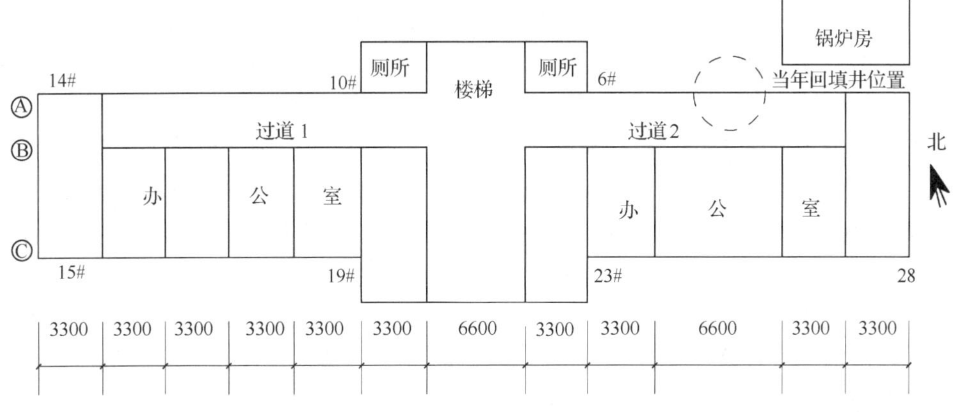

图 7.19　临潭县政府办公楼前楼平面示意图

2004 年 6 月初,对该建筑物的变形进行了检测,检测内容为建筑物地面变形量、墙体倾斜量以及墙体裂缝等。建筑物地面竖向沉降检测布置了 28 个测点(图 7.19)。对于Ⓐ轴线,以 14＃点为基准,14＃～10＃沉降量为 10mm,10＃～6＃沉降量为 10mm,6＃～1＃沉降量为 91mm。检测结果表明,1＃测点相对于 6＃测点沉降显著,基础局部倾斜率达 5.5‰,大于 3‰的规范要求。Ⓑ轴线地面沉降与Ⓐ轴线沉降趋势基本一致,沉降量较小,Ⓒ轴线地面沉降不显著,地面倾斜率仅为 1.0‰,小于 3‰的规范要求。6＃～1＃范围的地面散水断裂并离开墙面。

建筑物东段向北倾斜,倾斜量 46mm,倾斜率为 5.1‰。建筑物向北存在扭转作用。

建筑物Ⓐ轴线东段墙体的窗间墙均产生裂缝,最大裂缝宽度达 8mm,墙体内外透光,远大于砌体结构安全使用的允许值。裂缝共计 8 条,4 大 4 小。裂缝形状以及裂缝位置如图 7.20 所示。

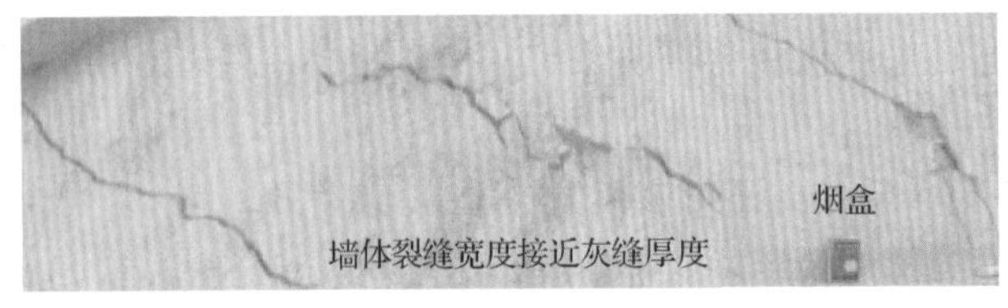

(a) 裂缝形状

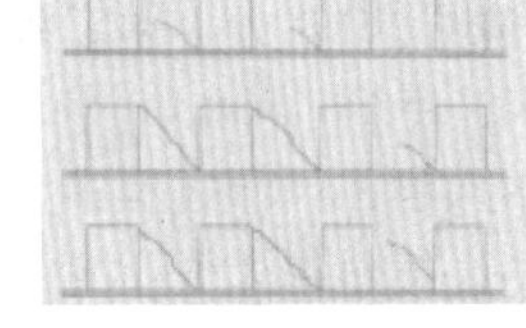

(b) 裂缝位置

图 7.20 Ⓐ轴线窗间墙裂缝形状与位置示意图

根据检测结果,对照《危险房屋鉴定标准》(JGJ 125—1999),该建筑物为危楼,建议纠倾并加固。检测执行标准为《建筑变形测量规程》(JGJ/T 8—1997)。

(2) 沉降原因

1) 管理不善。Ⓒ轴线为院子外侧,Ⓐ轴线为院子内侧,建筑物在使用中,地面管理不到位,水路不畅通。明排水沟的截面为 200mm×200mm,尺寸偏小,树叶容易堵塞。

2) 雨水作用。为了院子的清洁,2000 年将院子原黄土面层用毛石沥青混凝土覆盖,破坏了院子雨水的漫渗作用,使雨水聚积于Ⓐ轴线东段院内明排水沟的沟口一带,渗于地下。2001 年发现,Ⓐ轴线东段墙体基础被雨水浸泡产生沉降,窗间墙产生裂缝。

一般情况下,该地区地基黄土含水量在 12％～18％,而该建筑物地基下沉量最大处黄土的含水量高达 28％。

3) 水井回填质量不佳。根据调查,原来院内有一口水井,为了修建办公大楼,将水井填埋。水井的位置正好处在东段Ⓐ轴线基础正下方(如图 7.19 虚线所示)。散水产生裂缝后,大量雨水渗入水井回填土层,使水井回填土下陷,相应位置的基础则下沉。如此越渗越沉,越沉越渗,出现恶性循环,渗入的大量的雨水使该建筑物东半段地基土体软化。

4) 地震的影响。2003 年 10 月 13 日,在临潭县、卓尼县以及岷县交界地区发生了 5.2 级地震,临潭县政府所在地与震中距离约 60km。地震促使建筑物Ⓐ轴线东段地基下沉,相应墙体开裂,新增裂缝 3 条。

2004 年 9 月 21 日,在临潭县、卓尼县以及岷县交界地区又发生了 5.0 级地震,临潭县政府所在地与震中距离约 50km,促使建筑物Ⓐ轴线东段基础继续下沉,墙体裂缝显著增大,三楼窗间墙出现裂缝。

(3) 方案设计

1) 总体思想。鉴于建筑物的现状,需要对其进行纠倾、纠扭以及抗震加固三者相结合地技术处理。

该建筑物为立面严格对称形结构,中间的四层部分与两边的三层部分在长度方向近似为三等份。该建筑物的 2/3 完好,1/3 基础下沉,且墙体开裂,出现了纵横双向倾斜。所以不宜用迫降法处理完好的 2/3 段,而应将下沉的 1/3 段进行顶升。

顶升的方法有两种,即膨胀材料顶升和截断顶升(即千斤顶顶升)。

膨胀材料顶升需要在基础正下方的地基土中填入膨胀性材料,地基土体对材料的膨胀产生环向约束,迫使膨胀变形竖直向上,间接地将建筑物基础顶升。膨胀材料顶升的优势在于:技术成熟,操作简单,风险小,既能够加固地基,又能够恢复基础下沉量。在湿陷性基土地区,这种方法很常见,但对该建筑物却较难实现,原因在于:①Ⓐ轴基础与Ⓑ轴基础的净距为 600mm,对 3m 深的地基而言,工作面小,施工难度大;②锅炉房与办公楼的间距 600mm,用膨胀材料纠倾时必须将其中一部分拆除,恢复费用高;③办公楼走廊为水磨石地面,为了大楼的整体性,甲方不允许破坏地面。

截断顶升特点在于:①只在墙体上凿洞,不破坏地面;②前期准备工作量大,顶升时间短;③设备操作必须同步,技术难度高,风险大;④不需要地下工作面,施工操作高度可以在±0.00～0.80m。

通过以上两种方案特点的比较,结合实际情况,决定选用第二种方案。

2) 托换设计。

① 托梁布置。托梁由槽钢制成,托梁的作用在于加固墙体,增大墙体的整体性,使墙体同步被顶升。托梁平面布置如图 7.21 两平行线所示。

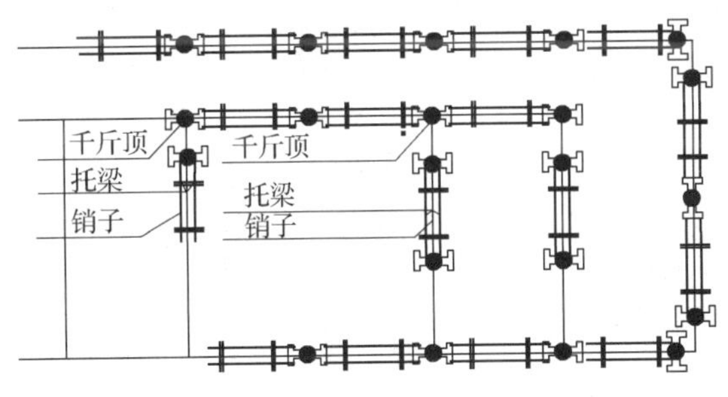

图 7.21　千斤顶、托联合及销子布置图

② 千斤顶布置。千斤顶是顶升墙体的动力源。每个顶升点设置 1 个千斤顶。千斤顶布置如图 7.21 黑色圆点所示。该建筑物上部结构被顶升的总荷载约 4000kN,用 20 个千斤顶顶升,每个千斤顶平均支撑 200kN,考虑到荷载的不均匀性,工程中选择量程为 500kN 的同厂家同型号同批次千斤顶。千斤顶底座尺寸均为 230mm×190mm,每个千斤顶的底座应力为 4.6MPa。为了防止千斤顶底座下的墙体被局部压碎,采用了 300mm×300mm×12mm 的竹胶合板并用了 20mm 厚的坐浆,此时的局压应力平均值为 2.2MPa,局压应力最大值不超过 4MPa,能够满足工程安全需要。千斤顶、托梁、墙体以及基础的

空间关系如图 7.22 所示。

③ 销子设置。销子的作用在于保证托梁对墙体的托换效果和加固效果。每对托梁上设置 2 个销子,布置在托梁的顶部。销子、托梁以及墙体的关系如图 7.22 所示。

3) 控制设计。

① 顶升量控制比例图设计。根据Ⓐ轴线基础与墙体变形特点,拟定其顶升量比例图如图 7.23 的 A 区所示。根据Ⓒ轴线基础与墙体变形特点,拟定其顶升量比例图如图 7.23的 C 区所示。根据变形协调关系,可得横墙顶升量比例图如图 7.23 的 B 区等。

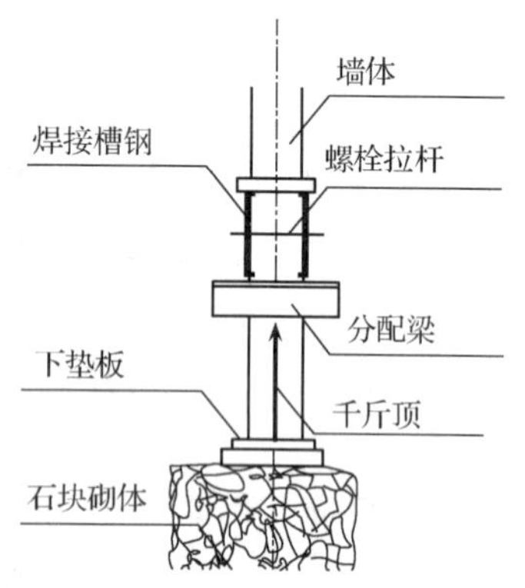

图 7.22　千斤顶等空间关系示意图

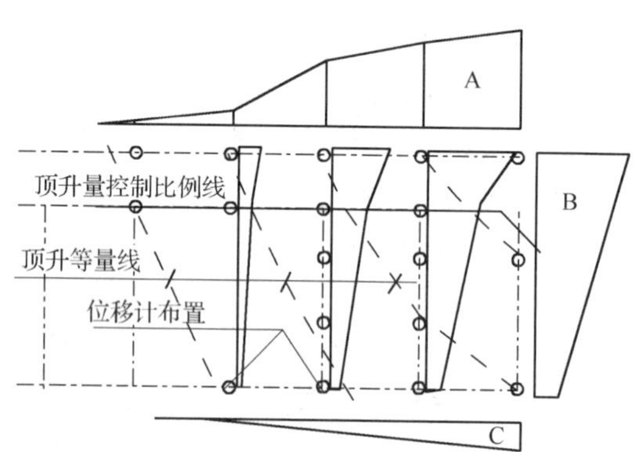

图 7.23　顶升量控制比例示意图

以 A 区与 B 区交点处的顶升量作为控制单位量“1”,根据图 7.23 的几何正比例关系求得各个控制点的顶升量;假定千斤顶油缸内油的体积不可压缩,根据千斤顶加油手柄的垂直位移量与千斤顶活塞进油量成正比例关系,求得各个千斤顶手柄加油时的旋转角度。这个比例关系为

$$\Delta V \propto \Delta h$$

其中

$$\Delta h = KL\sin\alpha \tag{7.2}$$

式中,ΔV、Δh——手柄加油 1 次千斤顶活塞的进油量及进油口活塞的推进量;

K——几何比例系数;

L、α——手柄长度及手柄作为杠杆加油时的旋转角度。

将各个旋转角度一一绘制在三合板上,编号登记,供千斤顶操作人员依口令按所绘制旋转角度进行同步操作。

② 顶升量检测。各个控制点的位移量用位移传感器配合静态应变仪进行检测,检测精度为±0.02mm。位移传感器的布置如图 7.23 小圆圈所示。

③ 顶升力检测。顶升力的大小用自制的矮小型压力传感器配合静态应变仪进行检测。

(4) 方案实施

严格执行已经制定的技术方案。图 7.24 是顶升体系布置的局部记录,图 7.25 是顶升高度的局部记录。

(a) 千斤顶、托梁与墙体

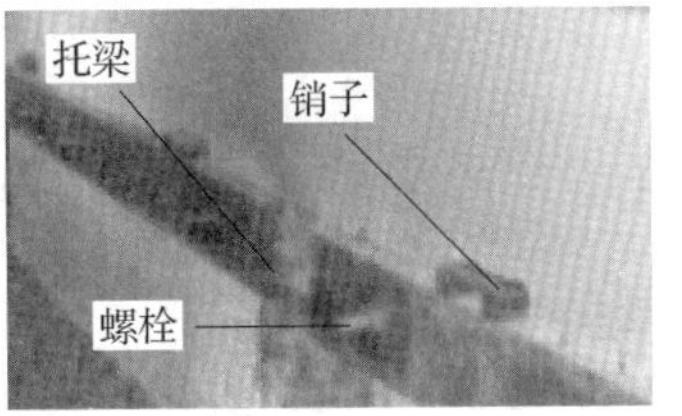

(b) 销子、托梁与墙体

图 7.24 顶升系统空间关系实施记录图片

(a) 千斤顶工作状态

(b) 顶升量

图 7.25 顶升高度记录图片

1) 千斤顶同步操作。为了保证千斤顶能够同步工作,临时聘用 20 名农民工,进行 20min 的培训后上岗,每人操作 1 台千斤顶。操作过程为:“预备”,手柄抬到预定位置;“1”,压一次。“预备”,将手柄立即抬到预定位置;“2”,压一次。如此重复动作。

开始时顶升 2 次记录 1 次操作,过程的中间,顶升 3 次记录 1 次,过程的后半段,顶升 4 次记录 1 次操作。操作 2h 后,休息 1h,再继续 1h 则顺利完成顶升任务。顶升量最大值为 55mm。

2) 顶升效果。Ⓐ轴线 6#～1#沉降剩余量为 36mm,使基础最大倾斜率达到 2.2‰,小于 3‰的规范要求。建筑物东段向南回倾 35mm,倾斜剩余量 11mm,倾斜率为 1.1‰。Ⓐ轴线东段墙体的窗间墙裂缝最大宽度剩余量为 3mm,墙体内外已经不能够透光,8 条裂缝的宽度均显著缩小,其中有 2 条裂缝压合。墙体以及楼板没有出现新的裂缝,表明这次顶升纠倾成功。

3) 加固与处理。顶升空当用微膨胀干拌细石高砂率混凝土人工锤填,细小缝隙用扩孔挤浆方法填缝,浆体材料为水泥、膨胀剂、减水剂、单粒径筛砂与水。墙洞及墙面复原;Ⓐ轴线东段窗间墙外侧设 5 根抗震柱;重做散水,加大排水容量。

(5) 小结

1) 当建筑物层数少(即顶升荷载不大)时,采用单排千斤顶进行顶升,成本低,操作简单。

2) 手柄角度控制法可行。

3) 半幢楼在顶升过程中,其受力相当于悬臂梁,有受拉区与受压区之分,受拉区将会伸长,本工程的最大顶升量为 55mm,伸长量达 2.3mm。这是半幢楼顶升纠倾难以克服的现象。

4）千斤顶的同步顶升是墙体不出现新裂缝的技术保障之一，再有就是合理应用概念设计。

7.4.3　综合纠倾

(1) 工程概况

兰州市某住宅楼，位于市区红山根西村(以下简称西村住宅楼)，建于1983年，为六层三单元的砖混结构，平面布置成“一”字形，如图7.26所示。建筑面积约3000m²，结构物檐口顶面标高为17.20m，条形基础底部标高为−2.2m，±0.00以下的分布如图7.27所示。地基土为Ⅲ级自重湿陷性黄土，厚度超过18.0m。

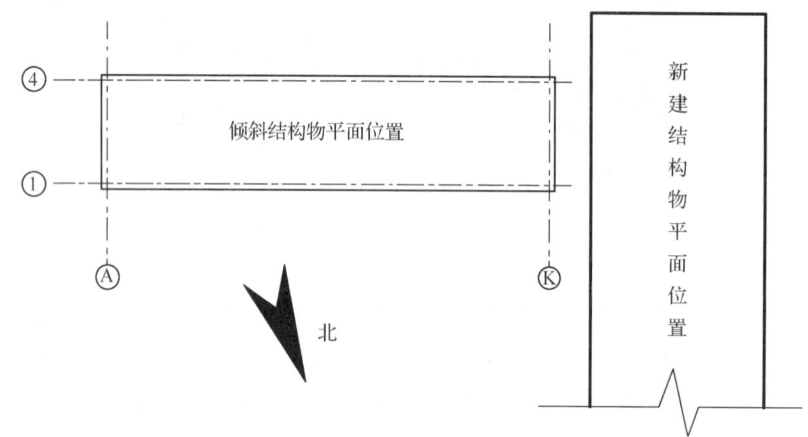

图7.26　西村住宅楼平面位置示意图

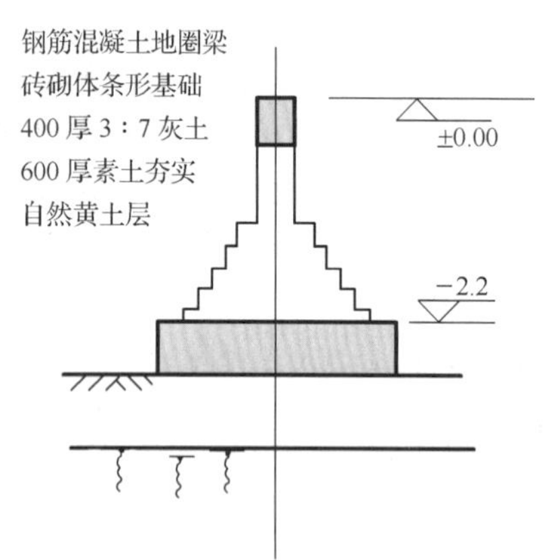

图7.27　结构物基础剖面示意图

2001年7月初，发现该结构物地基不均匀变形加剧，并且纵墙1～3层的墙体出现裂缝。经测量，结构物沿着纵向两端低而中部高，整体产生扭曲变形。横向最大倾斜量151mm，纵向最大倾斜量92mm，倾斜率分别为8.78‰和5.3‰。裂缝最大宽度为5mm。根据现行技术规范标准，该结构物为危楼。

(2) 事故原因分析

1）由于兰州地处自重湿陷性黄土地区，在一定压力作用下，地基具有遇水产生湿陷的现象。该结构物的东面地势低洼，长年雨水蓄积，排水不畅，原地基勘察报告中−6m处的地基含水率为10%～12%，而现在地基含水率已达15%～19%。多年来，雨水使房屋地基发生变形，加剧了蓄积雨水的量，地基承载力下降，结构物①轴线的东端显著下沉。

2）位于西村住宅楼西端的垂直方向3m远处，新建8层框架结构住宅楼，基础设计为先大开挖，后打钢筋混凝土预制桩。工程于2001年初动工，基坑大开挖时采用井点降水。

井点降水过程中的流沙现象以及周围地下水位的下降影响了原有结构物地基土的承载能力，使西村住宅楼西端地基产生沉降。

3）新建建筑物桩基础采用柴油打桩机施工，施工时对结构物西端周围的地基土施加振动作用，使结构物西端的地基下沉加剧，西端纵墙1～3层出现剪切裂缝。

所以，由于地基的不均匀下沉，结构物整体不仅产生倾斜，而且产生扭曲（图7.28）。沿纵向地坪看，④轴线的两端低而中间高，即东西两端地基沉降量大，中部地基的沉降量小，①轴线的一端低而另一端高；沿横向屋面看，东侧向北倾斜，而西侧向南倾斜；从房屋整体变形看，东西方向结构物产生反向弯曲，南北方向结构物产生扭曲变形，以致结构物中间单元顶层产生竖向裂缝，纵外墙西侧产生斜裂缝。

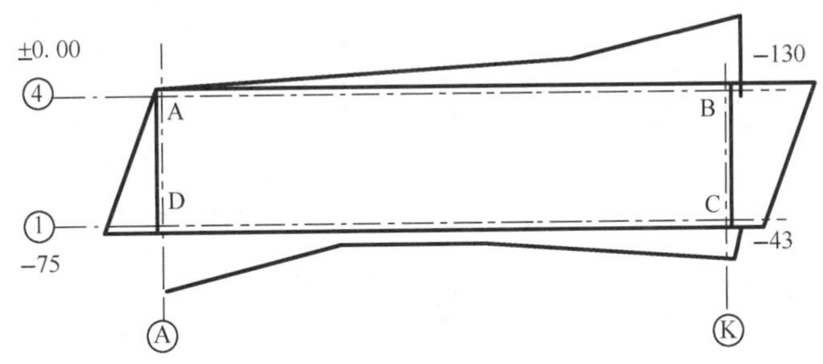

图7.28　西村住宅楼地基沉降示意图

（3）纠倾方案设计

经过现场调查并根据有关技术资料的研究和对结构物事故原因的分析，就处理该工程事故的技术路线进行以下的讨论。

1）纠倾方案讨论。概括起来纠倾技术大致可以分为两大类，即迫降纠倾和顶升纠倾。经过对目前诸多纠倾方法的研究分析，结合西村住宅楼自身的结构特点、基础和地基条件，若单独采用顶升法，施工周期短，但操作难度大，工程成本大，特别是由于该工程的变形复杂的特点决定了用单一的机械顶升法不能解决该工程的问题；若单独采用迫降法，同样由于该工程的变形复杂的特点决定了用此方法也不能较快地解决该工程存在的问题。

综合以上分析，排除机械施工的方法，排除单一的施工方法之后，所剩的只能是升降综合纠倾技术。具体地，就是在较高的纵向中部采用人工调节沉降技术，解决东西方向结构物反向弯曲的不合理受力问题；东侧的北部和西侧的南部采用人工灰桩挤密膨胀技术，解决南北向结构物受扭的不合理受力问题。

2）纠倾技术方案。

① 进行地质勘测及结构物变形观测（在纠倾与加固方案讨论之前已经进行）。

② 顶升点的布置。顶升点布置在该结构物东头的北部和西头的南部位置，顶升方法采用人工灰桩挤密膨胀法，因室外没有工作面，西侧南部的顶升点只能设在室内，如图7.29所示。膨胀顶升的方法是用洛阳铲成孔然后灌石灰粉并击捣密实。

③ 沉降井的布置。沉降井的设计参量有4个：一是井与井之间的间距，二是井的深度，三是井的形状，四是井的大小。沉降的方法是在沉降井内注水，使地基应力重新分布，

加大基底应力,使之加速沉降,达到纠倾的目的。开挖沉降井时,应当防止大面积扰动垫层下面的土层。

3) 注水量的控制。注水刚开始时,处在探索沉降和纠倾规律的初期,不能操之过急,必须谨慎。应当每天观测一次回倾值,并根据回倾的变化规律,按要求及时调整注水量,要求日回倾量的最大值不超过 10mm。考虑到注水停止后结构物会发生滞后变形,因而应提前停止注水,并且要密切监测回倾值的变化。

4) 变形监控技术。结构回倾量的观测方法较多,有水准仪测量法、经纬仪测量法、铅垂法、位移传感器法等,在本工程中采用了前 3 种方法,结构的回倾状态完全能够随时监测。

(4) 纠倾施工

原方案共分四个实施阶段。

第一阶段,采用探坑、探井或探孔,探明地基土的状况。勘察结果见表 7.3。

表 7.3 土工试验结果报告

土样编号	取样深度 /m	天然含水量 w/%	天然容重 γ /(kN/m³)	相对密度 G	天然孔隙比 e	压缩系数 a_{1-2} /(1/MPa)	相对湿陷系数 δ_s	自重湿陷系数 δ_{zs}
TK1－1	－3.00	21.3	18.0	2.67	0.74	0.21	0.008	0.011
TK1－2	－4.00	18.1	15.7	2.67	0.93	0.30	0.023	0.015
TK2－1	－3.00	21.5	18.3	2.68	0.74	0.18	0.009	0.004
TK2－2	－4.00	18.8	15.7	2.68	0.97	0.29	0.018	0.008
TK3－1	－3.00	20.8	18.0	2.67	0.75	0.22	0.003	0.006
TK3－2	－4.00	17.4	14.9	2.67	0.95	0.20	0.017	0.014

第二阶段,对结构物东西两端进行顶升,如图 7.29 灰色区域所示。顶升段 1＃测点的测试结果如图 7.30 所示。

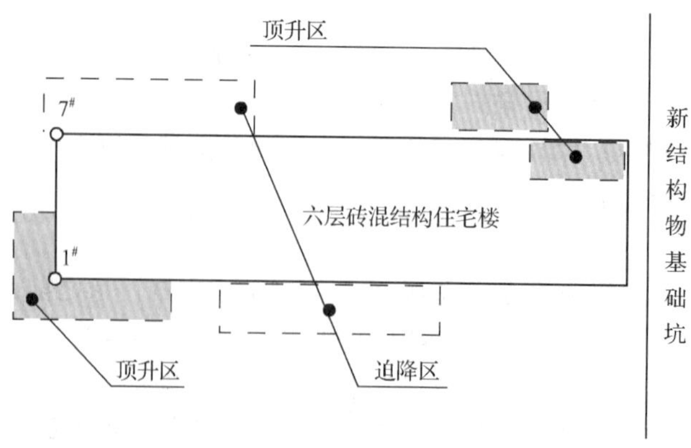

图 7.29 顶升点与沉降点布置示意图

第三阶段，对结构物中间段地基和7#区域地基进行沉降处理，如图7.29虚线区域所示。迫降段7#测点的沉降变化结果如图7.31所示。

按照纠倾方案设计方法，先后使用了膨胀顶升法、解除应力法、附加应力法和软化土体刚度法等技术。经过45d时间，使结构物纵横向倾斜率均达到了小于3‰的设计要求。

第四阶段，地基加固。在地基加固阶段，所确定的加固技术思路：①消耗地基土多余水分，降低地基土含水率；②密实地基土。

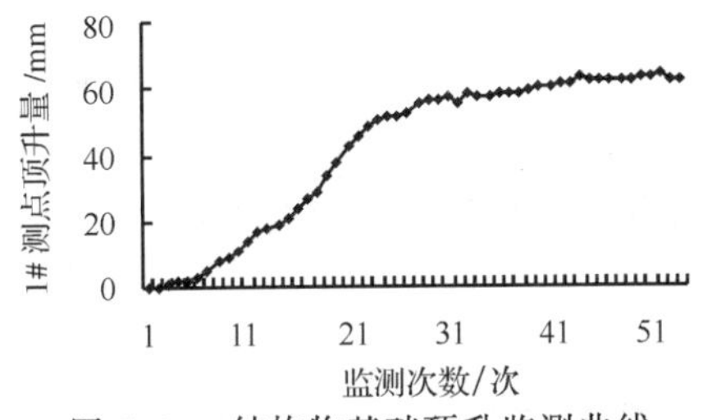

图7.30　结构物基础顶升监测曲线

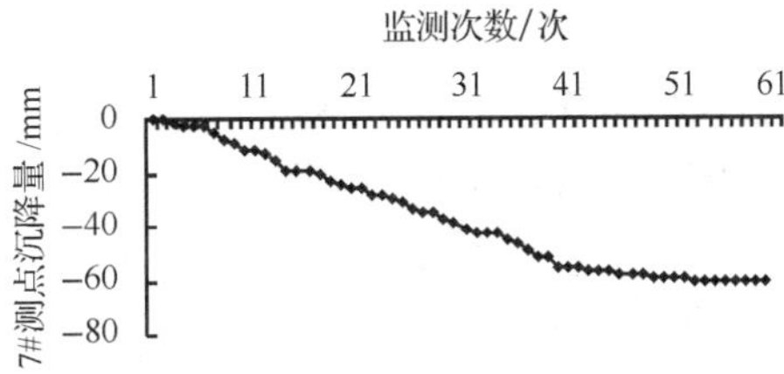

图7.31　结构物基础下沉测试曲线

施工措施是用水泥和石灰粉混合物为材料，采用人工成孔的挤密桩的方法达到消耗地基水和密实地基土的目的。桩有斜桩、垂直桩和水平桩。

结构物纠倾后，墙体裂缝缩小，故未做任何技术处理。

(5) 小结

材料膨胀顶升技术与软化地基迫降技术综合使用，纠倾效果显著。

7.4.4　黄土地基刚度软化法迫降纠倾技术应用研究

(1) 工程概况

1) 建筑物平面。某新建教学综合楼，位于兰州市，框架结构，一层建筑面积为3920m²，建筑物高度25.8m。地上六层，局部七层，平面布置复杂，大体呈L形(图7.32)。

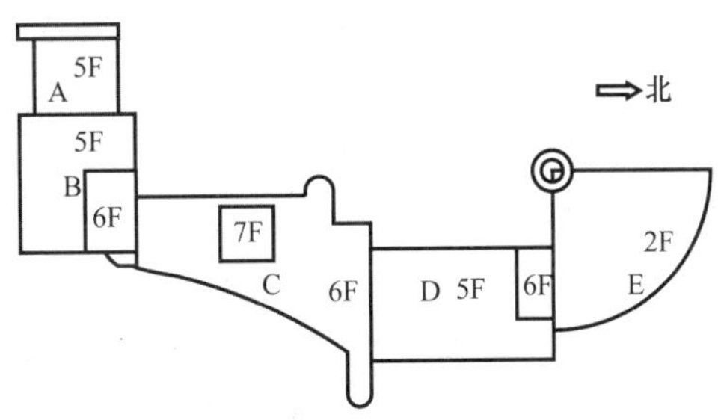

图7.32　某新建教学综合楼平面示意图

建筑物按功能分五个独立区，A区为办公楼，B区为小教室区，C区为主楼综合区，D区为大教室区，E区层为大型阶梯教室。

2) 场地土及基础。工程的地基土质结构复杂，地基土主要由杂填土、黄土、粉细砂及卵石四层组成。A、E区基础为灌注桩，部分为机械成孔灌注桩；B、C、D区为筏板基础。

3) 建筑物结构变形。主体工程施工至5层时，筏板基础已经发生不正常变形，B、C

两个单元的变形缝缩小，在第 6 层施工时，由于变形缝处无法正常支撑模板，有意将 B 单元的定位轴线向南侧偏移。直至主体结构封顶，B、C 两个单元在第 5 层变形缝处紧挨在一起，变形缝彻底丧失的应有的功能。

A、E 单元没有发生不均匀沉降，D 单元的东南角的下沉量为 16mm。C、D 单元筏板变形的坡度一致，B、C 单元筏板变形的坡度反向，在变形缝对应的位置东端基础沉降最严重，与 A 单元相比其相对沉降量达 149mm。

(2) 原因分析

1) 水的作用是结构产生病害的诱发因素。2007 年 8 月中旬，地基下陷，直到 10 月下旬开挖后发现，该处的地下排水管道断裂，大量的下水浸入垃圾土层。

2) 不利的地理位置。地下排水管道断裂的位置处于浑沟地势较高处，建筑物位置处于较低处。

(3) 方案选择

1) 纠倾途径。要让 B、C 区建筑物的变形缝恢复正常，技术途径只有两条：一为顶升，使 V 形的中部抬高；一为迫降，使 V 形左端的地基降低。若用膨胀材料顶升，在不破坏筏板的前提下材料无法抵达；若采用设备顶升，没有合适的反力点支撑设备。故，决定采用迫降法。

2) 迫降技术。迫降技术有三种，即解除应力方法、附加应力方法和软化地基土体刚度法。试验结果表明，在黄土地区，解除应力法的纠倾效果最差，附加应力法次之，软化地基土体刚度法最佳。由于解除应力法和附加应力法是软化地基土体刚度法的前提。故，决定以解除应力法和附加应力法为辅，以软化地基土体刚度法为主。

3) 纠倾目标。原设计变形缝的宽度为 150mm，目前在顶层实际为零，当变形缝的宽度恢复到 150mm 时，建筑物在 B 区会出现反坡，当变形缝的宽度只能恢复到 130mm 时，B 区基本垂直。故，纠倾目标为使 B、C 区变形缝接近 130mm 为宜。

4) 施工工艺。经过非线性程序分析，解除应力竖向开槽的最佳深度为 6m，即 −6m 的标高位置；附加应力水平开孔的最小深度为 11000mm，即在刚超过建筑物重心的位置。根据理论分析结果和室内试验结果作为指导，确定纠倾施工工艺。

第一步，布置观测点。

第二步，在 B 区建筑物较高侧用挖掘机开挖深度为 5.5m 的直角梯形槽(保守 0.5m)；观察至少 2 天，待定保守量的处理。

第三步，在槽内的 −4.5m 以下开挖直径为 120mm，中心距为 500mm，深度为 15000mm 的水平孔，观察至少 2 天后，确定水平孔是否加密加深。

第四步，在水平孔内进行注水→修孔→注水等技术过程的循环，直至完成纠倾任务。

第五步，回填水平孔，夯填竖向槽。

(4) 实施与效果

1) 应力解除法。将建筑物 B 区的南侧沿着东西方向挖开一道长略大于 B 区纵向墙体长度、上口宽 6000mm、下口宽 3000mm、深度为 4500mm 的直角梯形截面的槽(图 7.33)，连同准备耗时 5d。连续观测 3d(累计 8d)，B、C 区没有反应，纠倾效果为零。当把地基土体应力与地基土体承载能力的比值称为地基土体应力饱和度(简称饱和度，以下同)时,应力解除法迫降纠倾效果与饱和度有关。饱和度高,追降纠倾效果显著,反之则不显著。

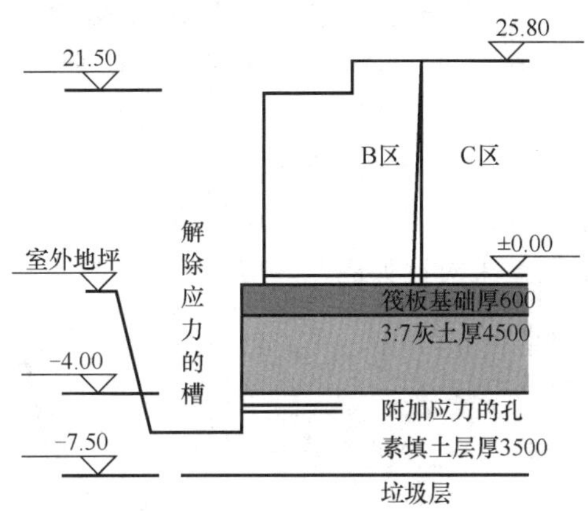

图 7.33　由南向北空间关系示意

2) 应力附加法。不计应力集中的影响,采用圆形水平孔均匀减少原有地基有效面积的方法进行地基应力的附加。水平孔高度位置在灰土层底层以下 300mm 处。

单独附加应力的工作进行了 4 次,耗时 43d(累计 51d)。附加 1 的孔径为 110mm,间距 600mm,附加 2 只是延长了孔身,附加 3 采用隔一加一的方法,使面积减少的相对量到达 27%,附加 4 采用加倍的方法,使面积减少的相对量到达 36%。每次措施的实施效果见表 7.4。

表 7.4　应力附加法实施效果

序号	孔深/m	面积减少的相对量/%	附加应力的值/MPa	效果	备注
附加 1	15	18	0.36	以 B、C 单元的变形缝为轴转动沉降;最大沉降量累计为 2mm	
附加 2	18	18	0.36	同上。最大沉降量累计为 2mm	延长孔深
附加 3	15	27	0.54	同上。最大沉降量累计为 3mm	水平孔加密
附加 4	15	36	0.72	同上。最大沉降量累计为 5mm	水平孔加密

3) 地基土体刚度软化法。在应力附加技术的基础上给水平孔内按照一定的方式注入一定量的水,使地基土体刚度软化,引起地基变形,迫使倾斜结构物回倾。这种追降纠倾技术叫做地基土体刚度软化法,简称刚度软化法(以下同)。

在面积减少的相对量到达 36%的基础上,应用地基土体刚度软化法,即给水平孔内注水,使建筑物较高侧继续沉降。首次注水 6m^3,连续观察 3d(累计 54d),最大沉降量累计为 12mm。在理想状态下,B 单元结构物整体应该以 B、C 单元变形缝为转动轴产生转动,即 B 单元结构物整体开始回倾。实际上,B 单元结构物整体没有以 B、C 单元变形缝为转动轴产生转动,而是 B 单元较高侧与较低侧产生着相同的沉降量,故 B 单元的回倾效果继续为零。水平孔里面塌陷,无法继续注水。

4) “附加—软化”重复交替。重新成孔,第二次注水 $6m^3$,B 单元较高侧下沉 8mm(累计下沉 20mm)建筑物回倾 2mm(累计 2mm)。耗时 12d(累计 66d)。

又经过 6 次成孔、注水的重复交替,累计耗时共计 152d,B 单元较高侧下沉累计最大量 170mm,建筑物回倾累计值 137mm,B 单元地面横向出现了微小的反坡现象。连续观察 7d 后,建筑物地基稳定,不再产生下沉。接着用了 5d 时间夯填了水平孔和应力解除的槽。至此,历时 167d,B、C 单元变形缝的功能恢复正常。

B 单元迫降纠倾迫降量与时间变化测试曲线如图 7.34 所示,迫降前后沉降量对比分析如图 7.35 所示,迫降纠倾效果对比如图 7.36 所示。

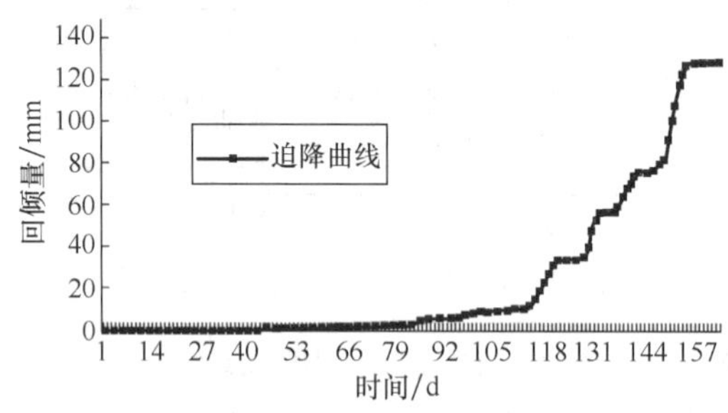

图 7.34 追降量与时间变化测试曲线

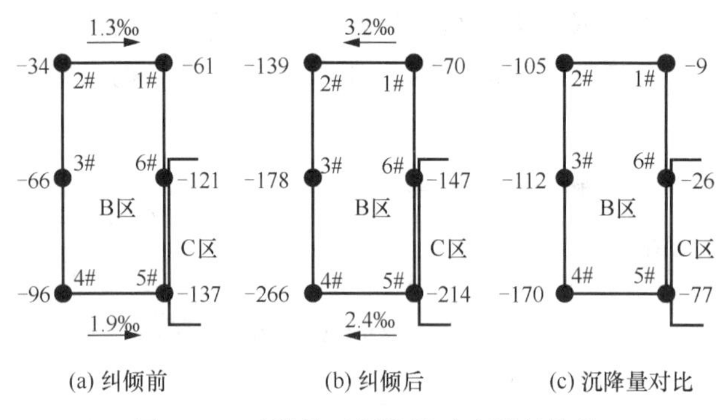

图 7.35 追降前后沉降量对比分析结果

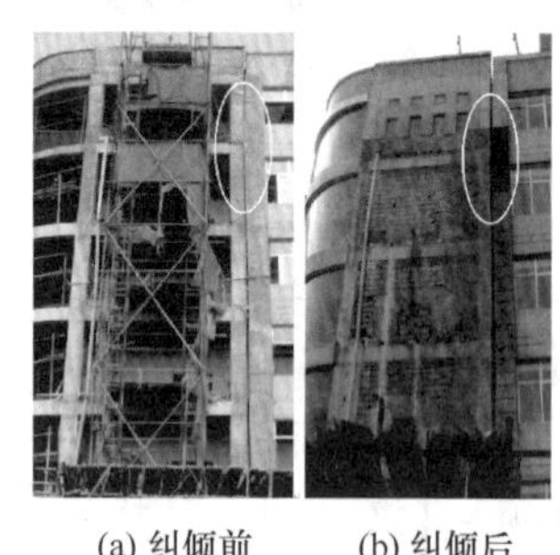

图 7.36 纠倾效果对比

(5) 小结

1) 应力饱和度对应力附加法纠倾有直接影响,应力饱和度越大,越有利于纠倾。

2) 迫降纠倾的三种技术中,对于黄土地基,应力解除法和应力附加法的纠倾效果都小,刚度软化法的纠倾效果显著,与室内试验研究结果相似。

3) 监测工作在纠倾中的作用非常重要。测量手段是纠倾工程技术人员的眼睛,通过它可以“看到”建筑物整体的回倾状态;结构应变检测是纠倾工程技术人员的神经,通过它能够“感到”建筑结构局部的受力状态。

7.4.5 深埋独立基础底面直接卸荷纠倾的应用研究

(1) 工程概况

玉树(海拔 3750m)某住宅楼于 2012 年原设计为钢筋混凝土一层框架结构,深埋独立基础(埋深设计值 9m),如图 7.37 和图 7.38 所示。2013 年 6 月,暴雨后山洪使住宅楼地基软化,基础不均匀下沉,房屋出现由东向西的倾斜,南端倾斜量为 407mm,北端倾斜量 370mm,屋面东西高差 48mm,南北高差 330mm。从基础底面算,建筑物最大倾斜率为 2.2%,大于《危险房屋鉴定标准》(JGJ 125—2004)1.0%的限值,住宅楼为整体危房。

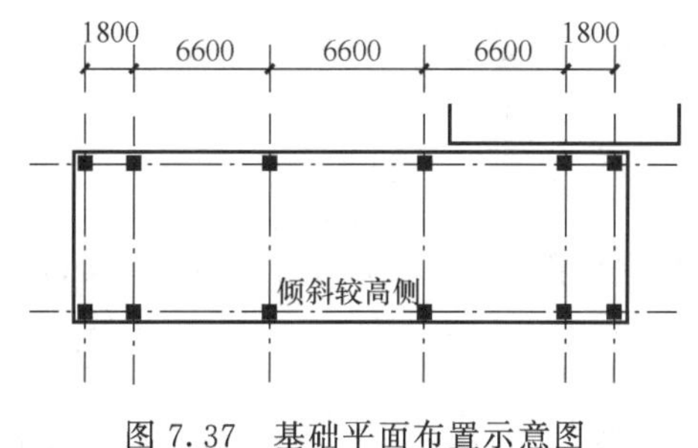

图 7.37　基础平面布置示意图

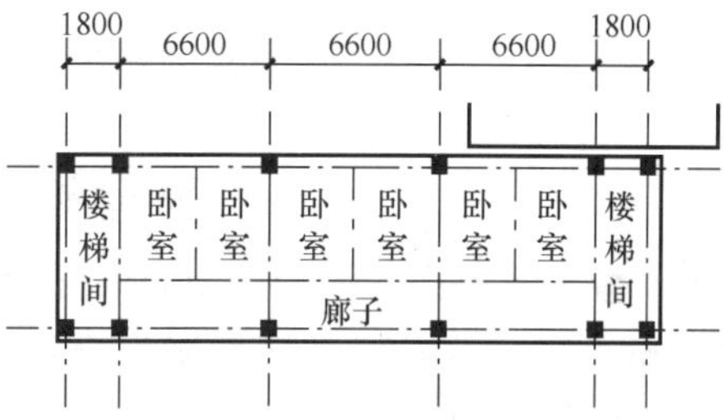

图 7.38　二～三层平面布置示意图

(2) 纠倾方案设计

1) 技术途径选择。纠倾前,先用 200 号工字钢对纠倾建筑物进行顶撑固倾,着力点位于二层楼楼面梁柱节点处,由南向北布置 3 道。纠倾的技术途径有迫降纠倾和顶升纠倾两种,根据现场实际,顶升纠倾不适合该工程项目。在迫降纠倾的 5 大原理中(解除应力法、附加应力法、软化地基法、基础卸荷法、综合迫降法),适合该项目的唯有基础卸荷法。根据场地,槽的开挖规格:宽为 5000mm、深为 8500 mm、长度大于纠倾全境的矩形槽。开槽平面布置如图 7.39 虚线所示。

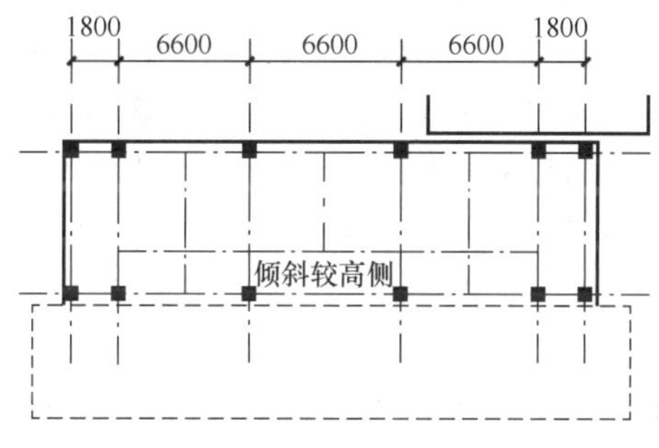

图 7.39　纠倾开挖区域平面示意图

2) 测点布置设计。该住宅楼纠倾技术方案的观测方法,①在建筑物两个端头(西南角和东北角)布置垂线,来测量建筑物的回倾量和垂直度;②在建筑物正立面均匀布置 4 个水准观测点,用水准仪测量建筑物下沉量和迫降基础之间高差的变化情况。

3) 楼房加固设计。地勘报告建议的地基承载能力为 120kPa,结构由一层变成三层后,基底最大应力由 85kPa 变成了 155kPa,超过地基承载能力 30%。为了减小基底应力,纠倾完成后给该建筑物增加 5 根基础柱(平面位置布置如图 7.40 所示),使基底最大应力降低到 102kPa(小于 120kPa)。新设构件的几何参数有:

基础。新设的基础放置在原有基础等高的地基土层上,钢筋混凝土独立基础,底面尺寸为 2000mm×3000mm,厚度大于 500mm。

柱子。直径为 300mm 的劲性混凝土柱(内设 200 号工字钢,混凝土强度等级为

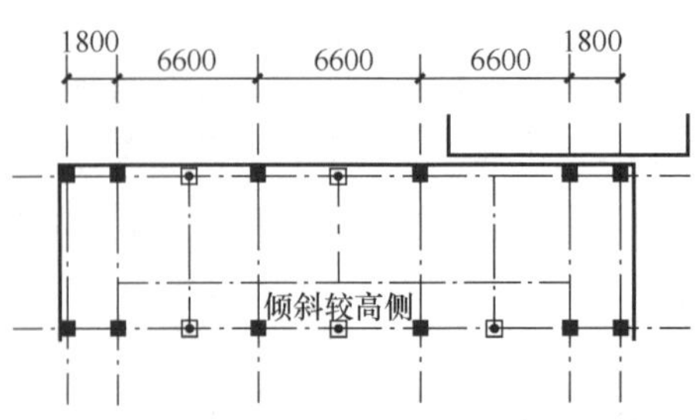

图 7.40　新增劲性混凝土柱平面示意图

C30)。倾斜支撑在±0.00 下、6600mm 跨度大梁跨中底部(其正上方处在大梁、次梁以及 370mm×370mm 构造柱三者交会的节点位置)。

(3) 追降实施

1) 斜向顶撑。给倾斜的建筑物给一个水平力,防止其继续倾斜。具体方法:两根 6000mm 长的 200 号工字钢对焊,将其斜向顶撑在倾斜建筑物背墙上部。工字钢下端的地面上开挖约 1000mm 深的坑,上端搁置在二楼楼面大梁与柱子(或构造柱)的节点处,上下两端均设置衬板以扩大工字钢两端支撑处的承压面积,下端用混凝土浇筑。4d 后采用倒链在工字钢上端竖向向下加力,保证斜向顶撑效果。

2) 开挖土方。开槽为基础卸荷创造了工作面。

挖掘机配合工程运输车分三层开挖,第一层竖向开挖深度 3m,采用放坡方式;第二层竖向开挖深度为 2.5m,采用垂直方式;第三层竖向开挖深度为 2.5m,采用放坡方式,至此开挖深度到达基础顶面,槽底净宽 3m。在-4.50m 的位置借助于基础柱子间水平连梁底部位置设水平安全支撑,防止两侧土体塌方,将水平支撑顶面用竹材板和彩条布覆盖,确保证槽底工人的安全。开挖过程竖向观测与水平观测也均无变化。

3) 基础卸荷。沿柱子竖向面外露的独立基础的小半个面垂直向下开挖 700mm 深、700mm 宽的、平面布置成 U 形的槽,然后把外露基础下的地基土沿基础外轮廓缩小 500mm,深度也为 500mm;此时,地基有效受力面积已经小于基础底面面积。

沿水平方向在基础两侧往里开挖 500mm×500mm 的水平孔,深度直至独立基础的边缘。至此,水平观测回倾 5mm,竖向追降平均为 3mm。卸荷初见成效。

为了防止过倾等不测现象的发生,以后的卸荷措施的深度均以 12mm 为准(铲的最小工作空间)。考虑房心填土的竖向支撑作用,根据结构平面布置的特点,对两端角柱优先卸荷,以期达到对六个基础同步同向等效卸荷的目的。

将基础正下方的直接受力的地基土掏成等边三角形形状,三角形底边朝外,顶点向里。即,沿基底两侧斜向往里掏土,直至掏通,使独立基础里面的边缘出现悬臂现象。至此,水平观测回倾 22mm,竖向追降平均为 30mm。卸荷大见成效。结构无异常,施工过程安全,重复进行卸荷。

按照每小时的记录值,基本呈现为上午掏土卸荷,下午沉降,晚上趋于变缓的循环规律。期间最大的回倾即时速度为 10mm/h,持续时间 4h。此回倾速度在屋顶依据合适的参照物(如直尺),直接能够感受建筑物回倾的变化,感受建筑物在动。这一个循环中,水平回倾 62mm/d,竖向追降平均为 41mm/d。

建筑物进行基础卸荷迫降过程中的日沉降量与日回倾量记录曲线、沉降累计量与回倾累计量记录曲线如图 7.41 和图 7.42 所示。

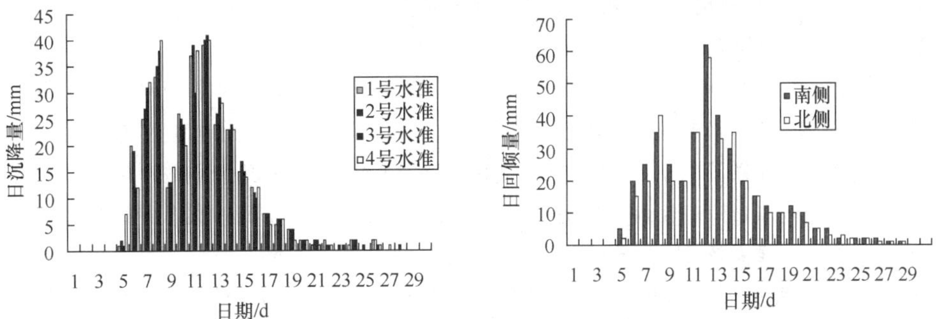

图 7.41　日沉降量与日回倾量记录曲线

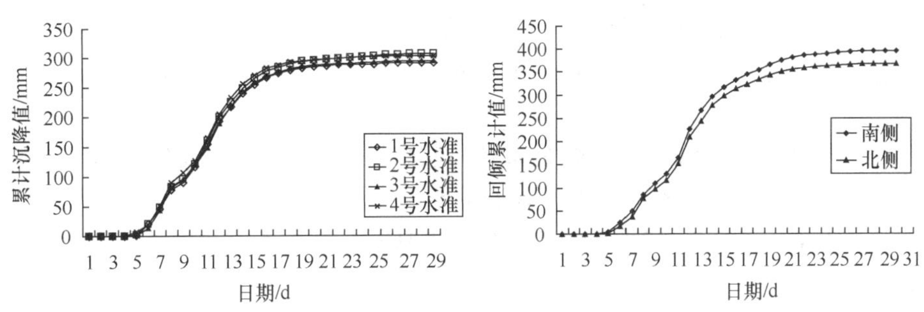

图 7.42　沉降累计量与回倾累计量记录曲线

4）纠倾效果。建筑物纠倾前的记录照片和纠倾后的记录照片形成鲜明的对比，如图 7.43 所示。三层建筑物施工在先，旁边的二层建筑物是在三层建筑物发生倾斜后施工的，其墙体到达二层时，两家墙体的变形缝已经为零，为了保证室内墙面垂直，将 370 厚的墙体在局部变成 240 厚，在二层的屋顶，两家墙体在平面上互相咬合。纠倾后，两建筑物在二层的变形缝约 290mm 宽。

图 7.43　纠倾前后记录对比（由北向南）

纠倾过程中结构主体（包括填充墙）无新开裂缝现象。由于房心填土的横向变形作用，−4.5m 处基础柱的连系梁产生竖向新开裂缝。在纠倾槽回填之前，进行了裂缝封闭处理。

(4) 加固技术实施

4.1 加固受损基础。建筑物较高侧共计 6 个基础,其中中间两根柱基础已经发生冲切破坏,柱子向锥子一样穿过基础,基础底部钢筋显著弯曲。

加固思路:保护钢筋的耐久性,保证基础继续工作。

地基加固:先用水泥土(1:1)夯填 700mm×700mm U 形槽的下半部分,后用水泥强填基础底面,既营造保护钢筋的碱性环境,又作为纠倾后对已干扰地基土的加固。

基础加固:在迫降阶段,用植筋技术在柱下部制造若干倒置牛腿作为销子,下放 200 号工字钢作为柱子向基础传力的过渡原件,工字钢下基面用水泥砂浆找平,上表面与倒置牛腿之间用钢筋、钢板垫实,并施焊连结,此措施环柱子三个面。

增设劲性混凝土柱。西侧纵向轴线和东侧纵向轴线上分别增设型钢劲性混凝土柱子 2 根和 3 根。平面布置如图 7.40 所示。

基础:100mm 厚素混凝土垫层、ϕ20@150 双向的钢筋网片、500mm 厚 C30 混凝土浇筑。

柱子:直径为 300mm,内设 200 号工字钢、外包 C30 混凝土,用波纹管作为柱施工模板。

4.3 进度回顾。累计耗时 41 天,建筑物回倾总量南端 396mm、北端 358mm,(原倾斜南端 407mm、北端 370mm),回倾率为 97%,倾斜率仅为 0.7‰,远小于正常使用不大于 3‰的技术指标,无一构件二次受损,也是框架结构深埋独立基础基底直接卸荷迫降纠倾方法的成功一例。

(5) 小结

1) 纠倾方案设计过程以概念设计为主,突出纠倾原理的可行性和结构概念的正确性,同时,也注重动态设计的特点。

2) 技术途径正确,方法得当,措施到位,保证了纠倾工期和纠倾质量。

7.4.6 意大利比萨斜塔纠倾

为了挽救这座著名建筑,意大利政府采取了种种措施。早在 1930 年,塔基周围就被灌浆加固。1973 年又禁止在以斜塔为中心,半径 1.5km 的范围内抽水。1972 年,意大利政府为比萨斜塔向全世界寻求帮助,收到几十个国家 900 多个保护方案。现在斜塔纠倾工地的维护栏上,展示了世界各地工程技术人员提交的部分纠倾技术方案,中国有关的技术人员也提供了纠倾方案。

1990 年 1 月,斜塔被关闭,意大利政府随即成立了由 13 名专家组成的比萨斜塔拯救委员会。拯救工程分 3 个阶段进行:第一阶段,主要是在塔身上端安装 5 道厚度为 10～40mm 的不锈钢圈;第二阶段,主要是将 600t 铅锭挂压在塔基的北侧;第三阶段,主要是在塔基北侧打入地下 10 根长 50m 的钢柱,上端同固定在塔底部的钢环相连接。

从现场观察,比萨斜塔纠倾工程主要采用如下技术手段。

1) 加箍。在斜塔上端紧箍数层不锈钢圈,在塔身外墙用钢索包裹。由于有钢筋捆绑,而且内衬钢板,使塔体上下刚度整体增大,也能有效防止纠倾过程中产生的次应力对建筑结构的破坏。

2）斜拉。借助布设于塔身上端的箍圈，通过钢缆在北侧拉住斜塔。钢缆一端与紧箍及保护大理石外墙的钢丝相连，另一端与设在地面上的地锚及附近建筑物上的固定支点连接，并施加拉力，使塔身不致继续倾斜。

3）堆载。在斜塔北侧，利用铅锭等重物对塔基予以施压。

4）取土。使用斜钻，对塔底软土进行定期抽取。斜钻布设于重压物外围，斜钻与地面夹角 30°，取土时采用内径 150mm 的套管螺旋钻。斜钻呈一字排开，共计 36 个孔，取土部位为塔北侧距塔基 1m 处，深度为 6m。1999 年 4 月底，先期投入的 12 孔取出浅层的淤泥与砂后，使斜塔回倾了 7mm。同年 5 月底，又增加 24 孔。

5）塔基处理。在斜塔回倾一定程度以后，对塔的基础进行加宽加厚处理，再去除铅块反压荷载。

因比萨斜塔向南倾斜，故其纠倾工程集中于塔北侧。

比萨斜塔施工期历时近 180 年，施工过程实际上就是一个纠倾过程，这从斜塔南北两侧砌石厚薄不一及层高差异可以看出。另外，由于斜塔是举世闻名的文化遗产，对塔实施的各种工程措施均十分谨慎，基本禁止对塔身进行实验性工作，甚至有的勘探孔也被限定在附近的广场上进行。

经过 11 年的努力，纠倾工程现已结束。目前，塔顶中心点偏离垂直中心线的距离为 4.5m，比拯救前减少 43.8cm，足以确保它在 300 年内不会发生倒塌的危险。

7.5　既有建筑移位

7.5.1　引言

（1）平移技术的发展

随着国民经济的飞速发展，城市建设正发生日新月异的变化。城市道路交通状况不断改善，城市规划不断完善，旧城改造和道路拓宽工程越来越多，一些影响发展的新建结构物或具有保留价值的旧结构物面临拆除的威胁。如果对这些结构物一律拆除，则会造成很大的浪费和经济损失，如果根据周围条件与环境规划的要求，在允许的范围内实施整体移位，使其得以保留，其经济效益和社会效益都是十分可观的。

结构物移位通常又称为平移、迁移、搬移。在国际上，许多发达国家对重要的古建筑及新建结构物的保护性迁移早有所闻，这种保护性迁移技术（moving structure）基本上采用全包装式的搬移，既安全又可靠。

多年来，我国已有数家专业公司致力于这方面的研究开发工作，福建、广东、上海、沈阳等地已经做了一些这方面的实践，取得了许多成功的经验。目前，有关整体移位的设计及施工方面的规范规程［中华人民共和国行业标准《既有建筑地基基础加固技术规范》（JGJ 123—2000）］已经制定，这对结构物整体移位技术的理论研究以及系统的试验研究将起重要的导向作用。即便如此，仍有许多问题有待于我们在今后的实践中对其进行认真的探讨，如结构物平移前及平移过程中托换梁受力性能的变化；结构物平移过程中的结构静力及动力分析等，随着这些问题的解决，结构物整体移位技术将不断得到完善。

(2) 移位原理与分类

建筑移位是通过托换技术(underpinning)将结构物沿某一特定标高进行分离,而后设置能支撑结构物的上下轨道梁及滚动装置,通过外加的拉力或推力,将结构物沿规定的路线搬移到预先设置的新基础上,连接结构与基础,即完成结构物的搬移。

结构物移位技术,适用于各类在城市规划及工程建设中需要搬迁的具有可托换及一定整体性的一般多层的工业与民用建筑。实施平移应当以不破坏结构物整体结构和建筑功能为原则。

根据移位的路线及方位,结构物整体移位可分为整体直线平移、整体斜线平移、整体折线平移和水平原地转动平移(图 7.44),实际施工时可以采用以上一种或几种组合的方式,平移距离将根据需要确定。

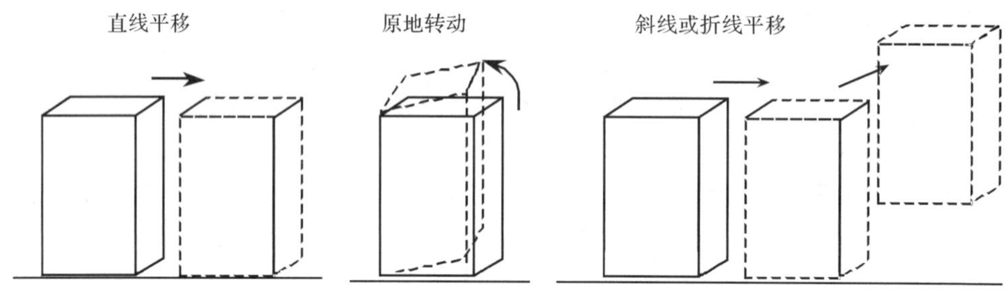

图 7.44 结构物整体移位示意图

(3) 移位基本步骤

结构物移位与大型设备(如重物)的水平搬运相似,不同的是结构物的抗变形能力差,体形大,且平面复杂,与基础之间有可靠的连接。其基本步骤为:

1) 将结构物在某一水平面切断,与基础分离,使其变成一个可搬动的“重物”。

2) 在结构物切断处设置托换梁,形成一个可移动托架,其托换梁就是结构物移位的上轨道梁。

3) 新设的行走基础作为下轨道梁,对原基础进行承载力验算复核,如承载力不能满足要求,需经加固后方可作为下轨道梁。

4) 在就位处设置新基础。

5) 在上下轨道梁间安置行走机构。

6) 施加拉力或推力将结构物平移至新基础处。

7) 拆除行走机构,将结构物上部结构与新基础进行可靠连接。

8) 修复验收。

(4) 结构物移位可行性分析

在整体移位可行性分析中,主要以安全可靠、经济合理作为是否可行的衡量标准,平移的关键在于结构物本身结构的整体性及平移路线。结构的整体性是整体移位的必要条件,因此确定移位的可行性,应当先对结构自身进行全面检测、分析、计算。当需要对结构物进行维护且费用过大或者结构无法通过维护来满足整体性要求时,平移方案就不可行。

行走机构、移位力、基础处理要求与结构物自重有关，如果结构物自重过大，引起行走机构变形，则整体平移就无法进行。随着结构物自重的增加，对行走轨道基础承载力的要求也随之提高，则地基处理费用相应增加。平移的费用与平移路线和距离成正比，平移过程中如存在换向或旋转，则需增加一定的费用。除特殊情况外（如政治因素、社会影响、古建筑古文物保护等），当结构物的整体平移费用超过该结构物拆除重建所需工程造价的80%时，对其实施平移将失去意义。

7.5.2　既有建筑移位设计

对于已使用多年的结构物，特别是一些古建筑和旧建筑，其抗震能力和稳定性等一般都低于现行设计规范，而对一些新建筑，虽然符合现行设计规范要求，但由于整体移位时上部结构与基础需切断，其基础受力形式与托换受力有一定差异，因此如何掌握结构物整体移位的设计标准和计算准则，仍是当前结构物整体移位中迫切需要解决的问题。

（1）移位设计资料

1）场地地质状况包括平移路线及就位场地的工程地质资料。

2）原结构物的设计图纸、施工内业资料、施工期及使用期的有关观测资料。

3）建筑的使用情况调查，包括结构物的结构、构造、受力特性及现场实地勘察情况及必要的检测与鉴定。

4）结构物移位方案及可靠性论证和分析。

（2）可靠性评价

1）结构物移位应首先进行综合技术经济分析和可靠性论证，按国家现行有关规范和标准进行检测、核算和鉴定。经综合评定认为适宜移位后，方可进行整体移位设计。

2）结构物移位设计应符合国家现行相关设计规范，在进行整体移位设计前，应预先确定如下参数：①确定移位的路线和距离；②确定基础加固处理方案；③确定托换梁（上轨道梁）的计算方法，在砖混结构中可根据实际情况适当考虑墙梁作用；④确定下轨道梁形式，下轨道可以采用装配式钢构件、现浇钢筋混凝土结构或砌体结构，基础可按墙下条形基础设计。

3）对于临时受力构件，如整体平移线路上的基础设计，其设计安全系数可适当降低，即其承载力设计值可以考虑相应的折减系数，一般可取0.8。

4）对于反复受力构件，如上轨道梁及推力支座，由于循环反复受力，其安全系数可以适当提高并应加强构造措施。

5）整体移位后，若出现新旧基础的交错，则应考虑新旧基础间的地基变形差异，分别计算既有结构物基础残余沉降值和新基础部分沉降值。设计时可以根据客观实际适当考虑既有结构物地基承载力的提高，必要时应对基础做加固处理。

6）整体移位后，若结构物位于地震区，则应按抗震鉴定标准进行鉴定，不能满足标准要求时应进行抗震加固处理。

7）整体移位结构计算简图必须与实际结构相符合，应有明确的传力路线、合理的计算方法和可靠的构造措施。

8）整体移位时，应尽量保持结构物原受力特征，使受力符合移位设计的要求，防止结构物出现过大的变形和产生过大的附加应力。

9) 整体移位后,结构物应有可靠的连接,并符合国家有关规范和标准的规定。

(3) 平移行走机构设计

1) 设计原则。通常重物水平移动有两种方法:滑动和滚动。滑动的优点在于平移时比较稳定,但其缺点是摩擦阻力大,需要提供较大的移动动力,移动速度缓慢。另外,目前要寻找一种高强度、高硬度、摩擦系数小的材料还比较困难。滚动的优点是摩擦系数小,需要提供的移动动力小,移动速度快。其缺点是稳定性差,容易产生平移偏位。

一般结构物平移均采用滚动进行。

平移行走机构设计中,机构本身应当具有足够的强度及适宜的刚度,即滚轴及轨道板具有足够的强度和硬度,平移轨道具有足够的承载能力,加上合理的移位力布置,施工过程完善的测量措施,从而使结构物平移过程中的安全性和稳定性完全可以得到保证。

2) 轨道板设计。轨道板的作用在于扩散滚轴压力和减少滚轴摩擦。轨道板一般通长布置,在结构物平移中由于荷重较大,轨道板均采用钢结构。通常布置的轨道板其接缝处应保持平整,并有一定的连接处理,以形成一个整体。轨道板根据位于滚轴上下的位置分为上轨道板与下轨道板。

上轨道板可选用型钢,如槽钢、工字钢、H 钢、组合钢轨或者普通钢板,通常情况下,为了安装方便多数采用钢板,其轨道板的宽度与上部托换梁宽度相同,其板厚一般在10~20mm,具体板厚应根据结构物荷重及现场加工能力来确定。当板厚 $\delta>20$mm 时,由于切割加工的限制,应当分成两块板叠合使用,或者采用其他高强度钢板代换。钢板的连接处理如图 7.45 所示。

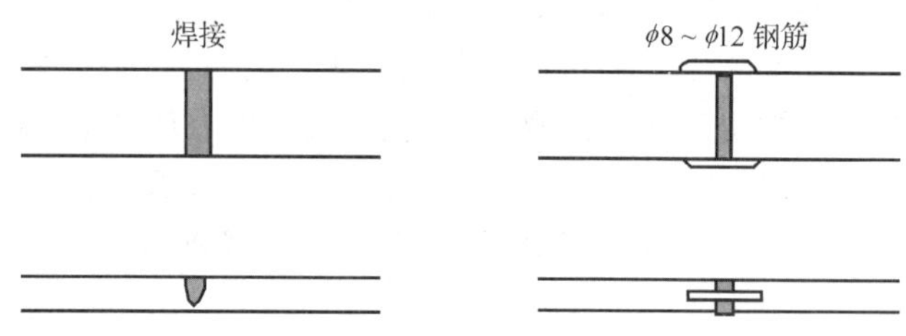

图 7.45　钢板连接处理示意图

板厚 10~20mm 的钢板,应当在钢厂剪切成型,以保证其尺寸及平整度准确,在现场加工时,应采取预防措施,防止切割变形。

当下轨道板不需要提供动力支座时可采用钢板,其要求同上轨道板。当需要提供动力支座时,应当采用组合式型钢结构。组合式型钢可提供一个活动的动力支座,给顶推平移提供帮助,以提高工作效率。这一点在远距离平移中具有明显优势,另外组合式型钢刚度较大,能调整地基局部沉降差。

组合式型钢下轨道板设计通常采用槽钢,根据具体情况确定。其断面尺寸、材料以及截面形式如图 7.46 所示。

3) 移位力的选择。移位力是指对结构物平移时所施加的外力。它一般可分解成若干个平移分力,其总和等于或大于平移需要的动力。力的作用点应尽可能降低,以利移动。

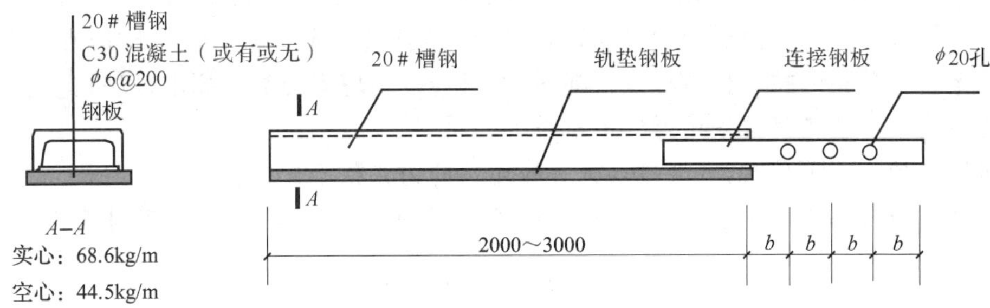

图 7.46　组合式下轨道示意图

通常情况下，根据作用力作用的位置不同，移位力分为推力和拉力两种。工作原理如图 7.47 和图 7.48 所示。

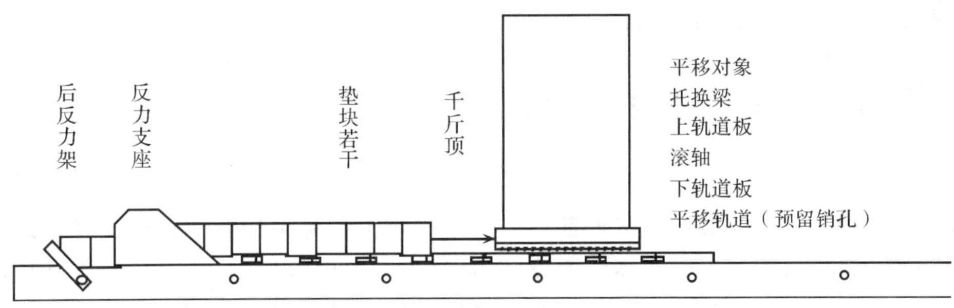

图 7.47　推移法工作原理示意图

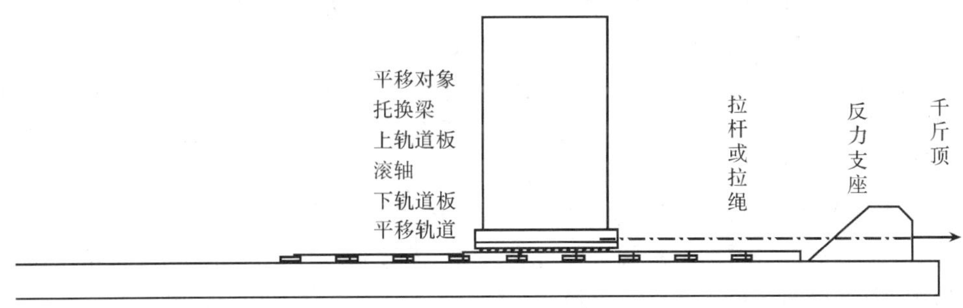

图 7.48　拉移法工作原理示意图

① 推力。推力作用于结构物平移方向的后端，其优点是比较稳定，平移产生的偏位容易调整。其缺点是作用点偏高，平移时，结构物移动一定距离后反力支座需重新安装，给施工带来一定困难。实际平移过程中，由于传力装置之间存在间隙，随着平移距离的增加，平移效率将降低，同时传力装置的稳定性能也随之降低，需要采取一定的加固措施。因此一般顶推平移 10～12m 后，应重新安装反力支座。

推力一般由油压式千斤顶或机械式千斤顶提供。

② 拉力。拉力作用在结构物前方，其优点是在远距离单向平移中，只要设置一个反力装置即可实现平移，千斤顶及反力装置无须反复移动，其动力可由油压千斤顶提供。拉力要

求较小时,也可以考虑由手拉葫芦或卷扬机等设备提供动力。拉力传力由拉杆或拉绳提供。

由于拉杆或拉绳受力后变形较大,因此应当尽量采用应变值一致的拉杆或拉绳。同时对于单台千斤顶牵拉多根拉杆或拉绳时,对其应变值应有更高的要求,以防止拉杆或拉绳受力不均。一般应优先采用弹性模量较大的材料。

采用牵拉方式平移时,其牵拉设施一般用预应力张拉千斤顶。

4) 移位力的计算。移位力的大小与结构物的自重、行走材料等有关,其计算表达式为

$$T = K\frac{Q(f+f')}{2r} \tag{7.3}$$

式中,T——移位力;

K——滚轴工作不协调阻力增大系数(一般 K 取 2.5~5.0,当轨道板与滚轴均为钢材时,K 可取 2.5);

Q——结构物总重量;

f、f'——上下轨道板的摩擦系数;

r——滚轴半径。

当上下轨道板的材料一样时,$f=f'$,则

$$T = K\frac{Qf}{r} \tag{7.4}$$

对于结构物平移,一般情况下重量较大的结构物常优先采用圆钢作为滚轴材料。荷重相对小的结构物,滚轴可采用高压钢管,但必须进行室内抗压试验,以确定其承压能力及变形值是否满足要求,如不能满足要求,则应采用在钢管内灌细石混凝土的措施,混凝土中需掺入适量膨胀剂,混凝土强度等级不低于 C30,并在两端进行封口处理。

钢管混凝土滚轴不适用于远距离平移工程。因为在远距离的平移中,钢管中的混凝土经反复碾压后容易被破坏,且两端由于反复敲打将产生变形。

5) 滚轴设计。滚轴的长度一般比轨道板宽度大 150~200mm,这样,当出现偏位时,滚轴可通过斜放来调整,同时外露一定长度以便人工用锤敲击滚轴端头,对滚轴进行矫正。通常情况下,墙体厚度即为轨道板宽度。

滚轴直径与移位力有关:从式(7.3)可看出:随着直径的增大,移位力将减小,但由于直径增大,成本费用将增加。滚轴直径过大,其平移时稳定性不易控制,因此建议滚轴直径取值为:钢管滚轴直径 100~150mm,圆钢滚轴直径为 50~100mm 为宜。

平移时每根轨道上的钢滚轴间距为

$$S = \frac{L}{M} \quad 且 \quad S_{\min} \geqslant 5r \tag{7.5}$$

式中,S——滚轴平均间距,m;

L——平移方向托换梁(轨道板)有效长度,mm;

M——每根轨道滚轴总数。

每根轨道滚轴总数 M 与滚轴以及轨道板接触的单位长度的允许荷载 W(kN/cm)有关,则 M 为

$$M = K_1\frac{Q_L}{WL_1} \tag{7.6}$$

式中，Q_L——该轨道板承受的荷载，kN；

L_1——每根滚轴与轨道的有效接触长度(取上下轨道板宽度的小值)，(当下轨道板为钢轨时，L_1 的有效长度按轨道顶宽的 1/2 计算)，cm；

K_1——轨道板不平整引起的增大系数(取值为 1.2～1.5)；

W——滚轴与轨道板接触的每厘米长度的允许荷载[其取值为 $W=84r\sim106r$，式中已包括可能的压力不均匀系数 1.2)，kN/cm]。

(4) 结构物移位中的动力分析

在移位力作用下，结构物开始移动。在实际施工中，移位力一般采用机械手摇千斤顶或电动油压千斤顶两种方式提供。当采用机械手摇千斤顶时，由于千斤顶空载时的速率约为 0.2m/s，负载时的速率为空载时的 1/3。实际施工时，由于人为因素，造成移位力的不连续性，顶推点无法保持同步，推进时类似撬杆，结构物移动速度缓慢，位移不明显。当采用电动油压千斤顶时，移位力是连续均匀的，因此平移速度可达到每分钟 150mm。结构物明显移动，但人员在结构物内无明显感觉。

结构物平移中，结构在移位力和摩擦力作用下，处于变速运动状态。相应地，结构内部构件也将由于运动而产生额外的内力。这种内力在任何一个结构物的原设计中都不可能考虑。因此必须对平移中的结构物进行受力分析，以确定平移过程不会危及结构物的稳定性。为了确保结构安全，平移速度当然是越慢越好；但对施工效率而言，平移速度却越快越好。只有通过对结构进行受力分析，才能为结构物平移提供一个合理的速度。

采用建筑结构三维动力分析程序对平移中的结构物进行动力时程分析。假定地基为一刚体(即认为地基是不变形的)，结构物上部结构作为一个整体通过滚轴在轨道梁(即地基)上滚动或滑动。通过实际施工经验发现，当采用油压千斤顶进行平移时，结构物的移动近似为匀加速运动。前 30s 为加速过程，后 30s 为减速过程，当每分钟移动 150mm 时，加速度为 0.17mm/s^2。加速度反应谱长度为千斤顶的一个回程，即 60s。若原结构物按 7 度抗震设计，相应地把平移的加速度放大到 350mm/s^2 进行时程分析，得到各楼层剪力。实际平移时的楼层剪力可按实际平移时的加速度值进行折减得到。实际平移加速度远小于地震时的加速度，仅达到 0.5‰，因此楼层剪力也是极微小的，这就是在施工过程中人员在结构物内无明显感觉的原因。结构物平移可用的最大平移加速度，应保证各楼层剪力均小于原设计的地震剪力。

(5) 既有建筑移位施工

1) 既有建筑移位施工依据：①工程移位设计图；②现行相应的有关施工及验收的规范；③《建筑钢结构焊接技术规程》(JGJ 81—2002)。

2) 移位力设备配套校验。采用油压千斤顶作为移位力时，为保证力的准确性，应进行千斤顶与压力表配套校验，并加标注，以便在实际使用时配套使用。

移位力设备的选择。一般油压千斤顶常用规格有 50t、100t、200t。在实际工程中，应该根据所需的单点移位力的最大值来选择千斤顶及其配套设备。

压力表的选择。一般工作用压力表按 0.5、1、1.5、2.5、4 五种精度等级进行制造，预应力张拉用压力表一般不低于 1.5 级，工程中选用压力表的量程及其精度要满足工程的基本要求。

千斤顶与压力表的配套校验。千斤顶的实际作用力是通过压力表的实际读数测定的,压力表的读数也就是千斤顶油缸内的单位油压,由于摩擦力的存在和影响,在千斤顶工作时,不应只采用理论计算的方法来确定压力表的读数从而确定千斤顶的实际作用力,而应通过对千斤顶、油泵、压力表和油管系统配套标定,找出千斤顶主动工作状态作用与压力表读数之间的相应关系,列成表或制成图,供施工时查找对应使用。

千斤顶的标定需要在精度为±1%的压力实验机上进行,检验精度不低于±2%。

3)施工工艺流程。移位施工的工艺流程如图7.49~图7.51所示。

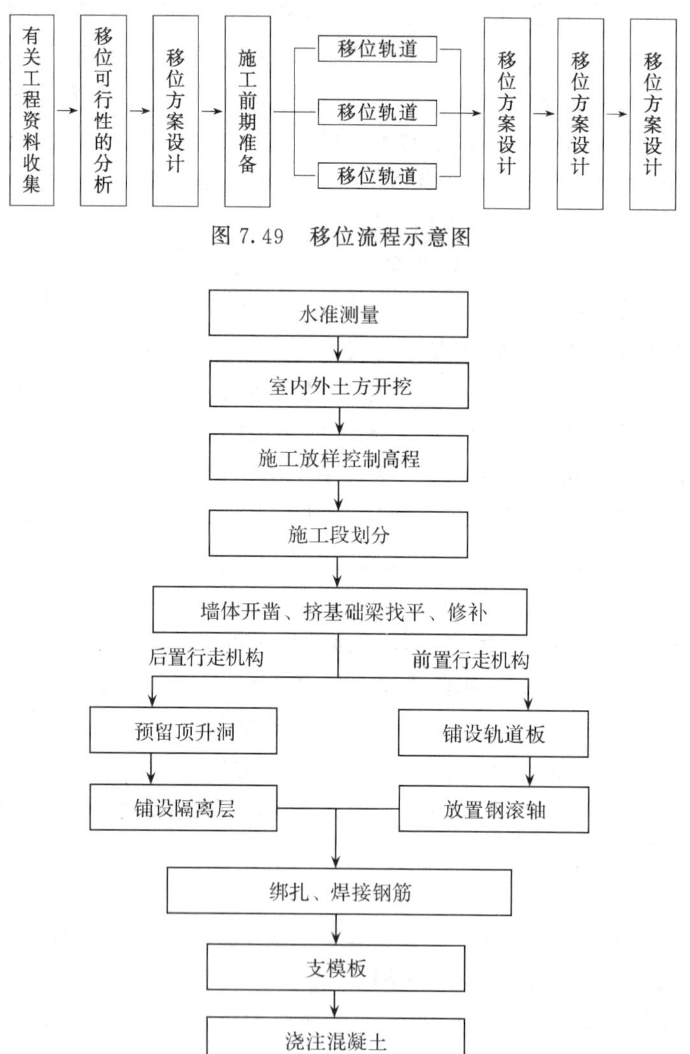

图7.49 移位流程示意图

图7.50 托换施工工艺流程图

4)上下轨道梁之间的允许误差及处理措施。理论上讲,上轨道梁底(托换梁)和下轨

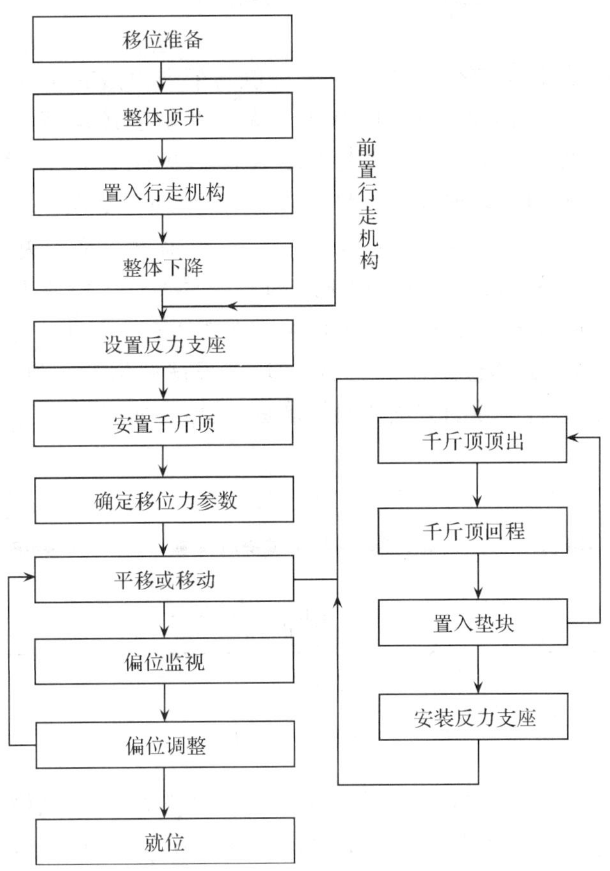

图 7.51　移位顶升流程图

道梁(平移轨道或原基础梁)梁面之间应当是水平的,包括轨道板厚度在内,其间距等于滚轴直径。但在实际施工中,托换梁施工是分段进行的,一般分段长度在 1500mm 左右,因此,结构物托换时一般需要分成几十段来施工,就存在一定的累计误差。特别在相邻及相隔墙体施工时,由于墙体阻挡,水准测量精度无法保证。实际施工误差在 5～20mm。由于其误差一般在托换完成后才能发现,因此其误差无法采用水泥砂浆等材料修补找平。对于原基础而言,其水平误差与托换梁是一致的。对于平移轨道梁面来说,其施工误差较小,由于没有较大的障碍,水准控制可得到保证,其相对误差主要存在于相邻轨道梁之间,在施工时一般梁面标高允许误差在 20mm 以内,整体平移前,采用高标号水泥砂浆找平;梁面标高允许误差在 0～5mm,整体平移时一般再采用细砂找补。由于砂粒间有一定间隙且有一定的流动性,因此在应力集中时会适当调整。对于托换梁水平误差,其处理措施是加强水平测量,反复复核,多点校准。

对于远距离平移,因其水准要求较高,应采用在上轨道板与托换梁底之间设置橡胶垫层或袋装砂垫层。橡胶易燃,施工时应注意防火措施。

5) 移位偏位的允许值。移位偏位原因。正常移位过程中,其滚轴必须与轨道板的轴线垂直,故在添加滚轴时,其位置必须放正。由于上下轨道板之间局部存在不平行,引起单根滚轴受力不均匀,在滚动过程中产生滚轴与轨道板轴线不垂直,其结果导致结构物的偏位。

移位偏位控制。结构物整体平移偏位允许值与下列因素有关:①结构物本身荷重;②结构物平面尺寸;③结构物高度;④托换梁、上轨道板宽度;⑤轨道梁、下轨道板宽度。

由于矫正偏位所需移位力比正常平移时要增加 1.2~1.5 倍,同时对上下轨道板会产生局部受拉或受剪从而引起轨道变形,对反力支座产生偏心受压。因此偏位过大时所需移位力会超出原设计值,使移位无法正常进行。一般最大允许偏差值为 $1/2B_{min}$(其中 B_{min}为上下轨道板中宽度的较小值)。对于结构物层数大于 6 层或高耸构筑物荷重相对集中,高宽之比较大时,其最大允许偏位值应控制在 $1/4B_{min}$,且不大于 50mm。

6)移位偏位的矫正。移位过程出现偏位时,应根据偏位方向利用滚轴进行调整,一般在移位时采用锤击敲打滚轴的方法使滚轴斜放,其原理如图 7.52 所示。

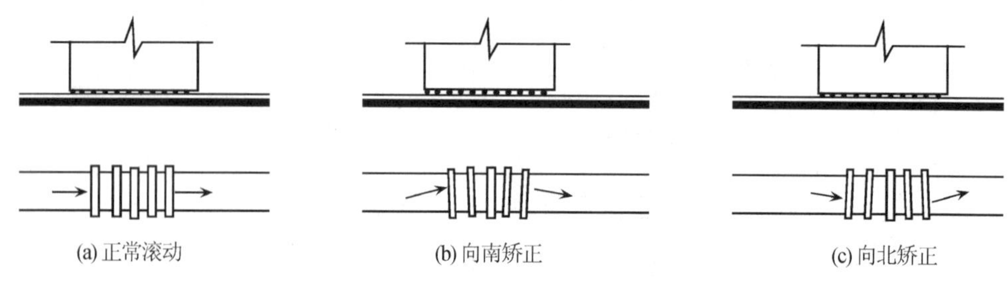

图 7.52 移位方向调整示意图

7)垂直转向时行走机构置换。垂直转向即为纵横换向,行走机构可以采用整体置换或局部分批置换的方法。平移轨道在换向区应预留千斤顶孔洞,结构物到位后可以采用机械式千斤顶进行局部整体硬升,对行走机构进行局部置换,也可以进行整体置换。千斤顶设计荷载计算公式如下:

$$N_a = N \cdot K_a \tag{7.7}$$

式中,N_a——千斤顶设计荷载;

N——千斤顶额定工作荷载(采用 300~500kN 螺旋式机械千斤顶);

K_a——千斤顶安全系数(可取 0.7~0.8)。

$$n = \frac{Q}{N} \cdot K_n \tag{7.8}$$

式中,N——顶升点数或千斤顶台数;

Q——结构物总荷重;

K_n——安全系数,可取 1.0~1.5。

(6)移位的安全措施

1)移位前必须对上下轨道梁进行强度及平整度的复查。

2)对行走路线进行地基基础的检查,避免出现行走过程中的不均匀变形。

3)推力或拉力的检查,做到动作一致,控制灵敏。

4)要有紧急控制系统,特别是液压电动系统,要能统一制动。

5)行走时要随时检查上下轨道轴线的偏差。

思考题与习题

7.1 结构倾斜的原因有哪些?

7.2 结构纠倾有哪些途径?其主要方法有哪些?

7.3 结构纠倾的核心问题是什么?结构纠倾应该注意哪些事项?

7.4 阅读4个实例后,请谈谈你的感想。

7.5 简述建筑移位的原理与关键技术。

第八章　桥梁检测与加固

8.1　概　　述

8.1.1　桥梁检测与加固的意义

（1）确定新建桥梁结构的承载能力

对于重要的桥梁结构在建成竣工后，通过桥梁试验考察该桥的施工质量与结构性能，判定桥梁结构的实际承载能力，为竣工验收、投入运营提供科学的依据。对于新型或复杂的桥梁结构，通过系统的桥梁试验，可以掌握结构在荷载作用下的实际受力状态，探索结构受力行为的一般规律，为充实和发展桥梁结构的设计计算理论，积累科学的资料。

（2）评估已有桥梁的使用性能

对于已有桥梁结构在运营期间，因受水害、地震等自然灾害而损伤，或者因设计施工不当而产生严重缺陷等原因，需要对桥梁进行检测和评估。尤其是我国长期超负荷使用的旧桥，必须进行定期的检测，积累桥梁运营状况的资料，为旧桥的养护、加固、改建或限载对策提供科学的依据。旧桥的检测和加固主要从以下几个方面考虑：

1）体现桥梁发展的规律。随着时间的推移，新建桥梁终究会变成旧桥，旧桥需要维修与加固。公路桥梁造价昂贵，一旦变旧了，不宜废弃，且废弃旧桥全部新建，既不科学，也不实际。

2）反映时代发展的要求。我国在 20 世纪 60～70 年代修建的公路桥梁设计荷载标准偏低，这类桥梁现在仍在使用，但已经不适应目前交通量日益增长的发展需要，因此对旧桥危桥的维修、加固、改造等任务量相对增加。

3）能够充分利用资源。旧桥的维修、加固、改造是对社会资源充分利用的体现，是科学发展观的体现。我国公路建设的任务仍然十分艰巨，省会之间的高速公路线基本完成，但与网络建设的要求相差还很远，县级高速公路网络还没有起步，原有公路继续承担繁重的或超负荷的运输任务。公路资源的充分利用在我国显得非常重要。

4）桥梁检测是桥梁加固的前提。桥梁检测结果是桥梁加固改造方案可行与否和正确与否的可靠依据，也是对桥梁进行技术处理的科学依据之一。没有检测的任何技术决策都是盲目的、不科学的。

8.1.2　桥梁检测的内容

桥梁检测包括两部分内容，即桥梁检查与荷载试验。

（1）桥梁检查

桥梁检查是指对桥梁的外观状况进行现场调查的过程，主要包括：查明桥梁缺损的性质与部位、缺损的严重程度与发展趋势、缺损的产生原因等。

桥梁检查包括试验桥梁有关技术文件资料的收集研究以及结构状态的现场检查两大内容。

1）收集技术资料。试验前，应收集有关试验桥梁的技术文件资料，一般包括：①试验桥梁的设计文件（如设计图纸、设计计算书等）；②试验桥梁的施工文件（施工日志及记录、材料性能的检验报告、竣工图及隐蔽工程验收记录等）；③公路养护部门历年来为试验桥梁所做的检查、维修、养护等记录备案；④试验桥梁如为改建或加固的旧桥，应收集包括历次试验记录报告、改建加固的设计与施工技术资料等。

2）结构状态检查。桥梁结构的现场检查是通过有经验的工程师和试验人员的现场目测和利用简易量测仪器对桥梁进行全面细致的外观检查，观察和发现试验桥梁已存在的缺陷和外部损伤，判断分析其对试验可能产生的影响程度。桥梁现场检查的内容一般为上部结构的外观检查（包括桥面和桥梁上部外观检查）、支座检查和下部结构外观检查三部分。

① 桥面检查。桥面检查包括桥面的平整度、桥梁的排水情况、桥梁的纵横坡、桥梁伸缩缝检查等。通过以上检查以确定在使用过程中，有无渗水对上部结构的腐蚀作用；伸缩缝缺陷致使车辆荷载对桥梁的冲击程度等。

② 桥梁上部结构的外观检查。桥梁上部结构是桥梁主要的承重结构，主要由梁、板、拱圈、拱肋、拱波、钢桁架、框架等基本构件组成。检查主要针对基本构件的工作状况进行。检查内容包括：基本构件的主要几何尺寸及纵轴线，基本构件的横向联系，基本构件的缺陷和损伤。

基本构件的主要几何尺寸检查，主要用钢尺量测其实际长度、截面尺寸，用混凝土保护层测试仪量测混凝土的实际保护层厚度和主筋的尺寸及位置。

基本构件的纵轴线检查，主要指桥梁主梁纵轴线下挠度的测量；对拱桥是指主拱圈的实际拱轴线及拱顶下沉量的测量。基本构件纵轴线的检查可以先目测，发现基本构件纵轴线发生明显变化时，再用精密水准仪量测。

基本构件的横向联系检查，对梁桥应检查横隔板的缺陷及裂缝情况；对拱桥除检查横系梁（板）的缺陷和裂缝外，还应注意与拱肋连接处是否有脱离现象等。

基本构件的缺陷和损伤检查，主要对已存在的混凝土的表面裂缝、蜂窝、麻面、露筋、钢筋锈蚀程度、孔洞等缺陷进行细心观察，将观察到的缺陷的种类、发生部位、范围及严重程度记录下来，作为后面进行综合分析和判断桥梁结构性能的参考依据。

③ 支座的检查。桥梁支座的作用是将上部结构重量及车辆荷载作用传给墩台，并完成梁体按设计所需要的变形，即水平位移和转角。

支座的检查主要是观察支座的材料是否老化，支座垫石有无裂缝、破损，特别要注意的是活动支座的伸缩与转动是否正常，支座有无错位和变形等缺陷。

④ 下部结构外观检查。桥梁下部结构检查内容一般为墩台台身缺陷和裂缝；墩台变位（沉降、位移等）以及墩台基础的冲刷和浆砌片石扩大基础的破裂、松散。

对钢筋混凝土的墩台主要缺陷检查的内容是混凝土的表面的侵蚀、剥落、露筋、风化、掉角等；裂缝主要检查墩台沿主筋方向的裂缝或箍筋方向的裂缝、盖梁上与主筋方向垂直的裂缝。

对砖、石及混凝土墩台缺陷主要检查的内容是砌缝砂浆的风化,大体积混凝土内部空洞引起的破损等;裂缝主要检查墩台台身的网状裂缝及沿墩台高度方向延伸的竖向裂缝等。

墩台变位(位移、沉降等)可采用精密水准仪测量墩台的位移沉降量,观测点设在墩台顶面两端,与两岸设置永久水准点组成闭合网。另外,对于墩台倾斜可以在墩台上设置固定的铅垂线测点,用经纬仪观察墩台的倾斜度。

墩台基础除注意检查圬工基础表面的剥落、破损外,特别要注意当桥梁墩台有位移、沉降或在活载作用下墩顶位移较大时,可能是基础存在着冲刷或局部冲空等病害,应进行挖探检查。必要时,可用激光探测和振动检查方法,检查墩台基础中裂缝、断裂、冲空等病害。

(2) 荷载试验

荷载试验是指对桥梁按照不同情况进行布置荷载,用来测试桥梁的各种反应(如应变、挠度、频率)来判断桥梁承载能力的过程。

桥梁荷载试验有静荷载试验和动荷载试验之分。静荷载试验能反映桥梁结构的实际工作受力状态,动荷载试验则能反映出车辆荷载作用下桥梁结构的动力特性。静载试验与动荷载试验对于全面分析和判断桥梁的实际工作状态同样是很重要的。

桥梁的荷载试验是一项技术含量高,十分复杂和细致的工作,应十分慎重地对待。通常荷载试验按以下步骤进行:

1) 根据确定的试验目的,首先进行现场调查和检查,收集相关资料,为制定试验方案做准备。

2) 对试验桥梁结构进行理论分析与计算,确定试验车辆类型和数量。

3) 制定试验方案。试验方案的内容包括:试验目的、准备工作、加载设计、检测项目以及测点布置、现场试验控制与安全措施。

4) 进行现场试验方案的实施。

5) 试验结果分析与桥梁承载力评定,出试验报告。

8.2 试验荷载

8.2.1 试验荷载工况

为了满足鉴定桥梁承载力的要求,试验荷载工况的选择应反映桥梁结构的最不利受力状态,简单结构可选 1～2 个工况,复杂结构可适当多选几个工况,但不宜过多。在进行各荷载工况布置时,可参照截面内力(或变形)影响线进行,一般设两三个主要荷载工况,同时可根据试验桥梁结构体系的具体情况再设若干个附加荷载工况。表 8.1 给出常见桥型的试验荷载工况。

此外,对桥梁施工中的薄弱截面或缺陷修补后的截面,或者旧桥结构损坏部位,比较薄弱的桥面结构,可以专门进行荷载工况设计,以检验该部位或截面对结构整体性能的影响。

对于梁式结构(简支梁、连续梁、T 形刚构、连续刚构等)的最大挠度工况，一般与最大正弯矩工况相同。

使用车辆加载而又未安排动载试验项目时，可在静载试验项目结束后，将加载车辆(多辆车时则相应地进行排列)沿桥长慢速行使一趟，以全面了解荷载作用于桥面不同部位时结构的承载状况。

表 8.1 常见桥型的试验荷载工况

桥梁结构形式	主要工况	附加工况
简支桥梁	跨中最大正弯矩工况	$l/4$ 截面最大正弯矩工况 支点最大剪力工况 桥墩最大竖向反力工况
连续梁桥	主跨支点最大负弯矩工况 主跨跨中最大正弯矩工况	边跨最大正弯矩工况 主跨桥墩最大竖向反力工况 主跨支点最大剪力工况
T 形刚构桥或悬臂梁桥	墩顶支点最大负弯矩工况 锚固孔跨中最大正弯矩工况	墩顶支点最大剪力工况 挂孔跨中最大正弯矩工况 桥墩最大竖向反力工况
连续刚构桥	主跨墩顶最大负弯矩工况 主跨跨中最大正弯矩工况	墩顶支点最大剪力工况 边跨最大正弯矩工况 桥墩(台)最大反力工况
无铰拱桥	拱顶最大正弯矩工况 拱脚最大负弯矩工况	拱脚最大水平推力工况 $l/4$ 截面最大正、负弯矩工况 $l/4$ 截面正负挠度绝对值之和最大工况
两铰拱桥	拱顶最大正弯矩工况 拱脚最大水平推力工况	$l/4$ 截面最大正、负弯矩工况 $l/4$ 截面正负挠度绝对值之和最大工况
斜拉桥	主梁中孔跨中最大正弯矩工况 主梁墩顶支点最大负弯矩工况 主塔塔顶纵桥向最大水平变位与塔脚截面最大弯矩工况	中孔跨中拉索最大拉力工况 主梁最大挠度工况 辅助墩最大竖向反力工况
悬索桥	加劲梁跨中最大正弯矩工况 加劲梁 1/8 截面最大正弯矩工况 主塔塔顶纵桥向最大水平变位与塔脚截面最大弯矩工况	加劲梁最大竖向挠度工况 主缆锚跨索股最大张力工况 加劲梁梁端最大纵向漂移工况 吊杆(索)活载张力最大增量工况
组合体系桥	根据组合体系所呈现的主要力学特征，结合上述各类桥梁主要、附加工况综合确定	

8.2.2 荷载试验形式和加载方式

为了保证荷载试验的效果，必须先确定试验的荷载形式。桥梁试验的荷载形式分为静载和动载,其具体的加载方式如下。

(1) 静载试验及加载方式

静载试验的加载设备可以根据加载要求及具体条件使用,一般有可行式车辆加载和重物直接加载两种加载方式。

1) 可行式车辆加载。《公路桥梁设计通用规范》(JTG D60—2004)上将汽车荷载分为公路-Ⅰ级和公路-Ⅱ级,由车道荷载和车辆荷载组成,车道荷载是个虚拟荷载,它的标准值 q_K 和 P_K 是由对汽车车队(车重和车间距)的测定和效应分析得到的。车辆荷载为单车的计算图式,在车道荷载不能解决局部加载、跨径较小的涵洞、桥台和挡土墙土压力等的计算问题时采用。这种汽车荷载的规定对人工计算和计算机加载计算都很方便。公路-Ⅰ级和公路-Ⅱ级从效应上来看,分别相当于原规范[《公路桥梁设计通用规范》(JTT 021—89)]的汽车-超20级和汽车-20级。然而对于桥梁检测,这种虚拟的设计荷载规定却无法实现加载,所以仍采用汽车车队的方式加载。

利用车辆加载便于调运与加载布置,加、卸载迅速,既能做静载试验又能做动载试验,是较常采用的加载方法。可行式车辆加载有两种方式:①汽车车队荷载(标准计算荷载);②需通行的特殊重型车辆。

分别计算设计时所采用的汽车荷载或由试验目的所决定的荷载,对结构控制截面产生的内力(或变形)的最不利值并进行比较,取其中最不利者对应的荷载作为试验荷载。

2) 重物直接加载。按控制荷载的着地轮迹先搭设承载架,再在承载架上堆放重物或设置水箱进行加载。如果加载仅为满足控制截面内力要求,也可以采取直接在桥面堆放重物或设置水箱的方法加载。承载架的设置和加载物的堆放应安全、合理,能按要求分布加载重物量,并使加载设备与桥梁结构不共同承载而形成"卸载"现象。

重物直接加载的准备工作量大,加卸载所需周期一般较长,交通中断时间较长,且试验时温度变化对测点的影响较大,因此应当安排在夜间进行试验。

(2) 动载试验及加载方式

在进行桥梁动载试验时,首先要设法使桥梁产生一定的振动,然后应用测振仪器加以测试和记录,通过对记录的振动信号分析得到桥梁的动力特性和响应。用于桥梁动载试验的激振方法很多,应根据被测桥梁的结构形式和刚度大小选择激振效果好、易于实施的方法。

1) 跳车荷载。跳车荷载实际上相当于给被测结构施加了一个冲击脉冲作用。根据振动理论可知,冲击脉冲的动能传递到结构振动系统的时间要小于振动系统的自振周期,并且冲击脉冲一般都包含了从零到无限大的所有频率的能量,它的频谱是连续的,只有被测结构的固有频率与之相同或很接近时,冲击脉冲的频率分量才对结构起作用,从而激起结构以固有频率作自由振动。

工程中使车辆在桥面上驶越三角垫木,利用车轮的突然下落对桥梁产生冲击作用,激起桥梁的竖向振动。但此时所测得的结构固有频率包括了试验车辆这一附加质量的影响。一般直角三角垫木高15cm,斜边朝向汽车。

2) 刹车荷载。刹车试验是测定车辆在桥上紧急制动时所产生的响应,用以测定桥梁承受水平力的性能。刹车试验是以行进车辆突然停止作为激振源,可以以不同车速停在预定位置。刹车可以顺桥向和横桥向。一般横桥向由于桥面较窄，难以加速到预定车速。刹车试验数据同样需要进行附加质量影响的修正。由于刹车的位移时程曲线可读取自振频率和阻尼特性数据，不过此时是有车的质量参与衰减振动，阻尼也非单纯桥跨结构的阻尼。测试时需记录轴重、车速，并在时程曲线上标出首车进桥和尾车出桥的对应时间。对所记录的信号（包括振幅、应变或挠度等）进行频谱分析，可以得到相应的强迫振动频率等一系列参数。

3）跑车荷载。当跑车荷载以由低到高的不同速度驶过桥梁，使结构产生不同程度的强迫振动。在若干次运行车辆的荷载试验中，当某一行驶速度产生的激振力的频率与结构的固有频率相接近时，结构便产生共振现象，此时结构各部位的振动响应达最大值。在车辆驶离桥跨以后，结构做自由衰减振动，这时可由记录的波形曲线分析得出结构的动力特性。

4）重物卸载。重物荷载相当于在结构上预先施加一个荷载作用，使结构产生一个初位移，然后突然卸去荷载，激发结构产生自由振动。在桥下悬挂重物，通过自动脱钩装置或剪断绳索等方法，使得重物突然脱离，从而激发结构的振动。重物荷载的大小要根据所需要的最大振幅计算求出。

5）脉动。对于大跨度悬吊结构，如悬索桥、斜拉桥的桥跨结构、索塔以及具有分离式拱肋的大跨度下承式或中承式拱桥，可利用由于外界各种因素所引起的结构微小而不规则的振动来确定结构的动力特性。这种微振动通常被称为“脉动”，它是由附近的车辆、机器等振动或附近地壳的微小破裂和远处的地震传来的脉动所产生的（结构的脉动有一重要特性，就是它能明显地反映出结构的固有频率。因为结构的脉动是因外界不规则的干扰所引起的，因此它具有各种频率成分，而结构的固有频率的谐量是脉动的主要成分，在脉动图上可直接量出）。

8.2.3　加载分级与控制

（1）静载级别

为了加载安全和了解结构应变和变位随试验荷载增加的变化关系，对桥梁荷载试验各主要工况的加载应分级进行，而且一般安排在开始的几个加载程序中执行。附加工况一般只设置最大内力加载程序。

1）分级控制的原则。

① 当加载分级较为方便时，可按最大控制截面内力荷载工况均分为 4～5 级。

② 当使用载重车加载，车辆称重有困难时，也可分成 3 级加载。

③ 当桥梁的调查和验算工作不充分，或者桥况较差，应尽量增多加载分级。如限于条件，加载分级较少时，应注意每级加载时，车辆荷载应逐辆缓缓驶入预定加载位置，必要时可以在加载车辆未到达预定加载位置前，分次对控制测点进行读数监控，以确保试验安全。

④ 在安排加载分级时，应注意加载过程中其他截面内力也应逐渐增加，且最大内力不应超过控制荷载作用下的最不利内力。

⑤ 根据具体条件决定分级加载的方法，最好每级加载后卸载，也可以逐级加载达到

最大荷载后逐级卸载。

2）车辆荷载加载分级的方法。

① 逐渐增加加载车辆数。

② 先上轻车后上重车。

③ 加载车位于内力影响线的不同部位。

④ 加载车分次装载重物。

以上各法也可综合采用,以方便加载分级实施。

3）加卸载的时间选择。为了减少温度变化对试验造成的影响,加载试验时间以22:00至次日早晨6:00为宜,尤其是在采用重物直接加载、加卸载周期比较长的情况下,只能在夜间进行试验。对于采用车辆等加卸载迅速的试验方式,如夜间试验照明等有困难时也可以安排在白天进行试验,但在晴天或多云的天气下进行加载试验时,每一加卸载周期所花费的时间不应超过20min。

4）加载分级的计算。根据各荷载工况的加载分级,按弹性阶段计算结构各测点在不同荷载等级下的理论计算变位(或应变),以便对加载试验过程进行分析和控制。计算采用的材料弹性模量,如已做材料试验的用实测值,未做材料试验的可按规范规定取值。

(2) 动载级别

在动载试验中,如跳车、刹车、重物卸载、跑车等,需对跑车的速度和重物的重量进行分级处理。

1）跑车级别。动载试验一般安排标准汽车车列(对小跨径桥也可以用单车)以不同车速分别进行匀速跑车试验。跑车速度一般定为每小时5km、10km、20km、30km、40km、50km,高速公路桥梁采用60km。

2）重物卸载。根据所需最大振幅,理论上计算出重物荷载的大小。

(3) 荷载计量

可根据不同的加载方法和具体条件选用以下方法对所加重物的重力进行称量:

1）称重法。当采用重物直接在桥上加载时,可将重物化整为零称量后按逐级加载要求分堆置放,以便加载取用。当采用车辆加载时,可将车辆逐辆驶上称重台进行称量。如没有现成可供利用的称量台,可自制专用称量台进行称量。

2）体积法。如采用水箱加载,可通过量测储水体积来换算成储水的重力。

3）综合计算法。根据车辆出厂规格确定空车轴重(注意考虑车辆零配件的更换和增减,汽油、水、乘员重力的变化),再根据装载重物的重力及其重心将其分配至各轴。装载物最好采用外形规则的物体整齐码放,或者采用松散均匀材料(如砂子等)在车厢内摊铺平整,以便准确地确定其重心位置。

无论采用何种方法确定加载物重力,均应做到准确可靠,其称量误差最大不得超过5%。最好能采用两种称量方法互相校核。

8.2.4 试验荷载效率

试验荷载时应尽量采用与控制荷载相同的荷载,但由于客观条件的限制,实际采用的试验荷载与设计荷载有所不同。在不影响主要试验目的的前提下，一般采用内力或变形等效的加载方式，即计算出设计标准荷载对控制截面产生的最不利内力，以此作力控制值，然后调整试验荷载使该截面内力逐级达到此控制值。为保证试验效果，根据《大跨径混凝土桥梁的试验方法》的要求，在选择试验荷载的大小和加载位置时，采用静载试验效率 η_q、动载试验效率 η_d 进行控制。

(1) 静载试验效率

静载试验效率为

$$\eta_q = \frac{S_s}{S(1+\mu)} \tag{8.1}$$

式中，S_s——静载试验荷载作用下控制截面效应计算值；

S——设计荷载作用下控制截面最不利效应计算值；

$(1+\mu)$——按规范采用的冲击系数。

η_q值可以采用 0.8～1.05 的值，当桥梁的调查、检算工作比较完善而又受加载设备能力所限，η_q值可采用低限；当桥梁的调查、检算工作不充分，尤其是缺乏桥梁计算资料时，η_q值应采用高限。总之，应根据前期工作的具体情况来确定 η_q，一般情况下 η_q值不应小于 0.95。

荷载试验应选择在温度稳定的季节和天气条件下进行。当温度变化对桥梁结构内力的影响较大时，应选择对温度内力较不利的季节进行荷载试验，否则应考虑用适当增大静载试验效率 η_q来弥补温度影响对结构控制截面产生的不利内力。

(2) 动载试验效率

动载试验效率为

$$\eta_d = \frac{S_d}{S} \tag{8.2}$$

式中，S_d——动载试验荷载作用下控制截面最大计算内力值；

S——标准汽车荷载作用下控制截面最大计算内力值（不计入汽车荷载冲击系数）。

η_d值一般采用 1，动载试验的效率不仅取决于试验车型及车重，而且取决于实际跑车时的车辆间距。因此，在动载试验跑车时应注意保持试验车辆之间的间距，并采用实际测定跑车时的行车间距作为修正动载试验效率 η_d的计算依据。

8.3　测点设置

8.3.1　静载试验测点设置

(1) 主要测点布置

布设的测点不宜过多，但要保证观测质量。有条件时，同一测点可用不同的测试方法进行校对。一般情况下，对主要测点的布设应能控制结构的最大应力（应变）和最大挠度（或位移）。几种常用桥梁体系的主要测点布设见表 8.2。

表 8.2 各种桥型主要测点布置

桥型	测点位置
简支梁桥	跨中挠度、支点沉降、跨中截面应变
连续梁桥	跨中挠度、支点沉降、跨中和支点截面应变
悬臂梁桥(T形刚构桥)	悬臂端部挠度、支点沉降、支点截面应变
无铰拱桥	跨中与 $l/4$ 处挠度、拱顶 $l/4$ 和拱脚截面应变
斜拉桥	主梁中孔跨中挠度、支点沉降、跨中截面应变、塔顶纵桥向最大水平位移、塔脚截面应变
悬索桥	加劲梁跨中与 $l/8$ 和 $3l/8$ 处挠度、支点沉降、跨中与 $l/8$ 和 $3l/8$ 处截面应变、塔顶纵桥向最大水平位移、塔脚截面应变
组合体系桥	根据组合体系所呈现的主要力学特征,结合上述各类桥梁的主要测点布设综合确定测点位置

挠度(变位)观测点,对于整体式梁桥,一般对称于桥中轴线布设,截面设单点时,布置在桥中轴线上,截面设双点时,布置在梁底或梁顶面两侧,其横向间距尽可能大一些;对于多梁式桥,可在每梁底布置一个或两个测点;对于索塔,一般布置在索塔纵桥向对称面相应位置。截面抗弯应变测点应设置在截面横桥向应力可能分布较大的部位,沿截面上、下缘布设。横桥向测点设置一般不少于 3 处,以控制最大应力的分布。

当采用测定混凝土表面应变的方法来确定钢筋混凝土结构中钢筋承受的拉力时,考虑到混凝土表面已经可能产生的裂缝对观测的影响,测点的位置应合理进行选择。如凿开混凝土保护层直接在钢筋上设置拉应力测点,则在试验完毕后必须修复保护层。

(2) 附加测点布置

根据桥梁调查和检算工作的深度,综合考虑结构特点和桥梁的目前状况等可适当加设以下测点:①挠度沿桥长或沿控制截面桥宽方向分布;②应变沿控制截面桥宽方向分布;③应变沿截面高度分布;④组合构件的结合面上、下缘应变;⑤墩台的沉降、水平位移与转角,连拱桥多个墩台的水平位移;⑥剪切应变;⑦其他结构薄弱部位的应变;⑧裂缝的监测。

一般应实测控制截面的横向应力增大系数。当结构横向联系构件质量较差,连接较弱时,则必须测定控制截面的横向应力增大系数。简支梁跨中截面横向应力增大系数的测定,既可以采用观测跨中沿桥宽方向应变变化的方法,也可以采用观测跨中沿桥宽方向挠度变化的方法来进行计算或用两种方法互校。

对于剪切应变测点一般采取设置应变花的方法进行观测。为了方便,对于梁桥的剪应力也可以在截面中性轴处主应力方向设置单一应变测点来进行观测。梁桥的实际最大剪应力截面应设置在支座附近而不是支座上,即设在自梁底支撑线与水平成 45°方向斜线与截面中性轴的交点上。

(3) 温度测点布置

选择与大多数测点较接近的部位设置 1～2 处气温观测点。此外,可以根据需要在桥梁主要测点部位设置一些构件表面温度观测点,尤其对于温度敏感的大跨径索支撑体系,桥梁应沿跨径长度方向多设置一些气温观测点。

8.3.2　动载试验测点设置

在桥梁结构动载试验中，应根据现有仪器设备和试验人员的实践经验，按照动载试验的要求和目的，并根据桥梁结构形式确定测点拾振器的布置，选择恰当的激振形式与激振位置。

测点拾振器布置一般按照结构的振型形状，在变位较大的部位布置测点，尽可能避开各阶振型的节点。

根据桥梁结构形式与结构体系，可以利用结构动力分析通用程序进行结构的动力分析，从而估计结构前几阶振型形状和相应的固有频率，为制定动载试验方案提供理论依据。下面介绍几种常见的简单结构的前几阶振型与相应的固有频率理论解析解。

(1) 梁桥的主振型

1) 简支梁的主振型。均质简支梁桥的前三阶主振型如图 8.1 所示。一阶振型的测点布置在跨中，二阶振型的测点布置在 1/4 跨处。

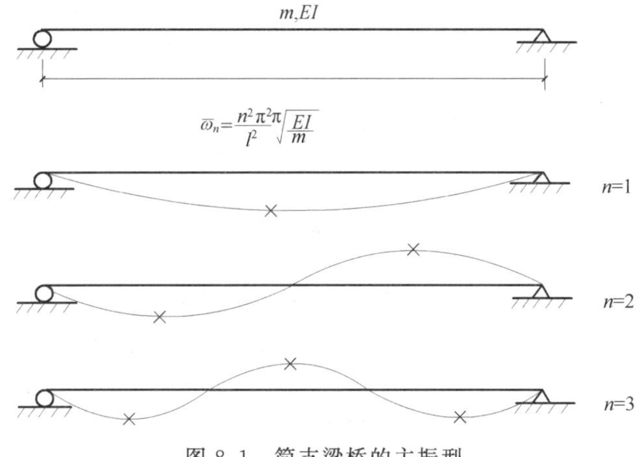

图 8.1　简支梁桥的主振型

×为测点

2) 固端梁的主振型。均质固端梁的前三阶主振型如图 8.2 所示。前几阶振型的测点布置类似于简支梁桥。

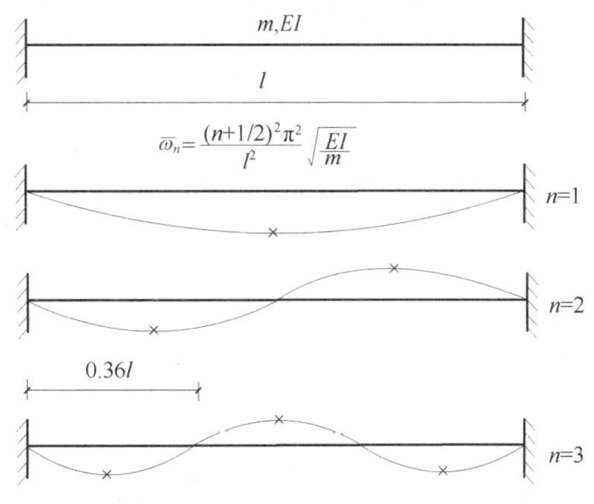

图 8.2　固端梁的主振型

×为测点

3）悬臂梁的主振型。均质悬臂梁的前三阶主振型如图 8.3 所示。一阶振型测点布置在悬臂端，二阶振型测点应布置在 1/2 悬臂长度处。

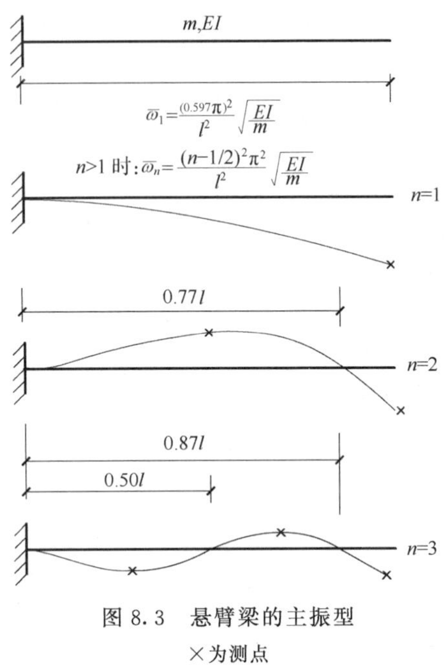

图 8.3　悬臂梁的主振型

×为测点

4）三跨连续梁的主振型。均质三跨连续梁的主振型如图 8.4 所示。一阶振型测点布置在三跨的跨中，二阶振型测点布置在两边跨跨中和中跨的两个四分点上。

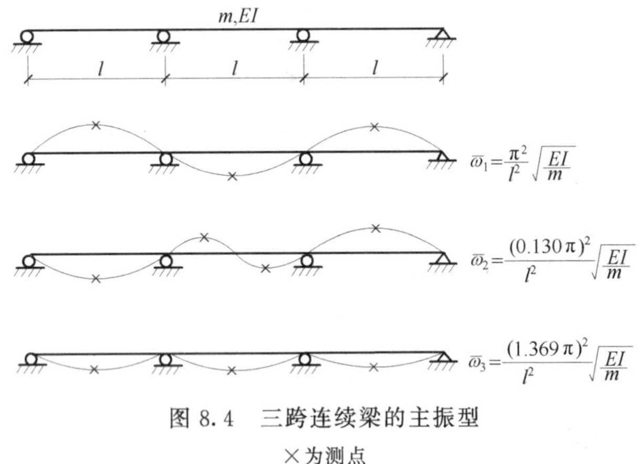

图 8.4　三跨连续梁的主振型

×为测点

(2) 拱桥的主振型

工程中常见的拱桥形式多样，结构体系也比较复杂。这里仅以两铰拱为例，说明拱桥振型形状测点布置。

双铰拱桥前三阶振型如图 8.5 所示。一阶振型测点布置在四分点上，二阶振型测点布置在跨中与两拱脚附近的对称位置，注意二阶振型与三阶振型的区别。

(3) 悬索桥的主振型

悬索桥的前三阶振型如图 8.6 所示。一阶振型测点布置在中跨四分点上,二阶振型测点布置在中跨跨中和加劲梁两端支点附近的对称位置。

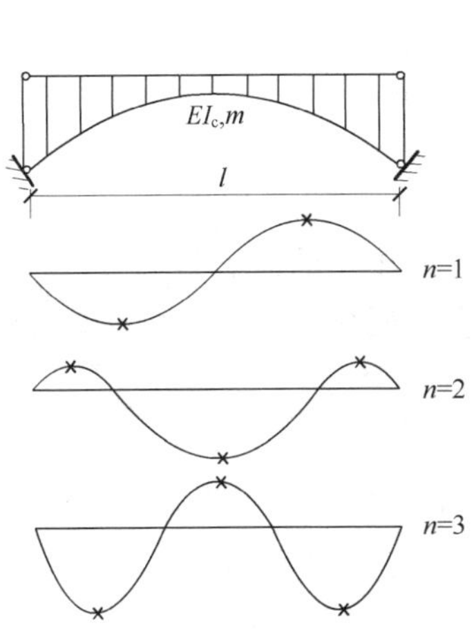

图 8.5　双铰拱的主振型
×为测点

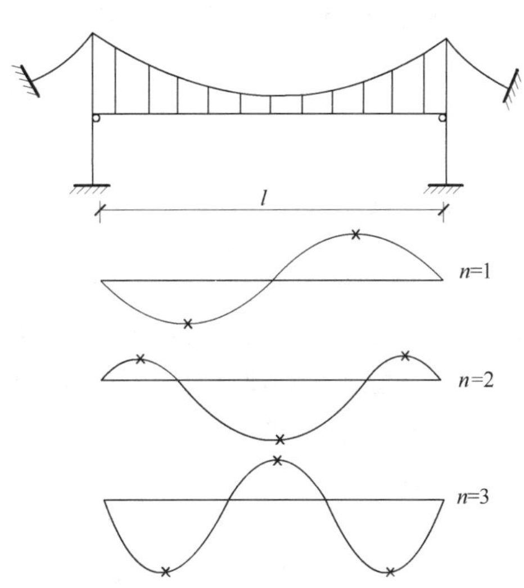

图 8.6　悬索桥的主振型
×为测点

对于一般形式的大跨径悬索桥,要根据空间结构动力分析程序进行结构动力分析,从而确定结构振型形式,要综合反映索塔、加劲梁和主缆等的振动特性,考虑各测点拾振器的布置方向。

(4) 斜拉桥的主振型

斜拉桥的结构体系复杂,一般只能借助于空间结构动力分析程序进行结构动力分析。漂浮体系斜拉桥的前三阶主振型如图 8.7 所示。

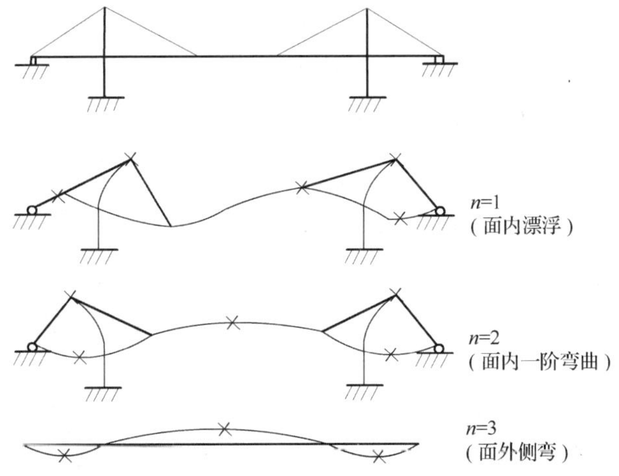

图 8.7　漂浮体系斜拉桥的主振型
×为测点

一阶振型为面内漂浮振型,二阶振型为面内一阶弯曲振型,三阶振型为一阶对称扭转振型。随着斜拉桥抗弯与抗扭刚度的变化,前三阶振型的排列序列有可能也发生变化。相应地,斜拉桥各阶振型的测点布置也比较复杂,要综合反映索塔、主梁与斜拉索的振动特性,考虑各测点拾振器的布置方向。

8.4　试验结果与理论分析

8.4.1　静载试验数据分析

静载试验数据整理分析的直接目的就是为了更好地达到预定的试验目的,以便对桥梁结构做出相应的技术评价。静载试验数据整理分析包括对现场实测数据进行修正、整理,也包括实测数据的评价方法与评价指标的取用。

(1) 试验资料的修正

1) 测值修正。根据各类仪表的标定结果进行测试数据的修正,如考虑机械式仪表校正系数、电测仪表的率定系数与灵敏系数,以及观测电阻应变所用导线的电阻影响等。当这些因素对测值的影响小于1%时,可不予修正。

2) 温度影响修正。温度对测试的影响比较复杂。结构构件的各部位不同的温度变化、结构的受力特性、测试仪表或元件的温度变化、电测元件的温度敏感性与自补性等,均对测试精度造成一定的影响。逐项分析这些影响的大小是困难的,一般可以采用综合分析的方法来进行温度影响修正,即利用加载试验前进行的温度稳定观测数据,建立温度变化(测点处构件表面温度或空气温度)和测点测值(应变和挠度)变化的线性关系,然后计算温度修正为

$$S = S' - K_T \Delta T \tag{8.3}$$

式中,S——温度修正后的测点加载测值变化;

S'——温度修正前的测点加载测值变化;

ΔT——相应于S'观测时间段内的温度变化,℃;

K_T——空载时温度上升1℃时,测点测值变化量,即

$$K_T = \frac{\Delta S}{\Delta T_1} \tag{8.4}$$

式中,ΔS——空载时某一时间段内测点值变化量;

ΔT_1——相应于ΔS同一时间段内温度的变化量。

温度变化量的观测对应变应当采用构件表面温度,对挠度应当采用气温。温度修正系数K_T应采用多次观测的平均值,如测值变化与温度变化关系不明显时则不能采用。

由于温度影响的修正比较困难,一般不进行这项工作,而采取缩短加载时间、选择温度稳定性较好的时间进行试验等办法,尽量减少温度对测试精度的影响,实践表明是非常方便的,其测试结果也是可靠的。

3) 挠度计算及误差处理方法。当采用精密光学仪器进行变形测量时,应根据测量误

差理论、平差处理方法及试验所采用的测量路线，进行测量误差的调整计算。首先，假定起始点的假设高程，计算各测点在各级试验荷载作用下的假定高程；然后，根据测量线路计算高差、闭合差及高差闭合差的容许值，若测量成果的精度符合要求，即可进行高差闭合差的调整。调整方法是将高差闭合差反号，按与各测段的路线长度成正比例地分配到各段高差中，计算出各测点在各级试验荷载作用下的改正高程；最后，将改正高程减去零载时的初始假定高程，即可得出各测点在各级试验荷载作用下的挠度。

4）支点沉降影响的修正。当支点沉降量较大时，应修正其对挠度值的影响。A、B 两支点间测点的挠度修正量 C 为

$$C=\frac{l-x}{l}a+\frac{x}{l}b \tag{8.5}$$

式中，C——测点的支点沉降影响修正量，叠加到测点挠度中；

l——A 支点到 B 支点的距离；

x——自 A 支点到计算截面的距离；

a——A 支点沉降量；

b——B 支点沉降量。

(2) 测点变位与应变的计算

根据量测数据做下列计算：

总变位（或总应变）

$$S_t=S_l-S_i \tag{8.6}$$

弹性变位（或弹性应变）

$$S_e=S_l-S_u \tag{8.7}$$

残余变位（或残余应变）

$$S_p=S_t-S_e=S_u-S_i \tag{8.8}$$

式中，S_i——加载前测值；

S_l——加载达到稳定时测值；

S_u——卸载后达到稳定时测值。

引入相对残余变位（或应变）的概念，可以描述结构整体或局部进入塑性工作状态的程度。相对残余变位（或应变）为

$$S'_p=\frac{S_P}{S_t}\times 100\% \tag{8.9}$$

式中，S'_p——相对残余变位（或应变）；

S_P、S_t——意义同前。

(3) 应力计算

根据量测到的测点应变，当结构处于线弹性工作状态时，可以利用虎克定律计算测点的应力。下面给出常用的由应变直接计算主应力的计算公式。

1）单向应力状态

$$\sigma=E\varepsilon \tag{8.10}$$

2)平面应力状态

① 主应力方向已知时

$$\sigma_1 = \frac{E}{1-\nu^2}(\varepsilon_1 + \nu\varepsilon_2) \tag{8.11}$$

$$\sigma_2 = \frac{E}{1-\nu^2}(\varepsilon_2 + \nu\varepsilon_1) \tag{8.12}$$

式中,E——构件材料的弹性模量;

ν——构件材料的泊松比;

ε_1、ε_2——相互垂直方向的主应变;

σ_1、σ_2——相互垂直方向的主应力。

② 主应力方向未知时。此时需用应变花量测其应变来计算主应力。应变花的常见形式为直角形或等边形,如图 8.8 所示,一般由 3 个应变片组成,也可以增加校核片,布置为扇形和伞形,如图 8.8(d)、(e)所示。当采用图 8.8 中的 5 种应变花时,测点主应力可以表示为

$$\sigma_1 = \frac{E}{1-\nu}A + \frac{E}{1+\nu}\sqrt{B^2 + C^2} \tag{8.13}$$

$$\sigma_2 = \frac{E}{1-\nu}A - \frac{E}{1+\nu}\sqrt{B^2 + C^2} \tag{8.14}$$

$$\tau_{\max} = \frac{E}{1+\nu}\sqrt{B^2 + C^2} \tag{8.15}$$

$$\varphi_0 = \frac{1}{2}\tan^{-1}\frac{C}{B} \tag{8.16}$$

其中参数 A、B、C 由应变花的形式确定。上面 5 种形式应变花的计算参数见表 8.3。

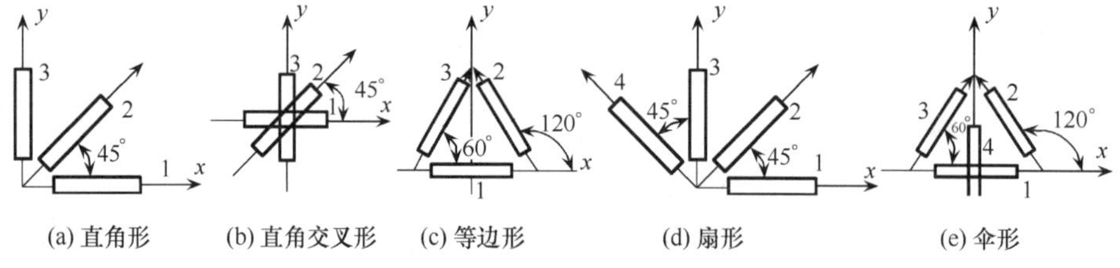

图 8.8 常用应变花的形式

表 8.3 应变花计算参数

应变花名称	应变花形式	A	B	C
45°直角应变花	图 8.8(a)、(b)	$\frac{\varepsilon_0+\varepsilon_{90}}{2}$	$\frac{\varepsilon_0-\varepsilon_{90}}{2}$	$\frac{2\varepsilon_{45}-\varepsilon_0-\varepsilon_{90}}{2}$
60°等边三角形应变花	图 8.8(c)	$\frac{\varepsilon_0+\varepsilon_{60}+\varepsilon_{120}}{2}$	$\varepsilon_0-\frac{\varepsilon_0+\varepsilon_{60}+\varepsilon_{120}}{2}$	$\frac{\varepsilon_{60}-\varepsilon_{120}}{\sqrt{2}}$
扇形应变花	图 8.8(d)	$\frac{\varepsilon_0+\varepsilon_{45}+\varepsilon_{90}+\varepsilon_{135}}{2}$	$\frac{\varepsilon_0-\varepsilon_{90}}{2}$	$\frac{\varepsilon_{135}-\varepsilon_{15}}{2}$
伞形应变花	图 8.8(e)	$\frac{\varepsilon_0+\varepsilon_{90}}{2}$	$\frac{\varepsilon_0-\varepsilon_{90}}{2}$	$\frac{\varepsilon_{60}-\varepsilon_{120}}{\sqrt{3}}$

(4) 荷载横向分布系数的计算

对于由多片主梁组成的桥梁结构,荷载横向分布的量测与计算往往是桥梁检测的内容之一。通过对桥梁结构跨中截面各主梁挠度的测定,可以绘制出跨中截面的横向挠度曲线,然后按照荷载横向分布的概念,运用位移互等原理,即可计算出任一主梁的荷载横向分布系数。一般地,各主梁截面尺寸相同,按照横向分布系数的定义:

$$\eta_i = \frac{w_i}{\overline{w_i}} \tag{8.17}$$

式中,w_i——荷载 P 引起的某一主梁的挠度;

$\overline{w_i}$——荷载 P 均匀分布于全桥宽时所产生的挠度。

同时,荷载横向分布系数也可以用挠度图面积来定义,如图 8.9 所示。

$$\eta_i = \frac{\Omega_i(y)}{\Omega} = \frac{y_i}{\sum y_i} \tag{8.18}$$

式中,$\Omega_i(y)$——第 i 个主梁范围内挠度图的面积;

Ω——挠度图的总面积;

y_i——第 i 个主梁的挠度。

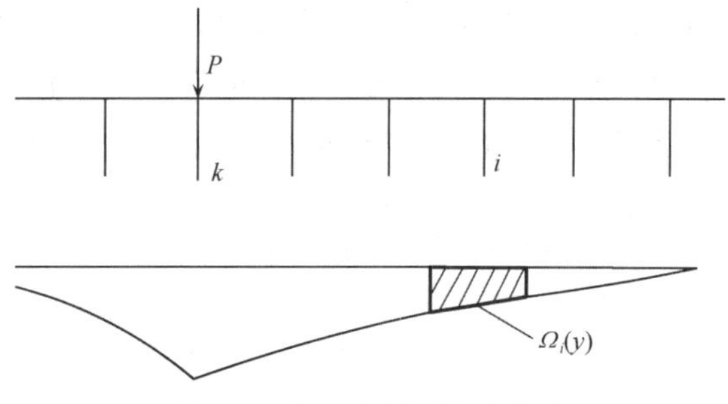

图 8.9　任一主梁的挠度曲线

(5) 试验结果与理论分析的比较

为了评定桥梁结构整体的受力性能,需对桥梁荷载试验结果与理论分析值进行比较,以检验新建桥是否达到设计荷载标准,或者判断旧桥的承载能力。可以将结构位移、应变等实测值与理论计算值列表进行比较,对结构在最不利荷载工况作用下主要控制截面测点的位移、应变的实测值与理论计算值,要分别绘出荷载位移(P-Δ)曲线、荷载应变(P-ε)曲线,并绘出最不利荷载工况作用下位移沿结构纵、横向分布曲线和控制截面应变的沿高度分布图,以及绘制结构裂缝分布图(按裂缝编号注明长度、宽度、初裂荷载以及裂缝发展情况)。

1) 结构校验系数。为了量化以及描述实测值与理论计算值比较的结果,引入结构校验系数 η 为

$$\eta = \frac{S_e}{S_s} \tag{8.19}$$

式中,S_e——试验荷载作用下量测的效应(挠度、位移、应变或力)值;

S_s——试验荷载作用下理论计算效应(挠度、位移、应变或力)值。

S_e与S_s的比较可以用实测的横截面平均值与计算值比较,也可以考虑荷载横向不均匀分布而选用实测最大值与考虑横向增大系数的计算值进行比较。横向增大系数最好采用实测值,如无实测值也可以采用理论计算值。

当$\eta=1$时,说明理论值与实测值完全相符。

当$\eta<1$时,说明结构工作性能较好,承载能力有一定富余,有安全储备。

当$\eta>1$时,说明结构的工作性能较差,设计强度不足,不够安全。

2) 横向增大系数。横向增大系数一般由实测的变位(或应变)最大值与横向各测点平均值之比求得,即

$$\text{横向增大系数}=\frac{S_{emax}}{\overline{S}_e} \tag{8.20}$$

式中,S_{emax}——试验荷载作用下量测的最大弹性变位(或应变)值;

$\overline{S}_e$——试验荷载作用下横桥向各测点量测的弹性变位(或应变)值的平均值。

8.4.2 动载试验数据分析

桥梁结构的动力特性如固有频率、阻尼系数和振型等,它们只与结构的组成形式、刚度、质量分布、支撑情况和材料性质等结构本身的固有性质有关,与荷载等其他条件无关。

在动载试验中,可获取大量桥梁结构振动系统的各种振动量,如位移、应力、加速度等的时间历程曲线。由于实际桥梁结构的振动往往很复杂,一般都是随机的,直接根据这样的信号或数据来分析判断结构振动的性质和规律是困难的,一般需要对实测振动波形进行分析与处理,以便对结构的动态性能做进一步分析。常用的分析处理方法可以分为时域分析和频域分析两种。时域分析是直接对时程曲线进行分析,可以得出诸如振幅、阻尼比、振型、冲击系数等参数;频域分析是把时域信号通过傅立叶变换的数学处理变换为频域信号,揭示信号的频率成分和振动系统的传递特性,以得到振动能量按频率的分布情况,从而确定结构的频率和频率分布特性。得出这些振动参量后,就可以根据有关指标综合评价桥梁结构的动力性能。以下就对这两种分析方法做一简述。

(1) 时域分析

在时域分析中,桥梁结构的一些动力参数可以直接在相应的时程曲线上得出,例如,可以在加速度时程曲线上得到各测点的加速度振幅;在位移时程曲线上将最大动挠度减去最大静挠度即可得出位移振幅(图 8.10),通过比较各测点的振幅、相位就可得出振型,而另外一些参数,如结构阻尼特性、冲击系数则需要对时程曲线进行一些分析处理,简述如下:

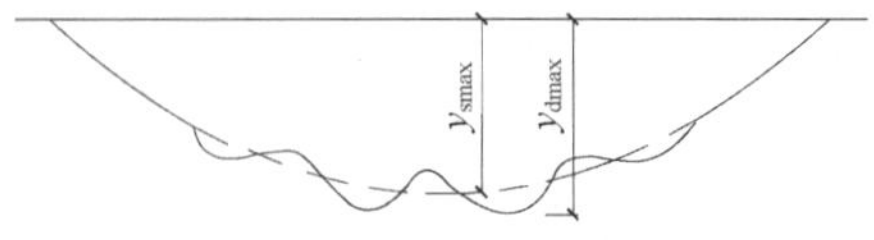

图 8.10　移动荷载作用下简支梁的挠度曲线

1) 桥梁结构阻尼特性的测定。桥梁结构的阻尼特性,一般用对数衰减率δ或阻尼比D来表示。实测的自由振动衰减曲线如图 8.11 所示,由振动理论可知,对数衰减率为

$$\delta = \ln \frac{A_i}{A_{i+1}} \tag{8.21}$$

式中，A_i，A_{i+1}——相邻两个波的振幅值（可以直接从衰减曲线上量取）。

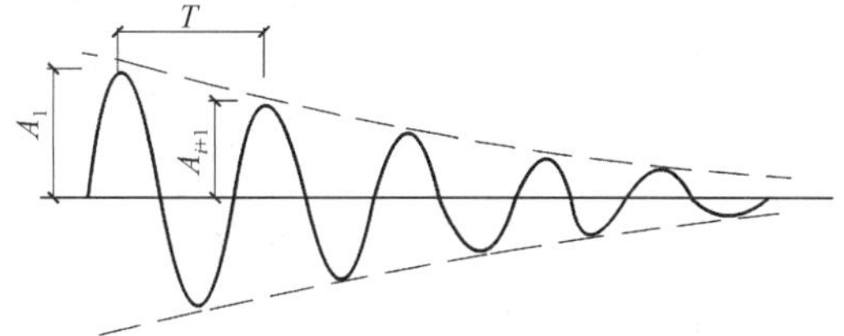

图 8.11　由自由振动衰减曲线求阻尼特性

实践中，常在衰减曲线上量取 n 个波形，求得平均衰减率为

$$\delta = \frac{1}{n} \ln \frac{A_i}{A_{i+n}} \tag{8.22}$$

根据振动理论可知，对数衰减率与阻尼比 D 的关系为

$$\delta = \frac{2\pi D}{\sqrt{1 - D^2}} \tag{8.23}$$

由于一般材料的阻尼比都很小，因此，上式 8.23 可近似为

$$D = \frac{\delta}{2\pi} \tag{8.24}$$

通常，桥梁结构的阻尼比在 0.01～0.08，阻尼比越大说明桥梁结构耗散外部能量输入的能力越强，振动衰减得越快，反之亦然。

2）冲击系数的确定。动力荷载作用与桥梁结构上产生的动挠度，一般较同样的静荷载所产生的相应的静挠度要大。动挠度与相应的静挠度的比值称为活荷载的冲击系数。由于挠度反映了桥梁结构的整体变形，是衡量结构刚度的主要指标，因此活载冲击系数综合地反映了动力荷载对桥梁结构的动力作用。

理论分析表明，由于桥梁上的车辆荷载是移动的，而且车辆荷载本身也是一个带有质量与弹簧的振动系统，使车辆-桥梁耦合系统的动力特性随荷载位置的移动而不断变化，动力放大系数是时间变量的函数，不仅与结构的固有频率 ω_1 和阻尼比 ζ_1 有关，而且还与移动车辆的竖向相对加速度 $\ddot{z}(t)/g$（g 重力加速度）和车速 v 相关。这些正是桥梁车辆荷载激振问题的特点和复杂性所在。尽管现代车桥耦合振动理论有了很大的发展，但是由于车辆动力特性的复杂性和参数的不确定性，公路桥梁钢筋混凝土或预应力混凝土承重结构动刚度的变化特性，桥梁结构阻尼的离散性和桥面不平的随机性，即使是对于桥跨上只有一辆载重汽车的情况，要通过理论分析的途径来解决动力效应的计算问题，也还有一定的困难。对于桥跨上同时有多于一辆车的更复杂的情况，在基于概率论的分析方法以及对许多有关的参数进行统计等问题没有解决之前，人们在设计实践中仍不得不借助于试验的方法，通过经验的“冲击系数”来近似地考虑移动车辆荷载的动力效应。

活载冲击系数（动力系数）可根据控制截面测点在跑车试验时记录的动应变或动挠度

曲线,进行分析处理而得

$$1+\mu=\frac{S_{\max}}{S_{\text{mean}}} \tag{8.25}$$

式中,$S_{\max}$——动载作用下该测点最大应变(或挠度)值;

S_{mean}——相应的静载作用下该测点最大应变(或挠度)值,其值可由动应变(或动挠度)曲线求得

$$S_{\text{mean}}=\frac{1}{2}(S_{\max}+S_{\min}) \tag{8.26}$$

式中,$S_{\min}$——与 $S_{\max}$相应的最小应变(或挠度)值。

工程实践中要获取桥跨结构控制截面测点动挠度的时历曲线往往不容易,如无法设置动挠度计支架等,这就需要借助控制截面测点动应变时历曲线分析计算冲击系数,原理上是可行的,但应变信号会受到其他多种因素的干扰,如噪声较大,给分析带来较大偏差。因此,对于大跨径、建筑高度大的桥梁,在测试动应变时历曲线时,务必采取必要措施,并结合实践经验,将非动力荷载影响因素降到最低限度。

根据不同车速的活载冲击系数,绘制出活载冲击系数与车速的关系曲线,并从中求出活载冲击系数的最大值,可用于桥梁结构的强度及稳定性检算。此外,在动力荷载作用下,桥梁结构某些部位的振动参数,如振幅、频率、动应变、动挠度等的测定,可以根据试验的具体要求和结构的形式布置测点,采用适当的仪表进行测试。

(2) 频域分析

桥梁结构在风荷载、地震荷载、车辆荷载作用下所产生的振动,都是包含有多个频率成分的随机振动,它的规律不能用一个确定的函数来描述,因而就无法预知将要发生的振动规律。这种不确定性、不规则性是一切随机数据所共有的特点。随机变量的单个试验称为样本,每次单个试验的时间历程曲线称为样本记录,同一试验的多个试验的集合称为样本集合或总体,它代表一个随机过程。随机数据的不确定性、不规则性是对单个观测样本而言的,而大量的同一随机振动试验的集合都存在一定的统计规律。对于桥梁结构的振动,一般都属于平稳的、各态历经的随机过程,即随机过程的统计特征与时间无关,可以用单个样本来替代整个过程的研究。随机数据可以用以下所述的几种统计函数来描述。

1) 均值、均方值和均方差。随机数据的均值、均方值和均方差是样本函数时间历程的一种简单平均,它们从下同方面反映了随机振动信号的强度,其表达式分别如下:

均值

$$\mu_x=E[x(t)]=\lim_{T\to\infty}\frac{1}{T}\int_0^T x(t)\mathrm{d}x \tag{8.27}$$

均方值

$$\Psi_x^2=E[x^2(t)]=\lim_{T\to\infty}\frac{1}{T}\int_0^T x^2(t)\mathrm{d}x \tag{8.28}$$

均方差

$$\sigma_x^2=E[(x(t)-\mu_x)^2]=\lim_{T\to\infty}\frac{1}{T}\int_0^T (x(t)-\mu_x)^2\mathrm{d}x \tag{8.29}$$

式中，T——总观测时间。

均值反映了随机过程的静态强度，是时间历程的简单算术平均；均方值反映了总强度，它是时间历程平方值的平均；均方差反映了动态强度，是零均值信号的均方值。均值 μ_x、均方值 Ψ_x^2、均方差 σ_x^2 三者之间的关系为

$$\Psi_x^2=\mu_x^2+\sigma_x^2 \tag{8.30}$$

2）概率密度函数。各态历经随机振动过程的概率密度函数表示，在样本记录中瞬时数据 $x(t)$ 的值落在某一指定范围 $(x,x+\Delta x)$ 内的概率，如图 8.12 所示，其定义为

$$p(x)=\lim_{\Delta x\to 0}\left[\frac{\text{prob}[x<x(t)<x+\Delta x]}{\Delta x}\right]=\lim_{\Delta x\to 0}\frac{1}{\Delta x}\left(\lim_{T\to\infty}\frac{T_x}{T}\right) \tag{8.31}$$

式中，T_x——在总观测 T 时间内，$x(t)$ 落在 $(x,x+\Delta x)$ 区间内的时间总和。

根据上述定义可知，概率密度曲线 $p(x)$ 下的面积总和等于 1，它标志着随机数据落在全部范围内的必然性。概率密度函数与均值、均方值有内在的联系。均值 μ_x 等于概率密度曲线上的面积形心的坐标，如图 8.13 所示，它可以由一次矩来计算为

$$\mu_x=\int_{+\infty}^{-\infty}xp(x)\mathrm{d}x \tag{8.32}$$

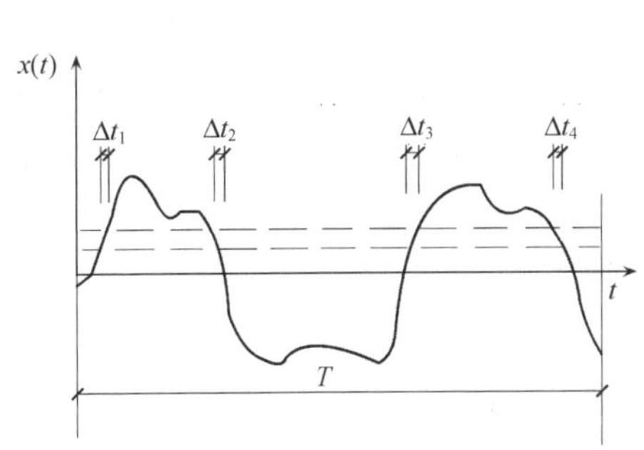

图 8.12　概率密度函数

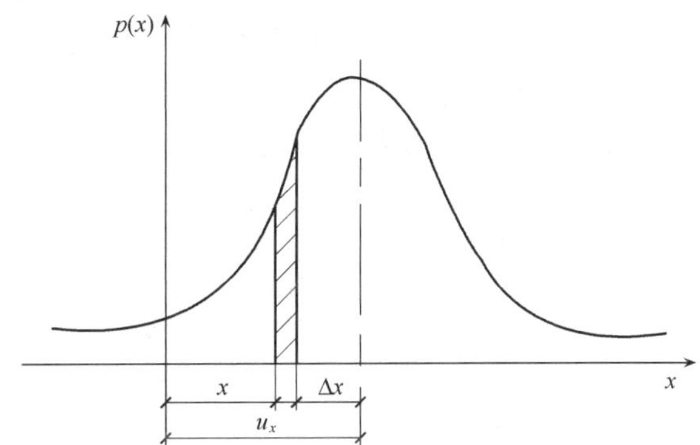

图 8.13　概率密度曲线与均值的关系

均方值 Ψ_x^2 可以由二次矩来计算为

$$\Psi_x^2=\int_{+\infty}^{-\infty}x^2p(x)\mathrm{d}x \tag{8.33}$$

3）自相关函数。随机变量的自相关函数是描述一个时刻的变量与另一时刻变量数值之间的依赖关系，对于各态历经随机过程的变量 $x(t)$ 的自相关函数 $R_x(\tau)$，可以定义为 $x(t)$ 与它的延时 $x(t+\tau)$ 乘积的时间平均，即

$$R_x(\tau)=\lim_{T\to\infty}\frac{1}{T}\int_0^T x(t)x(t+\tau)\mathrm{d}x \tag{8.34}$$

自相关函数主要用来确定任一时刻的随机数据对它以后数据的影响程度，$R_x(\tau)$ 的数值大小说明影响程度的大小。因此，可以利用自相关函数来鉴别混淆在随机数据中的周期成分，因为当随机数据在时间的间隔很大时，自相关程度趋于零，而周期成分不管时间的间隔多大，其自相关函数都变化不大。

4）功率谱密度函数。对于平稳随机过程，随机变量 $x(t)$ 的功率谱密度定义为样本

函数在$(f, f+\Delta f)$频率范围内均方值的谱密度，即

$$G(f)=\lim_{\Delta f\to\infty}\frac{\Psi_x^2(f, f+\Delta f)}{\Delta f} \tag{8.35}$$

由式(8.35)得到的功率谱称为单边功率谱。在实际分析时，常采用自相关函数$R_x(\tau)$的傅里叶变换来求得功率谱密度函数，其表达式为

$$S(f)=\int_{+\infty}^{-\infty}R_x(\tau)\mathrm{e}^{-if\tau}\mathrm{d}\tau \tag{8.36}$$

由式(8.36)得到的功率谱称为双边功率谱密度函数，也称为自功率谱密度，$S(f)$与$G(f)$的关系为

$$G(f)=2S(f) \tag{8.37}$$

由式(8.36)的逆变换可得

$$R_x(\tau)=\int_{+\infty}^{-\infty}S(f)\mathrm{e}^{if\tau}\mathrm{d}f \tag{8.38}$$

当$\tau=0$时，上式可表示为

$$R_x(0)=\Psi_x^2=\int_{+\infty}^{-\infty}S(f)\mathrm{d}f \tag{8.39}$$

式(8.39)表明，自功率谱密度$S(f)$，在整个频率域上的积分就是随机变量的均方值。一般振动的能量或功率与其振幅的平方或均方值成比例，所以功率谱密度反映了随机数据在频率内能量的分布情况，某个频率对应的功率谱值大，说明该频率在振动过程中占主导地位。由此即可分析出结构的固有频率，如图8.14所示。在实际测试中，随机数据的自功率谱计算常采用快速傅立叶变换来实现。

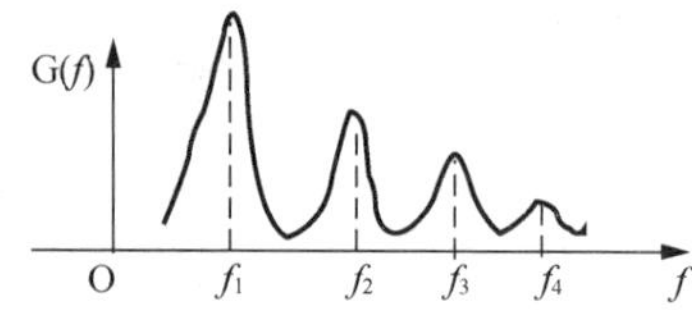

图8.14　自功率谱图与结构的固有频率

8.5　桥梁承载能力评定

经过荷载试验的桥梁，应根据整理的试验资料分析结构的工作状况，进一步评定桥梁承载能力，为新建桥梁验收做出鉴定结论，或者作为旧桥承载力鉴定检算的依据，并纳入桥梁承载能力鉴定报告和桥梁承载能力鉴定表。一般要进行下列分析评定工作。

8.5.1　结构工作状况

(1) 校验系数η

校验系数η是评定结构工作状况、确定桥梁承载能力的一个重要指标。不同结构形式的桥梁，其η值一般不相同，η值常见的范围可参考表8.4。

表 8.4　桥梁校验系数常值

桥梁类型	应变(或应力)校验系数	挠度校验系数	桥梁类型	应变(或应力)校验系数	挠度校验系数
钢筋混凝土板桥	0.20～0.40	0.20～0.50	预应力混凝土桥	0.60～0.90	0.70～1.00
钢筋混凝土梁桥	0.40～0.80	0.50～0.90	圬工拱桥	0.70～1.00	0.80～1.00

一般要求 η 值不大于 1，η 值越小结构的安全储备越大，η 值过大或过小都应该从多方面分析原因。如果 η 值过大，可能说明组成结构的材料强度较低，结构各部分连接性较差，刚度较低等。η 过小，可能说明材料的实际强度及弹性模量较高，梁桥的混凝土桥面铺装及人行道等与主梁共同受力，拱桥的拱上建筑与主拱圈共同作用，支座摩擦阻力对结构受力的有利影响，计算理论或简化的计算图式偏于安全等。试验加载物的称量误差、仪表的观测误差等，也对 η 值有一定影响。总之，影响 η 值的因素较复杂，必须进行详细分析。

(2) 实测值与理论值的关系曲线

由于理论变位(或应变)一般按线性弹性理论计算，所以，如果测点实测弹性变位(或应变)与理论计算值成正比，其关系曲线接近于直线，说明结构处于良好的弹性工作状况。

(3) 相对残余变位(或应变)

测点在控制荷载工况作用下的相对残余变位(或应变)S_p/S_t越小，说明结构越接近弹性工作状况，一般要求 S_p/S_t值不大于 20%。当 S_p/S_t大于 20%时，应查明原因，如确系桥梁强度不足，应在结构评定时酌情降低桥梁的承载能力。

(4) 横向增大系数

主要测点在控制荷载工况作用下的横向增大系数 ξ 反映了桥梁结构荷载横向不均匀分布的程度及横向连接的工作状况。ξ 值越小，说明荷载横向分布越均匀，横向连接构造越可靠；ξ 值越大，说明荷载横向分布越不均匀，横向连接越薄弱，结构受力越不利。

8.5.2　结构强度及稳定性

当荷载试验项目比较全面时，可采用荷载试验主要挠度测点的校验系数 η 来评定结构的强度和稳定性。

对于一般新建桥梁，在荷载试验后尚无桥梁检算系数可供查用。为了评定的需要，可借用《公路旧桥承载能力鉴定方法(试行)》中荷载试验后的旧桥检算系数 Z_2，按式(8.40)或式(8.41)，对桥梁结构抗力效应予以提高或折减后检算。

对于旧桥，根据《公路旧桥承载能力鉴定方法(试行)》采用 Z_1 值检算不符合要求，但采用 Z_2 值根据式(8.40)或式(8.41)检算符合要求时，可评定桥梁承载能力满足检算荷载要求。

砖石和混凝土桥

$$S_d(\gamma_{s0}\Psi\sum\gamma_{s1}Q)\leqslant R_d\left(\frac{R^j}{\gamma_m},a_k\right)\times Z_2 \tag{8.40}$$

钢筋混凝土及预应力混凝土桥

$$S_{d}(\gamma_{g}G,\gamma_{q}\sum Q)\leqslant\gamma_{b}R_{d}\left(\frac{R_{c}}{\gamma_{c}},\frac{R_{s}}{\gamma_{s}}\right)\times Z_{2} \tag{8.41}$$

式中,各参数的物理意义详见《公路旧桥承载能力鉴定方法(试行)》。

根据 η 值由表 8.5 查取 Z_2 的取值范围,再根据下列条件确定 Z_2 值。符合下列条件时,Z_2 值可取高限,否则应酌情减小,直至取低限。

1) 加载内力与总内力(加载内力+恒载内力)的比值较大,荷载试验效果较好。

2) 实测值与理论值线性关系较好,相对残余变位(或应变)较小。

3) 桥梁结构各部位无损伤,风化、锈蚀、裂缝等较轻微。

表 8.5 经过荷载试验的桥梁检算系数 Z_2 值

挠度校验系数 η	Z_2	挠度校验系数 η	Z_2
0.4 及以下	1.20～1.30	0.8	1.00～1.10
0.5	1.15～1.25	0.9	0.97～1.07
0.6	1.10～1.20	1.0	0.95～1.05
0.7	1.05～1.15		

注:1) η 值应经校核确保计算及实测无误。

2) η 值在表列之间时可内插。

3) 当 η 值大于 1 时应查明原因,如确系结构本身强度不够,应适当降低检算承载能力。

η 值应取控制截面内力最不利荷载工况时最大挠度测点进行计算。对梁桥,可采用跨中最大正弯矩荷载工况的跨中挠度;对拱桥检算拱顶截面时,可以采用拱顶最大正弯矩荷载工况时的跨中挠度;检算拱脚截面时,可采用拱脚最大负弯矩荷载工况时 $l/4$ 截面处挠度;检算 $l/4$ 截面时,则可用上述两者的平均值;如已安排 $l/4$ 截面最大正、负弯矩荷载工况,则可以采用该荷载工况时 $l/4$ 截面挠度。

但拱桥在采用 η 值根据表 8.5 进行检算时,应不再另行考虑拱上建筑的联合作用。

8.5.3 结构刚度

试验荷载作用下,主要测点挠度校验系数 η 应不大于 1。各点的挠度不超过《公路砖石及混凝土桥涵设计规范》(JTJ 022—85)、《公路钢筋混凝土及预应力混凝土桥涵设计规范》(JTG D 62—2004)和《公路桥涵钢结构及木结构设计规范》(JTJ 025—86)中规定的允许值。

1) 如控制荷载为标准计算荷载,则不计冲击力的挠度允许值分别为:

① 圬工拱桥。一个桥跨范围内正、负挠度的最大绝对值之和不大于 1/1000。

② 钢筋混凝土与预应力混凝土桥结构挠度见表 8.6。

表 8.6 钢筋混凝土与预应力混凝土桥挠度允许值

结构部位	挠度允许值	结构部位	挠度允许值
梁桥主梁跨中	$l/600$	桁架、拱	$l/800$
梁桥主梁悬臂端	$l_1/300$	斜拉桥、悬索桥预应力主梁	$l/500$

注:l 分别为简支梁的计算跨径,桁架、拱的计算跨径,斜拉桥的中跨计算跨径,悬索桥的中跨计算跨径;l_1 为悬臂端长度。

③ 钢桥结构挠度见表 8.7。

试验荷载下如一个桥跨范围内有正负挠度，则上述允许值为最大正、负挠度绝对值之和。

2）如控制荷载为标准验算荷载，则上述的允许值可以提高 20%。

表 8.7　钢桥挠度允许值

结构部位	挠度允许值	结构部位	挠度允许值
简支或连续桁架	$l/800$	斜拉桥钢主梁	$l/400$
简支或连续板梁	$l/600$	悬索桥钢加劲梁	$l/400$

8.5.4　裂缝

对于新建桥梁，试验荷载作用下全预应力混凝土结构不应出现裂缝，钢筋混凝土结构裂缝不超过《公路钢筋混凝土及预应力混凝土桥涵设计规范》(JTG D62—2004)容许值，即

$$\delta_{\max} \leqslant [\delta] \tag{8.42}$$

对于旧桥，试验荷载作用下绝大部分裂缝宽度应不大于表 8.8 规定的允许值，荷载试验后所有裂缝应不大于表 8.8 规定的允许值。

表 8.8　裂缝限值

<table>
<tr><th>结构类型</th><th colspan="3">裂缝部位</th><th>允许最大缝宽/mm</th><th>其他要求</th></tr>
<tr><td rowspan="5">钢筋混凝土梁</td><td colspan="3">主筋附近斜向裂缝</td><td>0.25</td><td></td></tr>
<tr><td colspan="3">腹板斜向裂缝</td><td>0.30</td><td></td></tr>
<tr><td colspan="3">组合梁结合面</td><td>0.50</td><td>不允许贯通结合面</td></tr>
<tr><td colspan="3">横隔板与梁体端部</td><td>0.30</td><td></td></tr>
<tr><td colspan="3">支座垫石</td><td>0.50</td><td></td></tr>
<tr><td rowspan="2">预应力混凝土梁</td><td colspan="3">梁体竖向裂缝</td><td>不允许</td><td></td></tr>
<tr><td colspan="3">梁体纵向裂缝</td><td>0.20</td><td></td></tr>
<tr><td rowspan="3">砖、石、混凝土拱</td><td colspan="3">拱圈横向</td><td>0.30</td><td>裂缝高小于截面高的一半</td></tr>
<tr><td colspan="3">拱圈纵向</td><td>0.50</td><td>裂缝长小于跨径的 1/8</td></tr>
<tr><td colspan="3">拱波与拱肋结合处</td><td>0.20</td><td></td></tr>
<tr><td rowspan="7">墩　台</td><td colspan="3">墩台帽</td><td>0.30</td><td rowspan="7">不允许贯通墩台身截面的一半</td></tr>
<tr><td rowspan="5">墩台身</td><td rowspan="2">经常受侵蚀性环境影响</td><td>有筋</td><td>0.20</td></tr>
<tr><td>无筋</td><td>0.30</td></tr>
<tr><td rowspan="2">常年有水，但无侵蚀性影响</td><td>有筋</td><td>0.25</td></tr>
<tr><td>无筋</td><td>0.35</td></tr>
<tr><td colspan="2">干沟或季节性有水河流</td><td>0.40</td></tr>
<tr><td colspan="3">有冻结作用部分</td><td>0.20</td></tr>
</table>

注：表中所列除特指外适用于一般条件，对于潮湿和空气中含有较多腐蚀性气体等条件下的裂缝限制应要求严格。

8.5.5　地基与基础

当试验荷载作用下墩台沉降、水平位移及倾角均较小,符合上部结构检算要求,卸载后变位基本回复时,认为地基与基础在检算荷载作用下能正常工作。

当试验荷载作用下墩台沉降、水平位移、倾角较大或不稳定,卸载后变位不能回复时,应进一步对地基、基础进行探查、检算,必要时应对地基的基础进行加固处理。

8.5.6　桥梁结构动力性能的分析评价

桥梁结构动力性能的一些参数,如固有频率、阻尼比、振型、动力冲击系数以及动力响应的大小,是宏观评价桥梁结构的整体刚度、运营性能的重要指标,也是一些规范评价桥梁安全运营性能的主要尺度。虽然国内外规范对桥梁结构的动力响应、动力特性尚无统一的评价尺度,但一般认为:桥梁结构的动力特性反映了结构的整体刚度、桥面的平整程度及耗散外部振动能量输入的能力,同时,过大的动力响应会影响车辆的安全行驶,会引起司机、乘客的不舒适,应予以设法避免。在实际测试中,通常通过以下几个方面来评价桥梁结构的动力性能。

1) 比较桥梁结构频率的理论计算值与实测值,如果实测值大于理论计算值,说明桥梁结构的实际刚度较大,反之则说明桥梁结构的刚度偏小,可能存在开裂或其他不正常现象。一般地,在进行理论计算时,常常会做出一些假设而忽略了一些次要因素,故理论计算值要大于实测值。

2) 根据动力冲击系数的实测值来评价桥梁结构的行车性能,实测冲击系数较大,则说明桥梁结构的行车性能差,桥面的平整程度不良,反之亦然。

3) 根据实测加速度量值的大小,评价桥梁结构行车的舒适性。根据国内外研究资料,一般地,车辆在桥梁结构行驶时最大竖向加速度不应超过 $0.065g$(其中 g 为重力加速度);否则就会引起司乘人员的不适。

4) 实测阻尼比的大小反映了桥梁结构耗散外部能量输入的能力,阻尼比大,说明桥梁结构耗散外部能量输入的能力强,振动衰减得快;阻尼比小,说明桥梁结构耗散外部能量输入的能力差,振动衰减得慢。但是,过大的阻尼比则说明桥梁结构可能存在开裂或支座工作状况不正常等现象。

通过对桥梁结构工作状况、强度与稳定性、刚度和抗裂性各项指标进行综合评定,并结合下部结构和地基与基础工作状况评定,以及动力性能评定,综合给出桥梁承载能力评定结论,并将评定结论写入桥梁承载能力鉴定报告。

8.6　试验报告编写

在全部试验资料整理与分析的基础上编写桥梁荷载试验报告,一般情况下,桥梁荷载试验报告同时包括静载试验与动载试验两部分内容。其主要内容应该包括下列各项:

(1) 桥梁概况

简要介绍被试验桥梁的结构形式、构造特点、施工概况,如果是旧桥,则说明旧桥的外观状况等。对于鉴定性试验，要说明在设计与施工中存在的技术问题，及其对桥梁使用的影响等。对于科研性试验，还要说明设计中需要解决的计算理论问题等。文中要附上必要的结构简图。

(2) 试验目的

根据试验对象的特点，要有针对性地说明结构静载试验和动载试验所要达到的目的和要求。

(3) 试验方案

根据荷载试验的目的，在试验方案设计中要说明以下主要内容：

1) 测试项目和测试方法、测点布置和仪器配备情况，并附以简图。

2) 静载试验和动载试验的荷载形式，动载试验所选择的激振方法(试验汽车跳车、跑车或其他激振形式)。

3) 静载试验，根据桥梁结构分析专用程序(或结构力学方法)，对测试项目中的控制截面内力(或挠度、变形)影响线，分别布置标准设计荷载和试验荷载，从而确定试验荷载效率 η_q，并通过调整试验荷载的布置(如载重车质量、车辆间距等)，满足 η_q 值在 0.8～1.05 的要求。

动载试验，根据桥梁结构动力分析专用程序计算动力试验荷载效率 η_d，并通过调整动力试验荷载的布置(加载车质量、车辆间距)，满足 $\eta_d \approx 1.0$ 的要求。

4) 确定试验荷载工况种类，并分别以简图表示。

(4) 试验过程

说明具体组织桥梁动、静载试验的起止日期、试验准备阶段的情况、整个试验阶段的特殊问题及其解决办法。

(5) 各项试验达到的精度

将试验中使用的各种仪器、仪表的类型、精度(最小读数)列表说明，同时还要说明试验中可能使用的夹具对试验精度的影响程度。

(6) 试验成果与分析

依据桥梁结构荷载试验项目，静载试验将理论计算值、实测值以及有关的参考限值进行对比，说明理论与实践二者的符合程度，从中得出试验桥梁所具有的实际承载能力、抗裂性及使用的安全性，以及从试验中所发现的新问题。从现场检查的综合情况，说明试验桥梁的施工质量。对于一些科研性试验，还要从综合分析中说明设计计算理论的正确性和实用性，以及尚存在未解决的问题。如果材料丰富，很有可能从综合分析中，提出简化计算公式等。

从动载试验中得出试验桥梁所具有的实际结构动力特性及桥梁运营状况，以及从试验中所发现的问题。绘制结构振型图、冲击系数与不同车速的关系分析图等。

(7) 试验记录摘录

将试验中所实测的控制数据，以列表或以曲线的形式表达出来。

(8) 技术结论

根据综合分析的结果，得出最后的技术结论，对试验桥梁做出科学的评价，同时根据存在的问题，对新建桥提出改进设计或加强养护方面的建议；对旧桥提出加固方案或维修养护甚至是拆除重建方面的建议。

(9) 经验教训

从桥梁荷载试验的角度,对本次试验的计划、程序、测试方法等指出不足并提出改进意见。

(10) 图表信息

在报告的最后,一般要附上具有代表性的图表、照片。

8.7 简支梁桥荷载纵向布置及截面内力测试

1) 跨径 8m。标准跨径:8m;计算跨径:7.7m;梁长:7.96m(表 8.9)。

表 8.9 跨径 8m 简支梁桥荷载纵向布置及截面内力测试

最不利位置布载(荷载:kN;长度:cm)	内力及效率		汽—15 级	汽—20 级	汽—超 20 级
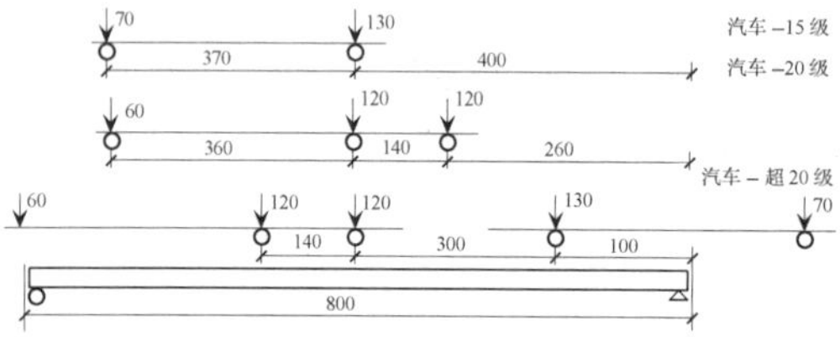 按跨中弯矩及挠度最不利位置布载	试验荷载计算内力 S_i①	M_i/(kN·m)	271	423	478
		Q_i/kN	—	—	—
	标准荷载计算内力 S_j②	M_j/(kN·m)	333	507	591
		Q_j/kN	—	—	—
	试验荷载效率①/②		81%	83%	81%
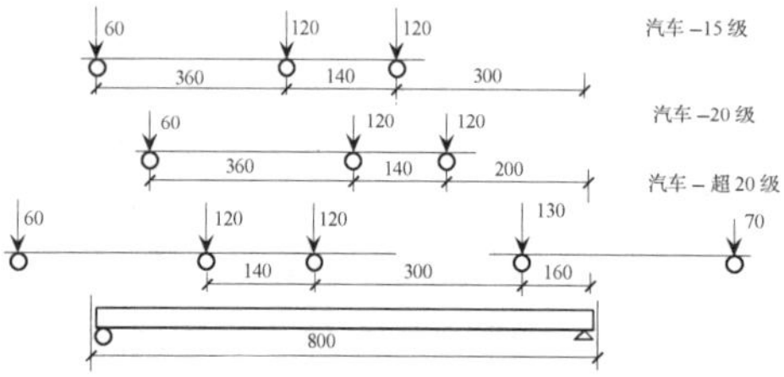 按 $l/4$ 截面弯矩最不利位置布载	试验荷载计算内力 S_i①	M_i/(kN·m)	269	344	383
		Q_i/kN	—	—	—
	标准荷载计算内力 S_j②	M_j/(kN·m)	294	419	475
		Q_j/kN	—	—	—
	试验荷载效率①/②		91%	82%	81%
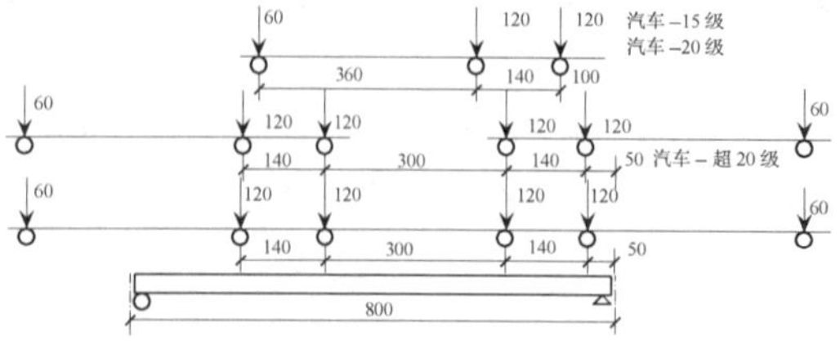 按支点截面剪力最不利位置布载	试验荷载计算内力 S_i①	M_i/(kN·m)	—	—	—
		Q_i/kN	209	288	288
	标准荷载计算内力 S_j②	M_j/(kN·m)	—	—	—
		Q_j/kN	208	301	323
	试验荷载效率①/②		101%	96%	89%

2) 跨径 10m。标准跨径:10m;计算跨径:9.70m;梁长:9.96m(表 8.10)。

表 8.10　跨径 10m 简支梁桥纵向布置及截面内力测试

最不利位置布载(荷载:kN;长度:cm)	内力及效率		汽—15 级	汽—20 级	汽—超 20 级
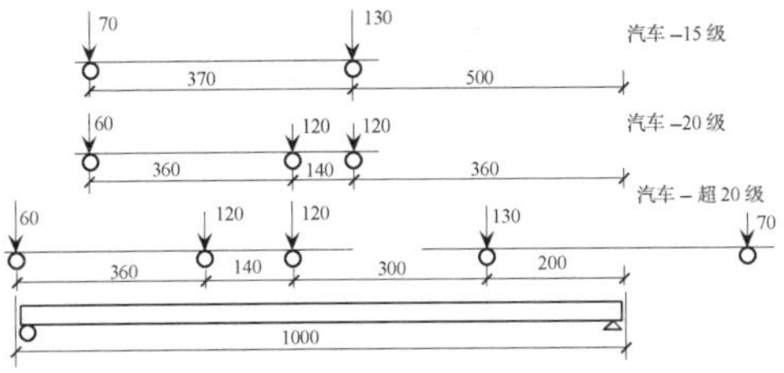 按跨中弯矩及挠度最不利位置布载	试验荷载计算内力 S_i①	$M_i/(\mathrm{kN\cdot m})$	371	573	668
		Q_i/kN	—	—	—
	标准荷载计算内力 S_j②	$M_j/(\mathrm{kN\cdot m})$	455	690	761
		Q_j/kN	—	—	—
	试验荷载效率①/②		81%	83%	88%
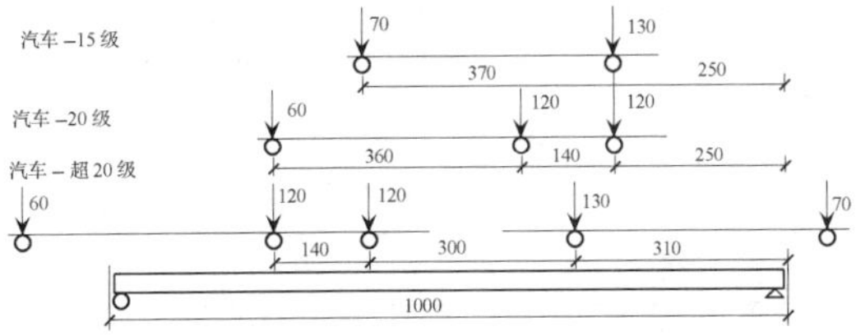 按 $l/4$ 截面弯矩最不利位置布载	试验荷载计算内力 S_i①	$M_i/(\mathrm{kN\cdot m})$	310	456	526
		Q_i/kN	—	—	—
	标准荷载计算内力 S_j②	$M_j/(\mathrm{kN\cdot m})$	386	556	602
		Q_j/kN	—	—	—
	试验荷载效率①/②		80%	82%	87%
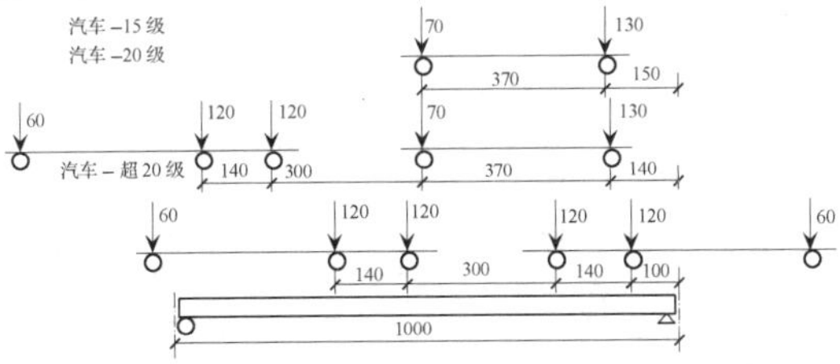 按支点截面剪力最不利位置布载	试验荷载计算内力 S_i①	$M_i/(\mathrm{kN\cdot m})$	—	—	—
		Q_i/kN	213	274	338
	标准荷载计算内力 S_j②	$M_j/(\mathrm{kN\cdot m})$	—	—	—
		Q_j/kN	215	313	350
	试验荷载效率①/②		99%	87%	96%

3）跨径 13m。标准跨径:13m;计算跨径:12.60m;梁长:12.96m(表 8.11)。

4）跨径 16m。标准跨径:16m;计算跨径:15.60m;梁长:15.96m(表 8.12)。

表 8.11　跨径 13m 简支梁桥纵向布置及截面内力测试

最不利位置布载(荷载:kN;长度:cm)	内力及效率		汽—15 级	汽—20 级	汽—超 20 级
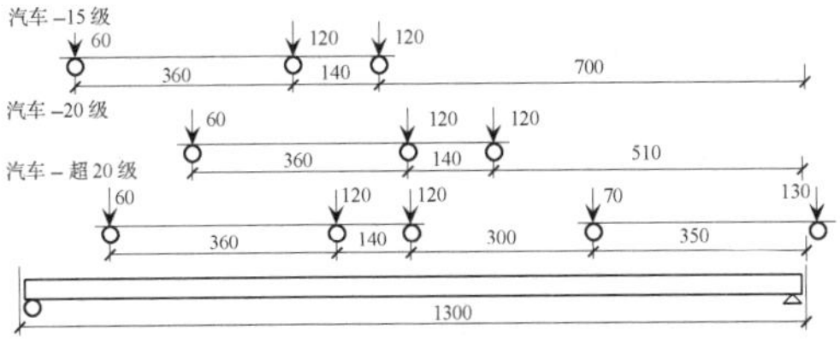 按跨中弯矩及挠度最不利位置布载	试验荷载计算内力 S_i①	$M_i/(\mathrm{kN\cdot m})$	688	798	885
		Q_i/kN	—	—	—
	标准荷载计算内力 S_j②	$M_j/(\mathrm{kN\cdot m})$	681	958	1009
		Q_j/kN	—	—	—
	试验荷载效率①/②		101%	96%	88%

续表

最不利位置布载(荷载:kN;长度:cm)	内力及效率		汽—15级	汽—20级	汽—超20级
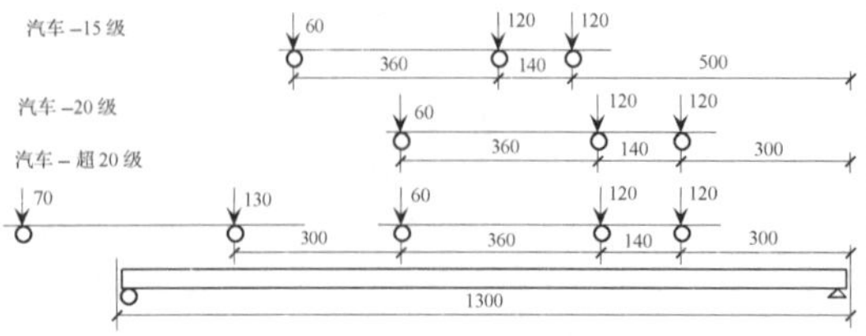 按 $l/4$ 截面弯矩最不利位置布载	试验荷载计算内力 S_i①	$M_i/(\mathrm{kN \cdot m})$	494	613	678
		Q_i/kN	—	—	—
	标准荷载计算内力 S_j②	$M_j/(\mathrm{kN \cdot m})$	516	753	835
		Q_j/kN	—	—	—
	试验荷载效率①/②		96%	81%	81%
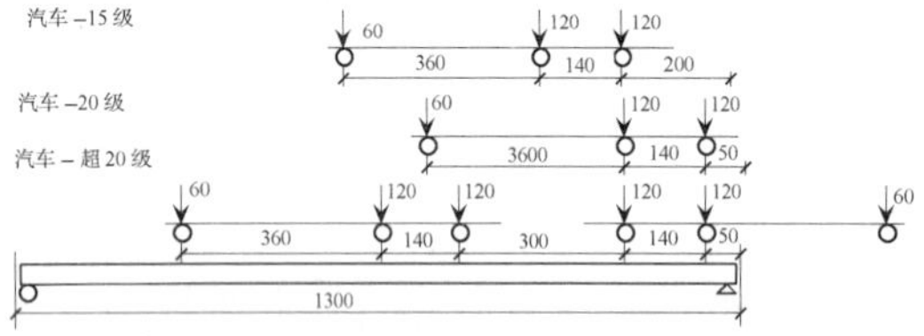 按支点截面剪力最不利位置布载	试验荷载计算内力 S_i①	$M_i/(\mathrm{kN \cdot m})$	—	—	—
		Q_i/kN	221	305	381
	标准荷载计算内力 S_j②	$M_j/(\mathrm{kN \cdot m})$	—	—	—
		Q_j/kN	235	323	414
	试验荷载效率①/②		94%	94%	92%

表 8.12　跨径 16m 简支梁纵向布置及截面内力测试

最不利位置布载(荷载:kN;长度:cm)	内力及效率		汽—15级	汽—20级	汽—超20级
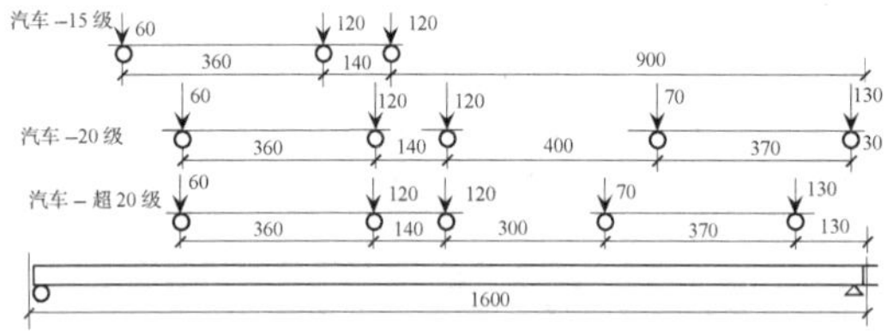 按跨中弯矩及挠度最不利位置布载	试验荷载计算内力 S_i①	$M_i/(\mathrm{kN \cdot m})$	836	1147	1247
		Q_i/kN	—	—	—
	标准荷载计算内力 S_j②	$M_j/(\mathrm{kN \cdot m})$	897	1216	1321
		Q_j/kN	—	—	—
	试验荷载效率①/②		93%	94%	94%
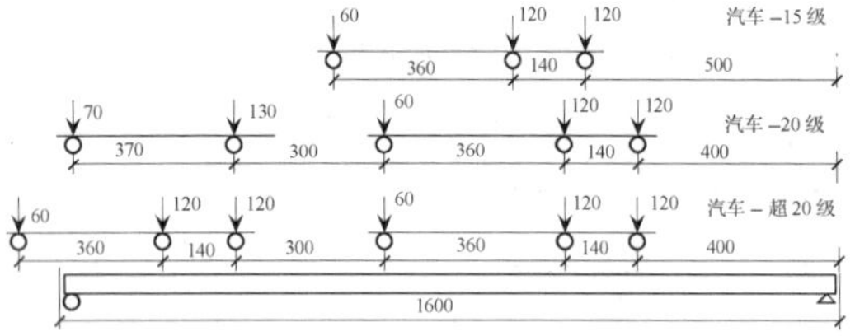 按 $l/4$ 截面弯矩最不利位置布载	试验荷载计算内力 S_i①	$M_i/(\mathrm{kN \cdot m})$	669	904	975
		Q_i/kN	—	—	—
	标准荷载计算内力 S_j②	$M_j/(\mathrm{kN \cdot m})$	675	949	1178
		Q_j/kN	—	—	—
	试验荷载效率①/②		99%	95%	83%
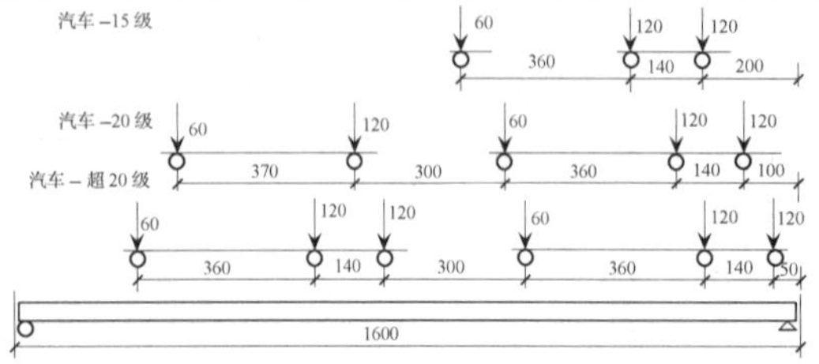 按支点截面剪力最不利位置布载	试验荷载计算内力 S_i①	$M_i/(\mathrm{kN \cdot m})$	—	—	—
		Q_i/kN	236	326	378
	标准荷载计算内力 S_j②	$M_j/(\mathrm{kN \cdot m})$	—	—	—
		Q_j/kN	252	326	456
	试验荷载效率①/②		94%	100%	83%

5）跨径 20m。标准跨径:20m;计算跨径:19.60m;梁长:19.96m(表 8.13)。

表 8.13　跨径 20m 简支梁桥纵向布置及截面内力测试

最不利位置布载(荷载:kN;长度:cm)	内力及效率		汽—15级	汽—20级	汽—超20级
按跨中弯矩及挠度最不利位置布载	试验荷载计算内力 S_i①	$M_i/(\mathrm{kN \cdot m})$	1030	1288	1547
		Q_i/kN	—	—	—
	标准荷载计算内力 S_j②	$M_j/(\mathrm{kN \cdot m})$	681	958	1009
		Q_j/kN	—	—	—
	试验荷载效率①/②		83%	83%	82%
按 $l/4$ 截面弯矩最不利位置布载	试验荷载计算内力 S_i①	$M_i/(\mathrm{kN \cdot m})$	806	1019	1438
		Q_i/kN	—	—	—
	标准荷载计算内力 S_j②	$M_j/(\mathrm{kN \cdot m})$	971	1194	1635
		Q_j/kN	—	—	—
	试验荷载效率①/②		83%	85%	88%
按支点截面剪力最不利位置布载	试验荷载计算内力 S_i①	$M_i/(\mathrm{kN \cdot m})$	—	—	—
		Q_i/kN	234	348	408
	标准荷载计算内力 S_j②	$M_j/(\mathrm{kN \cdot m})$	—	—	—
		Q_j/kN	280	345	488
	试验荷载效率①/②		83%	101%	84%

6）跨径 25m。标准跨径:25m;计算跨径:24.28m;梁长:24.96m(表 8.14)。

表 8.14　跨径 25m 简支梁桥纵向布置及截面内力测试

最不利位置布载(荷载:kN;长度:cm)	内力及效率		汽—15级	汽—20级	汽—超20级
按跨中弯矩及挠度最不利位置布载	试验荷载计算内力 S_i①	$M_i/(\mathrm{kN \cdot m})$	1418	1644	2142
		Q_i/kN	—	—	—
	标准荷载计算内力 S_j②	$M_j/(\mathrm{kN \cdot m})$	1627	1906	2506
		Q_j/kN	—	—	—
	试验荷载效率①/②		87%	86%	85%

续表

最不利位置布载(荷载:kN;长度:cm)	内力及效率		汽—15级	汽—20级	汽—超20级
按 $l/4$ 截面弯矩最不利位置布载	试验荷载计算内力 S_i①	M_i/(kN·m)	1081	1259	1760
		Q_i/kN	—	—	—
	标准荷载计算内力 S_j②	M_j/(kN·m)	1265	1562	2094
		Q_j/kN	—	—	—
	试验荷载效率①/②		85%	81%	84%
按支点截面剪力最不利位置布载	试验荷载计算内力 S_i①	M_i/(kN·m)	—	—	—
		Q_i/kN	253	317	438
	标准荷载计算内力 S_j②	M_j/(kN·m)	—	—	—
		Q_j/kN	295	365	510
	试验荷载效率①/②		86%	87%	86%

7）跨径 30m。标准跨径:30m;计算跨径:29.20m;梁长:29.96m(表 8.15)。

表 8.15　跨径 30m 简支梁桥纵向布置及截面内力测试

最不利位置布载(荷载:kN;长度:cm)	内力及效率		汽—15级	汽—20级	汽—超20级
按跨中弯矩及挠度最不利位置布载	试验荷载计算内力 S_i①	M_i/(kN·m)	1864	2008	2890
		Q_i/kN	—	—	—
	标准荷载计算内力 S_j②	M_j/(kN·m)	2137	2389	3271
		Q_j/kN	—	—	—
	试验荷载效率①/②		87%	84%	88%
按 $l/4$ 截面弯矩最不利位置布载	试验荷载计算内力 S_i①	M_i/(kN·m)	1544	1811	2165
		Q_i/kN	—	—	—
	标准荷载计算内力 S_j②	M_j/(kN·m)	1646	2024	2602
		Q_j/kN	—	—	—
	试验荷载效率①/②		94%	89%	83%
按支点截面剪力最不利位置布载	试验荷载计算内力 S_i①	M_i/(kN·m)	—	—	—
		Q_i/kN	309	340	468
	标准荷载计算内力 S_j②	M_j/(kN·m)	—	—	—
		Q_j/kN	312	377	544
	试验荷载效率①/②		99%	90%	86%

8）跨径 35m。标准跨径：35m；计算跨径：34.20m；梁长：34.96m（表 8.16）。

表 8.16 跨径 35m 简支梁桥纵向布置及截面内力测试

最不利位置布载（荷载：kN；长度：cm）	内力及效率		汽—15 级	汽—20 级	汽—超 20 级
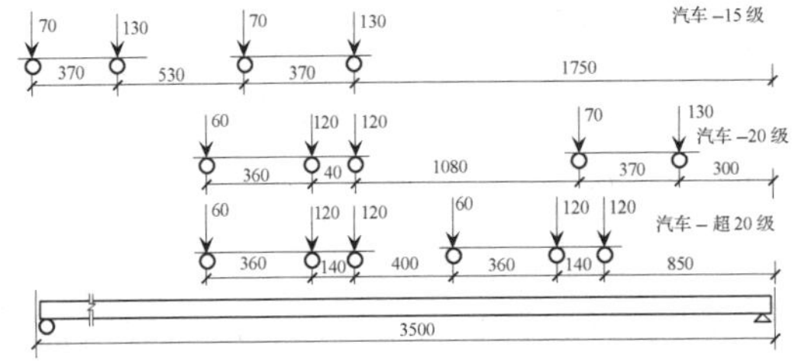 按跨中弯矩及挠度最不利位置布载	试验荷载计算内力 S_i①	M_i/(kN·m)	2241	2717	3750
		Q_i/kN	—	—	—
	标准荷载计算内力 S_j②	M_j/(kN·m)	2529	3071	4232
		Q_j/kN	—	—	—
	试验荷载效率①/②		89%	88%	89%
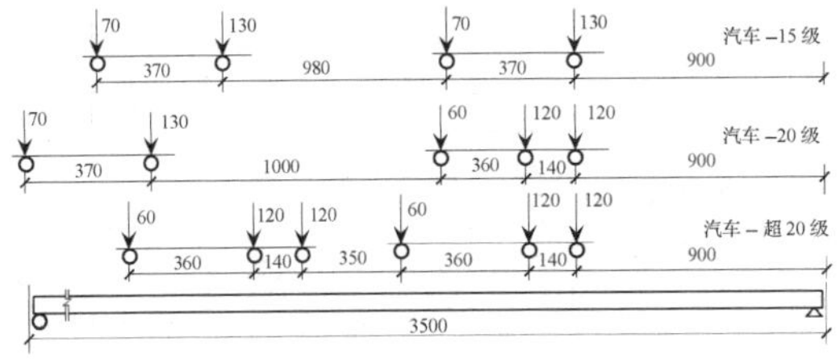 按 $l/4$ 截面弯矩最不利位置布载	试验荷载计算内力 S_i①	M_i/(kN·m)	1746	2267	2975
		Q_i/kN	—	—	—
	标准荷载计算内力 S_j②	M_j/(kN·m)	1962	3536	3320
		Q_j/kN	—	—	—
	试验荷载效率①/②		89%	90%	90%
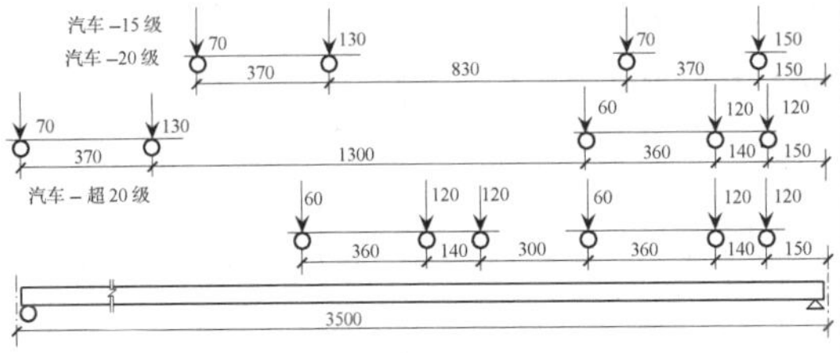 按支点截面剪力最不利位置布载	试验荷载计算内力 S_i①	M_i/(kN·m)	—	—	—
		Q_i/kN	302	359	487
	标准荷载计算内力 S_j②	M_j/(kN·m)	—	—	—
		Q_j/kN	338	402	586
	试验荷载效率①/②		89%	89%	83%

9）跨径 40m。标准跨径：40m；计算跨径：39.20m；梁长：39.96m（表 8.17）。

表 8.17 跨径 40m 简支梁桥纵向布置及截面内力测试

最不利位置布载（荷载：kN；长度：cm）	内力及效率		汽—15 级	汽—20 级	汽—超 20 级
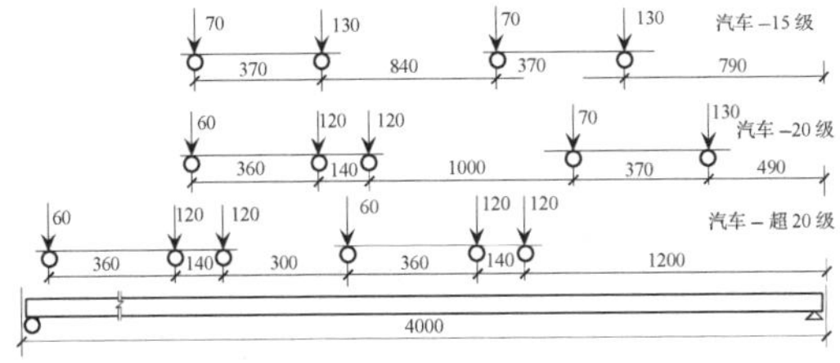 按跨中弯矩及挠度最不利位置布载	试验荷载计算内力 S_i①	M_i/(kN·m)	2676	3300	4629
		Q_i/kN	—	—	—
	标准荷载计算内力 S_j②	M_j/(kN·m)	2930	3628	5081
		Q_j/kN	—	—	—
	试验荷载效率①/②		91%	91%	91%

续表

最不利位置布载(荷载:kN;长度:cm)	内力及效率		汽—15级	汽—20级	汽—超20级
按 $l/4$ 截面弯矩最不利位置布载	试验荷载计算内力 S_i①	$M_i/(\mathrm{kN\cdot m})$	2149	2729	3512
		Q_i/kN	—	—	—
	标准荷载计算内力 S_j②	$M_j/(\mathrm{kN\cdot m})$	2323	2946	3952
		Q_j/kN	—	—	—
	试验荷载效率①/②		92%	93%	89%
按支点截面剪力最不利位置布载	试验荷载计算内力 S_i①	$M_i/(\mathrm{kN\cdot m})$	—	—	—
		Q_i/kN	326	383	502
	标准荷载计算内力 S_j②	$M_j/(\mathrm{kN\cdot m})$	—	—	—
		Q_j/kN	354	425	598
	试验荷载效率①/②		92%	90%	84%

10) 跨径 45m。标准跨径:45m;计算跨径:43.86mm;梁长:44.96m(表 8.18)。

表 8.18　跨径 45m 简支梁桥纵向布置及截面内力测试

最不利位置布载(荷载:kN;长度:cm)	内力及效率		汽—15级	汽—20级	汽—超20级
按跨中弯矩及挠度最不利位置布载	试验荷载计算内力 S_i①	$M_i/(\mathrm{kN\cdot m})$	3257	4116	5424
		Q_i/kN	—	—	—
	标准荷载计算内力 S_j②	$M_j/(\mathrm{kN\cdot m})$	3412	4255	5913
		Q_j/kN	—	—	—
	试验荷载效率①/②		95%	97%	92%
按 $l/4$ 截面弯矩最不利位置布载	试验荷载计算内力 S_i①	$M_i/(\mathrm{kN\cdot m})$	2614	3244	4160
		Q_i/kN	—	—	—
	标准荷载计算内力 S_j②	$M_j/(\mathrm{kN\cdot m})$	2727	3373	4545
		Q_j/kN	—	—	—
	试验荷载效率①/②		96%	96%	92%

续表

最不利位置布载(荷载:kN;长度:cm)	内力及效率		汽—15级	汽—20级	汽—超20级
按支点截面剪力最不利位置布载	试验荷载计算内力 S_i①	M_i/(kN·m)	—	—	—
		Q_i/kN	345	424	513
	标准荷载计算内力 S_j②	M_j/(kN·m)	—	—	—
		Q_j/kN	362	440	606
	试验荷载效率①/②		95%	96%	85%

11) 跨径 50m。标准跨径:50m;计算跨径:48.86m;梁长:49.96m(表 8.19)。

表 8.19 跨径 50m 简支梁桥纵向布置及截面内力测试

最不利位置布载(荷载:kN;长度:cm)	内力及效率		汽—15级	汽—20级	汽—超20级
按跨中弯矩及挠度最不利位置布载	试验荷载计算内力 S_i①	M_i/(kN·m)	3845	4848	6267
		Q_i/kN	—	—	—
	标准荷载计算内力 S_j②	M_j/(kN·m)	3877	4906	6764
		Q_j/kN	—	—	—
	试验荷载效率①/②		99%	99%	93%
按 $l/4$ 截面弯矩最不利位置布载	试验荷载计算内力 S_i①	M_i/(kN·m)	3088	3836	4705
		Q_i/kN	—	—	—
	标准荷载计算内力 S_j②	M_j/(kN·m)	3082	3841	5086
		Q_j/kN	—	—	—
	试验荷载效率①/②		100%	100%	93%
按支点截面剪力最不利位置布载	试验荷载计算内力 S_i①	M_i/(kN·m)	—	—	—
		Q_i/kN	354	442	615
	标准荷载计算内力 S_j②	M_j/(kN·m)	—	—	—
		Q_j/kN	366	450	616
	试验荷载效率①/②		97%	99%	100%

注:汽车—超 20 级和汽车 20 级效应相当于公路-Ⅰ级和公路-Ⅱ级荷载,对于一些旧桥按原规范汽车—15 级荷载设计时,仍采用汽车—15 级荷载进行加载检测。

8.8　工 程 实 例

预应力混凝土简支板桥是公路桥梁中应用最广泛的一种桥型。本节结合一标准跨径为 20m 的简支板桥的荷载试验成果,说明这类桥梁荷载试验方案的拟订、试验方法、试验数据整理与分析及结构评定过程。

8.8.1　桥梁概况

1) 结构形式:预应力混凝土简支空心板桥。

2) 标准跨径:20m;计算跨径:19.60m。

3) 桥面宽度:0.5m+10.5m+0.5m=11.5m。

4) 行车道数:三车道单向行车。

5) 荷载等级:汽车—超 20 级,挂车—120[设计时是按原规范《公路桥梁设计通用规范》(JTT 021—89)取用的荷载等级值]。

6) 行车速度:60km/h。

8.8.2　试验项目

为检验大桥工程质量的可靠性和安全性,为竣工验收提供科学依据,拟订以下荷载试验项目。

(1) 静载试验

1) 跨中截面混凝土在试验荷载下的正应变。

2) 跨中截面在试验荷载下的挠度。

3) 板梁裂缝发展情况。

(2) 动载试验

1) 汽车荷载冲击系数。

2) 桥梁结构自振频率。

8.8.3　测试截面的确定

简支板梁的弯矩、挠度控制截面均为跨中截面,测试截面位置如图 8.15 所示。I—I 剖面图如图 8.16 所示。

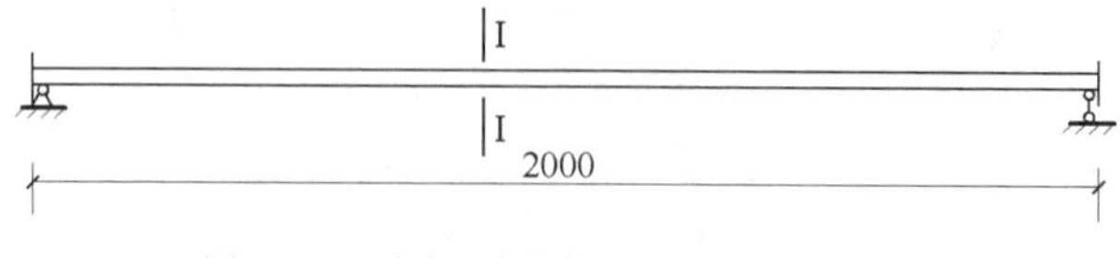

图 8.15　主梁测试截面(尺寸单位:cm)

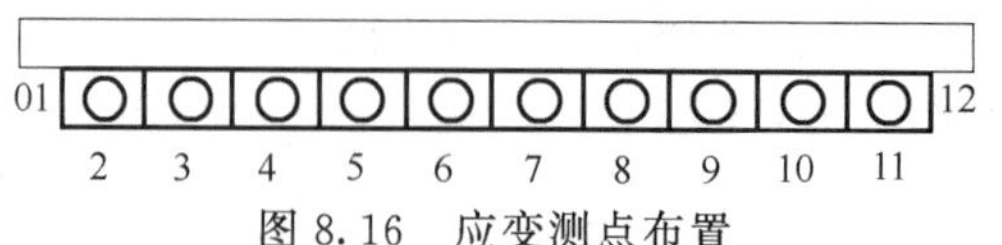

图 8.16　应变测点布置

8.8.4　测点布置

(1) 静态测点

根据试验目的及实桥具体情况，应变测点设在各测试截面处板梁底面和边板梁腹板外侧面上，共计 12 个测点，具体位置如图 8.16 所示；挠度测点设在各测试截面处的板梁底面，共计 6 个测点，具体位置如图 8.17 所示。

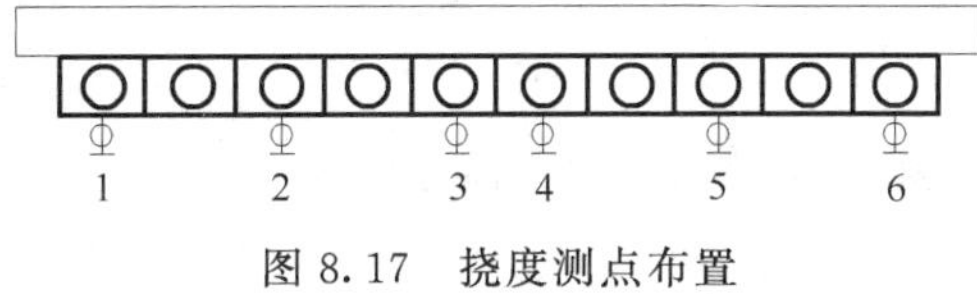

图 8.17　挠度测点布置

(2) 动态测点

在跨中截面处的桥面两侧，分别布置加速度传感器，共设 2 个测点。

8.8.5　试验荷载及其布置

(1) 静力试验荷载

1) 试验车辆的确定。由于目前汽车—20 级重车(550kN)数量较少，为方便试验，将汽车一超 20 级重车由一辆 300kN 重车再加一辆 200kN 标准车来替代(图 8.18)，使其对测试截面产生与汽车—超 20 级重车相当的荷载效应。

为了保证试验的有效性，确定采用 200kN 和 300kN 载重汽车作为试验荷载，并使各测试截面试验荷载效率系数 η 至少达到 0.80 以上。经过计算确定，本次静载试验需要用 300kN 汽车(车重＋荷重)2 辆，200kN 汽车(车重＋荷重)4 辆，共计 6 辆，试验用车辆荷载如图 8.18 所示。试验前对每辆车都严格过磅，各试验车辆的型号、轴距与轴重力详见表 8.20。

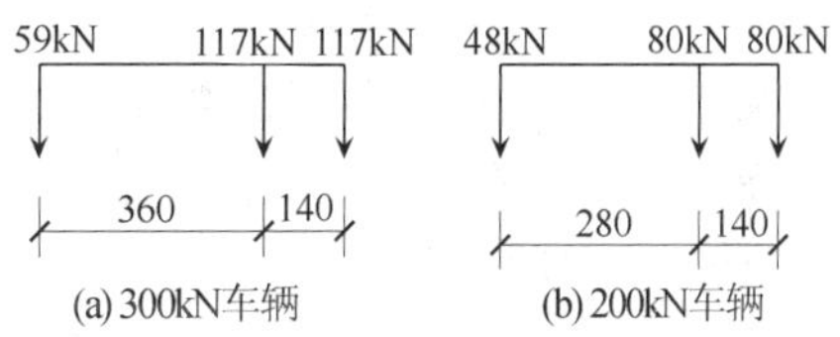

图 8.18　试验车辆荷载(尺寸单位：mm)

表 8.20　试验用汽车型号、轴距及轴重力表

编　号	车　型	轴间距/m		轴重力/kN			总重力/kN	备　注
		1～2	2～3	1 轴	2 轴	3 轴		
1	三菱	3.60	1.40	61.5	118.5	118.5	298.5	相当于汽车—20 级荷载中的重车
2	三菱	3.60	1.40	57.0	112.0	112.0	281.0	
3	三菱	3.60	1.40	57.0	120.0	120.0	297.0	
4	东风	2.80	1.40	48.5	87.5	87.5	223.5	相当于汽车—20 级荷载中的标准车
5	东风	2.80	1.40	51.0	80.5	80.5	212.0	
6	东风	2.80	1.40	45.0	70.5	70.5	188.0	

2) 试验荷载布置。为了简化试验，这里只考虑一种工况，即纵桥向按 I—I 截面弯矩

和挠度的最不利位置布载，如图 8.19 所示；横桥向采用三列车队偏心布载，试验荷载的横向布载位置如图 8.20 所示。

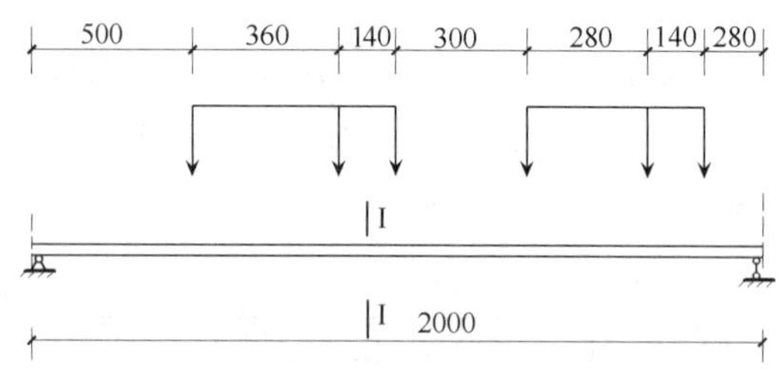

图 8.19　试验荷载纵向布置(尺寸单位：cm)

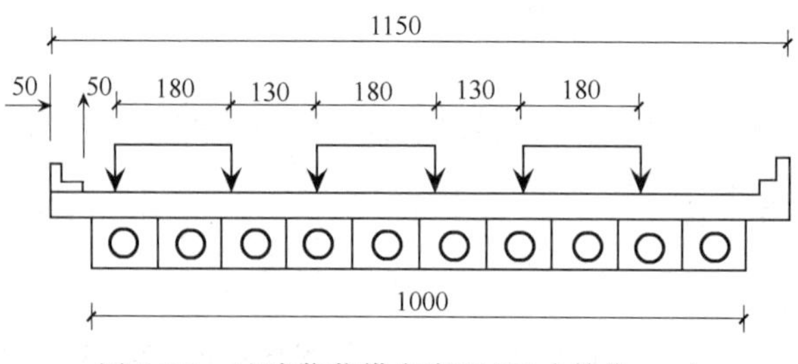

图 8.20　试验荷载横向布置(尺寸单位：cm)

3) 试验荷载效率。按铰接板法计算各片板梁的荷载横向分布系数。试验荷载对测试截面各片板梁产生的荷载效应和汽车-超 20 级标准荷载效应的最大值汇总列于表 8.21 中。

由表 8.21 可见，各测试截面在试验荷载下的弯矩值均超过标准荷载效应的 85% 以上，挠度效率也在 75% 以上，保证了试验的有效性。

(2) 动力试验荷载

动载试验采用一辆 200kN 载重汽车作为动力试验荷载。

试验汽车分别以 10km/h、20km/h、30km/h 和 40km/h 的速度匀速过桥激振。

表 8.21　试验荷载效应与汽车—超 20 级标准荷载效应对比

梁　号	项　　目	试验荷载下的计算值①	标准荷载下的计算值②	试验荷载效率①/②
1	I—I 截面弯矩/(kN · m)	550.48	648.05	86%
	I—I 截面挠度/mm	13.8	18.0	77%
2	I—I 截面弯矩/(kN · m)	537.17	627.30	86%
	I—I 截面挠度/mm	13.5	17.4	78%
3	I—I 截面弯矩/(kN · m)	521.21	530.34	98%
	I—I 截面挠度/mm	13.1	18.2	80%
4	I—I 截面弯矩/(kN · m)	504.14	530.34	95%
	I—I 截面挠度/mm	12.7	14.7	86%
5	I—I 截面弯矩/(kN · m)	491.13	495.95	99%
	I—I 截面挠度/mm	12.34	18.8	89%

注：标准荷载下的弯矩计算中计入了冲击系数 1.191。

8.8.6　试验仪器

(1) 静载试验仪器

1) 应变量测。采用电阻应变片,配以日本产 7V08 数据采集仪和扫描箱各一台。

2) 挠度量测。采用应变式位移计,测试精度 0.01mm。

(2) 动载试验仪器

1) 动位移测定。采用动位移计,配日本产 TEAC 磁带记录仪和丹麦产 B&K 动态分析仪。

2) 动力特性测定。采用丹麦产 4383 型加速度传感器,配日本产 TEAC 磁带记录仪和丹麦产 B&K 动态分析仪。

8.8.7　试验结果及其分析

(1) 挠度量测及校验系数

跨中各测点的挠度实测值与理论计算值及校验系数分别列于表 8.22 中。

表 8.22　I—I 截面各测点的挠度值(单位:mm)

测点编号	实测值				计算值②	校验系数①/②
	第一次	第二次	第三次	平均值①		
1	4.50	4.34	4.37	4.40	13.8	0.32
2	4.22	4.18	4.05	4.15	13.1	0.32
3	3.76	3.60	3.60	3.65	12.34	0.30
4	3.68	3.52	3.54	3.58	11.5	0.31
5	3.60	3.40	3.38	3.46	10.4	0.33
6	3.15	2.99	2.95	3.03	9.6	0.32

(2) 应变量测及校验系数

跨中各测点的应变实测值与理论计算值及应变校验系数分别列于表 8.23 中。

表 8.23　I—I 截面各测点的应变值(单位:mm)

测点编号	实测值				计算值②	校验系数①/②
	第一次	第二次	第三次	平均值①		
0	−56	−59	−40	−58	−112	0.518
1	−39	−38	−40	−39	−106	0.368
2	74	73	68	72	171	0.339
3	70	80	60	85	166	0.444
4	66	93	36	65	162	0.401
5	56	68	58	61	156	0.391
6	53	52	54	53	153	0.327

续表

测点编号	实测值				计算值②	校验系数①/②
	第一次	第二次	第三次	平均值①		
7	51	52	55	53	145	0.386
8	47	56	56	53	138	0.384
9	44	44	54	47	131	0.359
10	42	44	52	46	125	0.368
11	40	41	49	43	121	0.355
12	−40	−37	−48	−42	−75	0.560

8.8.8 动载试验结果及其分析

(1) 冲击系数测定

将跑车工况中测得的跨中截面动挠度的最大幅值与相应的静挠度相比后,可得到该桥的冲击系数,列于表8.24中。

表8.24 冲击系数($1+\mu$)

跑车速度/(km/h)	$1+\mu$	跑车速度/(km/h)	$1+\mu$
10	1.204	30	1.211
20	1.158	40	1.217

(2) 自振频率测定

经数据分析处理后得到结构自振基频测定值与理论计算值,列于表8.25中。

表8.25 自振频率的实测值和理论计算值

项　　目	自振基频/Hz
计算值	1.225
跑车工况	1.465

8.8.9 桥梁结构性能评定

(1) 结构校验系数

由表8.22、表8.23可见,挠度及应变校验系数均远小于0.6,说明主桥的上部结构有较好的弹性工作性能,竖向刚度达到设计要求,并有较充足的安全储备。

(2) 裂缝发展

在加载测试过程中,未发现梁体产生明显的裂缝,说明主桥上部结构的抗裂性能满足要求。

(3) 动力性能

由表8.24可见,汽车荷载冲击系数$1+\mu$测定值接近并超过规范计算值1.191少许,基本上与设计取值相当，说明设计合理。

由表 8.25 可见，跑车工况下的桥梁自振基频测定值较理论计算值大，说明该桥动力性能良好。

8.9　桥梁加固

在查明桥梁缺损的性质与部位、缺损的严重程度与发展趋势、缺损的产生原因后，并根据静动荷载试验得出的结论，编写桥梁检测试验报告。对试验桥梁做出科学的评价，同时根据存在的问题，对新建桥梁提出改进设计或加强养护方面的建议；对于旧桥提出加固方案或维修养护甚至拆除重建方面的建议。本节讨论公路中常见桥型——混凝土桥和拱桥，在上部结构和下部结构出现缺陷时的一些常见的加固方法。

8.9.1　钢筋混凝土桥梁和预应力混凝土桥梁的维修加固方法

钢筋混凝土和预应力钢筋混凝土桥梁维修加固的常用方法有：

1）浇筑钢筋混凝土加大截面加固法。

2）补加钢筋加固法。

3）粘贴钢板加固法。

4）粘贴纤维增强复合材料加固法。

5）体外预应力筋加固法（有普通体外预应力和等应力体外预应力加固两种方法）。

6）在桥下净空和墩台基础受力许可的条件下，采用在梁（板）底加八字支撑加固法。

7）桥面补强层加固法。

8）转换梁体截面形式加固法。

9）增加横隔梁（板）加固法。

10）桥梁结构由简支结构变连续结构的加固法。

11）更换主梁加固法。

12）调节支座标高法。

13）加竖向应力法。

14）其他可靠有效的加固法。

8.9.2　拱桥维修加固方法

（1）圬工拱桥维修加固

1）圬工拱桥的修复宜采用与原桥相同的建桥材料，青砖、料石、素混凝土、混凝土预制块等不宜掺杂使用。修复拱圈的合拢温度以 10～20℃为宜。

2）车辆通行时桥梁出现较大振动（其他情况均较完好），此时应采取措施增大桥梁的刚度。

3）圬工拱桥采用加载、减载加固措施时，必须考虑对邻孔的影响及墩、台的偏心作用。

4）圬工拱桥由于拱圈变形、受力不均、基础不均匀沉陷、墩台位移致使跨径变化或施工不当等原因致使拱圈产生裂纹、变位、碎裂等病害，应根据病害产生的原因，区分采用不同的加固措施。

5) 干砌或砌体结合差、裂缝较大的拱圈，可采用水泥砂浆填补缝隙来提高砌体强度，对于砌体损坏严重、拱轴严重变形的拱圈必须通过翻修来提高承载力。

6) 圬工拱桥原拱圈尚好，只是强度不足，承载力低，需要提高其荷载等级时，可加设新拱圈，但要考虑墩台、基础的承载能力。

① 在原拱圈上或下加设板拱圈。新拱圈厚度应根据承载需要进行计算。大中型拱桥加设新拱圈，拆除和砌筑拱上构造物时，必须进行方案设计，严格按设计进行施工。

② 拱圈变形已经稳定，可在拱桥桥面加铺一层钢筋混凝土桥面板，将原桥改成拱梁组合体系，减轻拱圈压力，提高承载能力。

7) 圬工拱桥原设计荷载标准较低，但基础稳固，墩、台及拱圈料石强度较高，经验算后，可挖出桥面及部分填料，或更换为轻质填料，加设贯通桥宽的挑梁和钢筋混凝土桥面板，再铺筑钢纤维或纤维网水泥混凝土桥面，能达到加宽、提高承载能力的目的。

(2) 双曲拱桥维修加固

1) 拱脚段的拱波顶出现沿桥轴线的纵向裂纹，在裂纹中注入环氧树脂粘结剂后，用环氧砂浆勾缝。若其填平层同时有裂纹，则用较低标号的钢筋混凝土加厚该区段。

2) 拱脚段的拱背出现横向裂纹(垂直于桥轴线)，内腹有压碎性发纹，可在桥台的前墙，或墩身与拱背交界处钻孔锚入 $\phi16\sim25$ 的粗钢筋或型钢，钢材间距 20～30cm，再用环氧树脂黏结于拱背上，钢材长度超过裂纹至少 30～50cm，其上覆盖 5～8cm 厚的环氧混凝土。

3) 拱顶段的波顶出现纵向裂缝(纹)，在尚未发展到桥面时则应加厚拱波。若深度发展至填平层时，则须开挖路面加厚垫平层并加强两肋间横系梁的刚度，如拱波间灰缝脱落，则用 1∶2 的砂浆勾缝。

4) 拱波与拱肋接触处产生纵向裂缝(纹)，则沿此缝隙每间隔 1～2cm 嵌入高强混凝土预制块件将波肋联结，所有缝隙用砂浆勾缝。

5) 拱肋局部出现裂纹(宽度≤0.1mm 时)，可先用环氧砂浆进行封闭，如发展情况较为严重、缝宽加大、加密时，则可在该区段内粘贴钢筋(钢板)、或锚固一层“U”形钢丝网后，覆盖一层 2～5cm 厚的环氧砂浆。倘若此肋出现较大范围的裂纹，则将钢筋黏附于肋底及两侧，使之状如马蹄以扩大肋底断面。所黏附的粗筋与原有主筋进行电焊挂连，并伸入墩台帽内，其外浇筑混凝土将附加筋覆盖。

6) 桥孔内有三根以上的肋均出现较严重的裂缝时，在排除超重车的原因外，还应考虑桥孔跨径的变化。若进行全面整治，应与重建进行经济技术比较。

(3) 肋拱桥维修加固

1) 各式肋拱桥桥面铺装层有裂纹(缝)出现，在排除桥面施工质量因素外，如属纵横梁刚度、强度不足，可在梁的两侧粘贴型钢，或添加纵梁；如属肋的弹性沉落不均，则宜改善该区段内肋的刚度。

2) 多肋的中下承式肋拱桥在拱脚段的箱顶出现鳞状发裂，在侧板出现网状发纹，或拱与台帽接触处的上缘有较大分离，可将型钢一端锚入台帽内的圬工砌体中，其另一端锚于肋体上缘，再覆盖环氧混凝土以加强肋体。也可用预应力钢筋锚于台后以抵消部分负弯矩，以及加强墩台前的水平支撑体系和延长拱顶段的支撑体系。

3）肋拱桥的裸露吊杆，为了提高其抗冲击能力，防御大气侵馈可增加封闭套，用两半圆钢管、树脂管焊合后，在其内柱入硫磺水泥砂浆，两端用黄油、沥青胶封闭。管外再涂防锈漆、反光漆。为了防止锚头内的夹片松弛，可加设销头器锁固下端的钢纹线以及微调螺母，或加钢压板压紧锚头。

4）中、下承式肋拱桥其横梁若在行车时发生顺桥向摆动，则在各横梁间加设两根纵向支撑梁，直接与墩台连接将水平力传递至墩台。

（4）钢筋混凝土箱形板拱及多箱形式的板拱维修加固

1）钢筋混凝土上箱形板拱，拱顶腹板开裂应及时用环氧砂浆嵌塞勾缝。如属承载标准偏低，则在拱腹内用钢板垂直锚粘于裂缝上；如属墩台滑移使跨径增大，则要及时处治墩台。须减轻桥梁净重时，可更换拱上填料，改水泥混凝土铺装为沥青混凝土铺装等。

2）多箱（肋）拼成的板拱，当个别箱体（肋）开裂或损伤严重，不能及时抽换或改造加固时，可铺设与全部箱体同宽的刚性较大的型钢，或较厚的枕木垛作暂时处理，并控制重车的通行。

（5）桁架拱桥及刚架拱桥维修加固

1）钢筋混凝土上承式刚架拱桥，其长肢杆遭受撞损，则在破损面内注入粘结剂后，用四支较长的型钢黏固于裂缝四周。

2）钢筋混凝土上承式刚架桥、桁架拱桥，端部下弦杆承受最大应力，当有撞损时应及时进行维修加固。各腹杆与上下弦铰接处出现的裂缝可用砂浆封固。若下弦根部出现横向裂纹，则要立即加强、加固横向联结，杜绝摆动，同时用环氧砂浆封闭裂纹（缝）。

3）钢筋混凝土桁架拱桥无论是有铰或无铰，其受拉杆件和受压杆件的节点处钢筋密集，受力复杂，常在节点处产生发纹、裂缝。在裂缝允许宽度内可用环氧粘结剂，改性乳胶漆封闭；如缝宽较为严重，则可在节点附近设置一定形状和尺寸的型钢，在节点两侧铺设预应力钢筋（如为受压杆件时设置型钢以避免断裂），通过型钢孔将钢丝（筋）预拉锚固于型钢上，再用环氧砂浆封闭。

4）跨中设有铰或挂孔的桁架拱形桁梁，上弦承受最大张力，铰或挂点出现下垂时，如有可能可在预留孔中穿入预应力筋，或在桥面铺设预应力钢丝（筋）束与铰或挂点连接，施张后锚固于墩台的后下方。施张时在下垂点配合千斤顶及其他吊装设施辅肋提升张拉。新增的预应力筋应用混凝土覆盖。

5）上承式桁式组合预应力混凝土拱桥，结点处钢筋密集，受力复杂，成形后产生的发纹一般用粘结砂浆涂抹或粘贴钢材，肢杆、接缝处出现较为严重的损伤则在其两旁施加预应力钢筋进行加固。参与上弦工作的桥面板需抽换时，应暂停使用。

（6）钢筋混凝土拱桥维修加固

1）钢管混凝土的外包混凝土在某些区段出现折皱、龟裂、垂直裂纹、其成因复杂，当无明显的变形时暂用水泥砂浆涂抹，加强观察。

2）拱脚段为钢筋混凝土包裹，以上区段为裸露的钢管混凝土，在交界段上露出的钢管面上的油漆层若出现折皱、龟裂，在排除油漆质量、气温、老化等原因外，宜再将包裹混凝土向上延长。

3) 裸露的钢管混凝土钢管表层出现收缩状折皱(一般是钢管的厚度不足或套箍技术指标未达到设计要求,以及格构的节间长度不当),可在钢管外层浇筑一层钢筋混凝土予以加强,或加密格构间的缀体板。

4) 在确定钢管混凝土的管内有空洞或离析时,可采用钻孔注入环氧树脂、水泥砂浆后再封闭钻孔。

5) 当发现刚度不足时,必须由有相当资质的设计单位或科研单位进行加固设计并及时予以加固。

8.9.3 桥梁下部结构加固

(1) 桥梁下部结构的常见病害

各种不同的桥梁下部结构的常见病害列于表 8.26。

表 8.26 桥梁下部结构的常见病害

<table>
<tr><th colspan="3">基础类型</th><th>常见病害</th></tr>
<tr><td rowspan="3">浅基础</td><td colspan="2">天然地基上的浅基础</td><td>1. 埋置深度浅,受冲刷而淘空
2. 埋置深度不足,受冻害影响
3. 地基不稳定,产生滑移或倾斜</td></tr>
<tr><td colspan="2">岩石基础</td><td>1. 基础置于风化石层上,风化部分未处理好,经水流冲刷而淘空或悬空
2. 受地震时的剪切作用,产生裂缝</td></tr>
<tr><td colspan="2">人工地基基础</td><td>因处于软弱地基上,在竖向荷载作用下压实沉陷,使基础下沉</td></tr>
<tr><td rowspan="4">桩基础</td><td rowspan="2">打入桩</td><td>木桩</td><td>地下水位下降时,桩身常腐蚀</td></tr>
<tr><td>钢筋混凝土预制桩</td><td>1. 打桩时,桩身受损坏
2. 受水冲刷、浸蚀、产生空洞、剥落等
3. 受船只或其他漂浮物的撞击而损坏</td></tr>
<tr><td colspan="2">钻(挖)孔桩</td><td>1. 施工时淤泥未完全清除即灌注混凝土,因而使形成后的桩基产生下沉
2. 施工不当,或受水冲刷、浸蚀而产生空洞、剥落、钢筋外露等
3. 灌注混凝土过程中发生塌孔而未作处理,桩身部分脱空
4. 受外力冲击而产生损坏</td></tr>
<tr><td colspan="2">管桩基础</td><td>承载力不足而使基础产生下沉</td></tr>
<tr><td colspan="3">沉井基础</td><td>1. 基础下沉不均时,或桥台台背高填土受地基土侧向流动的影响时,基础产生滑移、倾斜
2. 中间层为弱黏土层时,由于附近施工挖基坑和填土等因素影响,常使基础变位</td></tr>
</table>

(2) 浅基础加固

1) 灌浆加固法。灌浆加固法是在墩台基础之下,在墩台中心直向或斜向钻孔或打入管桩,通过孔眼及管孔,用一定压力把各种浆液(加固剂)灌入土层中,通过浆液凝固,把原来松散的土固结为有一定强度和防渗性能的整体,或把岩石裂缝堵塞起来,从而达到加固地基、提高地基承载力的一种加固法。该加固方法的作用按加固情况的不同主要有：

① 填充圬工砌体(如干砌片石)里面的空隙，使其形成整体，从而提高砌体的强度。

② 填充土壤或岩石的空洞和裂缝，如果空洞大，应使用水泥砂浆；如果是裂缝，则应使用水泥浆，从而填塞土壤或岩石的渗流孔道，提高其承压能力，减少渗流冲刷可能性。

③ 填充砂子和砾石的孔隙，提高其承压能力。

④ 挤密较软弱的土层(如未压实的填土或塑性较大的黏土等)，形成复合地基，使地基承载能力提到提高。

灌浆加固一般可分为静压灌浆和高压喷射灌浆二类。静压灌浆又可分为填充灌浆、裂缝灌浆、渗透灌浆和挤压灌浆等；同压喷射灌浆又有旋转喷射灌浆和定向喷射灌浆之分。

2）扩大基础加固法。扩大桥梁墩台基础底面积的加固方法，称为扩大基础加固法此法适用于基础承载力不足或埋置太浅，而墩台又是砖石或混凝土刚性实体式基础时的情况。墩台扩大基础加固的施工顺序如下：

① 先在必须加宽的范围内打板桩围堰，如墩台基础土墩壤不好时，应作必要的加固。

② 挖出堰内土壤，直挖至必要的深度(注意墩台的安全)。

③ 在堰内把水抽干。

④ 按照设计要求，在原墩台侧面钻孔并置入锚固钢筋。

⑤ 立模浇筑混凝土并养生至设计强度。

扩大墩台基础加固应注意新旧基础应结合牢固，以便能使加固后的扩大基础能与原结构共同受力。对于拱桥可在桥台两侧加设钢筋混凝土实体耳墙，并将耳墙与原桥台用钢销联结起来，从而达到增大桥台基础面积，提高桥台承载力的目的。加固后耳墙与原桥台联结在一起，因此，既增加了竖向承压面积，又由于耳墙的自重而增加了抗水平推力的摩阻力。

(3) 桩基础加固

根据不同的具体情况，桩基础的加固方法有如下几种：

1）对桩或基础可增设基础(钻孔桩和打入桩)，并扩大原承台，使墩台的部分荷载传递至新桩基。

2）对单排架桩式桥墩采用打桩(或灌注桩)加固，如原有桩距较大(4～5 倍桩径)时，可在桩间插桩。如原有桩距较小且通航净跨允许许缩小时，可在原排架两侧增加桩数，成为三排式的墩桩。

3）对钻孔灌注桩桩身损坏、落筋、缩颈等病害，可采用灌(压)浆或扩大桩径的方法进行维修加固。

4）对拱桥桥墩的加桩，由于受桥下净空影响也可采用静压加桩方法进行加固。

5）对于多跨拱桥，为预防因其中某一跨遭到破坏使整体失去平衡而引起其他拱跨的连锁破坏，可根据具体情况，对每隔若干拱跨中的一个支墩采取加固措施。其方法是在支墩两侧加斜向支撑；或加大该墩截面，使得在一跨遭到破坏时，只影响若干拱跨而不致全部毁坏。

(4) 桥台加固

1) 减轻荷载法。当台背土压力较大,桥台有向桥孔向位移,可挖出台背填土后,改换轻质材料回填,减轻桥台台背的负荷,以使桥台稳定。

2) 挡墙、支撑杆或挡块加固法。对于因尺寸不足,难以承台背土压力而向桥孔方向倾斜或位移的埋置式桥台,可采用挡墙、支撑杆或挡块等形式进行加固。临时抢修亦可用土袋。

3) 加柱加固法。当原桥竖向承载力不足,一般可在台前增加一排桩,并浇筑盖梁,以分担上部结构传来的压力。打桩或钻孔桩时可利用原桥面作脚手,在桥面开洞、插桩。盖梁可单独受力,并可联结旧盖梁、旧桩共同受力。

4) 增厚台身加固法。当梁式桥台背土压力较大,形成桥台向桥孔方向位移,可挖去台背填土,加厚台身(桥台胸墙),并注意新旧混凝土结合牢固。

5) 更换台后填土并加便梁的加固法。为减轻路基对桥台的水平压力,需用具有大的内摩擦角的大颗粒土壤或干砌片石、砖石等更换桥台后面填土,同时在台后新增架设便梁。

6) 支撑过梁加固法。对于单跨的小跨径桥梁,可在两桥台基础之间建造支承过梁,以防桥台向跨中位移。如采用钢筋混凝土支承梁或浆砌片石撑板加固,支撑不高于河床。

(5) 桥墩加固

1) 墩身混凝土缺损的修补。墩身圬工砌体损坏面积较大,深度超过 3cm 时,不得用砂浆喷涂或抹面修补,而需浇筑混凝土修复。为使新旧结合牢固、松浮部分应先予清除,用水冲洗干净,并采用嵌钉的方法连接。

2) 围带加固法。墩身发生纵向贯通裂缝,可用钢筋混凝土或钢箍进行加固。如因基础不均匀下沉引起自下而上的裂缝,则应先加固基础后,再采用灌缝或加箍的方法进行加固。

3) 用钢筋混凝土箍套加固桥墩。当墩台损坏严重,如大面积裂缝、破损、风化、剥落等情况,或由粗石圬工及砌石圬工的旧墩台,一般可用钢筋混凝土"箍套"加固,其尺寸应能满足通过箍套传递所有荷载或大部分荷载的需要。同时,再改造墩台顶部,灌筑支承于箍套上新的、强大的钢筋混凝土板代替旧的支撑垫石,以使箍套参加工作。

4) 桥墩损坏水下修补加固法。对砖石或钢筋混凝土墩台表层出现缺陷,且墩台身处于常水位下时,可分别根据不同情况采用如下的方法进行修补:

① 水深在 3m 以下时,可筑草袋围堰,然后将水抽干。当水难以抽干时,则可浇水下混凝土封底后再抽,抽水后以砌石或混凝土填补冲空部位。此种情况的修补,亦可不抽水而将钢筋混凝土薄壁套箱围堰下沉到损坏处附近河底,在套箱与桥墩间浇筑水下混凝土以包裹损坏或冲空部位。

② 水深在 3m 以上时。以麻袋装干硬性混凝土,然后通过潜水作业将袋装混凝土分层填塞冲空部位,并应注意要比原基础宽出 0.2～0.4m。

思考题与习题

8.1　简述桥梁荷载试验的目的及静、动载试验的主要测试内容。

8.2　常见的梁式桥和拱式桥静载试验时应考虑哪些加载工况？应变和位移的测点应如何布置？

8.3　桥梁静载试验中常采用哪些加载设备？荷载如何称量？

8.4　电阻应变片分哪几类？什么是应变片的“电阻应变效应”和灵敏系数？

8.5　应变片选购和粘贴时应考虑哪些因素？

8.6　简述应变仪的测试原理和应变仪的组成。

8.7　应用电阻应变片测量应变时为什么要进行温度补偿？如何进行温度补偿？

8.8　桥梁静载试验时如何进行荷载分级和安排加载程序？如何控制加载稳定时间和确定终止加载条件？

8.9　进行桥梁动载试验时需要用哪些主要设备？测试系统如何选配？

8.10　桥梁的模态参数(频率、振型、阻尼比)对桥梁整体受力性能有何意义？

8.11　如何测试桥梁的冲击系数？

8.12　如何利用桥梁荷载试验的成果进行桥梁承载能力的评定？

8.13　桥梁荷载试验报告应包括哪些内容？

8.14　某简支梁桥计算跨径为19.5m，桥面宽为净—7.5m，跨中截面设计控制内力为4290kN·m，以800kN标准平板挂车进行静试验。

① 求静载试验效率 η_q；

② 该平板挂车是否满足静载试验的需要。

附　录

1. 检 测 报 告

检测报告由五部分组成:封面、目录、签发页、报告正文和附件。

封面

封面的内容有题目、委托单位名称、检测单位名称、报告日期、报告编号。题目需要有工程名称,如临潭县政府办公楼前楼检测报告。

封面的一般格式。报告编号一般放在封面右上角,其他内容居中者居多。

目录

对于内容比较多的检测报告或者比较重要的检测报告,最好有报告目录,内容比较少的检测报告不必一定要设计目录。

签发页

签发页是检测单位相关人员签字的地方,对于内容比较多或者比较重要的检测报告,最好独立一页作为签发页,内容比较少的检测报告可以将签发页的内容放在报告的最后一页。在一份检测报告上需要签字的人员有检测(试验)人员、计算人员、技术审核人员、行政主管人员,签发页的内容有检测(试验)、计算(制表)、技术审核(技术负责人)、行政主管(最高主管或项目负责人)。

报告正文

报告正文的主要内容有:委托情况、工程概况、执行标准、检测方案、检测结果、检测结论。

委托情况(指干什么):主要内容有委托单位、工程名称、委托内容、委托日期、委托人以及联系方式等。

工程概况(指工程什么模样):主要内容有结构形成、建筑面积、层数层高、基础形式、构造形式、平面形式、立面形式、建设年代、设计单位、施工单位等以及需要进行交代的其他内容。通过这部分内容的介绍,让人们对检测对象有一个初步的认识。

执行标准(凭什么干):专门指现行检测规范。

检测方案(指怎么干):对于没有标准检测方法或标准试验方法的检测(试验)项目,需要将具有一定个性的检测方案进行概要的描述,描述语言可以多种多样,如文字语言、工程语言、数学语言等。

检测结果(指质量怎么样):检测结果是检测报告的主体,内容较多。要求细致、有理有据、条理清晰。尽可能地让外行能够读,或者让有一点行业常识的人员能够读懂。免不了要将文字语言、工程语言、数学语言一起应用。同时对所检测的每一个参数都要进行判定。

检测结论(指能不能使用):在一个个检测结果的基础上,对结构进行综合评定,判定哪些内容合格,哪些内容不合格以及差多少等。

处理建议(指怎么处理):根据检测结论给一个或者多个处理建议。

附件

附件是指为检测结果服务的过程性内容。例如,钢筋试验报告、混凝土强度回弹评定报告、频谱曲线、结构验算书等。

2. 本书内容涉及相关标准及规范

中华人民共和国国家标准.《建筑结构可靠度设计统一标准》(GB 50068—2001)
中华人民共和国国家标准.《混凝土强度检验评定标准》(GB/T 50107—2010)
中华人民共和国国家标准.《混凝土结构试验方法标准》(GB/T 50152—2012)
中华人民共和国国家标准《混凝土结构工程施工质量验收规范》(GB 50204—2002)(2010 版)
中华人民共和国国家标准《混凝土结构设计规范》(GB 50010—2010)
中华人民共和国国家标准《混凝土结构加固设计规范》(GB 50367—2006)
中国工程建设标准化协会标准《碳纤维片材加固混凝土结构技术规程》(CECS146:2003)(2007 版)
中华人民共和国行业标准《回弹法检测混凝土抗压强度技术规程》(JGJ/T 23—2011)
中国工程建设标准化协会标准《超声回弹综合法检测混凝土强度技术规程》(CECS02:2005)
中国工程建设标准化协会标准《超声法检测混凝土缺陷技术规程》(CECS21:2000)
中国工程建设标准化协会标准《钻芯法检测混凝土强度技术规程》(CECS03:2007)
中国工程建设标准化协会标准《拔出法检测混凝土强度技术规程》(CECS03:2011)
中华人民共和国国家标准《砌体工程现场检测技术标准》(GB/T 50315—2011)
中华人民共和国国家标准《砌体结构设计规范》(GB 50003—2011)
中华人民共和国国家标准《砌体工程施工质量验收规范》(GB 50203—2011)
中华人民共和国国家标准《砌体基本力学性能试验方法标准》(GB/T 50129—2011)
中华人民共和国国家标准《建筑地基基础设计规范》(GB 5007—2011)
中华人民共和国行业标准《建筑桩基技术规范》(JGJ 94—2008)
中华人民共和国行业标准《建筑基桩检测技术规范》(JGJ 106—2014)
中华人民共和国国家标准《建筑地基基础工程施工质量验收规范》(GB 50202—2002)
中华人民共和国行业标准《建筑地基处理技术规范》(JGJ 79—2012)
中华人民共和国行业标准《既有建筑地基基础加固技术规范》(JGJ 123—2012)
中华人民共和国行业标准《港口工程桩基规范》(JTS 167—4—2012)
中华人民共和国国家标准《民用建筑可靠性鉴定标准》(GB 50292—1999)
中华人民共和国行业标准《危险房屋鉴定标准》(JGJ 125—2004)

中华人民共和国国家标准《工程结构可靠性设计统一标准》(GB 50153—2008)
中华人民共和国国家标准《工业建筑可靠性鉴定标准》(GB 50144—2008)
中华人民共和国国家标准《岩土工程勘察规范》(GB 50021—2001)(2009 版)
中华人民共和国国家标准《建筑结构检测技术标准》(GB/T 50344—2004)
中华人民共和国国家标准《土工试验方法标准》(GB/T 50123—1999)
中华人民共和国行业标准《公路钢筋混凝土及预应力混凝土桥涵设计规范》(JTGD 62—2004)
中华人民共和国国家标准《钢结构工程施工质量验收规范》(GB 50205—2001)
中华人民共和国行业标准《钢结构高强度螺栓连接的设计、施工及验收规范》(JGJ 82—91)
中华人民共和国行业标准《网架结构工程工程施工质量验收规范》(JGJ 78—91)
中华人民共和国行业标准《建筑抗震加固技术规程》(JGJ 116—2009)
中华人民共和国行业标准《钢筋焊接接头试验方法标准》(JGJ/T 27—2014)
中华人民共和国国家标准《钢焊缝手工超声波探伤方法和探伤结果分级》(GB/T 11345—2013)
中华人民共和国国家标准《木结构工程施工质量验收规范》(GB 50206—2012)
中华人民共和国国家标准《木结构设计规范》(GB 50005—2003)
中华人民共和国行业标准《贯入法检测砌筑砂浆抗压强度技术规程》(JGJ/T 136—2001)
中华人民共和国行业标准《建筑变形测量规程》(JGJ/T 8—2007)
中华人民共和国行业标准《高层民用建筑钢结构技术规程》(JGJ 99—2012)
中华人民共和国行业标准《贯入法检测砌筑砂浆抗压强度技术规程》((JGJ/T 136—2001)
中华人民共和国国家标准《墙体砖试验方法》(GB/T 2542—2003)
中华人民共和国国家标准《建筑结构荷载规范》(GB 50009—2012)

主要参考文献

卜乐奇,陈星烨.2003.建筑结构检测技术与方法[M].长沙:中南大学出版社.

曹双寅,邱洪兴,王恒华.2002.结构可靠性鉴定与加固技术[M].北京:中国水利出版社.

陈凡,等.2003. 基桩质量检测技术[M].北京:中国建筑工业出版社.

陈魁.1996.试验设计与分析[M].北京:清华大学出版社.

陈仲颐,叶书麟.1990.基础工程学[M].北京:中国建筑工业出版社.

谌润水,等.2003.公路旧桥加固技术与实例[M].北京:人民交通出版社.

谌润水,胡钊芳,等.2003.公路桥梁荷载试验[M].北京:人民交通出版社.

狄生奎,宋蛟,宋彧.1999.预应力木结构受力性能初步探讨[J].工程力学(增刊第二卷),90~95.

邸小坛,周燕.1992.旧建筑物的检测加固与维护[M].北京:地震出版社.

龚晓南.1997.地基处理新技术[M].西安:陕西科学技术出版社 .

韩建平,何林,宋彧.2000.PDCA 在建筑结构试验组织计划中的应用[C].教育与教学研究探微(全国教师优秀论文选萃).北京:中国广播电视出版社.

侯伟生.2003.建筑工程质量检测技术手册[M].北京:中国建筑工业出版社.

湖南大学等三校编.1991.建筑结构试验[M].2 版.北京:中国建筑工业出版社.

江见鲸,等.1998.建筑工程事故分析与处理[M].北京:中国建筑工业出版社.

李惠强.2002.建筑结构诊断鉴定与加固修复[M].武汉:华中科技大学出版社.

马永欣,郑山锁.2001.结构试验[M].北京:科学出版社.

牛志荣,等.2000.复合地基处理及其工程实例[M].北京:中国建材工业出版社 .

潘景龙.1997.混凝土结构性能评定和检测[M].哈尔滨:黑龙江科技技术出版社.

手册编写委员会.1998.简明工程地质手册[M].北京:中国建筑工业出版社.

宋一凡,贺拴海.2002.公路桥梁荷载试验结构评定[M].北京:人民交通出版社.

宋彧,陈万伟.2015.BFRP 加固圆截面受损木梁抗弯性能试验研究[J].建筑结构,43(12):35~37.

宋彧,杜永峰,宋蛟.1995.矩形截面预应力木梁受力性能的实验研究[J].甘肃工业大学学报,21(3):72~78.

宋彧,韩建平,张贵文,等.2003.双腹杆组合预应力木结构受力性能的试验研究[J].结构工程师,1.

宋彧,何林,韩建平.2002.集中荷载作用下预应力木结构挠度计算方法[J].甘肃工业大学学报,28(1):93~95.

宋彧,李丽娟,张贵文,等.2001.结构试验基础教程[M].兰州:甘肃民族出版社.

宋彧,李丽娟,张贵文.2001.建筑结构试验[M].重庆:重庆大学出版社.

宋彧,王耀东,李艳丽,等.1998.园形截面预应力木梁受力性能的实验研究[J].甘肃工业大学学报,24:20~23.

宋彧,张贵文,李春燕.2002.湿陷性黄土地区条形基础砖混结构六层住宅楼纠倾的实践[J].建筑结构,11:8~10.

宋彧.2003.建筑结构试验.课程教学内容的改革与研究[J].教学与研究,10.

孙进祥.2001.建筑物裂缝[M].上海:同济大学出版社.

唐业清,等.2000.建筑物改造与病害处理[M].北京:中国建筑工业出版社.

唐叶清,万墨林.2000.建筑物改造与病害处理[M].北京:中国建筑工业出版社.

万墨林,韩继云.1995.混凝土结构加固技术[M].北京:中国建筑工业出版社.

王赫.1994.建筑工程事故处理手册[M].北京:中国建筑工业出版社.

王娴明.1997.建筑结构试验[M].2 版.北京:清华大学出版社.

卫龙武,吕志涛,等.1993.建筑物评估、加固与改造[M].南京:江苏科学技术出版社.

吴新璇.2003.混凝土无损检测技术手册[M].北京:人民交通出版社.

夏连学.1999.公路与桥梁结构检测[M].郑州:黄河水利出版社.

谢慧才,等.2000.第五届全国建筑物鉴定与加固改造学术讨论会论文集[C].汕头:汕头大学出版社.

徐邦学.2003.混凝土结构无损检测余故障处理及修复加固技术手册[M].北京:当代中国音像出版社.

姚谦峰,陈平.2001.土木工程结构试验[M].北京:中国建筑工业出版社.

姚振纲,刘祖华.1996.建筑结构试验[M].上海:同济大学出版社.

张贵文,宋彧.2000.WORD下绘图的几点技巧与体会[C].教育与教学研究探微(全国教师优秀论文选萃).北京:中国广播电视出版社.

张贵文.2001.结构试验课程教学中应变片粘贴技术的几点技巧[J].甘肃工业大学学报(教学专辑),27:54～55.

张贵文.2002.结构优化设计—课程教学中论文写作[J].甘肃工业大学学报(教学专辑),28:139～141.

张俊平.2002.桥梁检测[M].北京:人民交通出版社.

张熙光,等.2001.建筑抗震鉴定加固手册[M].北京:中国建筑工业出版社.

张永钧,叶书麟.2002.既有建筑地基基础加固工程实例应用手册[M].北京:中国建筑工业出版社.

张有才,等.1997.建筑物的检测、鉴定、加固与改造[M].北京:冶金工业出版社.

章关永.2002.桥梁结构试验[M].北京:人民交通出版社.

周维国,宋威,宋彧.1998.工程实验研究类科技期刊学术论文写作格式[C].科教新论(中)[M].成都:电子科技大学出版社,94～96.

宋成,陈万伟.2016.玄武岩纤维布加固圆截受损木梁抗弯性能试验研究[J].建筑结构,46(15):114～118.